3.

14159265358979323846264338327950288419716939937510
58209749445923078164062862089986280348253421170679
82148086513282306647093844609550582231725359408128
48111745028410270193852110555964462294895493038196
44288109756659334461284756482337867831652712019091
45648566923460348610454326648213393607260249141273
72458700660631558817488152092096282925409171536436
78925903600113305305488204665213841469519415116094
33057270365759591953092186117381932611793105118548
07446237996274956735188575272489122793818301194912
98336733624406566430860213949463952247371907021798
60943702770539217176293176752384674818467669405132
00056812714526356082778577134275778960917363717872
14684409012249534301465495853710507922796892589235
42019956112129021960864034418159813629774771309960
51870721134999999837297804995105973173281609631859
50244594553469083026425223082533446850352619311881
71010003137838752886587533208381420617177669147303
59825349042875546873115956286388235378759375195778
18577805321712268066130019278766111959092164201989
38095257201065485863278865936153381827968230301952
03530185296899577362259941389124972177528347913151
55748572424541506959508295331168617278558890750983
81754637464939319255060400927701671139009848824012
85836160356370766010471018194295559619894676783744
94482553797747268471040475346462080466842590694912
93313677028989152104752162056966024058038150193511
25338243003558764024749647326391419927260426992279
67823547816360093417216412199245863150302861829745
55706749838505494588586926995690927210797509302955
32116534498720275596023648066549911988183479775356
63698074265425278625518184175746728909777727938000
81647060016145249192173217214772350141441973568548
16136115735255213347574184946843852332390739414333
45477624168625189835694855620992192221842725502542
56887671790494601653466804988627232791786085784383
82796797668145410095388378636095068006422512520511
73929848960841284886269456042419652850222106611863
06744278622039194945047123713786960956364371917287
46776465757396241389086583264599581339047802759009

94657640789512694683983525957098258226205224894077
26719478268482601476990902640136394437455305068203
49625245174939965143142980919065925093722169646151
57098583874105978859597729754989301617539284681382
68683868942774155991855925245953959431049972524680
84598727364469584865383673622262609912460805124388
43904512441365497627807977156914359977001296160894
41694868555848406353422072225828488648158456028506
01684273945226746767889525213852254995466672782398
64565961163548862305774564980355936345681743241125
15076069479451096596094025228879710893145669136867
22874894056010150330861792868092087476091782493858
90097149096759852613655497818931297848216829989487
22658804857564014270477555132379641451523746234364
54285844479526586782105114135473573952311342716610
21359695362314429524849371871101457654035902799344
03742007310578539062198387447808478489683321445713
86875194350643021845319104848100537061468067491927
81911979399520614196634287544406437451237181921799
98391015919561814675142691239748940907186494231961
56794520809514655022523160388193014209376213785595
66389377870830390697920773467221825625996615014215
03068038447734549202605414665925201497442850732518
66600213243408819071048633173464965145390579626856
10055081066587969981635747363840525714591028970641
40110971206280439039759515677157700420337869936007
23055876317635942187312514712053292819182618612586
73215791984148488291644706095752706957220917567116
72291098169091528017350671274858322287183520935396
57251210835791513698820914442100675103346711031412
67111369908658516398315019701651511685171437657618
35155650884909989859982387345528331635507647918535
89322618548963213293308985706420467525907091548141
65498594616371802709819943099244889575712828905923
23326097299712084433573265489382391193259746366730
58360414281388303203824903758985243744170291327656
18093773444030707469211201913020330380197621101100
44929321516084244485963766983895228684783123552658
21314495768572624334418930396864262434107732269780
28073189154411010446823252716201052652272111660396
66557309254711055785376346682065310989652691862056
47693125705863566201855810072936065987648611791045
33488503461136576867532494416680396265797877185560
84552965412665408530614344431858676975145661406800
70023787765913440171274947042056223053899456131407
11270004078547332699390814546646458807972708266830
63432858785698305235808933065757406795457163775254

20211495576158140025012622859413021647155097925923
09907965473761255176567513575178296664547791745011
29961489030463994713296210734043751895735961458901
93897131117904297828564750320319869151402870808599
04801094121472213179476477726224142548545403321571
85306142288137585043063321751829798662237172159160
77166925474873898665494945011465406284336639379003
97692656721463853067360965712091807638327166416274
88880078692560290228472104031721186082041900042296
61711963779213375751149595015660496318629472654736
42523081770367515906735023507283540567040386743513
62222477158915049530984448933309634087807693259939
78054193414473774418426312986080998886874132604721
56951623965864573021631598193195167353812974167729
47867242292465436680098067692823828068996400482435
40370141631496589794092432378969070697794223625082
21688957383798623001593776471651228935786015881617
55782973523344604281512627203734314653197777416031
99066554187639792933441952154134189948544473456738
31624993419131814809277771038638773431772075456545
32207770921201905166096280490926360197598828161332
31666365286193266863360627356763035447762803504507
77235547105859548702790814356240145171806246436267
94561275318134078330336254232783944975382437205835
31147711992606381334677687969597030983391307710987
04085913374641442822772634659470474587847787201927
71528073176790770715721344473060570073349243693113
83504931631284042512192565179806941135280131470130
47816437885185290928545201165839341965621349143415
95625865865570552690496520985803385072242648293972
85847831630577775606888764462482468579260395352773
48030480290058760758251047470916439613626760449256
27420420832085661190625454337213153595845068772460
29016187667952406163425225771954291629919306455377
99140373404328752628889639958794757291746426357455
25407909145135711136941091193932519107602082520261
87985318877058429725916778131496990090192116971737
27847684726860849003377024242916513005005168323364
35038951702989392233451722013812806965011784408745
19601212285993716231301711444846409038906449544400
61986907548516026327505298349187407866808818338510
22833450850486082503930213321971551843063545500766
82829493041377655279397517546139539846833936383047
46119966538581538420568533862186725233402830871123
28278921250771262946322956398989893582116745627010
21835646220134967151881909730381198004973407239610
36854066431939509790190699639552453005450580685501

9567302292191393391856803449039820595510022635353 6
1920419947455385938102343955449597783779023742161 7
2711172364343543947822181852862408514006660443325 8
8856986705431547069657474585503323233421073015459 4
0516553790686627333799585115625784322988273723198 9
8757141595781119635833005940873068121602876496286 7
4460477464915995054973742562690104903778198683593 8
1465741268049256487985561453723478673303904688383 4
3634655379498641927056387293174872332083760112302 9
9113679386270894387993620162951541337142489283072 2
0126901475466847653576164773794675200490757155527 8
1965362132392640616013635815590742202020318727760 5
2772190055614842555187925303435139844253223415762 3
3610642506390497500865627109535919465897514131034 8
2276930624743536325691607815478181152843667957061 1
0861533150445212747392454494542368288606134084148 6
3776700961207151249140430272538607648236341433462 3
5189757664521641376796903149501910857598442391986 2
9164219399490723623464684411739403265918404437805 1
3338945257423995082965912285085558215725031071257 0
1266830240292952522011872676756220415420516184163 4
8475651699981161410100299607838690929160302884002 6
9104140792886215078424516709087000699282120660418 3
7180653556725253256753286129104248776182582976515 7
9598470356222629348600341587229805349896502262917 4
8788202734209222245339856264766914905562842503912 7
5771028402799806636582548892648802545661017296702 6
6407655904290994568150652653053718294127033693137 8
5178609040708667114965583434347693385781711386455 8
7367812301458768712660348913909562009939361031029 1
6161528813843790990423174733639480457593149314052 9
7634757481193567091101377517210080315590248530906 6
9203767192203322909433467685142214477379393751703 4
4366199104033751117354719185504644902636551281622 8
8244625759163330391072253837421821408835086573917 7
1509682887478265699599574490661758344137522397096 8
3408005355984917541738188399944697486762655165827 6
5848358845314277568790029095170283529716344562129 6
4043523117600665101241200659755851276178583829204 1
9748442360800719304576189323492292796501987518721 2
7267507981255470958904556357921221033346697499235 6
3025494780249011419521238281530911407907386025152 2
7429958180724716259166854513331239480494707911915 3
2673430282441860414263639548000448002670496248201 7
9289647669758318327131425170296923488962766844032 3
2609275249603579964692565049368183609003238092934 5
9588970695365349406034021665443755890045632882250 5

45255640564482465151875471196218443965825337543885
69094113031509526179378002974120766514793942590298
96959469955657612186561967337862362561252163208628
69222103274889218654364802296780705765615144632046
92790682120738837781423356282360896320806822246801
22482611771858963814091839036736722208883215137556
00372798394004152970028783076670944474560134556417
25437090697939612257142989467154357846878861444581
23145935719849225284716050492212424701412147805734
55105008019086996033027634787081081754501193071412
23390866393833952942578690507643100638351983438934
15961318543475464955697810382930971646514384070070
73604112373599843452251610507027056235266012764848
30840761183013052793205427462865403603674532865105
70658748822569815793678976697422057505968344086973
50201410206723585020072452256326513410559240190274
21624843914035998953539459094407046912091409387001
26456001623742880210927645793106579229552498872758
46101264836999892256959688159205600101655256375678
56672279661988578279484885583439751874454551296563
44348039664205579829368043522027709842942325330225
76341807039476994159791594530069752148293366555661
56787364005366656416547321704390352132954352916941
45990416087532018683793702348886894791510716378529
02345292440773659495630510074210871426134974595615
13849871375704710178795731042296906667021449863746
45952808243694457897723300487647652413390759204340
19634039114732023380715095222010682563427471646024
33544005152126693249341967397704159568375355516673
02739007497297363549645332888698440611964961627734
49518273695588220757355176651589855190986665393549
48106887320685990754079234240230092590070173196036
22547564789406475483466477604114632339056513433068
44953979070903023460461470961696886885014083470405
46074295869913829668246818571031887906528703665083
24319744047718556789348230894310682870272280973624
80939962706074726455399253994428081137369433887294
06307926159599546262462970706259484556903471197299
64090894180595343932512362355081349490043642785271
38315912568989295196427287573946914272534366941532
36100453730488198551706594121735246258954873016760
02988659257866285612496655235338294287854253404830
83307016537228563559152534784459818313411290019992
05981352205117336585640782648494276441137639386692
48031183644536985891754426473998822846218449008777
69776312795722672655562596282542765318300134070922
33436577916012809317940171859859993384923549564005

70995585611349802524990669842330173503580440811685
52653117099570899427328709258487894436460050410892
26691783525870785951298344172953519537885534573742
60859029081765155780390594640873506123226112009373
10804854852635722825768203416050484662775045003126
20080079980492548534694146977516493270950493463938
24322271885159740547021482897111777923761225788734
77188196825462981268685817050740272550263329044976
27789442362167411918626943965067151577958675648239
93917604260176338704549901761436412046921823707648
87834196896861181558158736062938603810171215855272
66830082383404656475880405138080163363887421637140
64354955618689641122821407533026551004241048967835
28588290243670904887118190909494533144218287661810
31007354770549815968077200947469613436092861484941
78501718077930681085469000944589952794243981392135
05586422196483491512639012803832001097738680662877
92397180146134324457264009737425700735921003154150
89367930081699805365202760072774967458400283624053
46037263416554259027601834840306811381855105979705
66400750942608788573579603732451414678670368809880
60971642584975951380693094494015154222219432913021
73912538355915031003330325111749156969174502714943
31515588540392216409722910112903552181576282328318
23425483261119128009282525619020526301639114772473
31485739107775874425387611746578671169414776421441
11126358355387136101102326798775641024682403226483
46417663698066378576813492045302240819727856471983
96308781543221166912246415911776732253264335686146
18654522268126887268445968442416107854016768142080
88502800541436131462308210259417375623899420757136
27516745731891894562835257044133543758575342698699
47254703165661399199968262824727064133622217892390
31760854289437339356188916512504244040089527198378
73864805847268954624388234375178852014395600571048
11949884239060613695734231559079670346149143447886
36041031823507365027785908975782727313050488939890
09923913503373250855982655867089242612429473670193
90772713070686917092646254842324074855036608013604
66895118400936686095463250021458529309500009071510
58236267293264537382104938724996699339424685516483
26113414611068026744663733437534076429402668297386
52209357016263846485285149036293201991996882851718
39536691345222444708045923966028171565515656661113
59823112250628905854914509715755390024393153519090
21071194573002438801766150352708626025378817975194
78061013715004489917210022201335013106016391541589

57803711779277522597874289191791552241718958536168
05947412341933984202187456492564434623925319531351
03311476394911995072858430658361935369329699289837
91494193940608572486396883690326556436421664425760
79147108699843157337496488352927693282207629472823
81537409961545598798259891093717126218283025848112
38901196822142945766758071865380650648702613389282
29949725745303328389638184394477077940228435988341
00358385423897354243956475556840952248445541392394
10001620769363684677641301781965937997155746854194
63348937484391297423914336593604100352343777065888
67781139498616478747140793263858738624732889645643
59877466763847946650407411182565837887845485814896
29612739984134427260860618724554523606431537101127
46809778704464094758280348769758948328241239292960
58294861919667091895808983320121031843034012849511
62035342801441276172858302435598300320420245120728
72535581195840149180969253395075778400067465526031
44616705082768277222353419110263416315714740612385
04258459884199076112872580591139356896014316682831
76323567325417073420817332230462987992804908514094
79036887868789493054695570307261900950207643349335
91060245450864536289354568629585313153371838682656
17862273637169757741830239860065914816164049449650
11732131389574706208847480236537103115089842799275
44268532779743113951435741722197597993596852522857
45263796289612691572357986620573408375766873884266
40599099350500081337543245463596750484423528487470
14435454195762584735642161981340734685411176688311
86544893776979566517279662326714810338643913751865
94673002443450054499539974237232871249483470604406
34716063258306498297955101095418362350303094530973
35834462839476304775645015008507578949548931393944
89921612552559770143685894358587752637962559708167
76438001254365023714127834679261019955852247172201
77723700417808419423948725406801556035998390548985
72354674564239058585021671903139526294455439131663
13453089390620467843877850542393905247313620129476
91874975191011472315289326772533918146607300089027
76896311481090220972452075916729700785058071718638
10549679731001678708506942070922329080703832634534
52038027860990556900134137182368370991949516489600
75504934126787643674638490206396401976668559233565
46391383631857456981471962108410809618846054560390
38455343729141446513474940784884423772175154334260
30669883176833100113310869042193903108014378433415
13709243530136776310849135161564226984750743032971

6746964066653152703532546711266752246055119958183 1
9637637076179919192035795820075956053023462677579 4
3936307463056901080114942714100939136913810725813 7
8135789400559950018354251184172136055727522103526 8
0373572652792241737360575112788721819084490061780 1
3889710770822931002797665935838758909395688148560 2
6322439372656247277603789081445883785501970284377 9
3624078250527048758164703245812908783952324532378 9
6029841669225489649715606981192186584926770403956 4
8127810217991321741630581055459880130048456299765 1
1212415363745150056350701278159267142413421033015 6
6165356024733807843028655257222753049998837015348 7
9300806260180962381516136690334111138653851091936 7
3938352293458883225508870645075394739520439680790 6
7086806445096986548801682874343786126453815834280 7
5306184548590379821799459968115441974253634439960 2
9025100158882721647450068207041937615845471231834 6
0072629339550548239557137256840232268213012476794 5
2264482091023564775272308208106351889915269288910 8
4555711266039650343978962782500161101532351605196 5
5904211844949907789992007329476905868577878720982 9
0135295661397888486050978608595701773129815531495 1
6814671769597609942100361835591387778176984587581 0
4466283998806006162298486169353373865787735983361 6
1338413385368421197893890018529569196780455448285 8
4837011709672125353387586215823101331038776682721 1
5726949518179589754693992642197915523385766231676 2
7547570354699414892904130186386119439196283887054 3
6777432242768091323654494853667680000010652624854 7
3055861598999140170769838548318875014293890899506 8
5453076511680333732226517566220752695179144225280 8
1651716677667279303548515420402381746089232839170 3
2754257508676551178593950027933895920576682789677 6
4453184040418554010435134838953120132637836928358 0
8271937831265496174599705674507183320650345566440 3
4490453627560011250184335607361222765949278393706 4
7842645676338818807565612168960504161139039063960 1
6202215368494109260538768871483798955999911209916 4
6464411918568277004574243434021672276445589330127 7
8158686952506949936461017568506016714535431581480 1
0545886056455013320375864548584032402987170934809 1
0556211671546848477803944756979804263180991756422 8
0987399876697323769573701580806822904599212366168 9
0259627304306793165311494017647376938735140933618 3
3216142802149763399189835484875625298752423873077 5
5955595546519639440182184099841248982623673771467 2
2606163364329640633572810707887581640438148501884 1

14318859882769449011932129682715888413386943468285
90066640806314077757725705630729400492940302420498
41656547973670548558044586572022763784046682337985
28271057843197535417950113472736257740802134768260
45022851579795797647467022840999561601569108903845
82450267926594205550395879229818526480070683765041
83656209455543461351341525700659748819163413595567
19649654032187271602648593049039787489589066127250
79482827693895352175362185079629778514618843271922
32238101587444505286652380225328438913752738458923
84422535472653098171578447834215822327020690287232
33005386216347988509469547200479523112015043293226
62827276321779088400878614802214753765781058197022
26309717495072127248479478169572961423658595782090
83073323356034846531873029302665964501371837542889
75579714499246540386817992138934692447419850973346
26793321072686870768062639919361965044099542167627
84091466985692571507431574079380532392523947755744
15918458215625181921552337096074833292349210345146
26437449805596103307994145347784574699992128599999
39961228161521931488876938802228108300198601654941
65426169685867883726095877456761825072759929508931
80521872924610867639958916145855058397274209809097
81729323930106766386824040111304024700735085782872
46271349463685318154696904669686939254725194139929
14652423857762550047485295476814795467007050347999
58886769501612497228204030399546327883069597624936
15101024365553522306906129493885990157346610237122
35478911292547696176005047974928060721268039226911
02777226102544149221576504508120677173571202718024
29681062037765788371669091094180744878140490755178
20385653909910477594141321543284406250301802757169
65082096427348414695726397884256008453121406593580
90412711359200419759851362547961606322887361813673
73244506079244117639975974619383584574915988097667
44709300654634242346063423747466608043170126005205
59284936959414340814685298150539471789004518357551
54125223590590687264878635752541911288877371766374
86027660634960353679470269232297186832771739323619
20077745221262475186983349515101986426988784717193
96649769070825217423365662725928440620430214113719
92278526998469884770232382384005565551788908766136
01304770984386116870523105531491625172837327286760
07248172987637569816335415074608838663640693470437
20668865127568826614973078865701568501691864748854
16791545965072342877306998537139043002665307839877
63850323818215535597323530686043010675760838908627

04984188859513809103042359578249514398859011318583
58406674723702971497850841458530857813391562707603
56390763947311455495832266945702494139831634332378
97595568085683629725386791327505554252449194358912
84050452269538121791319145135009938463117740179715
12283785460116035955402864405902496466930707769055
48102885020808580087811577381719174177601733073855
47580060560143377432990127286772530431825197579167
92969965041460706645712588834697979642931622965520
16879730003564630457930884032748077181155533090988
70255052076804630346086581653948769519600440848206
59673794731680864156456505300498816164905788311543
45485052660069823093157776500378070466126470602145
75057932709620478256152471459189652236083966456241
05195510522357239739512881816405978591427914816542
63289200428160913693777372229998332708208296995573
77273756676155271139225880552018988762011416800546
87365580633471603734291703907986396522961312801782
67971728982293607028806908776866059325274637840539
76918480820410219447197138692560841624511239806201
13184541244782050110798760717155683154078865439041
21087303240201068534194723047666672174986986854707
67812051247367924791931508564447753798537997322344
56122785843296846647513336573692387201464723679427
87004250325558992688434959287612400755875694641370
56251400117971331662071537154360068764773186755871
48783989081074295309410605969443158477539700943988
39491443235366853920994687964506653398573888786614
76294434140104988899316005120767810358861166020296
11936396821349607501116498327856353161451684576956
87109002999769841263266502347716728657378579085746
64607722834154031144152941880478254387617707904300
01566986776795760909966936075594965152736349811896
41304331166277471233881740603731743970540670310967
67657486953587896700319258662594105105335843846560
23391796749267844763708474978333655579007384191473
19886271352595462518160434225372996286326749682405
80602964211463864368642247248872834341704415734824
81833301640566959668866769563491416328426414974533
34999948000266998758881593507357815195889900539512
08535103572613736403436753471410483601754648830040
78464167452167371904831096767113443494819262681110
73994825060739495073503169019731852119552635632584
33909982249862406703107683184466072912487475403161
79699411397387765899868554170318847788675929026070
04321266617919223520938227878880988633599116081923
53555704646349113208591897961327913197564909760001

```
3996234445535014346426860464495862476909434704 8293
2941404111465409239883444351591332010773944111 8407
4107684981066347241048239358274019449356651610 8846
3125678529776973468430306146241803585293315973 4583
0384554103370109167677637427621021370135485445 0926
3071901147318485749233181672072137279355679528 4439
2548156091372812840633303937356242001604566455 7414
5881660521666087387480472433912129558777639069 6903
7078828527753894052460758496231574369171131761 3478
3882719416860662572103685132156647800147675231 0393
5786068961112599602818393095487090590738613519 1459
1819510297327875571049729011487171897180046961 6977
7001791391961379141716270701895846921434369676 2927
4591099400600849835684252019155937037010110497 4733
9493877885989417433031785348707603221982970579 7511
9144051099423588303454635349234982688362404332 7267
4155403016195056806541809394099820206099941402 1689
0900708213307230896621197755306659188141191577 8362
7292746156185710372172471009521423696483086410 2592
8874579993223749551912219519034244523075351338 0685
6807354464995127203174487195403976107308060269 9062
5807602029273145525207807991418429063884437349 9681
4582733720726639176702011830046481900024130835 0884
6584152148991276106513741539435657211390328574 9187
6909441370209051703148777346165287984823533829 7260
1361109845148418238081205409961252745808810994 8697
2216128524897425555516076371675054896173016809 6138
0381191436114399210638005083214098760459930932 4851
0251682944672606661381517457125597549535802399 8314
6982203613380828499356705575524712902745397762 1404
9318201465800802156653606776550878380430413431 0591
8046068000834591136640834887408005741272586704 79225
8319127415739080914383138456424150940849133918 0968
4025116399193685322555733896695374902662092326 1318
8558915808324555719484538756287861288590041060 0607
3746501402627824027346962528217174941582331749 2396
8353013617865367376064216677813773995100658952 8877
4276626368418306801908046098498094697636673356 6228
2915132352788806157768278159588669180238940333 0764
4191240341202231636857786035727694154177882643 5238
1319050280870185750470463129333537572853866058 8890
4583111450773942935201994321971171642235005644 0429
7989208159430716701985746927384865383343614579 4634
1759225738985880016980147574205429958012429581 0545
6510831046297282937584161162532562516572498078 4920
9989799062003593650993472158296517413579849104 7111
```

67319625598520260729476740726167671455736498121056
77716893484917660771705277187601199908144113058645
57791052568430481144026193840232247093924980293355
07318458903553971330884461741079591625117148648744
68611247605428673436709046678468670274091881014249
71114965781772427934707021668829561087779440504843
75284433751088282647719785400065097040330218625561
47332117771174413350281608840351781452541964320309
57601869464908868154528562134698835544456024955666
84366029221951248309106053772019802183101032704178
38665447181260397190688462370857518080035327047185
65949947612424811099928867915896904956394762460842
40659309486215076903149870206735338483495508363660
17848771060809804269247132410009464014373603265645
18456679245666955100150229833079849607994988249706
17236744936122622296179081431141466094123415935930
95854079139087208322733549572080757165171876599449
85693795623875551617575438091780528029464200447215
39628074636021132942559160025707356281263873310600
58910652457080244749375431841494014821199962764531
06800663118382376163966318093144467129861552759820
14514102756006892975024630401735148919457636078935
28555053173314164570504996443890936308438744847839
61684051845273288403234520247056851646571647713932
37755172947951261323982296023945485797545865174587
87713318138752959809412174227300352296508089177705
06825924882232215493804837145478164721397682096332
05083056479204820859204754998573203888763916019952
40918938945576768749730856955958010659526503036266
15975066222508406742889826590751063756356996821151
09496697445805472886936310203678232501823237084597
90111548472087618212477813266330412076216587312970
81123075815982124863980721240786887811450165582513
61789030708608701989758898074566439551574153631931
91981070575336633738038272152798849350397480015890
51942087971130805123393322190346624991716915094854
14018710603546037946433790058909577211808044657439
62806186717861017156740967662080295766577051291209
90794430463289294730615951043090222143937184956063
40561893425130572682914657832933405246350289291754
70872564842600349629611654138230077313327298305001
60256724014185152041890701154288579920812198449315
69990591820118197335001261877280368124819958770702
07532406361259313438595542547781961142935163561223
49666152261473539967405158499860355295332924575238
88101362023476246690558164389678630976273655047243
48643071218494373485300606387644566272186661701238

12771562137974614986132874411771455244470899714452
28856629424402301847912054784985745216346964489738
92062401943518310088283480249249085403077863875165
91130287395878709810077271827187452901397283661484
21428717055317965430765045343246005363614726181809
69976933486264077435199928686323835088756683595097
26557481543194019557685043724800102041374983187225
96773871549583997184449072791419658459300839426370
20875635398216962055324803212267498911402678528599
67340524203109179789990571882194939132075343170798
00237365909853755202389116434671855829068537118979
52626234492483392496342449714656846591248918556629
5893299090352392333364743520370770101084388003290
75983421701855422838616172104176030116459187805393
67447472059985023582891833692922337323999480437108
41965947316265482574809948250999183300697656936715
96893644933488647442135008407006608835972350395323
40179582557036016936990988671132109798897070517280
75585519126993067309925070407024556850778679069476
61262980822516331363995211709845280926303759224267
42575599892892783704744452189363203489415521044597
26188380030067761793138139916205806270165102445886
92476492468919246121253102757313908404700071435613
62316992371694848132554200914530410371354532966206
39210547982439212517254013231490274058589206321758
94943454890684639931375709103463327141531622328055
22972979538018801628590735729554162788676498274186
16421878988574107164906919185116281528548679417363
89066538857642291583425006736124538491606741373401
73572779956341043326883569507814931378007362354180
07061918026732855119194267609122103598746924117283
74931261633950012395992405084543756985079570462226
64619000103500490183034153545842833764378111988556
31877779253720116671853954183598443830520376281944
07615941068207169703022851522505731260930468984234
33152732131361216582808075212631547730604423774753
50595228717440266638914881717308643611138906942027
90881431194487994171540421034121908470940802540239
32942945493878640230512927119097513536000921971105
41209668311151632870542302847007312065803262641711
61659576132723515666625366727189985341998952368848
30999302757419916463841427077988708874229277053891
22717248632202889842512528721782603050099451082478
35729056919885554678860794628053712270424665431921
45281760741482403827835829719301017888345674167811
39895475044833931468963076339665722672704339321674
54218245570625247972199786685427989779923395790575

81890622525473582205236424850783407110144980478726
69199018643882293230538231855973286978092225352959
10173414073348847610055640182423921926950620831838
14546983923664613639891012102177095976704908305081
85470419466437131229969235889538493013635657618610
60622287055994233716310212784574464639897381885667
46260879482018647487672727222062676465338099801966
88368099415907577685263986514625333631245053640261
05696055131838131742611844201890888531963569869627
95036738424313011331753305329802016688817481342988
68158557781034323175306478498321062971842518438553
44276201282345707169885305183261796411785796088881
50329602290705614476220915094739035946646916235396
80920139457817589108893199211226007392814916948161
52738427362642980982340632002440244958944561291670
49508235812487391799648641133480324757775219708932
77226234948601504665268143987705161531702669692970
49283162855042128981467061953319702695072143782304
76875280287354126166391708245925170010714180854800
63692325946201900227808740985977192180515853214739
26532515590354102092846659252999143537918253145452
90598415817637058927906909896911164381187809435371
52133226144362531449012745477269573939348154691631
16249288735747188240715039950094467319543161938554
85207665738825139639163576723151005556037263394867
20820780865373494244011579966750736071115935133195
91971209489647175530245313647709420946356969822266
73775209945168450643623824211853534887989395673187
80660610788544000550827657030558744854180577889171
92078814233511386629296671796434687600770479995378
83387870348718021842437342112273940255717690819603
09201824018842705704609262256417837526526335832424
06612533115294234579655695025068100183109004112453
79015332966156970522379210325706937051090830789479
99900499939532215362274847660361367769797856738658
46709366795885837887956259464648913766521995882869
33801836011932368578558581955560421562508836502033
32202451376215820461810670519533065306060650105488
71672453779428313388716313955969058320834168984760
65607118347136218123246227258841990286142087284956
87963932546428534307530110528571382964370999035694
88852851904029560473461311382638788975517885604249
98748316382804046848618938189590542039889872650697
62020199554841265000539442820393012748163815853039
64399254702016727593285743666616441109625663373054
09219519675148328734808957477775278344221091073111
35182804603634719818565557295714474768255285786334

934285842311874944000322969069775831590385803935 35
213588600796003420975473922967333106493956018122 37
812854584317605561733861126734780745850676063048 22
940965304111830667108189303110887172816751957967 53
471885372293096161432040063813224658411111577583 58
581135018569047815368938137718472814751998350504 78
129771859908470762197460588742325699582889253504 19
379582606162118423687685114183160683158679946016 52
057740529423053601780313357263267054790338401257 30
591233960188013782542192709476733719198728738524 80
574212489211834708766296672072723256505651293331 26
059505777727542471241648312832982072361750574673 87
012820957554430596839555568686118839713552208445 28
526400812520276655576774959696266126045652456840 86
139238265768583384698499778726706555191854468698 46
947849573462260629421962455708537127277652309895 54
501930377321666491825781546772920052126671434632 09
637891852323215018976126034373684067194193037746 88
099929687758244104787812326625318184596045385354 38
391144967753128642609252115376732588667226040425 23
491087026958099647595805794663973419064010036361 90
404203311357933654242630356145700901124480089002 08
014780566037101541223288914657223931450760716706 43
556827437743965789067972687438473076346451677562 10
309860409271709095128086309029738504452718289274 96
892121066700816485833955377359191369501531620189 08
887484210798706899114804669270650940762046502772 52
865072890532854856143316081269300569378541786109 69
692025388650345771831766868859236814884752764984 68
821949739729707737187188400414323127636504814531 12
285099002074240925585925292610302106736815434701 52
523487863516439762358604191941296976904052648323 47
009911154242601273438022089331096686367898694977 99
400126016422760926082349304118064382913834735467 97
253992623387915829984864592717340592256207491053 08
531537182911681637219395188700957788181586850464 50
769934394098743351443162633031724774748689791820 92
394808331439708406730840795893581089665647758599 05
563769525232653614424780230826811831037735887089 24
061303133647737101162821461466167940409051861526 03
600925219472188909181073358719641421444786548995 28
582343947050079830388538860831035719306002771194 55
802191194289992272235345870756624692617766317885 51
443502182870266856106650035310502163182060176092 17
984684936863161293727951873078972637353717150256 37
873357977180818487845886650433582437700414771041 49
349274384575871071597315594394264125702709651251 08

1155482479394035976811881172824721582501094960966 2
5393395380922195591918188552678062149923172763163 2
1833989693807561685591175299845013206712939240414 4
5938623988093812404521914848316462101473891825101 0
9096773869066404158973610476436500068077105656718 4
8628149637111883219244566394581449148616550049567 6
9826903089111856879869294705135248160917432430153 8
3684707292898982846022237301452655679898627767968 0
9146979837826876431159883210904371561129976652153 9
6354644208691975673700057387649784376862876817924 9
7469438427465256316323005551304174227341646455127 8
1278457777245752038654375428282567141288583454443 5
1325620544642410110379554641905811686230596447695 8
7054072141985212106734332410756767575818456990693 0
4604752277016700568454396923404171108988899341635 0
5851578873534308155208117720718803791040469830695 7
8685473937656433631979786803671873079693924236321 4
4845035477631567025539006542311792015346497792906 6
2415083288583952905426376876689688050333172278001 8
5885069736232403894700471897619347344308437443759 9
2503417880797223585913424581314404984770173236169 4
7197657153531977549971627856631190469126091825912 4
9890367654176979903623755286526375733763526969344 3
5440047306719886890196814742876779086697968852250 1
6369498567302175231325292653758964151714795595387 8
4278499866456302878831962099830494519874396369070 6
8276265748581043911223261879405994155406327013198 9
8957037611053236062986748037791537675115830432084 9
8720920280929752649812569163425000522908872646925 2
8466610466539217148208013050229805263783642695973 3
7070539227891535105688839381132497570713310295044 3
0346715989448786847116438328050692507766274500122 0
0352620370946602341464899839025258883014867816219 6
7751945831677187627572005054397944124599007711520 5
1546199305098386982542846407255540927403132571632 6
4079293418334214709041254253352324802193227707535 5
5467958716383587501815933871742360615511710131235 2
5633485820365146141870049205704372018261733194715 7
0086757853933607862273955818579758725874410254207 7
1054753612940474601000940954449596628814869159038 9
9071865980563617137692227290764197755177720104276 4
9694961105622059250242021770426962215495872645398 9
2276976603105249808557594716310758701332088614632 6
6412591148633881220284440694169488261529577625325 0
1987035987067438046982194205638125583343642194923 2
2759372212890564209430823525440841108645453694049 6
9271494003319782861318186188811118408257865928757 4

26384450059944229568586460481033015388911499486935
43603022181094346676400002236255057363129462629609
61987605642599639461386923308371962659547392346241
34597795748524647837980795693198650815977675350553
91899115133525229873611277918274854200868953965835
94219633315028695611920122988898870060799927954111
88269023078913107603617634779489432032102773359416
90865007193280401716384064498787175375678118532132
84082165711075495282949749362146082155832056872321
85574065161096274874375098092230211609982633033915
46949464449100451528092508974507489676032409076898
36529406579201983152654106581368237919840906457124
68948470209357761193139980246813405200394781949866
20262400890215016616381353838151503773502296607462
79529103840686855690701575166241929872444827194293
31004854824454580718897633003232525821581280327467
96200281476243182862217105435289834820827345168018
61317195933247110746622850871066611770346535283 95
77625997744672185715816126411143271794347885990892
80848669491413909771673690027775850268664654056595
03948678411107901161040085727445629384254941675946
05487117235946429105850909950214958793112196135908
31588262068233215615308683373083817327932819698387
50870834838804638847844188400318471269745437093732
98362402875197920802321878744882872843727378017827
00805878241074935751488997891173974612932035108143
27032514090304874622629423443275712600866425083331
87688650756429271605525289544921537651751492196367
18104943531785838345386525565664065725136357506435
32365089367904317025978781771903148679638408288102
09461490079715137717099061954969640070867667102330
04867263147551053723175711432231741141168062286420
63889062101923552235467116621374996932693217370431
05987225039456574924616978260970253359475020913836
67377289443869640002811034402608471289900074680776
48440887113413525033678773167977093727786821661178
65344231732264637847697875144332095340001650692130
54647689098505020301504488083426184520873053097318
94929164253229336124315143065782640702838984098416
02950309241897120971601649265613413433422298827909
92178604267981245728534580133826099587717811310216
73402565627440072968340661984806766158050216918337
23680399027931606420436812079900316264449146190219
45822969099212278855394878353830564686488165556229
43156731282743908264506116289428035016613366978240
51770155219626522725455850738640585299830379180350

91511473134400018325703449209097124358094479004624
94313455028900680648704293534037436032625820535790
11839564908935434510134296961754524957396062149028
87289327925206965353863964432253883275224996059869
74759882329916263545973324445163755334377492928990
58117578635555626937426910947117002165411718219750
05198317871371060510637955585889055688528879890847
50915764639074693619881507814685262133252473837651
19299015610918977792200870579339646382749068069876
91681974923656242260871541761004306089043779766785
19661891404144925270480881971498801542057787006521
59400928977760133075684796699295543365613984773806
03943688958876460549838714789684828053847017308711
17761159663505039979343869339119789887109156541709
13308260764740630571141109883938809548143782847452
88383680794188843426662220704387228874139478010177
21392281911992365405516395893474263953824829609036
90028835932774585506080131798840716244656399794827
57836501955142215513392819782269842786383916797150
91262410548725700924070045488485692950448110738087
99654748156891393538094347455697212891982717702076
66136024895814681191336141212587838955773571949863
17210844398901423948496659251731388171602663261931
06536653504147307080441493916936326237376777709585
03132559900957627319573086480424677012123270205337
42667053142448208168130306397378736642483672539837
48769098060218278578621651273856351329014890350988
32706172589325753639939790557291751600976154590447
71692265806315111028038436017374742152476085152099
01615858231257159073342173657626714239047827958728
15050956330928026684589376496497702329736413190609
82740633531089792464242134583740901169391964250459
12881340349881063540088759682005440836438651661788
05576089568967275315380819420773325979172784376256
61184319891025007491829086475149794003160703845549
46538594602745244746681231468794344161099333890899
26384118474252570445725174593257389895651857165759
61481266020310797628254165590506042479114016957900
33835657486925280074302562341949828646791447632277
40055294609039401775363356554719310001754300475047
19144899841040015867946179241610016454716551337074
07395026044276953855383439755054887109978520540117
51697475813449260794336895437832211724506873442319
89878844128542064742809735625807066983106979935260
69339213568588139121480735472846322778490808700246
77763036055512323866562951788537196730346347012229
39581606792509153217489030840886516061119011498443

41235012464692802880599613428351188471544977127847
33617662850621697787177438243625657117794500644777
18370221999106695021656757644044997940765037999954
84500271066598781360380231412683690578319046079276
52972776940436130230517870805465115424693952651271
01052927070306673024447125973939950514628404767431
36373997825918454117641332790646063658415292701903
02760173394748669603486949765417524293060407270050
59039503148522921392575594845078867977925253931765
15641619716844352436979444735596426063339105512682
60615957262170366985064732812667245219890605498802
80782881429796336696744124805982192146339565745722
10229867759974673812606936706913408155941201611596
01902377535255563006062479832612498812881929373434
76862689219239777833910733106588256813777172328315
32908252509273304785072497713944833389255208117560
84529665905539409655685417060011798572938139982583
19293679100391844099286575605993598910002969864460
97471471847010153128376263114677420914557404181590
88000649432378558393085308283054760767995243573916
31221886057549673832243195650655460852881201902363
64471270374863442172725787950342848631294491631847
53475314350413920961087960577309872013524840750576
37199253650470908582513936863463863368042891767107
60211115982887553994012007601394703366179371539630
61398636554922137415979051190835882900976566473007
33879314678913181465109316761575821351424860442292
44530411316065270097433008849903467540551864067734
26035834096086055337473627609356588531097609942383
47382222087292464497684560579562516765574088410321
73134562773585605235823638953203853402484227337163
91239732159954408284216666360232965456947035771848
73442034227706653837387506169212768015766181095420
09770836360436111059240911788954033802142652394892
96864398089261146354145715351943428507213534530183
15875628275733898268898523557799295727645229391567
47756667605108788764845349363606827805056462281359
88858792599409464460417052044700463151379754317371
87756039815962647501410906658866162180038266989961
96558058720863972117699521946678985701179833244060
18115756580742841829106151939176300591943144346051
54047710570054339000182453117733718955857603607182
86050635647997900413976180895536366960316219311325
02238517916720551806592635180362512145759262383693
48222665895576994660491938112486609099798128571823
49400661555219611220720309227764620099931524427358
94887105766238946938894464950939603304543408421024

62401048723328750081749179875543879387381439894238
01176270083719605309438394006375611645856094312951
75977139353960743227924892212670458081833137641658
18269562105872892447740035947009268662659651422050
63007859200248829186083974373235384908396432614700
05324235406470420894992102504047267810590836440074
66380020870126664209457181702946752278540074508552
37772089058168391844659282941701828823301497155423
52359117748186285929676050482038643431087795628929
25405638946621948268711042828163893975711757786915
43016505860296521745958198887868040811032843273986
71986213062055598552660364050462821523061545944744
89908839081999738747452969810776201487134000122535
52224669540931521311533791579802697955571050850747
38747507580687653764457825244326380461430428892359
34852961058269382103498000405248407084403561167817
17051281337880570564345061611933042444079826037795
11985486945591520519600930412710072778493015550388
95360338261929343797081874320949914159593396368110
62755729527800425486306005452383915106899891357882
00194117865356821491185282078521301255185184937115
03422159542244511900207393539627400208110465530207
93286725474054365271759589350071633607632161472581
54076420530200453401835723382926619153083540951202
26329165054426123619197051613839357326693760156914
42994494374485680977569630312958871916112929468188
49363386473927476012269641588489009657170861605981
47204467428664208765334799858222090619802173211614
23041947775499073873856794118982466091309169177227
42072333676350326783405863019301932429963972044451
79288122854478211953530898910125342975524727635730
22628138209180743974867145359077863353016082155991
13141442050914472935350222308171936635093468658586
56314855575862447818620108711889760652969899269328
17870557643514338206014107732926106343152533718224
33852635202177354407152818981376987551575745469397
27150488469793619500477720970561793913828989845327
42622728864710888327017372325881824465843624958059
25603381052156062061557132991560848920643403033952
62263451454283678698288074251422567451806184149564
68611163540497189768215422772247947403357152743681
94098920501136534001238467142965518673441537416150
42563256713430247655125219218035780169240326699541
74608759240920700466934039651017813485783569444076
04702325407555577647284507518268904182939661133101
60131119077398632462778219023650660374041606724962
49013743321724645409741299557052914243820807609836

48234659738866913499197840131080155813439791948528
30436739012482082444814128095443773898320059864909
15950532285791457688496257866588599917986752055455
80990045564611787552493701245532171701942828846174
02736649978475508294228020232901221630102309772151
56944642790980219082668986883426307160920791408519
76952355534886577434252775311972474308730436195113
96119080030255878387644206085044730631299277888942
72918972716989057592524467966018970748296094919064
87646937027507738664323919190422542902353189233772
93166736086996228032557185308919284403805071030064
77684786324319100022392978525537237556621364474009
67605394398382357646069924652600890906241059042154
53927904411529580345334500256244101006359530039598
86446616959562635187806068851372346270799732723313
46939714562855426154676506324656766202792452085813
47717608521691340946520307673391841147504140168924
12131982688156866456148538028753933116023229255561
89410429953356400957864953409351152664540244187759
49316930560448686420862757201172319526405023099774
56764783848897346431721598062678767183800524769688
40849891850861490034324034767426862459523958903585
82135006450998178244636087317754378859677672919526
11121385919472545140030118050343787527766440276261
89410175768726804281766238606804778852428874302591
45247073950546525135339459598789619778911041890292
94381856720507096460626354173294464957661265195349
57018600154126239622864138977967333290705673769621
56498184506842263690367849555970026079867996261019
03933126376855696876702929537116252800554310078640
87289392257145124811357786276649024251619902774710
90335933309304948380597856628844787441469841499067
12376478958226329490467981208998485716357108783119
18486302545016209298058292083348136384054217200561
21989353669371336733392464416125223196943471206417
37549121635700857369439730597970971972666664226743
11177621764030686813103518991122713397240368870009
96862922546465006385288620393800504778276912835603
37254825579391298525150682996910775425764748832534
14121328006267170940090982235296579579978030182824
28490221470748111124018607613415150387569830918652
78065889668236252393784527263453042041880250844236
31903833183845505223679923577529291069250432614469
50109861088899914658551881873582528164302520939285
25807796973762084563748211443398816271003170315133
44023095263519295886806908213558536801610002137408
51154484912685841268695899174149133820578492800698

2551957402018181056412972508360703568510553317878408290000415525118657794539633175385320921497205266
0783126028196116485809868458752512999740409279768317663991465538610893758795221497173172813151793290
4431121815871023518740757222100123768721944747209349312324107065080618562372526732540733324875754482
9675734500193219021991199607979893733836732425761039389853492787774739805080800155447640610535222023
2540944356771879456543040673589649101761077594836454082348613025471847648518957583667439979150851285
8020607820554462991723202028222914886959399729974297471155371858924238493855858595407438104882624648
7880533042714630119415898963287926783273224561038521970111304665871005000832851773117764897352309266
6123458887310288351562644602367199664455472760831011878838915114934093934475007302585581475619088139
8752357812331342279866503522725367171230756861045004548970360079569827626392344107146584895780241408
1584052295369374997106655948944592462866199635563506526234053394391421112718106910522900246574236041
3009369188925586578466846121567955425660541600507127664176605687427420032957716064344860620123982169
8271723197826816628249938714995449137302051843669076723577400053932662622760323659751718925901801104
2903842741855078948874388327030632832799630072006980122443651163940869222207453202446241211558043545
4206421512158505689615735641431306888344318528085397592773443365538418834030351782294625370201578215
7373265523185763554098954033236382319219892171177449469403678296185920803403867575834111518824177439
1450773663840718804893582568685420116450313576333555094403192367203486510105610498727264721319865434
3545040913185951314518127643731043897250700498198705217627249406521461995923214231443977654670835171
4749367986186552791715824080651063799500184295938799158350171580759883784962257398512129810326379376
2183224565942366853767991131401080431397323354490908249104991433258432988210339846981417157560108297
0658306521134707680368069532297199059990445120908727577622535104090239288877942463048328031913271049
5478599180196967835321464441189260631526618167443193550817081875477050802654025294109218264858213857
5266881555841131985600221351588872103656960875150631875330029421186822218937755460272272912905042922
5978771066787384000061677215463844129237119352182849982435092089180168557279815642185819119749098573
0570332667646460728757430565372602768982373259745 0

84479649545648030771598153955827779139373601717422
99602735310276871944944491793978514463159731443535
18504914139415573293820485421235081739125497498193
08714396615132942045919380106231421774199184060180
34794988769105155790555480695387854006645337598186
28464199052204528033062636956264909108276271159038
56995051246529996062855443838330327638599800792922
84665950355121124528408751622906026201185777531374
79493620554964010730013488531507354873539056029089
33526400713274732621960311773433943673385759124508
14933573691166454128178817145402305475066713651825
82848980995121391939956332413365567770980030819102
72040997148687418134667006094051021462690280449159
64654533010775469541308871416531254481306119240782
11886900560277818242350226961893443525476335735364
85619363254417756613981703930632872166905722259745
20919291726219984440964615826945638023950283712168
64465617852355651641277128269186886155727162014749
34052276946595712198314943381622114006936307430444
17328478610177774383797703723179525543410722344551
25555899986461838767649039724611679590181000350989
28641204195163551108763204267612979826529425882951
14127584126273279079880755975185157684126474220947
97218433093529726652100156625145529947451276315509
17636730259462132930190402837954246323258550301096
70692272022707486341900543830265068121414213505715
41750575086399076739463351462090828889349383764393
99256900604067311422093312195936202982972351163259
38677224147791162957278075239505625158160313335938
23115005186268905306583681299881086632632719806112
71548858798093487912913707498230575929091862939195
01472119758606727009254771802575033773079939713453
95326461952699965963856549175904583335857991020127
13204583903200853878881633637685182083727885131175
22776960978796214237216254521459128183179821604411
13116714069148271709810154577819392023115638719508
05024679725792497605772625913328559726371211201905
72077140914864507409492671803581515757151405039761
09638467555692989703835473141002238025834687673501
29775413279532060971154506484212185936490997917766
87477448188287063231551586503289816422828823274686
61065927321979071623846421534898524762167890502609
98045266483929542357287343977680495774091449538391
57556548545905897649519851380100795801078375994577
52991967005476022525520344539887125387801719607181
64078124847847257912407824544361682345239570689514
27226975043187363326301110305342333582160933319121

88066082683414289104151732472160533558499932245487
30778822905252324234861531520976938461042582849714
96347534183756200301491570327968530186863157248840
15266398356895636346574353217834931998255421173084
67745297085839507616458229630324424328237737450517
02856069806788952176819815671078163340526675953942
49262807569683261074953233905362230908070814559198
37355377748742029039018142937311529334644468151212
94509759653430628421531944572711861490001765055817
70953024688752632501197052094761594167687277844720
00192789137251841622857783792284439084301181121496
36642465903363419454065718354477191244662125939265
66203068885200555991212353637182269225317814587925
93750441448933981608657900876165024635197045828895
48179375668104647461410514249887025213993687050937
23054477341126413548928068410591077166778212383328
10262185587751312721179344448201440425745083063944
73836379390628300897330624138061458941422769474793
16657176231824721683506780764875734204915576282175
83972975134478990696589532548940335615613167403276
47246921250575911625152965456854463349811431767025
72956618447754874693784642337372389819206620485118
94378868224807279352022501796545343757274163910791
97295295081294292220534771730418447791567399173841
83117103625243957161527146690058147000026330104526
43547865903290733205468338872078735444762647925297
69017091200787418373673508771337697768349634425241
99499513883150748775374338494582597655609965559543
18040920178497184685497370696212088524377013853757
68141663272241263442398215294164537800049250726276
51507890850712659970367087266927643083772296859851
69122305037462744310852934305273078865283977335246
01746352770320593817912539691562106363762588293757
13738407544064689647831007045806134467312715911946
08435935825987782835266531151065041623295329047772
17408355934972375855213804830509000964667608830154
06128243087406455944318534137552201663058121110334
53120745086824339432159043594430312431227471385842
03039010607094031523555617276799416002039397509989
76293353258555756248089966918298642226775023601932
57974726742578211119734709402357457222271212526852
38429587427350156366009318804549333898974157149054
41825597380808715652814301026704602843168192303925
35297795765862414392701549740879273131051636119137
57700892956482332364829826302460797587576774537716
01024908046243018565241617566556001608591215345562
67602192689982855377872583145144082654583484409478

```
46317877737479465358016996077940556870119232860804
11309046293508718271259346687127666948738998245985
27786499569165464029458935064964335809824765965165
14209098675520380830920323048734270346828875160407
15466538346196112230137594515792526967436425319273
90036038608236450762698827497618723575476762889950
75211480485252795084503395857083813047693788132112
36742813194879502280663201700224603319896719706491
63741175854851878484012054844672588851401562725019
82171906696081262778548596481836962141072171421498
63619187747545096503089570994709343378569816744658
28267911940611956037845397855839240761276344105766
75102430755981455278616781594965706255975507430652
10853015979080733437360794328667578905334836695554
86803913433720156498834220893399971641479746938696
90548000891930671380571715058573071488156499207140 8
67582596028760564597824237702424698053280566327870
41926768467116266879463486950464507420219373945259
26266861355294062478136120620263649819999949840514
38682852589563422643287076632993048917234007254717
64188685351372332667877921738347541480022803392997
35793615241275582956927683723123479898944627433045
45667900620324205163962825884430854383072014956721
06460533238537203143242112607424485845094580494081
82092763914000854042202355626021856434899414543995
04109805918179488826280520664410863190016885681551
69229486203010738897181007709290590480749092427141
01893354281842999598816966099383696164438152887721
40852680887574882932587358099056707558170179491619
06114001908553744882726200936685604475596557476485
67400817738170330738030547697360978654385938218722
05839023444435088674998665060406458743460053318274
36296177862518081893144363251205107094690813586440
51922951293245007883339878842933934243512634336520
43858129128343452973086529097833006712617981303167
94385535726296998740359570458452230856390098913179
47594875212639707837594486113945196028675121056163
89760088800927461158608002078033415914517970730368
35196977766076373785333012024120112046988609209339
08536577322239241244905153278095095586645947763448
22699860748132973026309750288121035177231244650953
49653693090018637764094094349837313251321862080214
80992268550294845466181471555744470966953017769043
42720318927706047177845279391604722815343798035396
79861424370956683221491465438014593829277393396032
75404800955223181666738035718393275707714204672383
86246178039762923771312095807893638414479298025880
```

65522129262093623930637313496640186619510811583471
17331202580586672763999276357907806381881306915636
62741254312595899361196476261014055635033995231403
23113819656236327198961837254845333702062563464223
95276694356837676136871196292181875457608161705303
15907288287007123136663087227549186613957737305460
65997437810987649802414011242142773668082751390959
31340415582626678951084677611866595766016599817808
94149857549762843878561002637965431783136340251358
14161151902096499133548733131115022700681930135929
59597164019719605362503355847998096348871803911161
28135959685654788683258564378961731597620024196215
52896297904819822199462269487137462444729093456470
02853769495885959160678928249105441251599630078136
83674902093749157328962700286568293444313423473512
39298259166739503425995868970697267332582735903121
28874666045146148785034614282776599160809039865257
57172630818334944418201935333850712923457743755793
44062178711330063106003324053991693682603746176638
56575887758020122936635327026710068126182517291460
82025418928859352444910701382062115538277935652969
14576502048643282865557934707209634807372692141186
89546732276775133569019015372366903686538916129168
88878764075254934942497334271811788927599315967193
54758988097924525262363659036320070854440784544797
34829180208204492667063442043755532505052752283377
88870408040335319234076856301093477721256390886404
13101073817853338316038135280828119040832564401842
05374679299262203769871801806112262449090924264198
58208617511771137890516091403815750033664241560952
16328197122335023167422600567941281406217219641842
70578432895980288233505982820819666624903585778994
03331522748177769528436816300885317696947836905806
71064828083598046698841098135158654906933319522394
36328792399053481098783027450017206543369906611778
45543646877236318444647680691428280045510746866453
92805399409108754939166095731619715033166968309929
46634914279878084225722069714887558063748030886299
51184731871247772919100702275888934869394562895158
02965372150409603107761289831263589964893410247036
03664505868728758905140684123812424738638542790828
27338279733268855049358743031602747490631295723497
42611221517417153133618622410913869500688835898962
34927631731647834007746088665559873338211382992877
69114954921841920877716060684728746736818861675072
21017261103830671787856694812948785048943063086169
94879870316051588410828235127415353851336589533294

```
86294944950618685147791058046960390693726626703865
12905201137810858616188886947957607413585534585151
76805197333443349523012039577073962377131603024288
72005373209982530089776189731298178819446717311606
47231476248457551928732782825127182446807824215216
46956781929409823892628494376024885227900362021938
66964822156280936053731780408637272684266964219299
46819214908701707533361094791381804063287387593848
26953558307739576144799727000347288018278528138950
32179863452161110666088393140532269449054555278678
94417579202440021450780192099804461382547805858048
44241640477503153605490659143007815837243012313751
15622840158386442708907182848167575271238467824595
34334449622010096071051370608461801187543120725491
33499424761711563332140893460915656155060031738421
87015702261031019166038870646614388977363187809407
11527528174689576401581047016965247557740891644568
67771715850058326994340167720215676772406812836656
52641229824394651331973591997094032759385026695574
70231813203243716420586141033606524536939160050644
95306016126782264894243739716671766123104897503188
57321655549883421218028469125290861014855278152776
25623750456375769497734336846015607727035509629049
39248708840628106794362241870474700836884267102255
83024035998416459511224852726336326451140173952480
86194635840783753556885622317115520947223065437092
60679735100056554938122457548372854571179739361575
61676416928958052572975223385586113883221711073622
65816218842443178857488798109026653793426664216990
91405653643224930133486798815488662866505234699723
55747384248305904236771432787923164224038777643301
92600192284778313837632536121025336935812624086866
69973827597736568222790721583247888864236934639616
43633087301398142114303060087306661648036789840913
35926293402304324974926887831643602681011309570716
14191283068657732353263965367739031766136131596555
35849993986005651559219367599777179330197446881483
71103206503693192894521402650915465184309936553493
33718342529843367991593941746622390038952767381333
06177476295749438687169784537672194935065908757119
17720875477107189937960894774512654757501871194870
73873678589020061737332107569330221632062843206567
11920969505857611739616323262177089454262146098584
10237813215817727602222738133495410481003073275107
79994899197796388353073444345753297591426376840544
22647842160631227696469671564739990437159033239065
60726644116438605404838847161912109008701019130726
```

0710441141432419767968285478855247794764818029597З
6049439700479596040292746299203572099761950140З48З
15380947714601056333446998820822120587281510729182
97121191787642488035467231691654185225672923442918
71281632325969654135485895771332083399112887759172
26115273379010341362085614577992398778325083550730
19981845902595835598926055329967377049172245493532
96833000022301815172265757875240588322490858212800
89747909326100762578770428656006996176212176845478
99644070506624171021332748679623743022915535820078
01411653480656474882306150033920689837947662550365
49822805329662862117930628430170492402301985719978
94883689718304380518217441914766042975243725168343
54112170386313794114220952958857980601529387527537
99030938871683572095760715221900279379292786303637
26876582268124199338480816602160372215471014300737
75377926990695871212892880190520316012858618254944
13353820784883465311632650407642428390870121015194
23196165226842200371123046430067344206474771802135
30701240988603533991526679238711017062218658835737
81210935179775604425634694999787251125440854522274
81091487430725986960204027594117894258128188215995
23596589791811440776533543217575952555361581280011
63846720319346507296807990793963714961774312119402
02129757312516525376801735910155733815377200195244
45436200718484756634154074423286210609976132434875
48847434539665981338717466093020535070271952983943
27142537115576660002578442303107342955153394506048
62227649666876240793243531929926392537310768921353
52572321080889819339168668278948281170472624501948
40970097576092098372409007471797334078814182519584
25980962417476101382526439551352593118850456362641
88300338539652435997416931322894719878308427600401
36807470390409723847394583489618653979059411859931
03561684368692194853820557803957738813606795499000
85123259442529724486666766834641402189915944565309
42344065066785194841776677947047204195882204329538
03263105374948831221803912796784461001397267538921
95119117836587662528083690053249004597410947068772
91232821430463533728351995364827432583311914445901
78096077828835837301118575436599589827245319253105
88115026307542571493943024453931870179923608166611
30542625399583389794297160207033876781503301028012
00959972522222808014235710947603519255444349299867
67817891045559063015953809761875920358937341978962
35893112598390259831026719330418921510968915622506
96591198283234555030590817307351955037216658702880

5399213857603703537710517802128012956684198414O362
8727256232144287543022109094727210734741349755l419
0737043318276626177275996888826027225247133683353 4
5281669277959132886138176634985772893690096574956 2
2871030243625907724122190943008717556926257580657 0
9912016659622436080242870024547362036394841255954 8
8172727247365346778364720191830399871762703751572 4
6499222894679323226936191776416146187956139566995 6
7783068290316589699430767333508234990790624100202 5
0613405734430069574547468217569044165154063658468 0
4636926212742110753990421887161276177870142588648 2
5775223889184599523376292377915585744549477361295 5
2595222657863646211837759847370034797140820699414 5
5807190802135907322692331008317595106590191212947 9
5408603640757358750205890208704579670007055262505 8
1142066390745921527330940682364944159089100922029 6
6805233252661989113118420162916310768940847235643 6
6808182168657219688268358402785500782804043453710 1
8365109695178233574303050485265373807353107418591 7
7056103973950626403554422751561011072617793706347 2
3804990666922161971194259120445084641746383589938 2
3994651739550900085947999013602667426149429006646 7
1150671754221770387745076735637421547829059110126 1
9157555870238957001405117822646989944917908301795 4
7587676016809410013583761357859135692445564776446 4
1786671153919513576961048649224900834467154863830 5
4477914330097680486878348184672733758436892724310 4
4740680768527862558516509208826381323362314873333 6
7147645204508766276149503899495048095604609896043 2
9123358348859990294526400284994280878624039811814 8
8476730121675416110662999555366819312328742570206 3
7383520200868636913117334697317412191536332467453 2
5630871347302792174956227014687325867891734558379 9
6435135880095935087755635624881049385299900767513 5
5135277924124292774885658885665132473025147102105 7
5352516511814850902750476845518252096331899068527 6
1443513821366215236889057878669943228881602837748 2
0355060160298940091197138501798716836337441392759 7
3644017007014763706655703504338121113576415018451 8
2141361982349515960106475271257593518530433287553 7
7830575095674254426847122196187091785607839361445 1
1383335649103256405733898667178123972237519316430 6
1701385953947436784339267098671245221118969084023 6
3274114966012434830989299417380305884171666130730 4
0067588380432111555379440605497721705942821514886 1
6567277124090338772774562909711013488518437411869 5
6554497457368452180669829110450580042998879538990 2

78043835962824094218605562877884288021275538848037
28640019441614257499904272009595204654170598104989
96750451193647117277222043610261407975080968697517
66002371877483480161203102346805671126447661237476
27852190241202569943534716226660893675219833111813
51114650385489502512065577263614547360442685949807
43969323312971273771573470997139522911826534851555
87137336629120242714302503763269501350911612952993
78586468130722648600827088133353819370368259886789
33212383270532976258573827900978264605455985551318
36688844628265133798491667839409761353766251798258
24966345877195012438404035914084920973375464247448
81761840700235695801774101776969250778148933866725
57898564589851056891960924398841569280696983352240
22563457049731224526935419383700484318335719651662
67215755241934019330990183193091965829209696562476
67683659647019595754739345514337413708761517323677
20422738567427917069820454995309591887243493952409
44416789988463198455048523936629720797774528143994
18256789457795712552426826089940863317371538896262
88962940211210888442737656862452761213037101730078
51357154045330415079594477761435974378037424366469
73247138410492124314138903579092416036406314038149
83148190525172093710396402680899483257229795456404
27017577229041732347960736187878899133183058430693
94825961318713816423467218730845133877219086975104
94284376932502498165667381626061594176825250999374
16728839517440669325496534031014522253161890092353
76486378482881344209870048096227171226407489571939
00291857330746010436072919094576799461492929042798
16877294264877299528584346477753869069501489841339
24540394144680263625402118614317031251117577642829
91464453340892097696169909837265236176874560589470
49681701369749095230720826828878907301900182534258
05343421705928713931737993142410852647390948284596
41809361413847583113613057610846236683723769591349
26158245162215521348792441450417568480641206365201
70386330129532777699023118648020067556905682295016
35493199230591424639621702532974757311409422018019
93680350264956369558664259067626856873721103391567
93839895765565193177883000241613539562437777840801
74881937309502069990089089932808839743036773659552
48913001566332940779071396154645340887915103006513
21934486673248275907946807879819425019582622320395
13125201410996053126069655540424867054998678692302
17469890095478507256729787947698888310934874644264
00718183160331655511534276155622405474473378049246

21495213325852769884733626918264917433898782478927
84689188280546699823036899397834137475870258057163
49413568433929396068192061773331791738208562436433
63535986349449689078106401967407443658366707158692
45211829978938040771375012908586465789057714268335
82768978554717687184427726120509266486102051535642
84063236848180728794071712796682006072755955590404
02331787494473464547606281895415121391629184442976
51066947969354016866010055196077687335396511614930
93757096855455938151378956903925101495326562814701
19983269922000663928753747131352364215892651262040
72887716578358405219646054105435443642166562244565
04299901025658692727914275293117208279393775132610
60528812353734510683729398935808712438693859343891
75713376300720319760816604464683937725806909237297
52348670291691042636926209019960520412102407764819
03160140858635584276095370865581642739953493465463
14504040199528537252004957805254656251154109252437
99132626271360909940290226206283675213230506518393
40574501120993414649184333236465693717259144893241
59006242020612885732926133596808726500045628284557
57459659212053034131011182750130696150983551563200
43107846019065654938065425252291619918199596027523
27702249855738824899882707465936355768582560518068
96428537685077201222034792099393617926820659014216
56159253067379445689490708532635681968318617722682
49911472615732035807646298116244013316737892788689
22903259334986179702199498192573961767307583441709
85592221701718257127775344915082052784309046194608
35217402005838672849709411023266953921445461066215
00641067474020700918991195137646690448126725369153
71622907913854039375600778351533741677479421003840
02308951850994548779039346122220865060160500351776
26483161115332558770507354127924990985937347378708
11942530551214369797499149518605359204038302357163
52727630874693219622190064260886183676103346002255
47747781364101269190656968649501268837629690723396
12762872230411418136100602640440300359969889199458
27397624114613744804059697062576764723766065541618
57469052722923822827518679915698339074767114610302
27766060200612468764777288190967916133540198814027
57992174167678799231603963569492851513633647219540
61117176738737255572852294005436178517650230754469
38693078734991103521825329297260445532107978877114
49898870911511237250604238753734841257086064069052
05845212275453384800820530245045651766951857691320
00428167580549248117805198326460324457928297301291

```
05318385636821206215531288668564956512613892261367
06409395333457052698695969235035309422454386527867
76730275404027022463844835532399147513634410440500
92330361271496081355490531539021002299595756583705
38126196568314428605795669662215472169562087001372
77685369608407048333251327931122325071486302069512
45395003735723346807094656483089209801534878705633
49109236605755405086411152144148143463043727327104
50277686619531078583233348578402971609252153260925
58932655600672124359464255065996771770388445396181
63287961446081778927217183690888012677820743010642
25246348074543004764928855534090621851536543554741
25476152769772667769772777058315801412185688011705
02836527554321480348800444297999806215790456416195
72127845089284898064264974270905791290692178072987
69477975112447305991406050629946894280931034216416
62993561482813099887074529271604843363081840412646
96379258430941854422163590845761460785585624738149
31427078266215185541603870206876980461747400808324
34366538235455510944949843109349475994467267366535
25176627067721941831919771963780157021699336750837
60057163454643671776723387588643405644871566964321
04128259564534984138841289042068204700761559691684
30389993483667935425492103281133631847225923055543
83058206941675629992013373175489122037230349072681
06853445403599356182357631283776764063101312533521
21419946118693508331765878520471123643312267651299
64171325217513553261867681942338790365468908001827
13528358488844411176123410117991870923650718485785
62210211040097769944531217950224795780695065329659
40383987369907240797679040826794007618729547835963
49279390457697366164340535979221928587057495748169
66940623342726197335181366260637359825755524965098
07260123668283605928341855480269584137725589708 83
78994291054980033111388460340193916612218669605849
15714857335682861495000190975911252188003964197621
63559375743718011480559442298730418196808085647265
71354761283162920044988031540210553059707666636274
93283089168809323592900817874119857383171926167288
34918402429721290434965526942726402559641463525914
34840067586769035038232057293413298159353304444649
68294413673234421583807616948312193331198190610961
42952201536170298575105594326461468505452684975764
80780800922133581137819774927176854507553832876887
44745915937311624706010912446098294248412875202244
62594477638749491997840446829257360968534549843266
```

87687694673984075171763075168498563592014868929431
05940202457969622924566644881967576294349535326382
17161339575779076637076456957025973880043841580589
43361371065518599876007549241872117148892952217377
21146081154344982665479872580056674724051122007383
45927157572771521858994694811794064446639943237004
42911407472181802248258377360173466853007449855647
15420036123593397312914458591522887408719508708632
21883728826282288463184371726190330577714765156414
38223067918473860391476831081413582757558536435977
21650028277803713422869688787349795096031108899196
14338666406845069742078770028050936720338723262963
78560386532164323488155575570184690890746478791224
36375556668678067610544955017260791142930831285761
25448194444947324481909379536900820638463167822506
48095318104065702543276043857035059228189198780658
65412184299217273720955103242251079718077833042609
08679427342895573555925272380551144043800123904168
77164451802264916816419274011064516224311017000566
91121733189423400547959684669804298017362570406733
28212996215368488140410219446342464622074557564396
04529853130714090846084996537678037932018991408658
14662175319337665970114330608625009829566917638846
05676297293146491149370462446935198403953444913514
11936679333019366176636525551491749823079870722808
60859626112660504289296966535652516688885572112276
80277274370891738963977225756489053340103885593112
56799915165890250164869614272070059160561661597024
51989051832969278935550303934681219761582183980483
96056252309146263844738629603984892438618729850777
59287927220685548072104978176532862101874767668972
48841139560349480376727036316921007350834073865261
68450748249644859742813493648037242611670426687083
19250409976153190768557703274217850100064419841242
07396400139603601583810565928413684574119102736420
27416372348821452410134771652960312840865841978795
11165115298278146203791398550063999603265912485253
08493690313130100799977191362230866011099929142871
24938854161203802041134018888721969347790449752745
42880728035093058287544207551348166609278793535665
21255620139988249628478726214432362853676502591450
46837763528258765213915648097214192967554938437558
26002531685363567313792624758780494459441834291727
56988376226261846365452743497662411138451305481449
83631178978448973207671950878415861887969295581973
32506999514026015116755297505754378102422389579257
86562128432731202200716730574069286869363930186765

95825132649914595026091706934751940897535746401683
08117988464524736189560564794263580705625632811892
69663026479535951097127659136233180866921535788607
81275991053717140220450618607537486630635059148391
64676567232057145168861707909846959322367249467375
83099607042589220481550799132752088583781117685214
26933478692189524062265792104362034885292626798401
39532164587911515790504605797108389833718640380244
17511347226472547010794793996953554669619726763255
22991465493349966323418595145036098034409221220671
25676987234279407088570704742931733291885238967219
71353924492426178641188637790962814486917869468177
59171715066911148002075943201206196963779510322708
90295660855622254526026104607361313688690092817210
68198618553780982018471154163630326265699283424155
02360097804641710852553761272890533504550613568414
37758544296779770146602943876872251153638011917581
54028120818255606485410787933598921064427244898618
96162941341800129513068363860929410008313667337215
30083526962357371753307386533382048421903081864491
84093723944033405244909554558016406460761581010301
76748847501766190869294609876920169120218168829104
08707095609514704169211470274133900522533408348128
70353031023919699978597413908593605433599697075604
46013424245368249609877258131102473279856207212657
24990034682938868723048955622532044636026398542252
58416464324271611419817802482595563544907219226583
86366266375083594431487763515614571074552801615967
70484427141944351832756984075526779264112617652506
15965235457187956673170913319358761628255920783080
18520689015150471334038610031005591481785211038475
45429333891884441205179439699701941126951195265649
19594189975418393234647424290702718875223534393673
63366320030723274703740712398256202466265197409019
97624520561985576257600087081730832883443818310700
54514493545885422678578551915372292379555494333410
17442016960009069641561273229777022121795186837635
90822551288164700219923488640439591530184640047143
21186360622527011541122283802778538911098490201342
74101412155976996543887719748537643115822983853312
30717511329619045590079380642766958190148426279912
21792947987348901868471676503827328552059082984529
80625925035212845192592798659350613296194679625237
39725655841578537445675589980324054921869628884903
32560851455344391660226257775512916200772796852629
38793753045418108072928589198971538179734349618723
29276147478501926114504132748732429705834084711123

33746274617274626582415324271059322506255302314738
75925172478732288149145591560503633457542423377916
03749525024930223514819613811625639114156103268449
58072508273431765944054098269765269344579863479709
74312449827193311386387315963636121862349726140955
60799206283169994200720548115253533939460768500199
09886553861433495781650089961649079678142901148387
64568217491407562376761845377514403147541120676016
07264605568592577993220703373333989163695043466906
94828436629980037414527627716547623825546170883189
81086880684785370553648046935095881802536052974079
35386765111950793732820831462689600710751755206144
33784114549950136432446328193346389050936545714506
90086448344018042836339051357815727397333453728426
33721740657757710798305175557210367959769018899584
94130195999573017901240193908681356585539661941371
79448763207986880037160730322054742357226689680188
21234243918859841689722776521940324932273147936692
34004848976059037958094696041754279613782553781223
94764614783292697654516229028170110043784603875654
41517394339600489153188175766505009516974024156447
71293656614253949368884230517400129920556854289853
89794266995677702708914651373689220610441548166215
68042198384767308717875902792091759006952734566820
26513373111518000181434120962601658629821076663523
36177400783778342370915264406305407180784335806107
29611055500204151316963730468492133568372654003075
09829089364612047891114753037049893952833457824082
81738644132271000296831194020332345642082647327623
38302946393789983758365545599193408662350909679611
34004867027123176526663710778725111860354037554487
41869351973365662177235922939677646325156202348757
01137957120962377234313702120310049651521119760131
76419408203437348512852602913334915125083119802850
17785571072537314913921570910513096505988599993156
08636554774035518981667335358800482146650997414337
61182777723351910741217572841592580872591315074606
02563490377726337391446137703802131834744730111303
26702969173350477016321066162278300272692833655840
11791419447808748253360714403296252285775009808599
60904093631263562132816207145340610422411208301000
85872642521122624801426475194261843258533867538740
54743491072710049754281159466017136122590440158991
60022982780179603519408004651353475269877760952783
99843680869089891978396935321799801391354425527179
10225397010810632143048511378291498511381969143043
49750018998068164441212327332830719282436240673319

65546926778511931527751134464689055042481133614349
84604849051258345683266441528489713972376040328212
66025351669391408204994732048602162775979177123475
10975024030789357599377150950217516935558270725339
11892334070223832077585802137174778378778391015234
13209848942345961369234049799827930414446316270721
47961174569757196812392919137409829258055619552074
34243295982898980529233366415419256367380689494201
47124134052507220406179435525255522500874879008656
83145428351677505422948032747830440564385815919526
66758282929705226127628711040134801787224801789684
05240792436058274246744307672164527031345135416764
96689012747868010102951338626986497482121186290403
37691568576240699296372493097201628707200189835423
69036414927023696193854737248032985504511208919287
98298744678641291594175316756025334353106267452545
07114181483239880607297140234725520713490798398982
35526872395090936566787899238371257897624875599044
32288953883773173489411227570714109597900479193010
46740750411435381782464630795989555638991884773781
34134707024674736211204898622699188851745625173251
93413520381158633501239130544419100736284475675141
61050410973505852762044489190978901984315485280533
98577784431393388399431044446566924455088594631408
17512203313906815965925105468580131338381521764182
10433429788826119630443111388796258746090226130900
84997543039577124323061690626291940392143974027089
47776637024881554993224588259790206312574369109463
93252806241642476868495455324938017639371615636847
85982371590238542126584061536722860713170267474013
11452610637653833903159219434698176053583803106128
87852051546933639241088467632009567089718367490578
16308515813816196688222204757043759061433804072585
38620835651769984267745231958241826836982701602374
14938363496629351576854061397342746470899685618170
16055110488097155485911861718966802597354170542398
51355600187203350790609464212711439931960465274240
50882225359773481519135438571253258540493946010865
79379805862014336607882521971780902581737087091646
04527279771535099103407364250203863867182205228796
94458387652947951048660717390229327455426785669776
86593992341683412227466301506215532050265534146099
52493560508549217565491348309589065361756938176374
73644183378974229700703545206663170929607591989627
73242309025239744386101426309868773391388251868431
65010279649114977375828889134503411488659486702154
92101084328080783428089417298008983297536940644969

90312539986391958160146899522088066228540841486427
47862819755466292788146216071713818801808405720847
15868906836919393381864278454537956719272397972364
65166759201105799566396259853551276355876814021340
98290162968734298507924718460568748283313812591619
62476156902875901072733103299140623864608333378638
25792630239159000355760903247728133888733917809696
66014696150317542267511259933155296742133363002229
64906480934582008181061802100227664580400278213336
75857301901137175467276305904435313131903609248909
72464279284555499134900051802957070829190525567818
89913899625138662319380053611346224294610248954072
40485712325662888893172211643294781619055486805494
34410340906807160880282279596869501336438142682521
70472870863010137301155236861416908375675747637239
76318575703810944339056456446852418302814810799837
69185121272019350440418046047216269394457883770901
05974693219720558114078775989772072009689382249303
23683051586265728111463799698313751793762321511125
23497343052406221052442343537329056551634066695061
65892878218707756794176080712973781335187117931650
03315552382248773065344417945341539520242444970341
01208740721881093882681675120422994049481794494727
32894770111574139441228455521828424922240658752689
17227278060711675404697300803703961878779669488255
56146743843925701158295466613586786718976612973112
67200072971553613027503556167817765442287442114729
88161480270524380681765357327557860250584708401320
88379328160087690813004924914736825170353822196190
39014999523495387105997351143478292339499187936608
69230137559636853237380670359114424326856151210940
42595826393016780171286692392832310576588517140202
11196957064799814031505633045141564414623163763809
90440281625691757648914256971416359843931743327023
78123369380430128926263753826677950341693343236075
00248175741808750388475094939454896209740485442635
63716499594992098088429479036366629752600324385635
29458447289445471662092974954966168774141208821304
77022816116456044007236351581149729739218966737382
64720472264222124201656015028497130633279581430251
60136948255670147809357908896571349261581613469018
06965089556310121218491805847922720691871696316330
04485802010286065785859126997463766174146393415956
95395542033146280265189511679380745733157598460861
73702687867602943677780500244673391332431669880354
07323238828184750105164133118953703648842269027047
80527424906034920829547550540034571601840725745369

38145531175354210726557835615499874447480427323457
88006187314934156604635297977945507535930479568720
93167245365472083816858556060438019770307642460834
89876101345709394877002946175792061952549255757109
03852517148852526567104534981341980339064152987634
36954202560802776144219143189213939088345431317696
85101840103844472348948869520981943531906506555354
61733581404554483788475252625394966586999205841765
27801253410338964698186424300341467913806190280596
07854888010789705516946215228773090104467462497979
99262712095168477956848258334140226647721084336243
75937416105367340419547389641978954253350363018614
00951534766961476255651873823292468547356935802896
01153679178730355315937836308224861517777054157757
65617593585120166929431111388635821596676188303261
04164651714846979385422621687161400122378213779774
13126897726671299202592201740877007695628347393220
10881593562862819285635718933849588506038531581797
60679479840878360975960149733420572704603521790605
64760328556927627349518220323614411258418242624771
20120357763888959743182328278713146080535335744942
97621796789034568169889553518504478325616380709476
95169908624710001974880920500952194363237871976487
03392238115403634754886268459561597551937654101150
14067001226927474393888589943859730245414801061235
90803627458528849356325158538438324249325266608758
89083187007091002373771065769850564339288543376583
42596750653715005333514489908293887737352051459333
04962653141514138612443793588507094468804548697535
81702129084907873478068143663233228194158273456713
56443171537967818058195852464840084032909981943781
71817730231700398973305049538735611626102399943325
97801268934326055847102787649010709234438846340117
35556865903585244919370181041626208504299258697435
81709813389404593447193749387762423240985283276226
66049423851297094532455862521036008292866497241749
19141988966129558076770979594795306013119159011773
94310420904907942444886851308684449370590902600612
06494257447103535476578592427081304106185462198818
30090634588187038755856274911587375421064667951346
48758677154383801852134828191581246259933516019893
55951679689328522058247994210345127158771633452229
95418839680448835529753361286837225935390079201666
94133909116875880398882886921600237325736158820716
35162713328105181876021048521806755266486739089009
07195138058626735124312215691637902277328705410842
03784152568328871804698795251307326634027851905941

73389203585403956770356113293544825856282876106106
98229721420961993509331312171187891078766872044548
87608941017479864713788246215395593333327556200943
95804345379197822805903959599274369137937786649409
64048777841748336432684026282932406260081908081804
39091455635193685606304508914228964521998779884934
74777291327972660276584016678901364905087411421268
61969862044126965282981087045479861559545338021201
15564697997678573892018624359932677768945406050821
88382279098336271671244900267611784982643770330020
81844590009717235204331994708242098771514449751017
05564302954282181967000920251561584417420593365814
81349026931115170938722600264586305613256057925609
27332265579346280805683443921373688405650434307396
57406101777937014142461549307074136080544210029560
00956635889778992676305177187819437067614982175641
86590116160865408635391513039201316805769034172596
45369235080641744656235152392905040947995318407486
21512105618338545661766526063937136588025216662235
76132201941701372664966073252010771947931265282763
30241380516490717456596485374835466919452358031530
19691604809946068149040378198297323609300871357607
98621425422096419004367905479049930078372421581954
53541837112936865843055384271762803527912882112930
83515756565999447417884383815651484342298587042455
92434693295232821803508333726283791830216591836181
55421715744846577842013432998259456688455826617197
90121808494803324487872581837748055222681510113717
45368417870280274452442905474518234674919564188551
24442133778352142386597992598820328708510933838682
99065719946149062902574276860388505110326385445404
19184958866538545040571323629681069146814847869659
16686184275679846004186876229805556296304595322792
30516167215919686758495236352989357885077460815373
21454642984792310511676357749494622952569497660359
47396243099534331040499420967788382700271447849406
90370732491064441516960532565605867787574174721108
27435774315194060757983563629143326397812218946287
44779811980722564671466405485013100965678631488009
03037493388753641831651349825466946733161181233648
54397649325026179549357204305402182974871251107404
01161140589991109306249231281311634054926257135672
18186289327861388337180285350565035919527414008695
10926167541476792668032109237467087213606278332922
38641361959412133927803611827632410600474097111104
81400036233427145144833346416754663546997314947566
43423659493496845884551524150756376605086632827424

79413606287604129064491382851945640264315322585862
40431418386695906332450630003922131926476259626915
10904457695301444054618037857503036686212462278639
75274666787012100339298487337501447560032210062235
80293437749550320370127384681630610265703008722754
62966796880890587127676361066225722352229739206443
09352432722810085997309513252863060110549791564479
18450046180467624089289256809129305929606423570210
61524646205023248966593987324933967376952023991760
89847457184353193664652912584806448019652016283879
51894993367592414856261369959453072872545324632915
29110128763770605570609531377527751867923292134955
24513308986796916512907384130216757323863757582008
03635757280027544903279530799007994425411087256931
88014667935595834676432868876966610097395749967836
59339784634695994895061049038364740950469522606385
80467580730699122904740898791668721171475276447116
04401952718169508289733537148530928937046384420893
29977112585684084660833993404568902678751600877546
12679880154658565220612109534907967073655397025761
99431376639960606061106406959330828171876426043573
42536175694378484849525010826648839515970049059838
08121052211110919433239511360514464598342107990580
82093716464523127704023160072138543723461267260997
87038565709199850759563461324846018840985019428768
79022687345565005191215465440638292538512763176639
22050938345204300773017029940362615434001322763910
91298832786392041230044555168405488980908077917463
60924393349126411642400938807463566072623366958427
64583698268734815881961058571835767462009650526065
92926354829149904576830721089324585707370166071739
81944850288426039636607460311847862258310565808708
70305567595861341700745402965687634774176431051751
03673286924555858208237203860178173940517513043799
48688223200443780431031709210342616749980000730160
94814586374488778522273076330495383944345382770608
76076354209844500830624763025357278103278346176697
05442871553153400164970766571959850417481990872014
90875686037783591994719343352772947285537925787684
83230110185936580071729118696761765505377503029303
38307064489128114120255061508964110076238245744886
55182581058140345320124754723269087547507078577659
73254284445935304499207001453874894822655644222369
63655441942254413382122254774975354946248276805333
36983284156138692363443358553868471111430498248398
99180316545863828935379913053522283343013795337295
40162576232280811384994918761441413229337671065634

```
6604054469416534222390521083145858470355293522199
8272760574821266065291385530345549744551470344939
8686342945965843102419078592368022456076393678416
2705185551787029040735573046206396924533077957822
594971042018804300018388142900817303945050734278
131244668600927785818110409115117293748736278878
907465285565434748886831064110051023020875107768
8781525622735251550379532444857787277617001964853
035551676552091193393437628662846198440262952521
6785223674751088097815070989784130862458815226609
3551401874495836926917799047120726494905737264286
0521140358123107600669951853612486274675637589622
299116496066876508261734178484789337295056739007
8617925351440621045366250640463728815698232317500
9626108092195521115085930295565496753886261297233
914628358476048627627027309739202001432248707582
7354915246085608210328882974183906478869923273691
6004883743661522351705843770554521081551336126214
9118156153017588825735948925071088792621286413924
3309383797333867806131795237315266773820858024701
3352700924380326695174211950767088432634644274912
558907746863582162166042741315170212458586056233
149316464691394656249747174195835421860774871105
3845843368993964591374060338215935224359475162623
1886853078228217639832373061802042465604775279431
479618972429953302979249748168405289379104494700
908649918727273454135081019838818646736093925719
511968645601855782450218231065889437986522432050
737996619695547244058592241795300682045179537004
7245176289356677050849021310773662575169733552746
3029430312035962609534235743972496592110106578178
6108745318874803187430823573699195156340957162700
9244492974910548985151965866474014822510633536794
7371425102293418825851173719944991150975837461301
5505064197721531929354875371191630262030328588658
28480193509225875775597425276584011721342323648084
027143356367542046375182552524944329657043861387
590196573880286840189408767281671413703366173265
2057865391578070308871426151907500149257611292767
19309672845397116021360630309054224396632067432358
2797889332324405779199278484633339777737655901870
748068286783479656241461028995084873996929707504
7530299728722973279344429886464127253481606037797
7298299173029296308695801996312413304939350493325
123550710544611825911411164545347102988104784406
```

58383191695455582594268957698414288937434670841079
46318932539106963955780706021245974898293564613560
78898347241997947856436204209461341238761319886535
23583129968622689486084084566556068769545012744866
31405054735351746873009806322780468912246821460806
72762770840240226615548502400895289165711761743902
03375848778429112896232470591918746910420058483261
40677333751027195653994697162517248312230633919328
70798380074848572651612343493327335666447335855643
02352808839243482787608861649432893991663992104883
07847777048045728491456303353265070029588906265915
49850940797276756712979501009822947622896189159144
15200322838787734851309790810191292672271037788980
53964156362364169154985768408398468861684375407065
12103906250612810766379904790887967477806973847317
04752534421563903872012388063236880370179493089549
00776331523063548374256816653361606641980030188287
12376748189833024683637148830925928337590227894258
80600872860388591688497306939480205112217663591382
51524278670094406942355120201568377778851824670025
65170850924962374772681369428435006293881442998790
53010562173754591826799732177350293689280652100253
96268807498092643458011655715886700443503976505323
47828732736884086354000274067678382196352222653929
09398073673913640828987220177767471681181958561337
21583119054682936083236976113450281757830202934845
98292500089568263027126329586629214765314223335179
30933879513570953463771836840924444220963193312956
20305575517340067973740614162107923633423805646850
09203716715264255637185388957141641977238742261059
66673969971731681694154350952831935564177056686222
15217991151355639707143312893657553844648326201206
42433801695586269856102246064606933079384785881436
74070005997697036490192733288261353293631124036506
98652160638987250267238087403396744397830258296894
25689674186433613497947524552629142652284241924308
33881035800537870239995421721136865502753413622116
93140694669513186928102574795985605145005021715913
31775160995786555198188619321128211070944228724044
24811534060558959583558152320121846058205635926993
03478851132068626627588771446035996656108430725696
50056306448918759946659677284717153957361210818084
15472731426617489331341746326623542220726001460127
01206934639520564445543291662986660783089068118790
09081529506362678207561438881578135113469536630387
84120923469428687308393204323338727754968052103028
21544324723388845215343727250128589747691460808314

40412586818154004918777228786980185345453700652665
5649170915429522756709222174741120627206566229898
06032891672068743654948246108697367225547404812889
24247185432360575341167285075755205713115669795458
48873987422281358879858407831350605482905514827852
94891121905383195624228719484759407859398047901094
19407067176443903273071213588738504999363883820550
16834027774960702768448802819122206368886368110435
69529300652195528261526991271637277388418993287130
56346468822739828876319864570983630891778648708667
61854856800476725526754147428510281458074031529921
97814557756843681110185317498167016426647884090262
68282444825802753209454991510451851771654631180490
45679857132575281179136562781581112888165622858760
30875974963849435275676612168959261485030785362045
27450775295063101248034180458405943292607985443562
00937080918215239203717906781219922804960697382387
43312626730306795943960954957189577217915597300588
69364684557667609245090608820221223571925453671519
18348725874239194108904441159599327600445065562064
61164655665487594247369252336955993030355095817626
17623184956190649483967300203776387436934399982943
02091470736189479326927624451865602395590537051289
78163455423320114975994896278424327483788032701418
67695262118097500640514975588965029300486760520801
04915378854139094245316917199876289412772211294645
68294860281493181560249677887949813777216229359437
81100444806079767242927624951078415344642915084276
45200020427694706980417758322090970202916573472515
82904630910359037842977572651720877244740952267166
30600546971638794317119687348468873818665675127929
85750163634113146275304990191356468238043299706957
70150789337728658035712790913767420805655493624646
41260024379684543777339026472512819416320076848736
25176406596754069362175887930785591647877727473927
20029103429495624476613082007292507345291707642266
21047673037863169954237455117456522022783324096803
52466766319086101120674585628731741351116229207886
51329412448154716281820798771683463413223622341177
88231027659825109358892359162055108763298087993165
17252893800123781743489683215159056249334737020683
22321001186373957705674738671021732123752243252416
26358034376253606808669163571594551527817803921774
32282343663377281118639051189307590166665074295275
83840085446354193171905313636597249051584091065822
01814734799022359067138146905116051922301269482316
11341743994471483304086248426913950233671341242512

38640266572581309439676219396554073865242298978797
82198637918299709557924747320303239116410445906907
97786231551834959303530592378981751589145765040802
51094791234217584828418819501385461656803017550355
80054944894884871351605375593402345748979516602442
33832140603009593710558845705251570426628460035440
28236787685509826781617655203757956554816778960389
27498355608791541177749423573400764161093294003899
98219926725708695732606877497422480202330752518765
02559684207606932299885875798988964607443817881700
81548895226516722834045277219106991415764639485231
12679473086580319507645519767562895742888179681209
00263871452578583152776151090886317402436956805678
73015235427804793414266495223833707117511265375503
94237209878466804913947344653071407962259728713050
30772587148755705025825734668666138023514260561161
97405543436548698005444879295970287590352258409782
68359866644658604569424139072909526624993290297344
05681606838057266260572770884070734714960600645614
54070734432782514087474275506722304845357006092214
39000299298160821171704791761450519100813267037521
49307405678533111060583529127810073917499491978451
12915913681107394055175208019630539350740248509553
77250036705466516233043042508744232426240463211507
89973369299854070416562610419767002024150948924118
56092409637604429612002364590706449770627207919019
23596480704892363697986019828308728422856475235316
28827913242955248144475055219096720460806895451817
12204930321853740627247421519740305769043602686360
78079200477623242955182947352202724437633902772139
20877670657162416397517858592544269234285352743288
56336850789651962072519416556061870370550218462845
43425785038300009537451829295844046491883868579348
39611512971605816657450967036774958366666931218817
63679644943617130416037243050658485131749264055855
19401800518090847521186822461697614924323831948643
44159085580110730703112015022434160731579295287529
36835820397003389112114170685219366589789459503154
38958901530382714300192958907414994359289408309707
70783628759144840370450386189669758112018523192318
68659968038583812370329156207578835948780941688205
53160512819015264759280757495815456422134145937816
70569928682998956119823538371578804804787045841753
94665497690173220310890070303362911767308448450372
14566964440146954517385743415781015861878383927855
26093991305702555755590609470514980934877733200727
97573038245989466809680822221348485873822999281794

09082566520958165547247524456674369759447468637633
24289042697761067919339109833004223102937282987989
03209391092682836306173610173878123679898645149311
70243712828588263048629888449220741564060714705913
74055246657569718702173552872454394277148091793644
37650637861861324348635797411258520863459927803688
79249835436329845768765016506511534500869572123950
75447856831736315571535270465242352597375134088254
61609661440746675514226836031959801072152463551069
17187133573168548563128085783443562367095965094994
69688206611851180860342028213318012494109915026014
35450017432730793625113070298250499417994284451146
47932915459955590958780762163666859179106543596606
52535253202736507259891212556868428020772464877220
10996631829559552903393312284364864475973560859840
76094729838954243393262315323991898185226418083129
63335463568748288634656185048106322888055967378445
62000941465603499280879405115310057587129552571964
11150685034077371060438037125957559698594936205847
75120263549473475347481892622541903526716144292848
99857536740692165271630086060654373736823556588626
48634368915321809557220445677713736831045807558452
96128328326063196297285279666743629748008213186279
21869044284342630735760703999669430789508147269730
25381737569492275179535432615691204059483286094999
23664122878812264191485048563280720664185570595203
75030322916894489427578306090910852410601400683274
20558396977382315073499610875876370425556496408685
50719422563449667324306562592504745817627332818160
17019698166542426378763601453035946538450325476674
99973734083566513818602515652028363738917101654541
48826744480091057041861626268379711208861413572796
11099088292970229692128180978798951391504270936786
44498319642013456683390877594300644248562301212461
45116979219396344095080832292812942704365991464827
49984375942113020418297308417178813090379558545603
24717081919530277146579455547554475428443440813938
89086097760178573893075186619065050180771650018407
44325854024184360501118242990702323417243674525365
34959479906333454075437181269939983371921848541873
59798453489345922685150681826624900780293350126588
24974226241885352526636702827662499349829488748331
06176420842901692305289960897860413006510902817980
50405871076711790411302174827966823530019602202531
85576789843317586806378359968791601538922220236575
76558158661140919939486159920915991755334178303334
76431316350127053906970793265678124159064342847213

60235218236741214733124499944334155915274315931687
47788253315509277033620290122259779480985539220006
45271622808553982789065842334475528212765176505726
63267691141075034845871896996434875775138479148183
63510062146681858509634888708145697672202016799119
94624177766889079171368659459607264685388107787830
02161368276697026223459418737476733537998884403427
04680304255169412715873932039844437460454781611305
66251764127598211819396611018505628805559425660600
32312116180994622129301002470913347150682268430458
68030090424286168202556214094608790006519109949557
08158165058289833407394660844575657806366902728434
62018587328252924796505286681408503538519837523637
45192562279549029055790703028395010485483592983454
28144873043580470533150815105030015214281171753936
49133166172621235405527863308002083177055630294963
59420165433309409417719632623411938710516157010179
80535516793708602913667569860971241203685838129576
95307798141365700174761356966986146068491439699573
83763169582460251334210807262171360194301808720988
85514150241638183259752595931655318658331171268579
41527206612218422661411825154657484878312610347834
54674925830872998544742120644509523324505087743149
61665552517971680209917200264093749219075699368963
30281391647208963581771735555848592706524504862516
41954055080134351032338981337830249770182275490638
14999647233340796130414697394763726508692733471084
15685608430921316240434629863920841660055904598506
49124350526476606760034444161818640367008377411410
10943205889555986586700778636718969440896223213740
34113597199133135946553685446692367652589012108413
77743248219181274784789228726489297003237187345615
79815998348391004126010507469645994303319788106349
13923812490503061433407918328004063907098672596197
09831126596014747372533052685371774214655400587392
46237276173649051987133680677239525707813606866832
61395014329509474851594724667527201684316586608807
51276858475554118438116901162200555211348448896066
82592274313190079630115870846701176549353930465633
56225311244727796669005831190616101972663073970542
53143981845737944948678013461821787593907699960202
90839656772878469057364015640150476964489939475414
74608339918696889271156942345492651246645507792554
02810503762203596753055860185649205606287909076945
33392088088494778288948511221547432301913832455629
93881020614490266876010207753210915684977830740859
64985796715261701003947549453991769879132354655010

6407355816999409756248149967443278429202762644189 7
9391815839456270817330158216022551965989876937616 4
0198612074667550488611108557267645070526224461302 2
2335852072273620485057289238815884938754535229186 3
9971438088406175728622095012250651586310425888413 4
3554319737298562177530720226294755524830444453404 3
4888878581170341345342522354319407877972846760181 5
8322709774518092934219318981581248283265895004070 4
8552060998937839003419141630446391638805496587865 0
1375046341695655156618298878630705842306967660254 0
5302481147100789978421183048901046405689653970288 5
5955309255586360521589573751140895649058441567749 3
7105859648014315874614491250549253191164653821585 1
9737009328019453032057262845265804604633781663142 9
9330766466465307605905489628887241897160602258826 1
7577539922055131509377200624863085562820493575752 7
2499556708922163423398360256532873102919400704117 6
9192208500151167356701019589710017970195781208929 1
0969417754369904368202563024054822625401905696507 7
1058157424072149633956036527028333440730575007367 4
5622605846498861151016896121811190584717144610687 1
9761017456587373796740697137423238753839030317200 2
0020720592848878512391174647167374373792328388196 6
2016876221913462338937625995270256721386221124589 8
0212130501407288904300322535504095866818724139369 9
3819306914874471718664618311194260316166407037731 6
4870018647996002430440032422418094022785333090115 0
9880870678268835317200767522553138008818780431690 1
9007280483179928741412547612308960683309582837766 7
6882875786886830929760010119745338983319525886196 3
0132917094385816615374171794496319177154312506959 8
5348128568461937766989427745917091880252001274990 5
5594072896965947933316722436215678967769667080352 2
9039018485730806275670867658627104769409203565593 0
2535274341896592700222704923318682999156093641375 7
0049885373045963961527346293969749517480626964517 9
3018719986788537581415975799314806608557232568374 3
0528276417567005028804048942989958094810353483393 4
1449278859252621924155472319971433850866373209266 3
2728243514933640704589683852345624744361175256766 9
8776759722343920635750747155291810276261401299248 0
4228839902978799254185174991296302839907296355885 7
9890593317795908769073905646025623533567221552259 4
6883829845288292296627513716242217295467867071584 0
9241840841475575825393852409633020513497047406953 9
9567897981727860920462286839735779815111868152659 8
8460694975896548131465115039262637774951376155724 8

1951161198772503445647107385134359273555387124623 7
5598193813214238441581929070046389771683887207916 3
6174143249707910965816274642971707287172514274589 8
3568970955346268201690853561089448984071005819203 0
2176945120771774588795519510473384184739980796306 7
6788584516757572990430697154264238349800987086993 3
6709121083944535062459224323123482785496603746571 8
8014892937945147870540607924575900601219622123928 7
2001721558866634573497140953372115165598575794172 4
4198890261670161016115578343150254603287811984240 2
7484608510722406676778760855247617773833089502610 0
6438835055020545632434616785945194179566987496851 5
2448838475136181806671083161655642093692705206118 9
8517292617141714434655508706306063551012949400309 7
5916779915842604919712095432270267843265429657240 3
2720887143219996453132025871096771651285496699625 5
2698607311763718207498827399770601991362093083230 7
3683820645573256376598291257813149222422042797124 1
4416299512659456397927593803838047826231604243253 9
9132851123032247037561942321733047854078576244013 2
9171799297924078339071575798142681686465538294684 7
3992058886316559349198678969628404473449680240770 9
2831376408103352255242717404107673565424441004483 3
4744010172644105295478729634589864050120360802445 1
1903509949744939736171815752770937802092366681358 4
1636268319263406714182797421342546220705415600050 9
5967404561684045177174795279035325493258912048338 5
7465900967817304160005210889346107687540042419778 0
3082885181200173369559127137714195011361304409753 2
7919050489158324639914348353164868154857917863293 5
1239255525102111827885736960602769313014696614334 4
9642302114382483705633532793858895267672076688971 2
7443581563208810665014956814355879657690985776590 2
7687074536592763649755534496173080781609871032480 1
3795136170367763457594975686208013996374551762425 1
4778062872226597145548290676929571364357215267446 8
9878894188207512922257565091435528288746141950978 6
2427527881571566400763721037803194043095844272549 2
6998716923433189002214150311399876526068876156674 0
2101972017196023908610829749276395695411530322754 6
0173870795625993579785302443476716399591462317931 2
3998998692843797570249236955158729768385400522765 1
4956144471059719628898881571094151717015181147435 1
3643854005116246202131174800791983749700100471363 4
3252328157891135545045337190527506822915618500332 8
4695679262262081904424733403625038927920715859600 3
9363153368842724375366799698647934741133198328619 4

41460653922784099903143840354565047056789552024827
17601187433564369024350308563130955905525039049273
16133117349225846446090245350791901844112993216997
70451832853586480428556822208737213616490586303256
36891308410376021567992702000532235543980465311933
97754590440450785680213984650096934295473102692499
47586466058091669984160684646087293943808274308285
81747969417287299031101319267557389798409136425347
96949434803777033646349584768629825901034707278612
18623001986607987782684245933835638919570206853521
60321163523006498874460020017041305698536515466875
20238593751832803728511432748116996836928492204473
80570633496618711240947835915869626858643589141359
85425357768877493274363451475448864086881803036965
24317556883002058607732569597160864854158344684324
89963077011371344675156930244885482077124133557732
30694945806726784523594363150787272815790157307003
31787968544362795257190236232746142628687327380094
97741122856237663214904653294072026197539071740422
25953924288816455979657003095714138910693684503626
82310539867437532400527015347458933256795149418545
37808827063457295962169085383535370381418115573816
37820903256151986974535764641212549807600515614170
72980469948135934831505681166427932193352798227147
15767340186088721518799669350252700757556099719882
86306428544812827513928069470275014816328972731434
73485285295046048832716739789815636788047804436021
09007320727369749344630499731442571560433133690387
61810094887312071348271081588985748326585420751007
79531183268617080370709359276149367825308583404823
51003632166378957426202550350116861543407379504516
48289675569835893552202017367954807578190950269798
12711487034311903631122461282953038205128704309294
71974594690821025634788995431771524379696211281224
50342606639926885213307919637027778044885792057304
69908009234401866381132520971230964760599899479257
59851008173039606822219975327301606582628527582576
69507854726034938298133582528178670608512656002268
87178112535978293373477914127362841886561759208328
79447410969703879854736984025458063294835022359393
54358748022398976091629625011047393116944910066690
72306346931301697118206325352692440438400937242844
28209709364856909468920087371753252557030543539828
72781230113980809386701547488580344563187131960267
85487938933162050076752641120443902375833427242986
99654786368534102848857370254725502365663418680919
03838867078790720840361940216467012153483797815183

28264725786288152071010814995589803381189615694417
56761340717046538512170902123777884333649651872119
90540758187739439752836414395304424591390317881300
41887918871145531482674699870555879310402403888840
83850687341625071657274185134952084963670955542450
43948394804597915622828248378793415272036226336956
18055563710768148888936192757426599358235594315308
87933052767558747512365065843969475604297192002319
86802435171993786810036110231256836425607959741057
41536282971800464977485737183786390370390153973749
11654685499716453941611216417610717145401765190565
05252066227788312904571969320599024137539598386198
26032054958395016755525096441371182225614960140030
23035407899209698677507867200038074267970530307167
93229601564862280851840335235017060858951291222324
61178302531636289439460736527713365116316464461990
99021224922412315168992767855863736315526002503488
48781323300191018939961670273141699962651194574263
67619650024347371727290284622097983948710659822700
09954918877696188505432653211802219444282228425152
55614118743401804194614139451471287252759239125596
44373568339728963312676782349103563329612947191015
15714311579549093390326141191865475237624721531102
07936911584874220582274734320173558507712243796985
79654915806279502740977168861148076163151618553068
56692457171769220443668433127398933794111629722451
69998546856221570241759471176995291655021168550010
89857619346394559088262707753114657752238846343519
37653973498480245497607602440308084489010683878697
26123709783578245166801171485983679405529046198262
16566917202742628548239339600182545994092543081696
91032978411234022885600190549342750223185294712829
60969397681373419770427812130014732867760571940596
99792755124617184349569856417128724811834654206423
18714551824152867630567513116267717735061751124546
33879942652912701057899567180572143655791835069177
79307040757329043974949958224106238105149176502385
04182730096620171750940590805408957283755406355152
21996582075735131570759236153986394592111558640009
88097552610538382568992721584785041746065161511337
88336097601211484870055601658124924706825684427204
54728963094203066504452986462235942260085549915891
49953606498428034579492757009497959450602378775019
47062463239495495782308228306684081880252107663907
42309737209162853371768062164469354323179178553058
33171420847988630340846572642693955700268576057539
34788858709460058272323051910811751423491268733658

59607998917329289158960018150918163374008060354752
00051511751029012299248709615459280262060761698272
18102916731554892942374085196743307916607849905578
21019357136624359908836138598085161564174769460547
85540081953530670803089697630452946868233210532878
23743894411568517627171163630940147990964945635459
29501307390036268210073263700823561506912696431833
51716254390304698989314261544263595113634660573786
54951244574752621678954703628904830484996804037722
51343193737344123661858694458806401858407314763379
29403863404359194198723552630156546080518686760680
43160845128459160424413269879125385602991599672787
66195195053176488313469325736689464438255813910848
62096637426745798313012223438725831244220330945714
57541470479293875858238997738515213523723895596643
12235643262628601147489086817159281066872708400820
33771869215352352692634722680908259898898400262081
52178282611229313118208660070996860365409818326807
55824776706950410997586143624355216194535302920025
46673679964850433731334952082107511992589266389956
47569858707901856123791578864374469037871509500112
55021003884531192365296559946190047484662064234794
23296700605290037091755781887081935221468714272352
77632559898086948721113845980014123842163827824412
73654244674883338167971620112886191415401936712909
47899026466644315609837296150196862422825067230616
67209435465714251493086424887785986827595887490650
77260250951829536765181182368616944724360783764294
76246922631949892196464406831692876616150605081384
63194151162025779078630718012311594586038965625265
54223346234454507394788690268159497513116885143694
52102168831904461686297633252298638518188500492869
35727647668238555646365544964006317648285575785866
61022855156485990882095868944436254698679523822686
11596991005636608292679153375381606611224786953132
61585318717638859893779291889029987938798100036973
07848959270625410484859315854323395683104239029907
02634437978756918554340897644076013084448197862650
79476440830134942435834281885915259293471436317533
74958970107287350127078898048163504567666769320755
30518404324461007403216764718360837084750651269307
07660849825299000317850305853682139512735038638246
05642510337775580986464339801718620814266307417259
22260005110913426810746701290143016541010649332122
83790827515001003530015654597508323772965439697382
04774162657106574082164996062622749618795334790706
59889748717795643340648417456457479069251701494998

10095353413548908754836327579522407206986291024671
70357925144176670388660990698572626058124082533622
52189920004189757457653151230000644457159317017716
8863548333051921582055946117357716321132233931965
32038619900511617817133400107057665268991970816920
22194647043237953564118660639205586090344570641517
97782145054722278852987210197858846070047420028468
87379584422894997433365627187799172113791616449254
13297156528795295326397595385359209501386333805075
61369530899547584883024261962758985941513780515805
02576754040178579585244883117210508927708922727343
19738238846873071682302487886885855101080735227814
05371406520758107270848167263977098731455162646911
42328610303693298433030032367616271426406758780673
18839715150027981633747790787750383079867594045910
73921034587404219617034925808189907205961291586420
20288573400911495523886510791137149533463976398818
39488045300750747403722809368205354304949519483328
33470075161979008687285439962981575605891637624723
06916287111113767608648032375245966493041175394613
64643378046711650555046706718362212857950480671656
3042762671142999113487698447050370637900181096888
62972175795173243380278061747049630204249291661917
18862433555992820932439194457118863215563201616542
47055375938696624656334121541014032286990930159132
88580883124124288287637387274283803859071029274863
33515030904453280525977956589205545624342979827941
34891756382400771612173324736428540160610044337641
45722078592171559140103783202013213383309638077890
40957238105588293927963743816606868351950592770195
15361601722158904287856784820682919441698718192862
73082704441630396254713053284388337913374768735826
12211625836027289616245590418967702474538275839665
22993712351630489833012421417455788591594256059792
42772181990855627984860561745368447892379690797559
45551546468531630244623256740348958454622567448582
02042457391994253094264224504202689038150152683602
41255980759752364816280930489127461511962315461140
08220563967806585354076686882275426503812259991620
76017089556747446524234452017661650325945665912966
78632462137991922296145867142248249288064768032108
64779941004100600339067927523736254602774296007347
88038356687522003482457694908456862696057715701919
17489226063520812973879744383548328613693956245039
29768057832234021716765559177668403757234844094617
62931288492689936871389838822271060279037990019045
58336007973927741092665573923314702590923389065438

84223513241153880185592349561399302239196450504503
69352927011566305153351918641864823442499919272027
29534595990630487236080415957600296681211168317236
60381105428035914457202482564561057140554624208213
43520948108417158289572445072063546816002305120140
84805435874252617101768185388355755871741542477544
97722214192613155252691091755633319323222432185254
22182729149159810583689702503522813002141192486014
24806807975369964777193949068046835528083473276103
06049409733091690316783097934636611832784531868716
46268073883365670456601042376850580139507443647963
92228411269794513477300492498786496563679490992913
27125289776519181754279628060849323755208153611132
40339713165504391887960198382138585000773242461778
84918758145964264233788979333081948816004011312652
56356932446593984006368903152547229239914144743770
69633893576192603918924793631780083102611419548543
60515778716004955788656579706658855104288246636305
72077789022667770425126815719795332251076389036819
76284402861025880539233932947467202408854127649238
64476021611626208242129916603622991849237822363009
83478119522913821847326342285759120979805478285250
59183798336801787411242644746002256241498069140074
09797210232785395756151283458061654111179267104279
90579394497134946328950456512868847841871758020504
58328387485313736911351025506201027753458094391050
01021833973245650472889476879298925945019875076712
23637918758647201214966061151280487096488630562284
40839369443872169212084920085155838125107074195518
72080937469424597311728117210519289038963703942357
76862127668210931827636649840421249381440979598631
14225436483965499983479084307021764385554351257436
82822815303222238083476795111355701480631820045322
07237948918635721491062425269939946710153668462341
05153338142684770627585203524099207972086991453730
10955164150331762820019691641154602682072366925527
51418429969920539853433073068057372380504167197221
12737405078927266340638850686734458560773266648384
57802771891147580132310551987841336521851907146068
13898688671031475982646112937954395266728672759948
33590259744587868768496462683484434414135917714587
76608807784535718393293719373932364083563375766884
68211117993505541020855618849010201600505639541687
45108220603555410817666460524124966224422804545243
21603203601946413560979200195902404979292367329892
45539901019801121402908686999205758917771880741461
22205024728585715367530747814389730571787268366360

15761361007722863196388526462351255380773194595635
67965382362499926551804330796359621106745528521429
02629498265675533527310046878865731047246649332656
79273313451229550591862329373933260860774513507753
09015744438294873397796053228493583013618379586264
80321297368474817516476913662110360369509106666505
17171150827820093278835872259839404630683763181180
89044236262199881236826807857952621972166872017455
17472627818032683058548803970977047934831035439855
90784355277667603313988460527150313885633246768892
71045958519328951391678238577357726581004798256393
55193520055204080028705967824973937478860528356493
59149783803779649600052124458347790017560424658666
51998077028839438516380955043049219603244360903400
85174660429627430976838715194598264473594023424821
10447572911177795877313415536095275957089861258677
14562523994500759380206093550248920084767332293085
74222255020645569023912654366357852427242905605320
57540308210145123820902174669757976534751725014658
37478848080537735150422224042957603613754324861996
55891939220504699982106293160967565179075132296077
78575533102658584257608668676453552092774827556754
51771699508789411805936305249944967012375980065534
99873966639539441701705969810151271933311840767923
27185395398097640485278467438723164329100290654953
08612833302664007580129618499207022002555972156957
58837616878436434679275586357397225356488413306011
92895746428093578580811323314331152874821797660397
12579528900364071989233281316116404169377366280132
59738222237426818917648959642270338039059295964969
64821331144731667650419767811084909664694257170694
57007871264014486522428469488976172567465352205061
62107300101926248314682120355169950152200731638400
41320303332423121670826854689317584366304307843507
85928104478492663952652398718644173380085681692321
34742975458326940216125333283790096064862778549412
66795136740458774169455961407626566250299006922672
67876036587137932796041848839393393469263543415480
95183623323317522937035210291464133127520371171667
54872063473892329378510729029514462927415467619479
42747166916030497829288961474587026499797079206387
24082502300642554499590401197410853516784440901880
64629374835443961440035352331030404117845722890295
81805810321237438258987027473704010683777715925126
45357065083009214792583498924751274536220061058545
75997369313529707814374284134055195444672148941505
74528391716037154530825255583432025125424166244575

24562964457910769717152147095185055003550543906316
88258105785074635656204791466768055698438455202770
99697198898072337148695635670317768776378974327349
28293439051455670607446079704769316462781214171381
82743785614621970880870210642110573778514713588373
77388240765280451914271374881105597447183100939375
19765980210024101251123081368260338474491087716132
28576602639388492849598982365657272042635720263748
25649494912629141917130646280595669825493603261320
19252804346170439028926027993140436137026582012131
28514881585731117821041310335728887181729526271120
00814750640268304641898876974787917317370381399918
88242416994212152776045185956711909418073734793310
99709283155468165639527101046113762540664495861838
54638982208996778329550111431499593680398222303713
63295742321735744647342109741491743641994731958840
05263872695923183642325491845595504534377846709470
45095942012021142208641912790493599452137392487110
74323149511380429379365543637217263481907571135312
70930795272952211247953149896990808946657476955651
24360561142008663990560990003803025061242360775032
93413472890501316772809713162683495963409292243031
19508487886710353352002371273020291659297525265703
92104214963495238570856057234346215769569851340683
04548331545907536471146996824209102321431171769227
73853477041779407644100130104859609270721132052318
53822274448702433271039878114791275460808361156877
92151311310450083663631007517511025900280864277150
20962713662397401075288445468331618211502789264307
29763557610551124620332480053105995111505431484829
55343295983057427245173788652719300073232173623758
73273148909109455374027048118555719905168393874535
20679708592118964078548950410940569965988715988633
62077955045219321563361246853031747054439402941829
26355240155452316098682553138970188015397045962501
69179664812501555932311482673005633835797260328601
77847414960045697257834956205873287301245145557634
52302986481495441009078835298012070126541095251846
06662017674204525736799469077190845378748206080290
48251670176619820730618331239219353569004070521549
89390344659388090475077241695436518580750664904594
43188862978723571603022481352204601090635214508280
63974927551284769435499620339916448879197437902095
71888632002475020791023790730729637463263366745942
75563784535691367345524014897125909480368566282321
00500394007310663207525728314711519263328928520696
72393471750982952602125494764330195357438350925828

31113391153906337661737307723630279889869985799450
16592376906754883798892940060516282614004815046948
28140330839164342486509396354589091328059511163345
50365634824519150583179498083182728134795050772717
33594966337188214919283787116463903566925779942457
39435547304493555939684803279020861419681508260648
10924688543383329866390745478052636291615627988031
87828270745163032786390756653362197506322424864576
94597535966732006038982629300007612514947980089567
12452569559827585485769012463686594942242277271771
51849641751071598416357207241224371968067203927064
78942789421712842641334271183184794413346064724314
11501550985511712414668243312352062840657226926069
04747919644729752832274956981963277872816259540120
20538073295825004974459308097824095299129654233184
98798800771681631986086512088315867256506594414061
84468374963189291374599342160348482288315828973094
21614736892558516992715531155888876007217034102445
87440208443428273004673097955556668115013003388895
83802314643138290026007632285034758307808788951803
13981020762788985174353478225120846759497430024437
89584289568075266320362769629946018083494199491270
65591308400058626563996391104068510412820071532462
56426371456355757694528492711263557719632506589654
55364821254592633552572925952814993415878776515692
23119151023373440716991656476398200089698462984399
77593853981121332181032819896994579261764935829748
37338775235285946403513823823062694536345810031936
72502069828073843334117528315731434263989641634712
70530347756991558003118159180911378802688385475769
72923398882860323029977043066628869553012102727057
63395989768941024996847949816842011992561348075644
04065594623837087236888125489491487948734808614168
10552114001845517008444484294847550732736642827222
06336582401745498808291301883914015680905000084954
65737300032747797209917507461785951579953202237285
23592040074251522563861667562031883981176186119602
21628474319079702503674592828046781785366473935600
35403827828184576694782337457113822121932616729501
04270694095202650280522898590935002394490874562620
53452217311940957783019536051850385496140621825306
18203651827337062111989390244889753863581809944918
15784878336528865436542248302027892417049689651104
17275947501781226785814391748649424357300909171264
87716059592097445811462955422310022008512052258976
47781148270394267766642782746259395117438071986187
22265586504030028469146927864680031836034638172640

57027074226203429718755580993868712404656223338914
64658305543013155095285109726300508051882652726853
35372937338569182693717167730316118647494810424215
12791591014606569795333133774095936749326441463702
42752453933503013099283364854070698403439912124524
92755802997988240920664464042585966200888741916498
77302754037292042158109378147131362262886666945474
21244955284909149219337193623402943371255755699886
52966236450353519202677763794248208286056893623152
15231788501452131321491469868548359447068658501098
13142058926764161151621094053567807368100897342458
72932705210853572676380564228840929665884477795279
54671073519329547471301507922084032823220442894467
82183965471109021173407251397247573570085553127432
19996751259582568063235880883884366203262266191414
93474043649800024739833209241183866742960926946070
14183881781107142824396577963884398647823137154249
89472583041145149526872423618996763058816820846327
43744121039055276521871073556452571336011455804558
56845586504328599176765196193271143498665407774514
50047307271171479571222757201812886446440777517460
32824231733853376529898104423224046772463204795179
80971576025800885768975134059480548268772884776293
84645496040270370508539419092769937066804551719416
04037635118018551365754510952470346022600207417428
23849481782254906365992084749037583205744677959106
75566064077500934712981700581876940802799269046059
49872117634151914882251867043955731001793710004665
72921803728487979715692278888397041982545657064289
08985827958625659901375968750078569853420944399597
15236676735599115570900614130188539560069330508261
15788315979018829128777653969640675392080848582290
47556190518637549059417647208090848523929966365377
74687098568014236137076370467423618029218679592476
97776529262929041798392750534329433844765333985012
28283627985150263745427966717714841975733906572871
54305432157523544932053465375423820484485088463459
08533866772925385204449844131368637518941176848626
13603681937363513393254080685226921474307329134467
62529322640845330844938647151561813941363435036481
77947550976339255988278690369632386330342579445292
29237752032874489020040532668139354752855017464531
71721459950814556136469252665022711533738181759785
57950419880754858113362891549009039080607754157573
61373755988018757307536248737001291223826113438103
92343723135368988915337494937863249849417642814170
45284082969399172432328677256415048376577311449335

21553852300178110827616363037090205259503779092534
11047057004656525197792567933141088663264059262317
88931260315285758716424211903337987257758742901290
37593626972723431489357257241883794186276864566775
86869202760143980501638714352047767388090057892836
33817797388457344100149966433235822257925351711059
48560789182401521998285226946509587631492471279520
16446764740270468954543510306982617999140223407285
48915468068420957432075066211544876266446757986364
43880232586360886918759442271521429650664161384963
81502797217307126592057826600278471814003420926569
30703090445702459646757649018527813931481315092036
41049845969060225314474822945707025270436304061114
45514222766936650125425237207439401827752508941432
91521517059974545931259468212143510622763303318504
33948895127672063729151249368193570319104693572905
27628876878250048505480059732307532652277925524199
13159617911522069419685479187341566997810967025629
93993208164507174173490564339865219986639055709352
11985243906798615021448623928438739820187602285471
23039494596615725875096503200712476657593813721248
01134153550616754720369579105597461067112541711745
36954301471914199373197227971690211613572625243116
47228936664414262124385498136236949635712821160368
54416071082317751078012983042538141908922492085953
64610821395648113205316073707772076055993498150342
40640775123315121589992462974978454743857855952270
89267102479199199645043040166005621762962340149282
18161152050464381405120101763279790269327122270125
92708163045794086959388503088585777767698805771202
77461858372818585997017721116037109827393241471979
37663864843160008415792725306116408501515001652030
02001427433763904187886226352747022589848494690776
94747613276391052599405660382382371636943555470658
17482730718247418272636272404623994402844447364245
86444751046902997652674973443569857085390578191599
58599609675061283091019474886565075126139713632927
64158349130420830095085110041407455744378492789857
60726105769741819633696790755188383220173443764398
05368296268732851893953081597213840998753657746635
49325311393625597895430009119142674075385925496901
57973419183710401699917900945678359628573224471479
07320456964719786315490862841233325174812784828809
84876102210097427834751646279055393851966889569651
08760628729574590889201702386720740106024538941519
54739328142466223126892362650272056402643021776903
18955552061127114631467170389157733900654528692327

2080811157875737499103532444669361653517522124 6886

6080593973805468948675560258870687103081189892 2024

2174952934582195353009915613553607315909567346 9906

9924874268001953821752462105349862701061321590 7572

6024080430082786835629319838427105219835472751 1764

2330279958926872730531183558056875276124091974 2444

7633568095687484441045467028352365141527656270 0804

3630974774537678098208734980384982599248810670 2977

5494953522829951654655985068742831762852085719 6139

3797828505779014996232139220462341524168238038 8944

6624267373001896543376476503634125182850951208 8864

8562947143987795665592807491648962562185926715 4146

9217676839605450082164216260561064231444357982 3069

1965780470574714846007296818237228797756049608 9158

1786867293632379024157920472836469702103139751 8009

7841598550007055364938753212574961674875872583 2599

2595761507433918622843798830134604454088081780 9685

4911945411934702689650599198604109976532111965 8106

2966550051161836517062029288087760914984616731 6442

6864197089230648463056754573887202476016525776 0852

9377210933584453871074027292591915246267623538 1797

8693064215340131633701135735635111098141821129 6622

1073672626961567267483077524887444841676657370 2400

4850839370255838591012266948358068391545479166 0164

5691486305239359779324467255886717416048550387 1149

0317607553732194472830582219155807880752453696 9327

4460174736052420586469686975770612186776197205 8749

1045165142715495423853920232526975123495465463 0906

1329460056650728309872803387373515537522356318 3570

2537006494092638080317374634854036114660004846 8762

4231089472379165007451797052486284672766337551 7303

6873683856440370498066179092008317107882104981 8331

5526148505373540750351082239392474456301096920 4227

8844737169688950911185736926890336659718522537 7703

2962201670810655181267580094085251506847757921 9138

9321380928696119531220905038018107658748836831 7882

7814252786261879667606821977039093260067296151 2755

7125278643706989835444409613917379035454851804 0397

3331374805235879109555830404815348045391878540 3824

3236907304310274062641777762657301034703384021 1296

6908481804616249648739473458441215530258152221 4994

5822249941941954725641031750211442280865230280 2213

4240931939327276781959906081125986239673394589 8961

9071679777780259511631477576264028588262514815 8216

4399441350619608117589046195115853908261335496 0388

0323713522245169681180597512189590028591797390 8665

2449528040782713027004537743726785553250485039 7463

75739464609840856589301848223416149865831503466082
18622360580194811455490351547426626606129502687840
97547798140726823956931472487609828034508118938340
40961534314863011248676465315478758454946522227531
87735608908350438370811208824417599385864663093970
48117253004020305813409044745051156377054103501416
68619124852526949334829785101811147232987404539612
75402222190958440508723066232688884970422345670001
19497518597964940991489713853622794588740760990432
85422812773058183040249451087063369869468674008948
10975397100908494768304107115295506388876524905456
59994260773886347394552511448972036104793757254472
39660235477481274941606983510131476402364194914610
59805563757044651556671236525682827015744528476022
07817539723371640969862649205576687615644577446446
64925477346729725557053882859078923175970676863982
49662945556019387315271036272012429312017642522464
48031819544683337639946131383614457041608883422253
71558783580701611560271775414247233315278135669400
98980044458238998420064074895892389238927522891473
29455312404247755208380523795101239384358587754549
99001272068286659998579098429303846007329623842629
07972182333727476694640152692048814304227394388383
86988072365034008809524512726001361525704157749789
54642745928669621641542751907207896576567620470876
29102592988877128340580613171820688795096273552308
02280366588530930270461940061446449186278566424494
20816210203832761116962244213863973115713011899185
31699151581650258342812848741492753605073550149275
16496556894986881445782807241540090116176936589862
81137459279032257848909339768816086708570029953457
21579420980997220532145751427154112209398869874562
80116533207925455196985191038428157268351201092367
99524290686799545683083885930136672185211353641724
42283704920603648154449717799886187390619701265066
84370640425124459951909006226082179845415139874086
15618924659308440274701471016725471601668601739769
19976620111199893015535406281778132823867987398831
85480936514175269040502739923269532293931036045698
42520594710877602232101677467927935625307683377220
69298099521332754934107640682936962565380979829922
15020076190656713323330719175311095376967431445827
04745219185656561730561853216604259464553856168837
59934532767382788781222315372811134173554517073553
20827604407745254423078545374811259665463557459604
32703685421573869622444796092593675008309891400068
53836358817787486427106882578787407992834182519771

40842230489497915517987678274684754084928993864763
49839175392445932931291380807387650050522006666627
27343844540498968011834325534999762501192176787558
09806723324167826178257089116301798088195583791075
40118050962160109308042257018054929764678411538769
14307088247531217231379403723659287710434554469626
65999926233933298641137100126804081160276969402287
13650729810644525201655173386046865040621292457892
71472274267638614268236764085164119476626514371013
93855680642700778296596804860775179492212156291738
67163546498898538357515324974315835413991322136505
15513841090309027554332364412022530077042821114714
19181475709618331378229434207254341031555828186693
28386683660726916383696779320102142029046813370491
53438059246547114970835401227241006503949742164188
66922744736899506252894502777189894691329634675858
79264235211633546474686426054856131577840361143149
02695442750564803847888794329565560484433918406020
27045146827824231514065070221048519592072312004933
71767383523709308856526434484194677345382413296885
43063024778255435028195957175433268735831728279337
74101026347172525800055108998087920427447783853642
74972065430922479605721400330661597939815697061366
09839640552028766999172254724020639606096429945427
05915460007353673154988077390830015813351603573011
11141092801541228066667058785550927033385009831156
76285161649242550929283039087709889349460723490286
58560205422067037156804635003826052763710823986597
93184830936764165636079070660523343411137793121612
02058809514614377394768353883950472129452834986548
08648378850194676769456232670199871331845545348373
60845127671800567875423588719510589565279780453783
44846504681469516775381369518451030832390374965716
21433079638601544816144955239351112121894430238269
54057860116467373664795652065872508159275305713134
38356992004899961804325495020521955502061792779930
56424583665872167535192817503344992391833256236162
65020814903557861244051834404038159913582717384337
34045297449996405991865666415356124243080016261793
37509214296580882832219570578431716979462845513309
68382460003698996180592987950660376071243272559753
65088203863609588090400380017604750786697443325877
23215438325998399864395011449541507700972822653695
83943808509128411041629096637012742498817616344101
66742340050683616764823271038894223948202530869672
22925243407506026512988576358781375008510056886874

06849676764892829707281158435116760776172604891355
85109814789508429849836055936593710532020599790443
69735340166287645320637188693821897801573219076299
81036125683876483872698536012944816073176186580668
05968373389411982650087326242669600240908832076226
11783999157440210584278984506303601419933928362455
40276835099897204218596209020162101565192235842119
48820209123783927557185605541656205455347196978661
23505834896282128608208403497311998810772590454586
33766108505095823850307512842596428597494715967542
59240349558609796434019664667217572372370707851846
46638370671702995416983298869124728187680273812549
62938987607223408465709509894320165487604793394679
46851343732630392230933179068730316994180074048000
68725136597857958599478019949652342728688988717813
51617155057783915871386404057895659182321370814005
87138088365230471671271822006018608811257260339862
40354206752127690892108155226032930044410189063723
65919571195303028824858684782564883005251812608103
54213518122471584004627510592444870583709540835318
97521523610342040845076413767423473005882203432316
04746330435062814232108294872409025947644118910322
33740497947408578277622048261821951428217981124372
67662584689519510699867374022732300260261505970642
15274602326999497006158235928282229783286840199729
03653781681600288411730673324496628384032435365041
39753620550910521974909579986059572694138402426755
59674863774293085831406648031844531532908153215494
34582880442937355680052766701800094788733588609136
49494583852689279136559434288174186455594102961792
99581260809706454746509023426184034501081240335390
00610734694120978386716277216137083614515110500772
01170421405751029551149137025545335020681411652447
69178458694354034118791350719472868333896624761011
83017004972618956118398981605390920089117277245282
73299586808380107378131400187606725012692645464509
76733747002367678201352356732426247888048234362900
99963301097657305710745086213218779682807434398964
83552427144875730583032180249452109231991204178629
83211064561898234504950543971618030395685126538014
92251694878479554724186382786275823278212993978207
42867554710924982182446861479580814083550046687559
62615790617175902192718697237845472411298557573179
37479535182955842991336928140588480421571538074685
31130233549462721418440056323974458753772751807146
60165706503537500007800054761003678636991113239858
62132218224624643435010363223985967017289928425234

11315434326293039073595342914413933874282187214841
86131279071626858266847205954664035651133279272928
36704215333378156489787872434723165771081189058811
59220534134477675212977463550655110980181145470892
17012441063492394924242267383494394078654658363868
59700260199154168385586155789670127220023220031686
19541970289247574216667668015248082402211115619098
29095288293422784064903953396720086499569654470752
11846134340977857777364263165869169876274954188683
13324751453159002335440951714914081359273191146192
00677579215856331076125470709339611644150880072729
39456368492532718589155168814720960114154056640038
92102811864854595041190055800792839471619967600301
87700072991661348781038991897992779330826033333833
40579193386012599266354350647100912606346252385743
46352684749297906578001728766596825621946854107798
74218445504710482511389936542799445932024438989851
34425672669327861329504851702042670416810423988787
76628283501931254549510108703766963812060312761799
62188931877783052045019481204742705204573212548733
90393028668085392898551453951830701677372533915679
27690390733624859034335147611787051779766471010750
24507681616557253954820094809110586317329891753118
41603640219503463573219594755860083208292675123788
49551667250649220720609741203129313574353745218554
54983025804156517986227801646893748172397133811236
95363735811057393910536917973929343197751880325243
52586080827553740999721015400800469799279434223454
47689707580313149065499764572719969962803326920908
91558381760321398926448802376910082742090668080043
73992504541223684971940977467046731673788785204941
65644737071325437283139540962318133764738488941218
27756876058275472115348406411192866091980614228229
55249075885258711407213414016352381199891274778913
13975746828093424728231102189843007024439996429064
44508447880276686539463578359786330143574307385522
48011805785516300305948035170230529176193766804489
74551900622981417402254687938598091422858374494142
94668405678447862996873037366863397510139100798455
88319718939840420585178312625560990751642566660914
48576606836793744806529724037099333962928343483326
61041368713447259629441715366168325692987460751934
90043675487124501251738822895942643220617183770595
16656649038896234159034283659246762389215431621094
73965009869257089507504114157819718945799485168292
39976768526059094084769255556032094730179889261822
94738346886884787742147478211246290050487616242097

57229517860733959886964186053995691274261105379964
86482728821472986544793727051143103641539950430249
24890389871904738048121737057256637134651471541312
22056319569952971074484542325785409319607037480624
32887305740374143132382158355626714275687557551361
82019176330108628379725855115674172305047190608736
16277083262964429580482797563630823764361615455540
61698004581964467066781024334784598806924847727489
52982620451694370037112019129535311291971380175955
77974532179706899810786979967116140647258355731385
28037814479461864582163474520398558975123171364079
74683851455920414500521772122914466992786476520100
36539788997094195677954229000414384548714348852855
65176308029925167644424768218649062151219172342568
68516006058597808966236688320128396531227030746548
18211999482253881430040168114450362116720244462048
28296777616016563789757634979554872551080910578133
94203472774484748769898419218280856304164926029917
62303626322504418296296521543856287607037421868140
04738630945015910913254210303256135110757558287347
86562608093256450743463372334224085585816338537153
06945878269202052395067272475369001398011496431659
45829716486863220484179521964244983279488063134646
20108913932870531345561503788769211459272685051467
71355995890632238650764778282690168036013061708569
82886336353398216641166133554804037038210034458380
81505583034017971208224939095038566095855713953746
34762832404217519342656686392559177433783255482070
38610563301262376287698173472822425094615318907021
50820504218103977489407657214990832478528545951002
46795973930841106272522541569649389236827358143460
77275980334626431259827888944181849173802687044960
38867071864770831564787589117803543082013186565820
34354073422928347455769651498683915039761412613360
78948099755916482490625516855367948247405098464960
85681889172036998737579643980011652952702772372260
19357555720232631014768692847626362851893048492690
92640985472493648181412831689383283125795662135988
35544520667408958409231486257559110519622000503080
20425737002899660124136355648802803399956946560958
85763219926030004685397559802876555831710706399750
66604761486777635632261161271522426710967361840252
91082552446153885776660277960808983028370687781398
49238125451717898757790676916513246031087551814796
00121676201685543613887535111144646445965948986286
85003842938167759796191272999045913439604283622782
14574384910806626737203981596833114583132775573719

39647621394703694871344837965336720886507609494431
06748938628101668608093548762040629531426836790162
23243442162500961919886528250184780750093092989616
87893514404852784485210194972931491229336642838361
09583591179266973210503286586371961913064985733208
66152431989177517561330725336906062894401403624673
57916861241907679730721538960992609147780039218290
96605678051574245394812705158278656086176628088767
54852826435345792975109103743243148049050997201340
09387120996799226673274569721997573974983529556634
44532434557032626027829313689388962967691490051117
91641573964151622345962414387998499723972106259104
52426655628296014596790128617641535247864330478558
14962571113956032515036318374506194258790732974799
06540337812932343549647709599415970216918103681473
38333306415138771322151733984093817465683332375212
45212042635149480179573706485748255881296241114146
46926617747817386015615569677680806354280813392622
22680573586043957391627387714350848477018662653169
74888647386824309419601892875891202138727709615384
88095065653207344205898497856821448109934432714379
41292340729754793264761829620403614436411274652404
36917542835856614059594332610091323144864164204976
49479552017171086517069812241608482170721710164948
24798077491801666631807604571639525183860958271832
72086570529825589266492312740506731234877203497799
82956094106360305165816819038480111470304239018204
57583727316520859225399475109389001211221942666544
59086779269137115495078966657667654609628827777519
95705545072979236662085235078168943400320475437404
00762179909188135109499396694313427985992158062927
04213826756214353405924672023502064258541096859551
28295988801679474853488276232260898821426027966949
48833997353809115310261572752606151664675747231126
73113045630210164427562827821914879246698975320978
32652921682584330479085478336542697584330779557195
20001012078724019881349498443843676382704117421003
69511690111801683269994661201008605320941579019288
97613978403516511159934642044414827682054550634184
83061619799460270489648952438970258434171773190315
33093214798054202089619512507592936490162781474077
32247725732201913504568055999785692775430546578798
42859468408586784134114538241240720656755982648262
57619030338341742518485385403847037100690876508085
35086402176210101567282914356736771103511643978363
44042830234780735456691438177047450894587211787839
15416653092472697951952686392823300371685067876207

8775481783910819732182904787993291396078874176833O
81865318199940659792678221322713459632471409529463
07619739674998463493636097580672536615518078598145
34953582160148026023317625201506366399391351428775
11535321241122515057065723115208537650284322101584
06189825700470439171864907241208917145612024917300
43799349994206586637985787346060480619228119464331
56292568671087969712349623640619373881121802073791
59818010975908011327225784300250111378803495792043
91899288300516242921760033764107933719681331920675
82991826078485247571177524201683493481941400539164
63935218273710489150036580479259761583436513553494
38431915092146293081995018359167094253026540329803
24967615843963471143532471437039221486178438282611
38668855215984613445058033026369143941743559917537
87166688140045296893435198765272300845846550156565
98952113011048528816939415686706351783192218559553
05000298648325444774777199550165082658896713964088
98805679580669160658060940485139280102227697615613
82608319076033245484652866146494294839667733008070
73200675104262514142962447145368750970687850660059
39402651877861032765470280632572990619689759188738
66723051101237949329259764957482625519592739447176
40092556185211857724430888945893130457097527258670
71455651423603418198903151954572188621149171034530
59657845082618680743649773583175770086475879964322
74454895007809667119616215136769508530892336123866
62834811029398046074355342727244281049032807567670
03377271120949128434487450813568822156033050438835
17541081483037534434208412208168360581326234576775
42793161986045430504448510555800411679433767132055
81470587272088253604731064967931847963735278844788
52058731828660065633493256023590888983537772507970
20050541440210559461072076492440913633722789739946
63975123411788366312509006141623227657028541048506
79744981271814676430841410300237525653730495276727
54845459997871633253310506190240215181468100146512
62851039759839412882369862113183152477649679577744
19133239479855287165302319986980239839847319817881
71333103443398908379580000513196534523383390109097
04447143479426502628574031518152035465072823118385
19865802936213522437975431938019834329143125027577
66754316869888602865677013500372589696445868683417
64738783906654442181923585773107870023191744542871
41600302682837240494643603478769035733261881143101
08132188552798589730345053440330372276915140453182
36187832171998898905508290896624197658559805783414

28737306480985290782145941126494992196511361256777
30769946058020640723918086690020175695641759552721
13593375897911604759823155872535644568257143746585
66889820373705497045290715846973763555870609280120
17697805329357967838079502279220010520167689887325
41083893192509071742888108107086232075510184800417
69696826290392399839381162366384787130819320185559
26786589807098502295373949421754246962535470439547
32413392476485210376117773112313850016187130471064
77839324875850063619911967787753268071392468984403
88265936051085465236922261927240349912103831622629
72411440835568680499807460483713592520753901701446
93739164092864863919053757393294556536775435632948
95308547919735618116894346944344364303087144425491
06098294828815811595635629933779473922097851104067
21664480320531067091303759488434578734398473707653
74740479308090343824433970583053269585629984793830
48081779750890193239788196447472813485486485639973
67907690393025212859195095945330313797518529818662
62011761260953213926339182718256327583059118937210
69157764383887227842285290091226125140805231508120
27262477370667161537297962365171711830918171522805
26537593373755812823486429693226678471338695988769
15809508115049936337356905900842892007054825254617
68954164710778011758607143286624044830552364259377
57985524486960807267305907650248851408147618917999
89629290795406069165098627507033091008866119931836
53478110689500553232123231040994315669757128432110
58927290756266529830683461268817435027634457348731
30812787853966825948045024450899453850626222815657
20665625908071060090719474158064342896173131515706
05581139989607656842772395481206246549279224664410
86739301705267840652247504105360432350868815254382
18840578152295198789560649956069827453289227327038
53758452092709242946673468959337778965806769512859
04490573991307948762539798998946853448670842763284
76440980465348855120943606428893738371053515595879
50751036819995860092479405220515488077774998306131
37902641282737157571061281736249783647450207227756
19521267432735816854961196988825831126166950522240
21881146693062574953847086995865745998878927868473
87198643837904804637462228161268712763451130947831
66175997075950853325746028493740010436450345565804
49442950345318338129078508883338583786977108498206
65102062795707669833445177934527180376911410207557
47743154293290326295321149788262035159874125464228
84395277795499289564754347105898585159005508490056

96903693994638054127440782720795881206109501826667
50528291004286440115969091560260245872117456045510
94076846979736827481459790404552190484180115456634
78335343808815341403723981788190775763064723383684
80766171878875254440731865830501186475632030171398
33900789875424411026277749259455787263151608748702
50480620381626062841567542997110084572360794368388
31775697116071774760197736299860847092256124190334
43038680607516077836502789166628360931767596955301
49368127979354666523938986549220821261327763789820
29467995816243987059362391705117507050493924429371
22875207210047900369520353054174702688100313142753
11744562464073545200130335154416116128453063638220
62031827141203471057333057060956104199977441294378
97233361952936807116294649741746746061619442841957
71506421244911540670731221384206414126967154566438
91594717779694935195834684336783221413037431073429
17437343763544159073773807768335545452204160755832
45001412712899741014947054886472434158991296092282
98624074551605891496310210005958713471920979723983
68312801101752643186861118351701735867540649265791
51374058216297242018837510297720276922807801732353
65852486610373552463605197417587182349087381977451
99604135160468808608272559061048282225757674635819
16629034390705475970348090440043043333174134614234
54127456779872589232409091510873059202427900149673
70151347721514257148023878189727890993192321188518
04003049762893873119886876339770569031907414517629
75055829507905515712897726034354672225187519472277
75034780629888158027640883058588732114089935625654
45263256262930428543993328255032950289369907770549
02947079622008390293221444112657382089568543447852
25355843731269337547937659943069910056990821560314
50819886494389488679597736520237763805269495558714
54270658517474445964682352694105685193373700491448
62376065979574374294931376284954237476962984236204
04069903223286254828223354201652282912884434215751
27060202153831784521856484115066939436436446339032
94628692150012003317372231594599370244046654644010
70954637786273667690456425997758603414233762759258
53631264370897307579552699685031320690918306791326
54203064003148245598623926575975731775912862530894
65412516622840716337014979026738432530161901013729
78864695403425694557263052203876294232648064996238
16308550031265168054478855681997310896795755442683
92204851309190268824033771201778639860463980025603
72060692953460153673513009351664904759969041534844

2284064946435783962739597969701199959968970550071 3
9802671431539123914611613581834068087605346672553 0
5042239792809656622109111184778965033519003128193 0
8140470647874036715555211403407030398907223233915 9
4235126529717112144915912874696964544557092280434 7
3384101385887428050725149320183676549865442619068 7
6750303979569390242134374752592028444937070321982 4
0950852874392941278159586475430366953365464650438 1
2295538569601870814630360006810223193535677588422 1
7066271778752289539374973944984606881958992605790 4
2663242818188329768257087830890164354054641753677 9
7521401491698161349930449104204274172990731837969 8
5131245595860639919965966899610800504940072963970 9
8959517574634950113152395405436384247715767305796 8
9978093511231012700060683156013470561688420818621 0
5906584385468535226530994080955068645181964310455 0
0569852864036972272644964072209107280506565175900 5
3633194257188261901685209110944462304938727622601 3
0096650980181502161161893149917554486648451019396 4
0892424535185862966853588072370252086290396375135 4
4240841676796106254077453543971872022038982925881 5
0488174626321440193245912638467764538782149003218 7
3605288401615814676934097243424966959679745512952 1
5247541300383824175967755422515486890349846758461 0
6631594198812117971334525092753070140856142635030 1
5271473708797902296635683001787990288084193893922 4
9188448911767008038038758887801697701113453349115 3
4802106585087570025517363256882009759552748712253 5
7182551697875315095569086898546483794843035187061 4
9231357340296313652791276152623061043140923956535 2
2974932610180235741449400201075752924889589293245 8
0351889348336232266211070472227951789643113533222 1
5133111281302699657056542366660712427360675833767 8
3519101251099443703046290763466149644955996730321 2
5852284006812886320601384391535239320911579060473 4
1393629732349275918089423365652609394831336481029 0
6435863118308259658785978471502344907874767879956 6
7424852051040103999757103940220630691734742020896 9
9175600528889873675939662936740172098219541833712 8
2339328624773171964386256653145512699222367766777 0
8198643496799841526045194640459016395789604927913 9
2910434902756838172684047052298140890671314915262 5
0441754527101123578680129893682849339139638336607 8
1422917945543449168097066491318845378120257962155 2
3212883988829483096025415451583015564562313284503 1
7418576979979910789556567996082529165537586122338 3
8070069219579639419837426117676769100507357501471 0

41273917783596347944115924160740964918923864162314
43150984337999995741238608455687906501796604659040
11900931064914597645508744169170936159780546717465
89930170413753904682544419849306977396303361433004
03226370441388424564853196000910240359148604341956
71889198585615655465775089014431777128616456862190
01284594607421607429571045831400462012463901102101
93236887462318746390639051846090824746612222586831
71698906360640254048935087506001935383235847779777
77184156692711224004455167705419310730388369438797
88904624217590046666091040163622700645067167256329
81356191695775856133339039827759965225099040387093
27898622159549437997063064807096494177080058122705
59330916211844004635893785632435864191061540068204
78790162140445787717398102952607173000991217971137
54243334882266618671805934535003597940626101694558
94879852873823946192592738300586578623690127192963
82659263937819596877763449192781383915273468510317
12835011677541289696340176336880334761324250065479
44835516002423125664608010786702586037609939080045
17562600906555541309840427357430050066877433135282
06170729903389370532225467004205889640465239361428
30791854041696667832407095595877094232009415610955
53433443491385438840861082486242898596197412565717
04240067876712368593537227109156704060621943472602
04099413954720131755244915834594427491919291350235
58344041872069743458860538337018589765720622546686
38991474061713844091114054244489241812528058737844
43759903370271443232078520464193147559475831429194
16971906297697904498821308019258759048587570102804
98900927646674318174193127387987919086670564601741
41045183654736392112018312726421352990750753167418
60411390850791740441726580092889664003508561829937
24721368434131495692957040198130016060875412795746
64190317973325939240210741676702423535174221182857
15161832976814222607309029636948713308807785556663
23972833422527065650730725189030903950229751455450
81413444428165414364410492175062270643628610175717
11204836658149705824635780075504562645374462805259
32841567885798506901058045279756262857220830478354
36681313303172332381352647075257795233015289166395
28654318999573174578016782672814602226403818995669
37994842421098248974200882331114001341044095160930
83130905465503159555154739774802214624067611052716
13757998628354396966578355245670079360497518767958
50043478594444834874734552599963239258820104452878
95767233391108520813799484234715318952612818751089

05121354654969246066557673451857177405113980900507
49322800709405692065544287992897680913853288239231
27426496379071979978524909030460958502032813011881
91897987538612770509831126796867211781006094288603
34160740802044853244141445794547210546989291664998
19415997508117083997585525312534793070723771948237
38336760655418502113337357535711604984088630696264
98901511556298277922304333498449367839151985626850
43252008447985546296912629978831302936306463370450
33155263752040473922415707285777998802963532890069
84007678189697563540217661942944247537256498457226
55067873590934057238979378191460803198271139248049
79411004922981431759499199310328089795747253376814
60617454331326448924803701346264266926317342443574
27051774756506755634133360059178313763737592038902
04265171691865422448413609465986362677543332217290
97280677212181229450177664232716733109192752337724
24505908085892756556434411548443888953213270285605
40600643524034011774394263831492694203667677312492
33446046152792228711747373206820737950407753807024
87513973697487220807941836272457926715860587568437
38256966015288450159363605799764879554666897963172
76414458267140983930260584443731183219527357824299
23805304609792532175952943764669671785995655479752
60104811160900192559877031603692890535464219693617
90098547207855125725975325768780341842823941930116
76471278020013244905417068719406087486425099249004
12437779902567236238752134487546868018057002677165
90457174167509358537466327846614717022291277538164
89358140375420413163179662046260168300583584027808
42508470610285632146763492164415596565399512441115
27225209885576318078808628374443953733638662891394
39904591869356297993169132074310849123878269670817
37983802760073283523713057038353881201921780745570
53921312504821976693406394280234533509698054521919
64164969664205192232229332522498099068094382986082
39338686773954452673632194440159865904066528670206
51004940978671302450896050636311474978975431863273
76379320227953001087717684402618218003859090607702
93459786409329695112338532614945655859677117544246
19462086741789881434778027023789183865475073672507
01231645954210423036825301549927292304970650068874
45529088936646551481938480563745544703197171864227
20965870630049834366571830309458525285629892546132
60790172374623360138208947640472176710210783635306
32839185289426309708352418426880666397245435194987
45949527236882351106475938370531361494523326299006

06135442020790080078443591851423810954062463592880
07491747232601428291506647356469491490753130404119
48746127584251725422993376561913228344136159688451
23050979229080934778061000120243079336754606956718
86784758902916716281510479109848199687950537574761
03438392892981834755913533728342888492285393965950
16459422968490216357698460365666770688497906149378
95866238978513950301955252071159479162430380571339
10441235127977174258949971813208993972409457630504
38176542023774937292923666640858263563047018894284
71366217962807794758141064720396869005733588378323
83938515643676929109532126309530237234188776377595
13255857198868415635114346544492134618362582001773
91119635659736209174802895107119119312161615049356
61400198915406771914740604502008489007852104489840
71558724913181424123745314739095859285491926195512
75281540455554894860530439518305516386529635114358
55426789578843322470303223984629694037003638667059
75518962282166849472155167994010237260527619206175
04560496637170762638459530053344438789944328543663
01464142075150267652998714841483859242046843515052
85892648354129599964190638362225500616202985179080
79995517161428927433221628069635121629029650503454
55980024292038066113122499875748777814543334957813
65580083004587905455655237596430899472829415658468
98062943112725975546930218879127310353002168642276
33661031890511086335963986070974737419552934178507
80136533786877679115147383325251300237191023587588
67980393855297049983218303899853337353315103458044
34025730422758682609723983422315017640803327317622
63196756598977297183942297165227761967340857344413
74759147793179333989243599405813960322813465924785
58756550575159428611613176739552834815080851852071
54795143926672875105744138676971890208777611959245
93592908638396962005768650996293038181454912807341
80972040320363366766499443919936264145227145073503
70590760938575244000094748229713623772159263083602
21391588559094614074069763012970865696906676244218
61836355204727903533175309360779778798470802390218
59587448789607452374905628374741893102680628048174
33813001982212777060921847008152523271459867234378
54310497839043649305860764535756025983828162540984
96399831811297188143863954265440828008619305729179
95688879881825724409230860777086263513136094630976
77409970284727668296668542908454052022919003034322
47189820499382480607516387279456689408497366651622
81336948828583395313505021705361118175021010169609

37372882174683892618068718872117122032067336498312
81254572692763105648258790106857520808063392875136
48175837581096955969933848419910626922411365611711
29547967778123862393493414008547053784583782851512
32798730884093735721100458603654544945301868107329
37611086797828280343661333397805386148635943716350
08771193119559848021828992677797694091393084926892
39716108751625981364642795191163033917961291900176
09532216557349110374712094579004186028992215511759
15683036249471608650518632279742956136519830351897
14287602237507160599904685227028482420257009629938
27914781801540664169179259696502306167496772478419
47414200924297729713888325116655222730338964447305
27049024147727564715409237680664165282261122166055
19035104953216953829995701741146510299848982516439
05699093945986820498552583128764456838984342109365
89431051140755583849278936997409501389198821247991
62098883924355873655545237536238906410726631365733
86887150143766765743928298320734613140394952617095
30844896580056558463095232963187124518366166304277
49852736202349067859155769362205347242611125326389
14302528937667373926286064609916642583999874647434
14163952677732246933313408989228213523671609562825
13492348592680407355181536071965673950270691353576
34343767443117249084553776703266698841449114808884
80132493025843817701187856663572935398781140646588
36941728387365708433757510447991235973659724344557
42718384733620516409860393102195921211225720343651
00139638906494529671420560890861769828831638828382
52297076581896118954572982581073394540172774978345
40687764110778004407429296639807958026689312946890
89150061861841892185304164332216949278213392118277
19021675202080596726274946300280538877794596218568
30743842989256463024089063366760647389704968736267
73471431934643782695278376028614658389278933623236
16036869658885994407170901438576500856237035707472
88123004277647474703779463200055437274736584724026
18390250818502039941310950397081248122107761283245
95639956407303784228294941790417991353653370609295
35804128449019567717436326558733430284401481499075
46510328181387821090721433983745415095721808723321
63931411848854048824761331564993540303113131971438
85666833802176668360829503236040595136775927155165
67968029585973380361344069307813757301161300265797
02426559178634319436264662301868725879630575563660
78289969536349814522388660073014771879198641606614
39080577725519244870708291097673554991120061231753

61847813176543955729503854529236536694133485621787
89261547404561504523088531184389783350748069944802
08158304780292913950274218678869198017655546818144
54430741911022927219318644407497903172599397713621
80997111761468900013772407009234849963308320304297
32196758278940008466523507115511183481032014483529
47448851886324133039606763958576623927274353864765
53325926113916010589720694912160419438436276922502
04083601834811827158553439255537458236282552372625
33143596996463666782559338210091759874444027185225
12906425157453594796130527189599488847824353172256
27541310959985044277475352638887118926497707170550
22010568232530711543895647583031225511628763968835
14326272862981524075588799596209804394659688932951
90449010574191419981498587900005334896120691631117
54682534858290076839537662641452052739360786513805
72241506897185582776538952151358565897640730148811
11337386924588890982276022973395124413507510038725
89482066478544539290551160492546556830179223635263
77554626840904947800372684716102649508826206935748
46316439689789627008337630374301756194573890788481
04243092855236310298355174517454466065297670819947
43205995165291596008715652115461296735413957327751
67844348486459833913758485625055460175079220988358
77193386013948967514833763802139034152904283626453
76374580878281537904708544575967614210377236123296
19640229202289514696881144705828930980357001504103
69484170547286922751970446946972920349519697662176
64143620321098749717299081440003715739281891528408
31974229437336774778258709218717225298406930555693
52258367862538776990371083298779795051691696299576
07026624877256111532102452287179703093738005633540
59293108901874004957513305645755468645881925344372
27170484110760458345052572429176844235610013945668
24566042880004740729261916575440953365000544583331
33334866581972749276001242323822517184689306940857
23246155423928138874220276616937979356634410450371
15598236757714312491279623141150164528880440942390
05173464563780362939532778780163604410427591864202
51677118235910812494784489548807258551257454960799
56918012971317205403842490960873636213513109752862
09862242624187424357837677291264179188013767520032
05633261892410186165130348102440068568086061104811
29427409009375274857858586840922973157793668860861
99644290736157490533034510746792139213935734146937
82678405331319923544330346071951552057006610011693
01061146455648916805009145005561378494045436931348

5910618419330189545486385219860080820040286332226
85779286594749900693607510578023474201503531773730
08364949891672893509093542120975207472725043666188
00613349590930611407110464599244759717542401996540
73065408416973523925041563550039026440029227515519
10862941367236000269412071278113087636531615224433
51622669190123101713629501331698077009767031225923
34099542352764898442089109243902756481617004072173
92725660242958371557106716854141871300357131023054
47259377064542064373028381478419102186882184665671
38326128263780697530988608290663303966984683962467
47688511450649131518615524629479248111598731109079
77115298058809209285816227706527567771953931120357
31943345934347337295189941572147227619036780043087
95904799926642428196201630098883714884504398012244
62455602660408616133199723284978761593171268140040
45056189668690984708239413708551813261996376889702
12415231378187331300156011219956570354141065353563
84524396556426727217434505317089708620347654758674
12814640719792280574469540684927959945904582090187
31765866162517873312969357262487630182748053065600
29462418101514313186902408749384112421582150837307
41283373100322266839576907350698817682754848177304
99539131031846532783838656267174760018062788758049
25400887840392798564649645155278927345020015410031
31905096271080962889523768982872651391408194511671
95916663181885337312798227947809638418633081232493
43682732708847168484082306510680498401989966141848
68219292371243226293284424830236101798391004269904
07744799190837610211112396067250719299793136517706
73164504798623225519797029925665315101596604596690
15088706888298252728640598951425047655646438613971
39093020257194585582527139271981132775888695544629
20605202687675221367966827468775874528760778634491
38269956348008254414413182534720494801421265432982
96784668605437790613389102060765389746783799090419
82264282917135698004347246669699301575114953715204
37403191810795486894324062290945862326245220966757
44952856601646578736884246540265604576973290012958
37874201711510057426597492533286825866257024583781
15218220127757607872278753625441767851681849197994
94976491000369349095508194502055638112249647967662
49650785802327123689446228669796319715390249901099
11767205329659201024327415836646285103519400541457
19071486388246944690382245688388500782441039250163
59715374849056945245605312540379176033101653477500
19986495805835536614207169974117331055254042055211
0

77318581045894610462735580709471466835287835222442
43951951095964801933997282254412372911975335233397
88200500320948307780662833646063246671001800870666
28897715761318039445308517785997967916175623642457
99131874799529518736756020672433607862783164465504
71333425577456220329705837065208461481461803279556
57231128913791506107878236724170631574279086027582
68048328204825305959448653553053355736089436683787
78877908835773316581566564046333631178965577553867
45135965474379288244327761776652997753788443212262
67587896126638330684384900580057761373094604324573
31415978761655537226301616423353451002374635368298
94247824255806480766433618052377415631403789337126
99900811546084081424058692844640874238912457751936
64669946373591584411931779500858480652805204513861
78972329910964611770976297169880547414864040358883
92795004056809668826825267833258753583516005057945
85314848377702967618326360649136605647118508049163
59111816805735686256767574836279625954231444084268
69444178084654590010983008324701273276732518629652
81011987566742512371854719174196446109963814369225
27648768652429643328488026710488044888015591064476
98291833644325638379834789224992424734734749255855
72931518611034534137335672274625782767187551285229
61571935018632517217599994227794412512769491665964
11764533113076783943587557015112683397880778230893
27672921967390656501679098849598999718362018377246
69791646815888400401508326413390170244028639070088
31066490683497676288008809713157726433416470525153
64717730661392722405632571001397299899095593747730
55963634856006159849612535183107450428280599101135
61527646137187323074054864438709510376239129317441
39267996447473236182136331185858040699365837776065
58414953328326602877854696894300229268531019343019
87370587173582180980066938912507662570847465950628
99184683469499119620505628810062352434005024075121
25659762183568345522576684049165251570758414614413
28952097009306872902271637056385906105921696945735
13122969929258356753188344521095375701735632618166
44245918307191732592805373518481830987229456262172
54044418986403975038451360611100621071808868929053
88556538032123197766450079788089229139071971832155
33766071468815888614665937080218118486409491244157
80158696473723909595858031173549396393423239812188
38583222690622730436915479647732903620310231584622
82118660828589608169094090006189644213461734468252
14338630608641076491303096303860615612269477567270

56616419832266128295594054185267009938944181452669
98151219653967190513843135365503213138068242451734
88947592503124192484175255740381823511390261635537
09368646884710152598668200629666043326715884702846
72528273675136369158934985721514957696957393793129
33338786858701558643847212190881311947133708733823
27500056239923744771721034792168999587001504698058
95623651885426829398566671272305833174739467989387
91798447572639669972565150933504944962393298941183
80951152202738593619916208931559373521319380127029
84818829682456924664015891024522408334073529472376
76601871908356625734394683547048362244546199371292
19945521607705226537983475106667694632555115664949
11680705230528173086908826823801294125418146730584
59343581273433407463471098101697337845113700036146
66147779737566767622118782539423603706549237225664
75192700250824888860406223409811545113334223901773
68411359915337237318467663405071568966819381035854
8079907399613453888268575672435045918997400691044
70411162878652679201061613247199984482371523349978
36375230143135132826955395290108649420581860439615
90530582597540015734752997498272309538705772100053
96418869704874528973591568792707994416581049442687
93902227820026173884246389592211392638749541141959
43300270846714237068128137782298487438922580196067
32295576646222560726500832043734636892069742573101
48877783281459700550621125297094395513482069706780
92045789009005563599319303007467104257017918474679
95201645098538151015396961735455277804306267757948
77109799136259366223493706483705981684191440900869
28384175813696077026265263739842179275186558553400
18024947388424795076359369625165815980054901107970
72695324488613743499388440836614685920902013874629
29729093845395689309155247032545649484834255843539
27500268398089195124385714727889228818004727979105
94164937166417567650944337465409728901440632813018
91438633928063344349424002602288104716999725533939
57076410706789505905241632902212917615707202813379
63064985988232242671029826426454822793271548045876
49921241321268182767230903475595793031158482489483
01417317193431046635619982934226608452419772743000
89475751906443642507040115738131779480959953392691
55798840054782895365239563674165729648804634630573
67371172158099902098944537332554066492445556570479
77207914581230450618880669347731611549213528598081
11096403564201032065031387832981444308563872065793
89407056232795868744608528406980628390128319940403

17536981729101193027421648744601861963215944684538
07557098722129647584261058043710144144891074881337
66721383545414247871366665387182071284847617070028
02307713986200152328528467498051716009417700848306
07816307406741291585704585798091435416092906134945
97096889257105679100556752900747504379946338211192
11999009122153965563172633298735935838666500189702
10376810565539125811274256503658921429101919356774
00796661271382307140818828418649325456700504789023
57998346296652053903452672297367971122296475763842
79533707030794156328931174663489962869105186047227
26888778758797953654811330971852577488362549950780
89623831168239465051168547086261364021782044527622
62185094687714584666765889994793710284570278582886
49455781921024708840980548840494289202758632513512
03276836916550933375756877423110361610668383215808
02564333464542717220249562180605935860577836839825
46182236449833541991908181754923962168710528049514
22463758912011361597998438034553898743686379416430
03051303788958312792484549868399065860064078993352
81278519409840167197297270699322133907184209551782
47520680268463616539771651234574340304432466147817
71199610855372824309171126351950119153810332261700
96078197922946035526018787669236212486362488512903
54428397379232513895550640142391307665467538114524
40247068376528064142487208913451379638599944935160
86771074601432747723851028474946663633461941723016
07736297628897725128300258084687726530151682029250
87300134621992315653871990410605507419303633901844
42397874423384998260696760570205353684564642727270
34894392366484590024597949473948604166711335717028
12092268052781568833531326433175902994653857485218
47109720477182480567215619231319966276378282067062
79778643822558087274035538875576372258299905067359
15414714947437264983978705766331150533421161217453
40896541521554977462478886291183035260403687328220
25070893530843523458081507195695889241260528757183
96496305507662860091116726175300728173888458812373
59853726929926264266600217297690409322916645780080
28615731050138340599605215180202337467493294109576
91399996766385217537464885072146422768364860918319
73323639215924903900069678881210112974635837340525
86878544570222146208736858727966414530176263354155
88794059073212225394670737826546756081074649604180
43395795387211330646467992861229485713933856329761
61785089115582766119790233799986635770474963796822
39935095795450820550511189303477935702443035283044

2834702410590461224680811375399707428743435120724l
7982710008293319137141928877140989863705462711361 4
21706031603887715873410756266034626034693205757463
63265306120596147410967864366328128489246217276990
60440035648313727017184326110762869070629628767824
83372521816784952087018738888352668188068856155382
10291793846881259759223871757568737766365217279182
93598889124812904849996547644596555459515319230198
67342143962690524533746344986037179272054279681688
92955587945755341314658812833102455747928050200866
69571693957780153414390677074688444371997229473142
09624309846450531853965219060267110060566217145056
52396167629158214100393073338929186256703337144724
17092407944822081957934969811552492557325408808831
64819519948492518859797181791650718864975353694319
57636602624261722924254800560595721748153559340925
38283243334477794234508946594682954801561640088402
35503732349654987866217107668010625102744723405477
73872282337063244223465713099833535636179045129664
53592077279387939270095466014610509180273269755513
57136549094051709869143338343735386223956625316705
08132212346736878144276185478830585005810785155567
88076939732421220873066182620090830504150607987867
20780086387483147104679622180439475755630990862442
44382809070751636039213609739671934940819820051893
08463418418513775869421385970025192357210352359781
47565628370064989358061942774783767367165686044012
42535394254608374734622249608298272472402187537341
51044388427140893032903966317059852727435757224919
80439640689369083307046069033634037611356692720080
17206016525870166209246565318321783590348318466849
63362317735446303933793489237958382338014835246620
70768884177564682572717136191483552894403611579624
68253470999577854148164846673573561133803192065822
13549678296294583794899259090657150858589924036877
72470956022520603041059454722357343076199202003870
34244022234909496718095119479811812317662161328126
57418887926717804023857800559852923256156882467651
63590483405880044838458230241998417624203975028214
42033237813646956129181609088070522692744785023579
43715614285496103309997013947721460617450078824754
17006791781881337307355387867960101242192434173987
32897632280986762293745343728998117259300822232462
43759854001837266087383264712072554491306433644995
10019478254452554256119854446896338619233410886119
02366362520061671773407268444876708707863399288518
78574886890695595205756080655359723625548665768065

99730026961449979138639491376433439511781865616972
45750119555271398766633102419936496159367342333676
59351899510821050854558659024045243950149586570975
16880177298008199222597252891615283264328713301912
07202622505599302105520059364272067206743658081959
19838946862415075380275165662282604255844872369634
23152737049647360124729374705823518946377728760858
62713952359990692232587035991070927536077178731275
48150940351270138170794870400279463643368842771692
40128264044475383002168060555973991115327567430425
07916896649365346106649030339264547982624507527529
70355117029389549392605026116732805080636191135041
50387225535480524950307259220832129916769939385789
60521919040226593296893201528053855848832676736575
68583799428685543148848459878043199371078484089337
41977908003386369665963270004800753410733130286958
28601359287661350885694130726895270622119444657090
13500028507817008173296936069944780801165089977469
83832753354462231178900414244561256592361906713778
22188309901262050387138637461107547138243333426066
11191124996043119748730035578467538558093194053656
41438724087159307028002233620240342092669248410365
41392460325281513910602580690086792469478464151377
42530490811333748592565903252108437870583690180305
93385329700109696000874250448141845892598569653455
69808272371276255400483792707641017020870006758524
44325775264579036182680360526238789966875626868457
58711349482617027872642077405327791783966059302468
05376125287836224216318147642047643334565869242915
61946174147929303267274533198796275905105825564390
64127960599605162941055835770035365632428567139724
33093599861784854409718181725544777914093209591840
50164998438612807378871881675478875650566319631976
73047058648946240459492697664532851091987443373512
15664488814513250978299799856828301830292718126587
57997491525942142606638449347618236694361301000778
34745045443839405946382531641746962167963754039491
52116008355340458730070341674476885386353724175911
91912573029628757699866983060284505512542557781304
91965735370810975388980514498281958517209632887924
97596687858557626872836385771428233523466567958926
94854891954487424195222854027581013272572588484604
65495185162225272148589697272632895152661007419195
97178328836594559768570577262847855954488372407579
16288363148490647791455348726575585011194226486996
24391090095948421950501182854570218987410345718389
81790486364649082967773150836776997335515074170081

22025805388524519536398345318761778123182923384516
14920189467872021748024528159190124225586516987472
59021550762497491226737659456330761660211943484032
39799144070248817343433029272571092865738989424064
95618109097976549851184247711339007288092990163018
69411421261170343722496674766825988818337774891530
01358002314602426047205527579931989940964316114429
85283161148698973174864230826264934163168452780162
22869452176524878906995560991510960158794169103884
59563596685293612599124572928376935749499600063745
40510293312523537194211565013315475373628090714281
57731851185927633100144847811577305157277411636321
76299555971064374278716404082983071046305419155993
71481539161255478112643743890397452120735757677775
07421150508298100857375238351838357539933202975989
15782488050412070590464407322768848308743534512264
54706269409754445136975725708915057302324257356727
21085168470673901113721018280580460322479166007383
26914541593198292432543374648604963396534224817293
83254751114037593843778055810026790235933847989586
54860787419414168840730434173496904240691742895829
11338815739432277101561962477635519024021712746862
78247219799676266290091917695564381053856926401859
14761669543194077693489655590603130341579094455197
56029662487545487909111753269937093712638067225675
14630607402334459831482057807785525381693436480535
68079452045386888722145805202281371652698201162506
16572973797480750029723392190975012204947494170065
93929672960287387671952225506308643850360228641843
76624009174719032833908399536747468613101093275450
85370103248816456357548955860367991893611297876190
83567373122748237818270185310642630961347248714360
54931890377026133291202074118570203965492336859086
32729003478722237659894186318952339757526448262322
84678147416783941758787792841341122301988055483719
19662085993112969783033886516758544622791340538447
60839423555344903316330001247579965276168526319453
29309596273131467261926618198321945664800489127240
42165730413638330422266489785155626456553219711447
29732605821321486152801009727680151040298965202063
86068600459816142852374999120852093472923079773503
01533905977647834289074748778151734815736268828728
84730960864188664530329476007533093585380277049260
07328843294119520864829711317593752534438895881425
55483851732952836011377915329011335759811747590808
29559047506576584568604989519869930506625060170970
78329876063046816009521097297787513601863205458955

78180059587571719117232350915787137515399125515052
60695947605933157635090917977332083361368071945515
64074953303571884225636931711834397325160573650377
47321453500563595638262474936382247058368475214260
72791995525107455130424433833640549397003333713488
00299785946575449427651830341211197021029987336199
11776479300476493264915219099177723625580527127257
79928418622127220259472957836424156951838904261862
93194985023980882790182277086708707193539801835763
82804721762702614902491846340252361295645126001797
54496131220872848373883319385740201890828176785029
85052621563352750833939410145554721256376368546407
90946476538165508050017967373743140990894748416914
30065081182103990094191714290554428743486917780828
41271632833493337387601898051923823637302197650070
29919984095395364081929393544844337867252570777295
95961387100715792147218370758041500544134986004929
07499698937903488102082792506930057423601746771263
98250444798794775513836887538882077572120635319586
50030083910654471490754927971155721846090155394573
32518638981285824687769598008274176555499255652637
87184749887063291494390803074172603675896802548718
37399996196829326612241217067713397137880925201702
62301471782080063916213598205297385505558209594033
32647089156195552235663806264125747913463825374925
99128801431261443620117181006104722585841850028634
15621156884418566202827276600655362434165318617270
54704601829523329536489605733307453064730077394581
74055622180102965869545542962321362680851935845002
58735730586665195617446371811134477563610293164229
29997712848473992479149975246975746167652401333988
71189935029199507259403541776788784275863173386202
12314331223245499952102264641917059020637215636487
04410426983363333138216958848319812093693683591904
11493162347872763662759215456841070241740529792569
42981914981740639527144786905118423433719559261231
91937579062117858090932058847948363057956121560105
65182075216489529364750499783642596878804760925999
70186536111131360484481043431372673271493251764067
79591282704180928409930214809574578663493779227121
37553712549498364613219105479011950805481637782317
55318805404834474568234829552821306383035954647975
53133860371316576407833408859359457376719674086252
51809781817880369860116613883471299915377112383415
45287404899564690282603006885427634518962357355461
81582222140719678668431026826557381151949371316182
34925304365477918872773039577291667603598906829849

79275326445793020562500419821581783367975832458201
67033440163751943613079360668770605961550745818730
07405885541857077712937653954611123552017737452675
36502771236010262637114085024937545199723881184972
00485295407605375755048633498517603934340365895296
08607344805531229553356882145671180576047588419420
58349633845421653770202262887320328142627192419113
46980715350623640604880106101761396430655066646671
45977479275127501313346596764639606994405703118605
60878122806328967816576537275062967283576263974828
38464729501891798560482491985007991609232399766719
64767833012638465080880428311109850255466129686185
56503500123610685297435664465619849209211012663758
31195462401126619489300838284386599999928333379487
65982135588393330975965394351687477025420380520337
33823178938782825430477368592737723574788865668587
36092568691056377446851131559478673651648492178603
89204692057392137396597629342661799387598861055713
84739015869538001440033773942596352486926368960908
70539526251096127290887376798222410747678488299026
25921417206513544327199164599833303338205097023670
37918912977711390002179646455681701380894182584629
59876893635924393798037012604370001954537532094758
56566862618691377693236555385533736640181142604011
71263453205372512446880839250455380642547662809345
06039108615119488314246477393594536113462632539790
30531061551540475704318358069888911685088278357540
62604700813348942775641988110461503391081966974360
38560732670871560877665885891060896072087471582697
01690562668719926815848335174102410950604976133322
10304683200931629481966641786641089259633540386292
41301524764041519532761824707235278977276957745431
49145720405417995318578837498108505057157671110581
58521670552201100240312147171579846458543324890734
10987610992956496761565447188062442849337194222747
40449837985964755841334894107426083336152120775019
29801512946567208421155076388164598896617646436976
03289243245105302982505122426807037312128083935122
02255408415132029479998057513768649336556761678499
47133492695625773907848371824828315567929819728778
68629036310560685800990722240215387661471364480196
56148112453886271654233428875619797920485573019299
97500417588186220355084352693742241834775423575605
34672554956154189883817856029267690850613136595288
03917355560245687971772310603217457604975950232256
29419637906309379558104490958762135916778658295393
03065765309230704398675706257606714270638526055475

9595253213047800632610710768083216210014579464097 7
6926800691390719372725319228526274289573895041376 8
5477459296033592272625266668352170703189496282724 5
6528458241425460630372804077747979885412946353979 9
9246474691335524337231830453538489080808931525181 3
5768485272858917328591746450365612006882947050320 4
7169041537686780019293050636695778550885505423698 9
0122298087791267061052356297358060222018294315807 3
5552190937586577473626473699288881279782933393499 8
6977352324137599315546363119298207065372747860725 8
9973120693062721040157239438426087560393263870639 2
9022190308589098777220198559385372688147932288292 2
3698259046430933978816522998597111438879191681125 5
6374983131611093190611563255289261205865159851493 9
7612705562408767671406059062759367897286320465589 4
0753192715912951170184437557585352369782060346030 8
1114085616222042904289052870934871938753668199421 1
9678716034475116563217044041605351341390173136689 4
6388738555313863682433699759859706164570626704130 4
5912643728498914835689045560909348101158092318073 0
1845998408799090461574931098614313315919784060635 6
8318841950570759621032685084075395110460713677431 5
0631865568117504568429109859360948634686959367227 7
5807730607288379881424681003426858744195332034222 5
9222591131568718551298843839977181848177575276528 6
8727478679975609559814433269798023224692517480084 8
0437354026738684446482509456837198696619833088985 8
7835257932328100478498000016592407290314660281505 6
4724110345203157652765771714505108046030512975963 9
0336904878227083901331040053851493735374972951613 4
8972263979021198896344486620188190295769295043464 7
2305784526520058067990645390049554274873960333111 5
1334342323939281539285755241892542753368993670767 3
6032707695340715397783176932998580029024738091222 2
7024700301497321483099349332418808211182569586232 9
4651857563689754163574689598660266517287106373178 2
1154407328308409582293717686280368564515915257032 9
0275690368571298831278118747345960741731009788473 1
5628386494861931043501661812266303769593726764588 5
3838094304945302303026801421097550250389072148424 6
0093398754399153838421377545972464098687379266027 9
4166204708663284387662736608782721500359892776517 0
7445477065383961960283431028523840913387237856397 9
5368257883705830489472663481348213171908883396336 7
2412315363972952037995614054202652355733182260536 0
3015161076727016136677534720210899524060190190731 0
7167115721315313139910873460499485588793055573290 7

4866756924991779147777627525721533153059191 5437576
4020855624311494453725459568097025647576424 4423090
4740701449387200931485566126738641899425494 9313631
0475961893303490949930728432409009866042964 7764160
6362128947695172656741692210412679197620262 9175585
3059616058835981509438139888155464739539002 2108597
8718592405964780276788923924280477323241680 1150880
9942907513006728614972737850416001553809727 8691011
6538163760299560019987567710528743417964863 4948759
0228434508102484523242850619456464928288338 0246745
3143600766539393253169069347153411102590915 5950980
9996077710819240434008174019090499522416945 9367084
1551263350446837423540829126465380354941695 3846871
9159478644821690719718827904537417589786565 3963543
6417496421138332391272660853829567746264220 4374861
3750869656038144115446781746318241578012548 9762580
2405672218165190255256466551041784031399315 5273497
0128274640783796773431039575001167643501232 3921872
1736939561572561209629465861258179225997122 9360156
0483252932466059000746753828911358876966050 2304327
5464415772720413553534310692302099040958828 0284249
2545660922550473678663353597767011475477937 8951221
6395039174883700606920832143131056511403216 5914971
6054503315260875624430397512016270444756654 9744508
2910844914275328651257884320143371916195074 2434585
4267127681102600799697732731091087404071388 8398593
0205685477056812837003241060994880891203723 3751569
1677129447677010573628517526922673867332490 4110576
1883634334373993174057361935369077705806991 8700110
3875506825865123396341929847330966787573203 2904837
0056903353621683728691586822484931645864130 9955612
8076135431583947979650364579844225293998032 5213460
9728622695362672470762899717796327633461411 2070415
4148305304401967545816235986063466572733057 4033424
6756825399885570038420395650977199541002683 7628297
5119707156928778058823190261710147580089737 3783464
9921004305707615859532250733610872957027150 7431229
7920313721103151205786945818242017418320565 1511753
3812845799817329613000972285911308282090905 3314760
1196781850383675303470470005787483609975909 0912963
0344182765505119842942611742125017453108837 6152772
1032091623308833571020857721625950992529864 3641820
6894396569085647751243182903018353395109114 6751371
8534246305851770744343216131691304544562072 9557791
4988904854785029494251869923015642048236729 9678208
5432770817139937297136472855162369102809439 4904980
9571114798735326336108615449092136210719578 6271826

58984645459587009069249248820523435112868738626912
52933569556562440153334475671624094781182657115595
47566993684235624999792277233328567847862452694981
30382957671588368253903484616714968014138599194055
59791791785828197578481237247802296273427132738070
17121315934540225441686146416206418549556220175802
71717419329604030724285575914037487524125583648684
78265305790211293015046009300979113289391102092842
22126288743972398792999872217126802442695704364082
69175123947288580976631735219034774020783010825008
23068674816599291621420437855969070083963431749157
04007049111330970230468766158574831350801444759928
52020727860406246909862458183710566318254920666633
92868941642231681397853741745589835502398141347627
56866162211863675611345401850612301450506414647662
00254793727370169115091057005880583855287751553568
34613555088814313744985636377736943347307792236920
23281951260198833485319308413912969210345115664615
58171845160918653048971195380110248525749893158647
23399926745372521914878779978880756267375063872378
05646976435268613067747611615640308898107229900613
62029138553864683684245835443420724906526943131926
36306455791910328174622465230508681145392237903469
99357618192283841178311127342660931717160547230274
85870001047866059835368762042349093563146793544370
07086760444160809343038896416912293846293502166110
02107616405466145328261330250989929553919275962994
62782632632116565874319551733594278724799548287227
81079314977711035342554381663505021820047559845719
47076429678271587726848362361118065924451595282915
23018180897167227176349652283750680731317414453350
93301055862157197336759105167204885674541572816321
72593979270182677659278790726975958652444479862784
87669539491461017760577603607110750866034557555712
96234540663775844877314065805021814441457012161388
94429425430127261439960397515488096841753887787099
77105315689605779553635967007806998565011955361699
58191091853337403661999066186774586536593782895158
61921683583853720551718196699002906225244297196477
60765792120834997981483108425338006646056465462844
10595975870105383783766951341441171157658015291972
39328318237419072418270556211429248125950086219348
25451856553970125840647774590941610778984486679878
79836035943067050826469850650965071424287984166501
33033647595971329458356905875969705836598402375264
55951428415274309347600284805973744511548230400857
74538194414235491878380929229783184414022384436112

32216885056243354185884325115447206432849620845632
81194108270588318935428845436505484535633008842668
56935636428902027669230848663361182991429872638798
80682998086123949763295104635913382691252518794669
45089415396493327345497299448983629947399175474416
47197173177987268394360240105216610149815265541625
40385451779521584002495879879741049524800475355816
45441160796496743747671842211835815737673704896816
57618646684473995745738638952849566518957447866597
77819507522588829870247890096406531852047423769523
89335501218478599660074089650383859514701804072345
77687838560758095616453392168848975425983059917537
61013232063543253442404886000030908226190037306341
84868861438763736494178874012048260950512759863390
50977024247252980175882639229387079367325221116705
79264414090854374014853045902503716963747745860719
14054256943815611701443788844188830915922927192035
84129871622866850532460389435650023073416708375186
45953680252758240520923744676573351270601601170349
08068222327234121408469596673325161565758066590243
10130320641153751168740775678740603592587886171973
63493677111426543048470811333032318663398550949431
43974804840787647767832770534880159671410169844356
69780845487805182319957564073978831770271135643924
20445203330076097643679699900409585495562013135848
05875374947256934033090917283239418369219324915186
87235477393921275611794664018511800138075010277721
71306420425326555361143239078820350945377075084348
89230102069364851728497612938332579316328040240236
62247707358488505586196021481895075688961464986471
08584644537329496552333726418838326212711782724069
32265715707864175572896145338291644891865204955272
95263300281049823109857339430816022566981711150564
21803074943611078136138968220487736518566702091978
71094272276503470633850855008421170940405082569924
57562828262781375133270805294552322160845405765437
85400717990812768836695374975228640671461534564901
12693874267114036215138204775875494285657227853366
58487290869174951010237587497660723016951857365090
57949181869154204951481895063313672323360017919244
39759401641677198359451069342721729348371331527082
52285878147644954066168266066328173859064681708480
98019563095401910023030383772107483227813901168208
25823892779361395612062162133915786407904096277774
30623945887116813593241244337109448308742299489657
27049696689190976787295678568374918266228075947073
08763909429179184646728989350381665716032383413004

82214907355731011475604391076423070499714171792722
49889362511853771844565361124353668033415834710999
97812750459310729492016400404387368910848900002206
58968949509883554543303448063469068362642692622526
04805038222965665856445463817257872024223930603167
45016053977551655424603074325691453841406677000933
48172625337857836954968801819714207583047902504544
93294344080654706966709208196687180957451822379033
31168666010658854646162225136807558072817839904993
82032540352222147912787357337924050581704793436111
60465752035096499203009430633851515570103965436156
00425020917540836802510756962724054007061307391483
99782154975269620067771746125375177474080770421469
49807246566921031380365590139144631933785249560765
12895884703956836005240560377322664848897675986472
22236870457260025131465330278949073668317542852793
04364168449130901482297794441453977670005047645453
94419974425340090220649707950657786676256257904167
87951719322821604842790422281457455555258501105051
11853205128248170449340850065111058596796611348054
31579901002711637041462558845146953150161376530986
34679351398306442172125391421048484018069955555893
38646984470972207292044160017446457448578988521913
32549713302548209802199209468670551308850411232159
89403060607764070886215302252839630610614984492974
70451281206439250952683933163016535406892928056518
71572657874119402174780917279954187411811373735348
23204924028544437285424144786673531720397284099921
07533852137685218992027547637515508803238203451410
44903368786105511397455564453441335280589331495072
41545365042536863587651146455776385286184222500373
54433860841945720257808362467051613544121936052124
92654785579790112658159199332255421473361025220356
40035827908575507305278835431594674179374264974074
09479489447795731660962302173239728840260162155089
90745102462967183685916037890598163574392667278295
02991817957028068636510124544515441318142965418452
45197887305202002880204338955209521262425068207362
51646482968883150509597010002264372135348785826025
33578984284992642598493826986555915745522772230447
83670045129262032590728447007071826463942993971057
96504924027215130909020163225789293646620690791141
89091709554858581709996939845824188862304346386468
53709469201908664425001423704907060547944016363622
44842049461414540733407720561367537799471743464186
96144163556429471591970959124572988939233815001041
22943958528812429031638189391182936404756748013200

54837776422413083227337901680551345611878652637873
90846029832484496777676526714460909842724092219442
08729050777247422712849199862752884095453612244260
81223673026362416664636769565823405093478650114354
52230172110431829674611812712477267475584183473918
29646892424390835898304107786122216466741392745808
44109344670914076889081154804269904644766179037069
13186431644872934811624753142709479512183711895430
80160613686742330865206856839261480478445664749457
48323298371127834849457568184823573812967298602509
44563100213870768049043011088410435606595632913551
36365953790577450863465841837937855021385507306606
20323618920265343796554240913886678051764866023556
86801024443819982174081868308063265793445013660695
88311635276590196371091221683021799431781781159756
25693348118175901637045395488002543869195029394842
96333878802324540268683115920771472660964081472974
25641352377071326558656729260935213135632697386334
51392323794912727416044071653328372766636069920782
89885158189007406817883560033839550249105442191369
49438402592897576804164798738875441907101007388250
26002505293715712059882179975190525154813512892650
70350312953887973951968071463129797393988552240677
10747813296611251424440942546205865605638648411769
73765093222320058137389888598930223363080952193426
52281506753067731168349920030749784495333173923562
87724988901104982913538099432346738706479293918382
98473650917415993442241801360907021853768394823719
72551488138816352825082378087561773037185933102376
90155181489566802645106695566763562703316375504282
18469355260793128677171630081522970525013994404111
09952375878216898707228324155404378594936488165971
06019417011177530819779600610206107580954184382263
77174415893089344024548077635898598386460044819130
63291821212522007280634089056273136156282514259729
11690969621167408247163145189174736006959669914230
80878338378686590159867022321428691570141424807045
89721910542004790420726183894565916757662433748165
23343101319777787506264814478962379685449183339325
44522632823898399552143508647239988246182346783334
12034969696346523102970980070312729811300298748758
84515562844310131560990894615878405840038361454306
27502838434516836793994311551940672336880332618381
30190651593168620191839636438811828697041164945876
94221136576981495173186043944768192239400670145512
79282540565303246423524190837891152091652075345011
47751337617613160303463500158304324119830345045973

11154802352914726755652853961549825173221870281189
14755821925109751881474996270183201238664665544709
62703221196735206682568834873759645072512079691451
68739639987295089292861505745093918352489864171151
56337107720704371942989785258541065122020872198511
52011968200668515495090775699216193168057612255084
10799564473572362115138442605911878523611115766746
24616760589490884732188251188189165372941301847563
65083622904096877270759063075951737344653812358167
20569986154493374413551158082859997972507000542569
58448290421570329632969541837206112532778185078243
53239187267379753901060421898213335680014917629276
35897397491510336102944854875541265945883082627308
72974158135998785058970815642932415956520572243886
01584207810475042628112904425526350548296613431983
47557885193222267186930364566727102649599400511663
08663731727404454569497374874852110331775493646253
80611334474310806832630846622039370773105244279995
13745019352661423522551418680551040050214387677859
29901108592518674991313145000872583711669369824976
99408416160624284063083328979971618705057651962404
92431659995151896649754750390011473989031896878326
45578474537251804522359726877668762428507538166167
92488000823409032034807146522890222308061496574270
44772212502661923714235626092912260182505837318119
71039075175338577137807762131772452879479158317148
43227314735068371778815798520230352800599998697766
69370082267088042043304271761036044360211957405318
32397750825376243533599258744806695231314095082672
97420082719591871616960153406545781475710124329470
34049890117240314562707007085891355513065947483050
10926753310504767668510068727953244323689649387243
49140188685802176697065515885025617415207031509272
65145873588577166907411895667629416813405784240677
33886652984335828209920927960002560537316119574865
17297171140435836830233102692447556349630182678577
35111056397494733570817580632987076680342130966827
26128479506043615265442170363554065832901954741126
32161794143686238782446810885100608798206571969473
15316887276558292548410060026288708470726414636981
45467602306906484800019508915292088347520029483301
18357071474860460032318036646630113783461481020801
04082416246439862858027535254054148117877257844982
44012153580883263111576793883443994167425526718127
06870485790500170018827661154025989664563822695284
08612570000031201513414621462743588188113752159623
55090961869348253038196808508496757130802652210017

54452150438824469635391354522294838227521939781610
06308157139473475716433100288572011561747191922667
71954369283128266043960699254637219602914253777973
98316744381208097218818831236226603387075326789425
38559169182977283327312615508417484951235989157986
01931046302040883658123282833932828775274859787053
64732951561411429853246103430255531301949643011670
37928656376695698547963744374046951440475248627476
73802558967408496302725388581738320957777270442659
67645023462419588725735933861552680812047751364027
86059671489936812371201186212349054817129245481543
02380410365014875356745431118006045004261307876822
15885144267302962084048226136949742620817609999350
03344619768841879030415959515392641119654647748208
49603536188945761220485718626461432327497191880858
41721650249255612284867044407945280918253914446987
61813663319439606463782245081613817787292827839764
85911046345562271722217817692297411538678621460572
42015889821754945547494863631767227436470898021546
20073250130237057212162666252200530396135167883101
30085680167987713860080874414496085961030410411974
85369831113671070824797474197170808243016916661770
77131276333136381545315891337525416839840847864317
75066750394884663677721467921121853612236316721888
03806610698593702379096318692240259119146345846149
74171219255019925474796004846006334598186460801159
37447037316631953518908792056481072811877724020397
44024602129739110134992696648989782233646553651294
97329341543406894694337381826637786050347493433270
29083756180110549346901793394287399056637969763478
10695528961987646189850722086345874757753558684468
72335724917904765480775103923736396185466753334959
70891747050103139694380902363404579903070724852963
28514308887866880742498163585636339314194762523066
15252056589630703714209157446786673768335155822444
22637175552905493953288236668961533263314935839281
28224584932540555941071950713799703563742340097316
13098646213937953087094716536125650803315785044573
00009414139460014745254414038169209933604115965838
00506303682545663080628250094880200341800214558417
55463480187653567764411516477104384366900853706116
90503253031468354371335818092924007680509581888880
31319229966049866511923553334427159951307690820852
66296774031025947302259177682013259107773158578447
73120758864509339877561872662539383623575762515880
56203092312138665780721626116181270037560534462263
49498386252566652422923443651396972082378259957626

10809984937542273567512241092324479307242828029176
23537533863708763873518155274821112448002459124640
51115111499664462619843390057925463539496228889243
62325218640252481049059595540836502868935748905420
00912533867434313407342265195998144887626448318552
73277494122878561306225821878120011628573521338086
04365252012350790830150596324546828189224759891328
71694359851422675732581509249821248990518465907278
23763964923211904205643849172556431873441622962006
04471901611612786080691597050723383179902400106211
64747758439023757467891316957011822646217702894571
19136412685871868635824932717465627067280751367431
59750756577475837640633804494482066835217833213332
78967763836574467462017288395723672110981540162132
70068168740231366194833250104464856464603641253174
13333237960756729373305212297457933352566168558920
04375962513420306383429430609715847409538019741154
95300102821650559592594591948533482273271554448735
21365344729423949559645304788053179455862934189010
77793490276022180849918514125716531651374508750314
01466774251976476204616693113326045387896451657290
84386151944311401615142307022471639399010043790686
41034162367907418506463768256603895503347734896731
13343136294285431488760312473133541967098000845264
27401420976313695876225859100931112997379360013553
35292074829853672042761269847640066766986610534552
07287218738180679105816290748701076736965216687344
87874382771997327186492554248066842383302741069609
18550071153548924174440794337042318254560683867024
20523393305803173064778859332292996554662168705712
81806631581075969880379541902867105158968218399861
72264565237272159212726998561668843085968396028717
15385266941479317328935458449531502185930086689117
97136649492410539530174013607858891547134085003976
80364538111157208612956394709645574270823873126874
98873097059005337318346168969341709300000861680278
00589567415228443663002296526507013856265684358886
29758589271228973122504501939753988019599295859466
74448852792346410372473341353383902594807739551764
06741476465801453303755125878391520600273054598058
28008341586750878202182980291241797731523538577064
06771166845213368665010906443991846647291438415228
43559577805241786922134390262097035903035025270328
39798676548711129716415065768915393509094042163002
92126234234712852108395421664911751887684890160163
50794990872514594428409076951969961803771282792923
30631394632150965793664885286718536589854282324046

38733828178481530209203088315697267343925583364321
63206608988845807113627763999664957064813332430080
44307069228179629683286131639498341581788714262196
65499051404499949051322758329020397338902854257513
66407428377198389513758460356859331967636542297879
59796756828399831018152542366659857278588886806485
18945970716203467370351680456789741083210206877691
53105056687668773293349200238935057443695445160234
29794578060306718931576795190895808112827048686785
65179494942531798989854558463511016629241506701611
76221975729255773222299579570269514273134125870360
21325937476429476772338553939496080349432963081459
07993381594311461023743648260905274892609114997817
59924252339697286952524166873150092382041212854261
36163532491366251378662874417287369277732668533899
90509144288059316961768257728559277785548891224880
88669629022220090710531986727332035012560832761865
46860690046121765511410345328312712044352295100167
94790313350534253556783869192234312490521332794361
25690468033045406425931433485989352987882254953185
74248810376413754148449982952274890279695089814986
46907616443895752343566506497982594152503242632552
94411659694055989586650761215339929748641052808309
88791971237287616972907302953015863380954319401820
26691046931393035266362835832196293419502205582156
28115100827837021914223186157752894430740125120698
22362570413511621279344747937375070858534490402518
94677691474206491390247315240473922375703568331255
39744473636977591310167248556425227049855871329918
47584382118515249153210866087093894774655589097681
50090915524531843711016797043942272006065934727864
92376559469584717164290257863271834360438706061526
79931992517807196060181997889618914413296815327355
36565531782787898770454849256568315404843368663589
34827911537849960146294330178535918922268713560211
56380668887360245242861517707711106712851439717394
62566840777072585891951865720028302687827488064624
86258045143333445413308616378682332572962579538006
73509106053396523255759682415048279519619749459051
00821796236567014770564590274789801810063095188896
21379037693653372987268128208847887010630825541585
04213341014958285427718069494633813881682451903444
80504922435510003314142920894225768313480195104195
39564834283831689946997068936123952993364773605967
37956301617803184226182619920816348676196602758664
47118087603253007087453508535754908948331667080132
53482497118067652281580236070823339041428117022941

35253600330633026112455168649227533897653332750883
73087354659141118979834197708121109080471374423563
24199743619581423276740560044467491569494557871493
55479222541764298223075736651596039395678729520830
76212995729056463332797905608736019668380684152160
05340982287176820543030494829640714377958967789178
52651344209014796569969586033217610283983223252420
90918749756952825023624449423568735010347018741990
53002938096986090876149456728711268068719599242400
64653277115700461234695506725963015667229090544556
88966949036381979374684658665340679559719446297756
31645824343862403793489804730057570983951582161392
14440418894226816655348954143282061553926819933381
32341431398790872065564411761005197910307921159446
41248229869540395866978962963602248076632631118560
93817090755322596581714925458095004864281930723758
65331093474102684608835101765523297927925886429690
57722571390829119090719641708538459454433599189629
61825813795766195253377709395930937558695979150585
46959060081600343557079220572841848585599616477156
19063376850432936554547474297930822840340104214779
40049481806545729224483426104801520489332597893682
35759477584893907965398613200977738878389002306649
65067318652650568283958219625803380702097089887141
46215856544262375254313938425321275734074533191162
95517118791369927035391723508149986623779442841884
33457149292710333226630993271591811777984273789750
14789433268497205154307237560639987729616687253234
70990717464054024073987653076499928272555573339710
22446852281974406356741544233989522404042548339769
55371473159903911519958160949598512103745365994424
39645586621895120731402017735567818531957450015913
86191064089978693283136483900961375710627234780052
28242118426427552831612858697601566046431833533610
39723374601999153889315730285882691609204948845413
00922625883777140487965516015543593745110789847180
88470096060778907622069368407378496336096342509584
70825725633681267006429102982227999157619394123050
10665619324385291312270883071567471968202186272019
48474469147750995873774866029631262112393626268432
31533917193569137898919660667127709734322808251984
75061954062034493330703784267983799417718823847785
73049239862558566116335286152795713435314524810391
63835170550778772229762397920840708871158662399192
33193364955741099493754100667968801426502073106663
32190372968824698040807054186317885193804782714122
56541799994252084728832820347685848972552574718194

11411100417415667999996419753284032409331190631921
04713467023378515181682298661343846179559222892272
72479295126971190232496391380440439957405009271208
18613254294374946808034952740287866386243934171088
57657456509859476694892184500640546563007857601863
37903961142713096570463860917634603875681169616742
47700175701209622415995297606038534885700148140313
70011280296945431637235112508802119138585426221056
89948995183018091417190615926369347364953071541759
06667880722820148829198820515570776358329567219112
20357704249516850618829530889889133774280092605574
82311908831910313193929933455923134282290824495258
00523923120354684095918118037670041104124295206004
16749760555822753840278557228994429097079220373479
88086735001702235402887074872415687791506214652489
17332552477018448633360423791742749855343362819513
76593862764032817426362481472009657057617273393219
71370162499437607223256132787424937777858926933033
59640162133441364984027113913384274707577695437786
01175664910861942707182917441242654445981363785943
44020432286589754638643482729148367579090612462084
32343903919234433434967727735561114213200143944432
27320381369085729795736326744778943865774890385918
09925988629697792589137470528577954613032054330367
75220335508550526418524683519492934683524328602941
68994575328382103070059714264453901409018029918233
36647440778847072021623062385605597582213448377296
29959883211943413369458344614783596937028326827141
04848145288290526166403281494081840243768279808314
94520463340131479318752237377806414495657562106053
03373736314667499714281990742397055859815350366620
90465058448358290370627882179517010954976396032910
46554060692645863021268740270333376287090086360775
71723127591619507653913377632919582215602395743429
34468871298084612180268971042434170908330991098588
88883525408594227691776828812075617943969011907566
34524170061632008101418475332908113003093109758677
07303631842545293345309766615291752366323656474216
90422806169751560533305992507917682502236464599957
03377476108414750188599883026552040683225323910587
24489413214920420150763661972890004060592720424962
76071999299976515689850478820851909803573311574154
46555005241314901243989950767377911479714212766615
55365700029980643522358559463340291519655744773725
77452551736846772411482287637268001963584486242603
79864986575821308051254867753671804496187001591044
73879342430418785461787045785436649442843850304116

48192666718497525267073658399302540061886594630044
25934986421887367466779140102899219351903419847325
76022585319484839338206114648070364899786708653140
53173481514324651853400564085301928990763601600914
07670768748649878661447241643842625492285981679108
12920521882291519447434704103619261982249688650183
28788122865526149448724335598640670553488667642160
76996015355082328241827071561819631434310929628040
52569380172100643874560935856366533754096152099368
44109006423455594967899258652717374982980371763864
41554083399332473281309549009091169442676470996060
51366703401744118303662250489910202822410449800530
63939224651764328196320044478643107106451818292490
15547074663013665850277505079676669447092311169507
42845792691986465479689769857442471202502619936276
90491868938537969774824130205607630433892247367574
75383147134175467829749624477066540938198182940533
95278667728983884828299114239277363245716014373375
26304802632494216545565767197675193472054649944251
60098915085265375080025107560543265537727234223071
96967945272246615973866021741689039122722547133825
91553228452515226694697281730317552536710851911358
87654254435790412982410354317442327643432713706542
09963215706364060968713845246245663352691301220789
20780385412037602063411955394534694669493091620795
81991165930757419826929877866650365908258531021071
70150184413675291384847390819223564708665621950319
86519855569037476710947140876135315487181593027818
83820781394000869999670451740058902929472049512466
80739095172243055169301048038278147544641937702694
24932724336812520246015715348610440607590563320374
17883714753521439572777882746386184160872134325498
23690048373821826384009251021559976282492414832391
10024692789253625384807769987524168277515798144534
55921809123520162309235618726203561806371374370501
24625681248863511622694756689681361908739138611682
78104224664184881377491637758235307175109336365159
20783202850748781773294567957228802702925330393035
62960965509081112345990450064098314626001133976600
37298133881316144986246073840041038738952334677015
60476564767743753091353036027730649485481818157985
55845871362783153768046482215248418050024360485920
42481953288367840363878995631933216318317783975299
19375524219659608965065537394044608982289650830886
05090890249651264721191096922940386605909137826663
59794484078326763625443829738263161238512713588318
95110725809941985723942638965905949827824178092350

```
47599580728228798338367066100204159537645690875936
08209053046464560549835109037784779087651974600057
49378268569622689236564736896640023761421391404088
53022853014229240229342391847460728918244015840316
19657037005116503748328361213051792767920294958449
61075787312193123627924907087747049402772076686395
12899595810379182555275737019903563985512824029479
35134304701498533163414882724147087051137221073263
78167707957042443525424026587849103230994421850476
57104762926221526379911773502945540414719797361893
91641364679582508105253622100956730870705995351102
32822554068808184242461329055034112463682062595644
29291757401920097057467517837870949738346200035152
02350965822051323495188128809741701382800727749270
60738429578676545651223280696018735927938422502982
39452654566153768909500376120416256518301073537003
90702915020475371427789436880591732030271185778991
76666342571642695371669593318314176864699203932928
73147806545499610556358587858035598893825325627842
77975277486959058290178435317038641967791407650481
29809438387688116335995347497834963258404256655648
83523023097152638961085263284139935517370055701579
24331455713392635064912691032874574336801684708832
10198318057258996356417494799914117646408783098 58
73887601262243929152513512743163114240916595798544
23119407426391419957370081936863243954288891892159
07335571177725165886954494464905156957324223604942
91061139881878797814569230082568163508933768853608
78491509761407672722017652632700630404298829853236
04100024040182990715058209534866786585491475231039
17653043924444519665134251485886593572530618789331
73290841634035522164741041543526137582181818791279
06528210805664458170081884621209532764188236193739
37158454165450046137634755726916725247610255780211
19822121916167692479946814851022110835468697760470
65079702326979179446640582545878412351378391598786
85765801747173575840055450021699156624893432775705
31623439857465121125566976159579416550043092783958
06436785620176109369534322744203237277829212641072
79273315388054265718719523146147608512412071162145
37070523460987352852535263985551737598862152283252
70623317177105764683442071121848969716263292124906
14166624188760417868396533520813403993199974584851
63686764908868591045268078730621605021495859193782
27149265333228609685365050398614037995783932359268
09107789054855586108859242822422592774477365117818
```

79193696296290729972681030497096970617503617848728
04915714553234024897008651825057184139097089981443
21086327430762953464830106029176031739831629885580
76971443395677290152947924948925730531036288092988
57109774203433903894241774960849678531158757524460
72106263522179995794483282496498179688087770356049
06974060975581511209516205013277091078039134611475
10049698677195780467282368221758850855512187378823
84355023971353564767531284887511145584394413075616
69080219404705402509256163887305799593571007095421
52424023897386614498430269643615697593835035800086
52520663448232509342891281594682468813110767064807
27153921338085490889321744630597885811274425344881
31962175507453904692292260778682863658751566809447
50478626722735707695371489726486013628080150844226
32659722114711872171544581877426158697079388695592
31035534774484427102772791812654193912554760484431
80934367966463340428283327337418506298654994600120
90566860910949503520844183899163403069633435199713
72234045101839365628394905715741199173881420686449
18856489681633355195066000928843332524806735584171
33749617150550934263718940232530354259938439418771
87420881455435435616430348910314815205765886944478
27064491099533521284325191049124690543217380510679
41859880544012894251232589909962312324053877398210
14464058496559741586595232058144988525103769306549
74893135060329360744818149989820111827492778152011
32404643038340009302231080547259597551216746706659
22944438571075829356865159801179019948045358247172
34503017639891490221449489021601986841517587379191
68266109838573845376528041890093375503234876758875
76583508168084898048899461346384675835827589450046
64802602247079596073112347087019012293963842199250
88768537111998543312937242948475788361151740833584
37533109066594270132580329543981526920681054804215
52102479651145454331971153057409954937838369320017
06564102399396852034151317330925138608298396103448
37564348547094563741106045616668328026369760559410
78600530148540321252825322327251732324935578822659
39595083733400950598453008448615493760830772932369
78053902069489843652286792858078158108085806495326
33173056468160917851471254000880722579371359859196
02032117698516618138205726664487971456050564764174
27368418914506734245675641604829030981897917595674
47997044184815439560470233784356812676177157987374
87316524458821001641061928767152951977309612579504
01327995125123044607173765330443488975837750220067

41467780169732280054567344994253724138458236775963
99572285545930783851914039504744136175891007414622
68192976969498861286529855178802499331966356382483
82941924743192355842676350731985803030153430748618
24378325227933579938356853781132755653864730024767
43067237584455570664332239670583789750194011098458
45303120397416081495286336512248395115142651395213
61994928047761456722848443128565961544973138278595
33076736960149415863707036217565867010430358696114
57917148344582054822959711665470211362772824935407
94629070601403720169035778923993263032726072545060
04036460502838092961007600067621093582161548809682
79818045908769907558279711149674858710365979817790
05599204619921086218833393864367675453578236336989
08816193564218210955951100939837537477554658607786
55943306224849127897875450813558000955361863224778
94557821672858215655834857416920557822343615032535
51913069451960052894986940468655864528839323919612
40439959477905755435190582258127024682573216026993
53123762173162563897324757116285960699970829394959
81464546812429119289449321675789363587752365870831
2626129768952214037121333713736365700974961114679
54738940216254866841463524981486568437129932566103
69032098432452443637457892832745325401013787354608
70857849153391330184879650215888109299037143501149
62119197243727036331890117992931009198972066058919
49918385269867800580939230917378195429850851684668
12992334259466707617776755886208012614126146408861
56063703867564612888143788618168840692105737310071
47127556028255238461049428731994983801419274943751
00694790609597627570407425605279204037351322564372
05320096902712617878841958243923433165252466820942
54662729793482420950273277702953598156498247338180
61639387154774919753504932179174320668434092062017
58084778305188754961244239520118964907047660186063
57333213987937346739149080881235134551377407155868
22235455884575446863433377540313871302626071462240
11717060240106522549119864684309641572194492446028
28173252536670353723004242498660648053112750195435
65232256873826351560617978177490363147504957320325
82722820879015800370394722078471144085353021626740
50665051256166950057399083273250689952126975261606
02725247283665244676995469356947594725756685581189
42585377725768098397685880649644185753871729087162
36658429546000645728360531387581386362944104313462
99537418277627185306159193426121771320103100211452
56576690287097455533109073858111289551403927166875

22479984987499178502589268902148245957825905186445
48253086709605415246391648674819969569196375971963
03980961058033546132789435981843508697452592000548
59003037296168307195762268543536417311817450957993
31647769077464027402590525538809186293686045867395
21133104685547484403817107250663691014557314738282
50535705756613939175526069518689649250344686647491
46526156085505037913942029819942221994735438231783
22303684713733024748559429826380406512984891971277
31269793994244683681397971930894515313010228207176
02411322963912280618157095376184520228786336178426
10353107341759203978291654370239534309225910850108
05655918772527775548002700192946141441537672275682
55332141737201407471347884434363167591614387225594
33049497719612338422266160489643962420532677970414
30802411640119680891010920634290380279255156967953
24416192834866410838286054415369964365931969137777
87005936030482022913026514592296134558029718272438
41968767243708449263675507056334050268371994493547
32652656320662743808369958263351676070823549529856
15834331195243922970039879106752683149442248758705
97119750135716880807708801638578432778181513027786
83116858919461143010895892183928971335941392888564
88545091637259398359742076715707460714975246059863
98966957462315777686048797201480357679564845898219
70288761612319470132095592421448835550576272323443
48426426011753223061822303565850804701101189919325
25717205499629266412977350428504370262289723585281
62675637896302038984743559480612173873906685354384
53039293129881938833041183423778361478059757505840
66225413362933578093194781966392974235039084805932
00697899176788339686913197482588647470862799713132
56137172730816533406139462568550590727545864506864
65652776825553429721408833837278820102890293240313
24210200261063566424436966120830417686932201048993
45155973211746630090867120083557242052922510628503
02940669270580504400681819227351425634658435481109
59320734012749694900025447207973603791646697031950
33832848355167676058310365452708576554980028239478
22313718870396521642078414038632005016875592892442
48916432107962003137110746260693591895581823998836
59153109700423581742946007359612474329057210929097
62924104106566209235037924431392689030306220340787
05847521368443498140066439968281777288328306808296
74748510726842285639503119239679399702278280832904
03918794270125640317319867054809038172901093826770
32761818733382332992873542517912146741696844438416

09957921734925475411516955036329294606721879838177
98488683627829099798430217204175362522299672743257
16308033262679427008834667993123722778928049072690
63435938633448273734946871808806945088824068997261
65871343751874071244353589993574950576391055026023
48848319301097762875184555561427972842848760393872
13049090254184884269775140116269376139550458568990
47300398762225695695285227027007070022363127827564
72091890723661453383150645086601571667250304425313
45730761424825299347355082009481110740264270328796
13545589972387692438810975970444457279722559558214
83185792211683819202237666014705355033299056638996
11395020035590039531431485319997339561100645962955
58214961621580455163249615249846254913386661556613
05747107306606494761259251347398672404294705271394
58700571144617743592489199997798539858915545801175
70754584198570746444171573528708831815566490671161
37205248421240675688333346326309394674405915392812
43468652741507636710833294679930796012132262362971
92288906112943956865890674688582258888398916501883
55330752331981579035535868551557820654682183321590
74291034746956756633924854152236453715003886217890
26343137853026622744881799998738533234152500505075
99445291601038492429647379231448519967640031204261
93110183900107455976932457439965196822111570172250
00078018520076909279952748195722352249009245510210
08329435060470903821762340123527848387377273143198
12353312167350741624784195463253446152082891223780
46922908509386280752677373364891675275108867186907
48573151179871911275897371721222006979026862701539
77033376235391685730235327780805150085259817532955
50807877886672815650966691615839112721698699388759
11268864848545345289838450017200753178809612734774
40300452416750323930383670617071013055043805871730
67566833533745378303685599937759086951306218465528
57923593391741917120541796998725613245326657739756
97093217056219380046148285749989375231643513474707
36588209810605778865416514732489817870094630138507
92559222607297152262038819437484391431059409599258
43344656576817396893261104598701003727543525116377
44161227299994101861956605142159694120635513144859
71954528608097486825487452445903626047313806483937
97344681866249700721554710601935002386483893437562
27635012792584941732643662372023278553594194930450
01115249370114763463415754264095574739430694456354
23620812122411763735769708677763593019356383644402
88936305078333228036674743943248657079895085250872

74183268352719951577926527198763749979076208438946
34721262036078308173814280478785549782897862274724
41770030163255013397053724176828153235161769069219
97025569996205464243726535775472510240312994355386
45948314701949401560266849430318378369365546618665
66254708258607489483972825155891603855349506451384
74422118827562986206331356921343505354175325462294
27385701851422160479791812391358185702336381354453
57112771171943216604661431015474198215549290475621
09018957208060623490880290406785456674637241772486
81190074206557848221929501065966835352086790875855
34490092713251073537813112328600410529188355048282
56821243931809785796664144164197438465035975431670
41838521459077943357731496484574214860854886745291
31457458931518483420505854272116027520701053028812
18204425718504079717735193826444151430340000389650
83547606952112614351514494096991515178332585172479
89474052420610045984073638435113829829335370285516
41532818468987804359217581976011103718826011571521
21989928035754608388740947375220406391233628982806
61873195323552920401422000951548088070610074538656
39725897080303279855124057096752994877525034838119
14844763960690239980085887510116129006008076911943
81030260949480659847619690480593217852139982865901
63613972947333424529757842997590232889212288761745
36434315837531437849574608874737342587958758219901
93538981422942391794151561315397930251464137986089
59887675413694323040487028555419780922958044698990
19290455890684659783833799449251271604941337790706
48657858949675759940506175576329347568082892202911
15491864882015921461776544992118272549886765689622
51706361483219514060308448688429474908171412276698
95297665284671870107291933779292824435324313828520
63570615807692592826032221194027687790429240836532
32321510235407534232109476053210171678047889604168
51071973969399186187946346189679713546786722440290
51644439647829326694635849186615040116550321379582
38846403545337067500146824508939635084079633883393
16440021557629487655451496229849457357045563984582
86539010312031199558632978985996427424165456402215
52693117618219340405280497700139581856995045062690
83218442209858065603603966505204050926529449163112
24741224398545523345939736021584889595645760356011
23947226002909110232358183270776031819289578931912
00422829722719276801057856446673340203186065797599
89767363004515534412122274649211784192104299302330
47545934081486957338855853118789257243599624701958

1049408342713006597163643751657463710249870536291 6
9290060997979820814714713112899508518492003986 40
46146530250994914143403583695568842161518200066725
39858532035670787534474101821344997039591787397534
96211472367771510750644341932067097848101390611946
81429965659469499803015015043949916581936434061 7
54712006023253305100568566199539885210969917968103
06515662761140012393944127405040656002217098547779
64424685874863196946189551035133391641195903971893
87610544264230246441278596632014847955273227434092
86346200984059824533857638615193364432098339181957
49629505252717041594110329416055200707970044527426
55032910680168291821505488657297908306573320056671
10403931664289460739742761327206991377358887764684
07672601645037969090673762491231815694613258421465
11243018088628385018727320829304932053488349080225
79996208931538204345874620625236296812240775571667
61470833253074351802801564661524123357726665459689
50153512096407409879933525112423683932555080407795
38906513598486931485726874899490140853001062540369
84402433985738212677629454919277281927072710075950
54194545037909180516361580836288870015386724394500
70274989843218556764740324714392366484341116062093
10196018250317806835398572583913357133449303614491
70866597972333881453092174031811747752032581674338
94582649675275252036112627367210976454313402380658
72011251345146117238016383594726875228176383566558
96188613216729989394014941251035646583363688776090
65883769674182919192031194564697809424983860904160
33096376452927942341930023017400543432258546250947
43545517096835436975603565019923851473718492670597
23327757979117381524743531633424117298458941291075
04555042885877762737340663304160391808268741726065
96159893360778633070199222318466648889304527152405
51174612022301603661921939366157937867369615816259
73005821281128255764679594940281466745760455774706
73902200197698318259700293819541492759081133733236
05885877787161006725835962326049600160589914889342
20473616132710075452300484394310989991637221886232
62572247230711979182304944435140335744766397083610
69860714457006927639663973492029218346297644381860
18937668805345127770384815690854061403280361502803
86094903353489323035792511739353041584113326547129
05673988844359308222830330322211659298541919655979
71848854238871580891403693016171725700155706148369
06812742295502793463522645006869343077482074666368
74761476200227501815517969782667374145950438705887

23873389632912139573039946630543402891327746816875
46695021614124655037009126591798302903887348417613
97234339455693566008380160943556137855374689207145
44233776467196313846465263157010171323583974874665
44236302779285419045015666457881859979478971251481
14050237769026172897930130806565716312121207914290
70542150888983795453659164355123341745987948092769
41751149031174605522455785458135586702153090077031
95565589959974680574161333836164169114009923341556
43868362258664428079403362670105226669361924674723
71364090542898520518835100369268187997465647052545
06826839362640699442231179129973336410667817359159
71628983274177288723020526098042487577710069881962
40372912716284558358478403404924364878183372432037
16187881493183663213242424242014718798660129082954
49020987399595428721390667769827563089167942174016
88235876539750420302448986418896369096316270120557
68196992915499277514254378812946766508325035126716
84664484445472404101245280642178327322277604369161
02880783588718437100518084017958014108352816351636
03805346307638919476150186986736706050147556545191
25563485474406162027393835035627856152958894681701
69994014332311095287212448270472060546025850066704
07579111413682790697868658711779204356114892996871
98880325903495462586850786451560737217153995339107
05457420844700489981128289942160212220926244947274
54056103582092642512678039819054526594437375194281
32171370336125910575516989928472946953424298072325
62902588836268426784470298363132949660544162538614
74882834798167322881097848769413234367188334829751
32775552098111835661299848568702173449715945581420
51676013631681044749870916364943156667001634124731
52631466469447022286028071181399281588875163721426
68321214150923172057318911173288259805252015609004
15547775952404089135009403651970848700749678332743
23358869463126879009850231317206614113210860760486
19570635662452304872049297016794578145820090361928
06782139458937433777693126987686811712481640849105
25388423933369089463540923580231081725576349979969
43645975444894856647732804498867623578917302150269
87964549842771233602523960136788902639127631673348
69009946588810286310223749553599501716187794059542
72032568075099172304060405924475934755878192311507
08603864364001669769358844410773687028457703794092
83494140282212958640752706393539930444723850843968
85275777983552083175810709482686545514923467711645
11885672238076006299878184487827005272031293884799

82097194320227571363520398880075609793549685072221
73819096427575684664407843849762359541643789860716
67348604995364292157690926961517095282542108602668
88128762132282887012394111213560849984856022616743
50348830521151995222130947223118824547392608085441
21534421043454311042835336107232244610950475490308
23849762337877239798576467071485072701155033507917
68894285532565557856891411105393768123007641727332
33555555695819795161678765161127158802381737058125
84337644549639320903363088842383134647413254157583
40853287016214784675273660353298142198999001039965
16639857816270835896248137581128520502746831434621
86542100287357984530641972173311190325200734619298
12872295178982451117703283234759864039562706190854
55073580791658971007776402290351977055165146315695
42884142437557975709689422328873125015446591323568
22348563230881862148691752544420425031155171125209
32667209352445385328575930785720519631126771596563
35359564606638121569917613427105035796893469256097
75922911355755004495468093959419880769193752888650
24897112468591619511911805736623365074921836732839
57490669396689948638812546588558883830330864279223
54597161408639132801696867060967477934970251369670
94921185182680683710393297681827934909048809926852
97949785573337154568122911908288999964961736727582
96772254271826422328664001327243273092429509230566
22134697756027497131137749640216045186933589599433
45170131474316716699253553526251918229606855110255
21066176939130589930470440130555394785866316843769
18286472343532485938877973370002374344405223057833
85042336974867005016002866371635480721425727423634
71659825920005995273502863429413906679266972379873
04373539379577587467043870950735671245544966030978
96118194554170245592193009640593805522942769217350
98819503385424390196223556566509598118950849558347
58326794413719433477706441743068760728732386031909
37646745291892183927340565244912505869565176115620
69812500393153884581844064908193055138220680810239
33630856535953832850815185286024907380888193971974
19266456341614484265115413169562835251959112442838
26288101030847554548973690254035882364831424405950
60433363721723113697973766253778983291481467685475
41189710236465877932945245536608462987170976671452
15393593629565084168679388747451776846470197056012
06291119659392716942878200104738422691208420374736
33883862747926634381707460086181651770124738002689
10283248614546728946437703394342046484241967025618

79164897251838674622230416516000185643129965411759
82085005633239524163204667553500133537296849174676
46319413499223744247224633022021859547406463788211
88234593940899689958667766370114295285312707935566
32378325619667821366570922060283102565391354011906
62142923938164112080696172160438099387993003279135
19396160545906725965724244388667309883949480405001
99586995408776106691389068427993564695024599087865
61048152626194880291622037728544043107619152330967
61345657898664927602310346708078390992627547645000
23111598815152501667563739574019057703412613420416
35904480839076537485827775259666285431629883314207
47782612095040776043338836635802430892448403488354
10287061473396328346465783579669745925874011346345
76232160810423976222516895973476817428512737721348
88431264298689167069631623873420014694898521423020
83551071071050255718846277856440376053415487371340
57035304716047710677529320079908300857963350589136
48697747150937612256284483514279338752636745707222
00256769127483422379436606131986267609440621051523
71984859747379297406177243330777353802543022189439
57667695095667279812485008486264258848457967719356
14664646260149649514634714900618867260130216748107
46605411192668918406378835311056304417080835780199
92232956434743032959791358894379380097270442582150
69279799888314467253297689672092433109678778704372
54704049693782685353327799678176291518671277541365
72668369349108729256606562281591526335044669497567
92294976458396040312478260968080763245729179631357
06380553018179506155893461920055250204212768920472
65235195908441637059762275805273353990572737729245
89843113466208946935684628077087959342361434261835
73972841216652601954384817745024429687378704478184
58084566985918167574593630071250992994559021579797
12679792868141836179452938114743834591130494949062
54577757396574482504189366105015672239114063379044
26932767178357282347840242922904037674700397134683
43855464064270710261175300913084761273575638893444
95780143671978013898265342437760672048730565920693
32816973770772050673214000573675534498089554053868
88786715911240760240287649361091464856324351392282
89616920538474220896046608059038230996591893342589
07900622370408006699792029798194409277173502701273
36846820867383102707947935530220822775215446092735
62071517195538748966819084680286066268052662617307
39559289324327665608205589264922811457207893258778
23680827930505003074177435351425876432091818543266

94069067600791908213420396368953094525633402213073
02098645862976896554724865262428461104736657509041
77173205232374140756584899323927086821679426432687
5694735191217476911157754079997199926682888507939
03934061031042132964682504077064770521769095572432
68596647176986382914115377976976000258192723944692
01049660042850854700148091808108172665045679671866
88064620584788093007116714190784971339391499399525
52454520949465078434971981036142877818403322057069
46395154769469727677477064248646079392351956543663
50830702520798246537427425699694577564626119873862
94345328054150827620990662277435844486270376709248
84313967312656356805978534285819844609008250228150
51063672691418876039788319773186265729314218073290
55093538562444488808705158512055619441373703285405
47572214634071373693265521086932227094239075429940
89944254445906867574114322524261672343521912782585
43884559516797829932832364273745745254454605293989
68062635137335872148508088202055186599580340814883
29701253781235056793050818818568505731233257555542
41960542735831944797643249922882266043555852334960
66809055029052163377847463519347497130223294939655
10415987839740167516618593605179338950392466205245
51126883731112078525724424579962329445016834171359
51402520951792646811568298203136188273964266233216
76441524695487558164084358212585044247670699693803
75857300390579011051541477955717916931272909599822
13641159815952014586136789206666635321839445791129
42949372746424648239215477975615733670895761840575
32209850474858357089176635272780949535427448252511
37393829123783351841471827848818093776259467255433
42069023837559765846744498857297100153365702593838
60983788837055966165661226188124546387807403643775
58292593401364517385844624554076490296162202292447
91778901424327249245624610572832994427679678314481
93467055175708350294256732633526490651414121023786
10932967188631037171704617628931161672590290677122
39858836596414924553081207285708410066076168543516
66353034138280113381967791228997412665524495134833
89346361812822564990534115031791411670938307677687
74232569803429140799802919107611396530776180407622
19445151940260406347035679935388327437858815201108
04064908851752700820562380205128642184248230026324
32055997998346926232665644701956357300679539057244
15039816423908213623513271771458619121032811235726
99330876625534408941512051799027314738681826266444
75280406727464085723801550389418912595893739926501

68775274376974153374817242203770712866449077116260
31544171194141083486068995295074447722033627442668
18471196563615713772424615456070479650878312900133
43491113629297558360906017594945379686150681790850
76075662127381001179182930761186299116355745026020
21275654360951138569094815424476722607340061037334
26127360804485531214757889023755905771131745500941
18597486529627058856391738971595159889870141758696
48654185324863779433780506989345553880505233124949
84188757304644473314445985055247398653997073462338
19398008577304356954761698282658938100306024112186
65685980207253371656135335099218859560107881521955
99298483073711416176483995033003789882479034541053
25020549556935880161545989189368865721247489636136
71862818854644786179243581710112551851317871774504
30735364502976150729230110833080255153495186929484
97169009917303947697333789565022956148778780483665
82834827540230192303690385819788534303828558273006
72156130424767965099736738986396308459533099446736
60052789535100775106235405180950620729591214778792
66263385428792589775958630580646504484526239133538
34262705043086700946703622040633976725299136518784
23065839667022625805621222107335411618502936356416
16655779237766395860494693244550805903617986442755
74129498302104696986164493137010370277508486015396
16658645128535453048155982963829859815455625924865
91863288176301101499737206920153869877418621655782
08788502897085678297019269582769523940825795893466
66668839183588155490694368307035327632079349451093
65399450972042836730670351441963155288753214822189
32596717370781271405133474738608096369456351201901
84391605573384080516638291488624793513794037131979
66875856259482942074632416148196268288849800968875
64131779026576910555080254322803125858998458287208
32573588947631349260624962718322007318135424395364
37705648192953995700144554383910878449144193680471
06516347403117037448245850518578818068662884417079
35660426980031632363491203029197537009960106661938
96217318762226707182631485228441727943340681810310
83841753499734969790135260460838986493841708529346
92791583455942477874147581862606722466248117722498
56862298974404384392184024560360919123698959782488
06446319555555930832816734602312040667007248774759
98063268452732025570156216876628405832688949305051
93900504950495870154003485427760246248588466667342
38597445456716114198430383570639742666670385556096
45239035702010736523283527692067722136663585746080

23626303568044502330247943343213441880843146928161
83923682018691893983933307825793915187659886158526
58830313054820647419923861166216919045975656253336
31844676895075299258677730897811322055452689323411
96377415807042979172961849337651669375621514648813
84172662171532362271080278418137745960978655724521
65349267876088009188070751445179559189320746484076
19905173558584889133032806350787970523131676769315
77373187959490721237263799259715349422416504918609
59163929805153754153056010835414124426635088411708
89542644097702742282321287378185848137739355097493
35551140624466436894204535523793022955699025688892
47247648285698792777177043958436924724006222094132
55549432923268062651006560671124877997880399882214
58634529591716662481653228741155327526411248966562
36536271790517082015310026735395882470223528163997
24015346412203202579778082731355120501936842815520
81855499751491511016991412711608445400907620830051
41646188255296346203608737167901905825189468389540
46826629717486680083930295126077669299240694352257
77438631812759679506943700156062505627855914341512
41339403032771295325310711861748025772234948929252
19809743089521223146195766620759235563597266907679
86661233291059527961018343106907702032228716252083
61195649481175299713274973059783552852128578547844
28618168525710739979164485073794630194794860109379
38364054003035089249948913801089313227030643660409
21361522517503364759125529933623450874620625221161
52134533464059073152732407955939560032748790973869
42606636143145093479579364252820760576736682245561
27797885798509050746557599952332576801978516473222
35734446612494779990642933510320292417061814769571
05077280191727166542272028024548065568292656244457
10748443438092473558324059572792813700931794958428
02006781667030234830107405474219268605401978802767
06177331169854901005325265807003919332218325517622
19500495602329543188072487098922493307375904553488
78518957734282512509676519718567996529101719951017
46478143027813335716956422319340757137678346086967
12243812173079896938312170420491124145158622120573
81989260281325336165063327096126811273544576450343
86271837391993894379695856116712668383393759855826
46154279781331791205782912378998922762772561595125
84275400014463204457910654686673241405336586191842
80422625821688273710321538212290016053895557458048
14970795142882874275665707581482605482420221061203
76883410734370446169531356584731584649952332889740

86138926037436545571031357309787030515797674186488
33308333468306177619964953332343405916867838864524
70412755314395794027884216137596849182823286006692
89116050761181598098057229676116423560905478275530
99902283601182556875723878812585829342112120643535
13623423335454800037637353922844133746644754648997
27153248706234324739394940743678490417272542657426
75895182796020334362260618434065482929109694732775
81063150058025056894921339837057106195538103699251
00616045006231958956852776338414533870921568787580
32127460311284924887146975923896612165410078451665
18759992660729902045834562796342043971565244565003
93326975841615274186890528103396227728680145702700
31896278770775137289513749285389160134511814790912
12455428351145074766206145020787405527198310649131
95084319393794051393560862448712063282330972563106
56806715935871203992140966633225119104450832165354
36219937775858432812272309717649727002825335202360
33469451608228728472752281846877737507229883391318
76836902638244934888564346061470214101593355370833
75926119354381437532583680506869265160213196385900
42494502607779328982929749310257474851915475821236
84275563739778101515027771884673967343974182564271
58653009213673388007912311266160418917228468906382
67871722469773414700303377094862942467836229172179
12573978588957230493800358591236399689631216138583
10464837079637662679929761566821198465934155933916
74446886200355689651840618965020995787949475034213
45106468294189135762409949557718833764748449361489
03373387364084487665128579906005691803558021757432
82237209829640541398491768614254113578019232843223
56622012533756997103821037145053611352158087544325
88751773149812341597900774841548524687471869828437
16427756796612188225898363586461233727087316163958
78299381552734158028806222896032274479197315134195
89488384195292905675291358284702889972904682421781
15881254450027577348975661069369938306002844248830
40855689756491161569382878286204590171592066183555
97055735021830926911960506871136379219891638826470
03032398559982585297372067596850212232594796092137
01331543690047347580052669731636628087675468684315
44120054451810963963317799632707332700784242615943
28719836710018530522110004993585898093472727826132
45222554744663365234690260799520188298486579293564
33410586192063576580213494971238154233326330818249
63302038636180607430078936284804945727476555968976
90479630772584358960972355626885277176950957548546

74156318936544434526825222687331658583367174104535
18601689739003705114038721607492565728669414463434
28193422010787994447931528908070441678372085914038
07871920204687148954042965778274232772630067548268
39257204742895691916760052052321538211408873240679
72558836997229770397817477865544513393695280467309
79198754644054050153559842149017649397089933682368
17978618263713774776189924213964754681521802356570
08465062462125800933823937589398535255324737030726
87613186932612577333372902749196950150840481799877
28373665255064027193614777325988089081494639422730
75462113797425254478573065620616232758456633687160
41054565558219632284442580016130922925611695217058
56174292971169937298798552686573679816223076859491
73321863761507735171533780533639947253173790467038
57552722373827813588564532376608389812022949751795
84990141689663452187860835838411893138472832576864
87347462195353899780087542415058674978015601593113
65405520709508035255004812123123771815210729800323
10175918378625405659625399485447107620238523408341
50142189018389630276690864606288997315830500060541
66105211261833245630887494237613211173832359910267
15443333980903010767519215606860915099297579489847
09134048477603725331648663327399774574170787058858
49890364782505006075652766776667301814279834629978
63115472471904638130827026950271552434583777132888
84011332285612327642475805491414533400430735136820
01671030489674079132204173293655886380819902402504
24758979906199739449424061393859002043745081712616
03627839124114726820908569052683742250689109919376
77220777687371267701529071296822615843757149665346
29615403528980698498199023815881324900728284203166
45458645186778718177177277928321252696832297664124
54967397152787968043476589576126533852457391513438
13784500518738591532963414053689484439722550801196
07926902811622936704343711583719538657786003419467
13096653442535523561350392637433355902487780093167
58556650202614245175520231051803797924160186816532
72134907447418792630463793570195725465687076964902
56283113949083065981392587716575343290518298830744
22093153945626718913650932778527585614188691505843
11281806211645338346145649986102799088783159992332
08349703499009644828973619972608413030501613834375
73503350269679199100394576485031398899804053476207
97995103556280094271198077141386253746894200671129
29037940211050993128817678635571212882205845259023
29882784488972855767643376551320983720845365197273

56629454075207868377482599376950854745853778544015
18668703212703251083788575535253274224674561655301
75294697049286034935237663193775815312691121571250
54564936628404613157549323436161143868941551917955
21160403279413870405973659682877235554936953672492
60335274498928882204488684436527515895468955885890
71831729289129234577442844192725052768475503870270
63282979975853882599387906789963676634726367997091
13700050045191515070502085744705320311342837530396
45068373494746515254316164069588396569604776248100
76981257623240276563247145586781166535633573841332
03756328577111457947736117758910978449597487134549
94540500897494312370266916002277962151601644314463
21556746579869691343020917375379329537363102934825
94184851531345770064943739097642085895731774231457
67288296790675029922315257328698330263412335263163
49020649042970821006326488156767632425444687039213
33767894896001251362652354725651702225595569986284
25108866896847107872600167332422156251242927213080
55932622130721409368643549968987874303526768849221
23183449241907637471574744625215974576466357242752
79522289150406427767865661151919331918178305671646
53048138101066673424591568641744576883906241920186
54102252669706153890999072549984285484195668192454
51974709306142275315129844530918275771513611816730
35809321460322584723528118255047060621542622432455
14468964572693823166555250959895041093425374308599
97971370042588583403044972671096299697632336077767
43734798788356730102864713845459287916374901454066
47519394899352212362474366131747830486884631516036
59224357676276234466653958979646879055292390270201
07572189191382148316268524904958486754329312418264
13466272282093653277283976675572672897319381293419
43057239620723292007186386746670306364601331111164
25468025122894305331125098538601201236070449699785
21095859875329303277162267982305510767692680002207
41884903016500503853447597101830167378268194361241
65696392522947410357431851765836560341232764339009
56511863260791733899126277207213516175222255241829
61243396282518232869686254441186238123306403453315
56016406957472320383651456635574987344116859941616
55182496042597983926781613148318090253450716466644
26702627611859764913247682952727805703223834351506
36721770663763740249030465909628596027197972553780
01418201998101813981259504234866248344043921136487
23666292020639396288453144837489010260840361484073
12006741562291596696366940836032643341496371209854

5475250177366960197146178464515555994167263739708 5
8649598779532421583282184109391640528356790706864 2
1078034660757197989148155400542005107300962796234 7
2724997011221778165679844919433222633415033856753 0
8244677341045503274285611574553874214000719284301 7
7447314230098365760751551277796281014722053066817 4
2035059679410509804665631363778251724709140992555 2
4710368126705138246752117200528494295219748862848 9
8527787835621060048781271144063499088164592445189 8
0104429357083290472201607269660461984260772247831 0
7171439093492897379507505647105380291618749188699 4
6353013572935018732066873115017315310912967948625 4
9795815121682207571231891909138338353447102365979 4
4808047123388274440350534679995291335460941392728 4
4651391190836076226579839815642463829159990441628 4
5276818935327913567474032273515068909877547218155 7
4998488346694622271194343513957275609331877672157 4
2857830330183042225170496329716122968367527489832 9
4723150697497887414002192670067206567729213108493 5
7294076359289561828129001109784724328303846519743 7
5857368591230981783603031405282300813026631330413 9
9253399217941576479853470817863611377200140857083 8
6394377035291834974037418351162237004017318826939 3
2630875054875664529093265665030243944536227279170 8
0038157851325290236510568096258917942400163871496 1
2121694699254423986747262060057131153878388338830 7
8016537883877521159311944935956949179394057884886 0
6239594441849728928723084955792607211329771213723 8
8696986360236829162225464710880621094479132399015 4
0667816028934694282155062721260541798291781738248 9
1997338295301682667906177801353365047188633978427 3
5335856232791853579779226627038024456968296862549 1
1874868530549785796598918486218623748556393532156 3
0489928348655615415406495122104661037654818060250 6
7654913403327386294169117762638138347851183641056 9
9966094920204489502629446168466855106066242088314 5
3740126877947813985957776990398770739941703256531 9
3556130005281435994560612616083223589903248956595 6
7527576985324574403560761288607968185761977178876 5
5619852375274472235992720206023891671879081470886 7
0683027939897683780233375796837484716792042056118 8
4614435084238369737859482588497825952141431676898 4
9592131938941287506959614919327114703587453366081 4
9437546971429195290310193894356371835937491483074 2
3044934029596281116652389958110600093862221622655 2
5297661065074527135894973344740728167392634862226 2
9713471555329362444579946508231979087690744585253 7

03457090077440815341678638701480996741240038378085
23427397788174691080535330509119443313873040838043
06750603068626953212452290166750385631858585931743
77694941574108105727494443840013991522952924016806
67458424696605569107697596987310950784518251857689
80009394286371219101669807885171057114466950703127
37069620047300356753682352058152491868239083974088
09264852704581680063915340134937352547150923527044
16192657211004234584808532239809308197012158641732
91305325898717158855168420606503405569968593715915
62193954595558557009347711681179835995842798195564
35636530938905094196464188924341766121771175457371
44294027293771776591831074430581515315960948263506
33655723861413920813075414610740512741348138890687
52089651754728644348902015018720183661384172807988
27295820189774861263383603711094140868044146381899
75514419051152014024187628978688233866528874956474
01107245990553799217515564781980918495587675277828
08038226298180439415639795617256940909295185774478
83651594478720682678596369454763706238206696202396
62066592108127818321912746808145303142177986735336
84893808266818969129998351994223212726387715975764
28521321515883717146485428812423122468402839056157
79681998978556251027107062837939943190735797975362
28737199478452103831686685214208220192667231558101
17372442375609151489386343666526579426037168289281
58069315905715237948025661912687088764750695085011
13702578802333818019030210029759755926818216359535
07064188571900594974446797417420252130947246191950
27721323724702570296163168146476218464364465179953
58777590480917246955673967945537349710322193694559
62778937791938340697253788415502062958387483096195
42046154699022268434746176771131973748660008793544
36073024336632808653684733506687074089001847030676
98214753133731542862215155131814095414979724670676
34369769645830928679521201994140665404326668344081
96869186229176544103649208078572924233887550618098
36591222653797288411120130691018576030498329532694
21418842594286621469527688063208257196486713422469
85264194190222362411863391302841718447248227557233
79969707482002437580371792180734202080536935740618
76566416960773912090981349470212072519721369964234
42093054784650692374464904208887326302261563579196
06309236991602782364930003449747123779455951240858
23970994657027536675981330477750505053663457471551
65583727731007857817871530316132768489253576078462
11478860351804029765696058486717567636659308748016

09992795078717891310420384947894328608479705150428
33265245718864231983999328563422686078834437453092
72893146092544299060787111736766959849633062177514
88489933778786785978526528057054866121737921355212
47023953256081906788528038324229680755447174377489
50143023150146961225494895338362756944869304674198
02292255506508742977275807609510687982710919383714
22909682687285963219428367272424774439090600368048
52784543854819955828743344189095523099265929588482
89777196750543920577166893855239773609258209069343
05789867423572953120514850903846524931400689961737
31735816222294455416149357871477506270376192498036
38440016091361171372955766180892638646794027936567
03853057799129885739447837576390926794433365054967
70742285963808721870399582714758000440222404214003
30359036096054800471884730467828680774098983222526
24531680320340844351093743194993802990812417921108
95423927096542582195848586679924115788447815219557
49832225833567422679896009803200935486510854946767
67134053103434998643497580002152868358357213659782
08435732604661260570464409200520643748808684041999
58540869747731601750539025306490362044945847644088
20400538605715251822177935180194147116600865329482
81060021915944692783460379829268818677784883782713
14816066812848087479043023420037713089646478178559
94618375106206884413586284506303464419139428937623
54742777586769014678228907006092683252250324639953
33756672899766025424659795196326090274261515748186
52781929779836811013313396516257933184194070269649
88951386923961261275369592060229690087420834720840
83318841582683801938335897322433513641224432117497
94047668241678096352035664154332541509645019779105
41460943749815990445792838028880133562481814072611
42327597289482414188702595745493425472274698997687
71623160993228850420280708381008140918873526333183
58420740748446573397838429805347106002374219987211
76268333490920907386533795907492808928303010720755
04724508511833346763047598206617899980044627448033
70196555021320441396423674506953708781697379969379
06163784820116979627072127035848047948858065830896
32312886734029638482411287659521853624112569697491
99057478280326299861231724793050323637705845698785
77453161038667067555844068240891051181842902580329
85140961573315387563114385477921529836638382158713
58824082012778384097362326475844352630281664756079
99322148392715632124999083709893094632955985992872
84335212524274334943790238249494457851649361270326

42339094544808620028353526261752981835525297880465
02813539911284716128115341446038970316546773952587
65383844457461103515616418092733462541422179033107
14720310599294953895958436885773489495225982103831
59642062327307148371669179896744454184189037251127
28353005929827393747375710992776523563703606473487
24784839684203742309758998874387876542841593565973
58834506093612992449258746769154280459813281582587
29991103007806315924817220522132060107714923366010
03182710066727266488949550942336897935481055796423
77154495413717740799517750146669546557410080155793
41795983013187154617138382203332872631369978080937
56281698575352925390236568114358655398284283241700
05164199005176438351200575693343042180293152368541
14240598680573897377172090328164862383954980500843
60235358582554618855942442612928921434147898267094
17676045222513492987299743533382062762240633100488
37745273811887225818199822194282936766660000403799
14870018568674554412319573518712379305995148215954
86770105404782025853908333564061826222520802864866
68097631561071376418909023606039541245535703806675
35676524726680367517673845564696693596022634258001
55572089623840364771321429669219347242079872962986
16757967460829597127485706790346703915786585811127
38257432519039782995445767430575299283028634186242
54502249624197916398273490435941139589840434895757
83324648221652497253318119305558561405031050765485
89915525542652886287528895545773678742029770378468
47563664249476708485430735413284036163491347107446
83298589809511102012425448846430712271748865869643
67223751257407663807577968593851823215803790138851
32456704225278538766101351956828652339460402003567
33860252055134753079007468945261436163812466020943
39688182998572534654355285404636104131214993769216
30261483151823469420962791154941719466072066552844
00443565753266414389342772209055751842369120803473
79886707969228398693750888161460738382464200081539
36740018862573073695349973083672528101494304364563
49752135453195195003507648237036184538497563616339
74429430988638719898808188086747495831760222984672
50195918371787001546471943774402458796441934330527
37786174502452497071499070005187269292834587178630
91748438785506397547781397976147102974805258930692
21666222523537344901135398626602814192647629370976
80131872041406668762554595422292493849462711775501
75862021378876760029805157411237809551927818159082
06636365403568683324455662009516046337522568825585

4582920019306381533873656517945743702588756264732l
07732276466231522699379582538162507411935992575434
70320751896392792921623091299025904455121720931896
61799346949541502186833770152207591130088868902385
79915282639867824654608874627852622681424733188588
57241665126195900032922440472840896196026492377307
27930328698350719950917336222069042662113793573787
89633982192711117924375186838175762134729227304841
10905289312739756654644015991089205635953955062268
49034817783401638880747758591060473586645607299400
94200063120435623081164981455149655513005854611735
52405216715566604133347587598792044559217567756328
37672276901154164921122464223603954033684550113426
54247448989545996792036442429665248273506879964950
15740462148251111674016381288237054926766797280057
46329061945617997309444872374670630628346193769263
72843710250629430239838747180411277944515182108640
00155847579128464012873995097762977082622634588250
52078183457605053081571276816461601267456151310391
07176973845578732241330030005534719511669012581135
20801563037304690809309792735365856491357471135090
44127590764902991938820082621739395928612333657297
06646410270587838551318934657962685933047956026011
54503596771014005799333688900402207538482513993086
37163433660079237124064576176500364106122054356886
88177406253057006023018982911091534071177517124423
70364363715890220116231710263565013024399121540427
01273039166043485289217176780054435379602681447698
74794055715993778356399662100669274192714681089620
40736111634720258986246474408196120403368752089701
08806335428443692521801742512119678569911058334944
99916830944946984707806367546667767825383723040528
48929117305480298931061328228524301397442127840108
22979922563749918616190953950922923524038726563349
62447446903480575135659465046250309625011185996363
02403654187824457074024589488060507416839071505803
24241837558626796044894031184207156184266389930059
68351960880991550054081911609426156177996494555738
93623350956021693845302940741535422017008850593410
80215377441689697655239000700113109469280003444356
06360766131030272873892742266524989909815901237651
57043277319218502844881119332011035710571944438712
18352322554867726440866734045441353674039901046417
92881141327732957052332339987800916026700289290467
00345506321135518225964545636558027046215314706032
14767803873454420398877573153641972943746586782763
36231119864674608317162495938051631791016021743160

03637213513550655568116276716483228796239003714331
63480958689243847116904830789651005911049650159928
31438312018932525166768955897310518020709156128212
79478576823150309965487013780142034235086218894451
13091741552012125037797657263051175884455791816612
43191479349987937188974667677782724332922702482645
48028499985675549452694687032750378394003665144268
56820813090209490578996221008140773669655662797895
87599381603739294081898326023119790605145978038449
41218550734723444046413633317148297819766986696551
40051818454197633105563504488497134223603391300589
79717346782373472329230517388505004636025681998062
72825811245559158601501843909040986418097171007546
18847739349112735711271075330950790361979461708733
44664805241788806067731106455884142874312055368645
07541312378920501641824559852917028552982349175681
51981749535650404537358800409736931002101619740994
08857233681398906852305802152257830798584444988490
02672215492888861292502885281352717378031820762808
66581987021339186121133602461873626491285983857042
46054788599442082401809197362711751540474656341180
48628864398751105260186007632086640320800588098124
66828727691582888514535559929721451343188177166455
64502666336275157142261212702829023587031467862427
30233599895133833106908036791228975922320900535339
83610528084879743470505105124297994696958773290081
20707972879653583923242657673392144380470361706529
59567299323441686930920186625715820350459222746011
33491784768678310636302367243553709325626949823072
61863131091050164320612674246086791670377930940669
60713544777204124017138715254147871337456602291427
45368281009292055889007950848372326787186595562128
37654930431227464459773811156396674092749919903096
78315704437927396416667510978926409311746824187884
65392879439142807191372281945062111996049420141675
67514155226569328596939900541011164776752925649440
42879583571003684509070345801908749999309273423323
79066474107462898117101040277883382145098316061371
85058427903895394961345986945534332173388380442292
21868482471011714851583471060997578697619681601243
73302306844692710557893261660012959934985974917184
50334461056240840010952490311291513102073536606699
14250974416710891804427926385025576622062566434705
68888120913431296547816198453967515482108102441606
24449318587351214286010858155871519419397655261062
47809254081424759646627019194378550718698349687692
65751713501764020035993835301783027817671022024492

88655654620105595674157711590472858301654225614200
54826851371916276898252726600077033683592676892711
74661458864432562954417051216860837357165976102782
38848606701446329636821363730331746487176320142788
00674249348568445726886782552555092500615469758288
54921081222247668229027751168223695025439873245618
61209996738050145752145346770108025915298160421223
11632876026457848920881444254178235178772946368491
68637871033559880293528797513166009650345021350087
86148165275693425491575825447858789779004210159280
11354809715815493253864902115138985775663927058200
47833081031935861720959285030983719779563846649873
34554901336566062958993312667035425517958589534255
68522216705720637316682093224155465652870620820268
53326008665800583966090695049703022545349369418434
79918148540317521615318893601698982971238272732961
88151354041870492734852626566640813648637887168029
97434199218404526700361558020387500409637218865537
66105646252585967623112091455580614923744622486559
05259414678341230133648812086451317814505464179416
45672385775090452177054997583323609161824686637311
99597425637392431936836066334687888366489399770870
99239751769429327043157163405058351989947721259861
24659567580313640200779332879786511301194767901228
49334559372745446777306994245626020238875493090223
35739830396642856599234623943430754355766148585186
12844661731439799759776844709297927738276470935627
94945093757497580940229719554370143859221216058081
00423974385330454346711914387122662709140126153844
62773661088651827155664020489973871853842797408717
80398587857487216892636293407937055160183714050877
14962816078738336233555978837136080966631521893228
75105227403710184125482971285689541641949279438506
39454838617154528632987007434474646146503414460256
19364938925571934232096238572840936220720551764698
25304006432287560380697731469996601018610184090834
74528089280983391290914925830365117302996765473925
15184502772448449537680476388640190634872967747990
21248561273166399844273618623088551731823996788171
58183206309699648514729573723694647944254825014483
72786430354266996443153981527716867984468577777317
67242149930635976518135953927680687103230458025191
56036464184552722886148251459740929971994529105998
33472410418542027208513605430735748762273840792001
67634661510906147191081330087692439890505428382858
71745960020088457644825190313755480860179403410944
18988372652319407183137053799835234437595489813215

34240842874824428098988804719710545292339984765517
17751441096350331443841574283608079013413016396157
94455908736627890914427598452297630543934086667826
43140163757170561881345065363728887368457730018975
43538641536393817376290182296333049441891940659730
57538512133986275646249847032791841511149121135250
10468511900896117079021888918806248825384228364119
06558748088381207312323141344233353144433609656271
92108247640392720608888626285258851992830133305890
57652728295714261949791649958943631773247495809598
41491639960872405594058974095185184537010842391107
82354479538977220797522617599737993180176602584167
83458521545313578584209699130699520991878609886124
44010607411986374471530993510334286163756809485035
92757047442658967956619338287688474667387627035779
87555965494014662899892099869716485407230339888393
67611013303784045113078379970433116053326219954425
77030710396843975279691973081280251126223600777540
00513085974983046454049513097048034261383540913445
40564134101462193716056552804448400880453039649492
97382686502274528229948457746734337867550280099756
05100915288666465879026257768957124187931583948729
73887714835384248129311916831606013543029978483686
35277312029030297107783027747389581346519427561606
67428436070204002387686104592077696567626787819706
56061203397304722965481373446191321988589232186743
91232241525774192907822570914140181569572845738336
22918850794868329493305335931935720916763645955813
67992386963556749298651132482713946073162855012413
23117372648773982965149234267413224728863284602104
13669666442677281041495943027672387634286066448079
04842677191598564512608618704025727442774514307901
73615156177315157500598839964014188049730699755066
91012924075303749581557846276831148373516100826421
05686878635684085892011926825243703903525176669009
23840826467526170926026971040704714815310205739799
76815791829812892353041464919875936156322124516827
46172277968157330253255735223022968339827799416034
82649856938263973605905623213929485507427648532942
67105896994589264214411960008453533311450406865373
13195714843485415041517234706871596658893468794776
16050652520532551887794276200067792917428629514803
63937155624921492192899450678409720543460019562984
7440967486246536371130208738141754833816616561518
51119113468473236553824853198785818181450105386941
31580428941053108502625828157123111145551238854904
45347986700257077621741380291892762345238939140280

52930968645560208707475029630568566687239774998591
13562083485942647022385403313966555122940520677229
82107716988749068312321865667889253484373928939824
30392706310460167855928753060178702221330681129914
25648726649716803285494390895401159821493770170327
67620929876361529476102296386400390994665174286052
71606511721401325095927055929483973612998179810256
71385331771066750331317827873251215013278377486502
07033135506227558130481080029460517179886418646938
30142722291579435039799177801649052827713029562457
09102784944459005025001264756232514016120398203255
02752696951967074235168421191098209014734553452473
85160545020344886526119484579467391032494601754606
59491334735648784812681880187073525918380839036790
72721987136512691128737953771599527413426674052986
05826727776084199746970641965902995956295605560002
21763788281809646584242944311604341015403241618371
12411833413369086040738182186785929660060152609792
04302690514322256814365746965542007161049260710551
62136298793005559121326652543344723751548317961256
40786777424307070087662202918140655021360191663843
85999886123275152903529870349532107528969061140401
65980218828037680534871490208308719178047753136085
84141065967519604324017985891535324434233629910033
90367726189914046681027614857872154303275752435932
05031171651703430242737608232710098962149506384969
10029025774167136585044898207551353446944194185199
12145668150684357307587654127131665423566812227372
22333875877673936228746034106368156518664932281342
30424204001730539139580450340596804482575134055549
04641633578438160588686022799179151567769918483857
45819789813620129705387867266068895188507220074426
10297073712835694266977933820878091270526740228190
34488781068280495959107943088810046956183587209343
23233044096976123771968962982119916878709833961134
52620176959400345867383397823414732191382499749914
06589677344743402835803153747984899676192496998518
22401768193052100224551085786038469056876636412890
89751554366506561650619221818558606395256352043478
94591616798123236057496837482343890555964335042927
54772607193219830825380715538852177309242994131441
90263558021105357988665362641510146460711985598292
89549075514813694409360717649426291034038171821614
39604176985281732820882103690612597704683140598765
89814268531700310662742574082809102331168159759586
54856178161460643447651930287173430092180010058739
54834544037627646013824276340532946558088847737466

83625616908343097270069974817824245741942626077709
79891422900350084332119239773590955945746815664694
78110101036963569468678903093375711027620866070878
21065555377926088164133752939155961539106238153813
14813176627603231988804979216779611049102388322750
63964710076965247441460982262594476729758448101388
08410145215932988735385180730698100946012616786893
08602437849860720828026692445109815391695973601821
32879440792230675841298484903656303436908701425831
41989910541398522693075466950199902772011993438099
80965719482859198767241455917159595575000602439147
34649999094962280732089018531774166215707333892838
86391644137593974177979961906452774096579769282536
53487828864697225365575452522803168847103926942994
40177441505654108392481853809722462655146890300020
78212754945052791543698175496661875134783191865741
25583553974077373341601561144528150171617511799963
99406119110086304704795713409531582791149697550614
25259661879019404745287573343889299080029769877893
08698733990273247229361876519329728094639215880105
81209173303560696088255232179700576000415904488179
39229844535803797460712947076082006515168336564512
41281129400207911460827424310952033600285057851031
78129690111967320860994900367426065788332367599890
31746784188273762112822615043735782612823923583260
23506215025388120503808761075779234110200663883596
46169318157504286066212124025308127579700257872538
44905787402407677517611828280220570076803317314373
32224972089532223176991483092291852524674905187716
58719283391451272224391076880381467647768256051991
62428994666415868570033589710058172746117001313172
72015264539575067017238873314438527194969975372458
50451851121245323760092430472399543989332763258474
19966021261252980566184976823050412057268302788959
01298479037010123634777326720390810711639303289268
96985898027604285309812579195732408053145359995068
02816476376786162049908722050571792632644701380210
32744757850959815376927943735399559906920110868457
27615873747414978132199221009794636168368837698006
80193267246356331393619802284466029082574970887611
61261939179889891414720360559936908838930580535936
93391145031666583767906825338101549463368505270216
05286589896942257096353454924087953244983450152302
31036833493083408235168291518964166715750476290195
34676550504543318915726570514987763841490791267283
80317905379403906551343242579313304132494807608810
46973124954534545785626432924575397544363110660436

52894034438429341310299218563861969039536229361901
01639935285350105729932771839446878649027719241196
94776679674321691661740183719065604639000765211961
14835072075559291017853787705695420746007253475463
29875918008302027150297749789152839894533255407195
16665753230926495139421142554045115377864569662346
80050010557665686222565597532000694853643862230379
84856936822387490319549004916657833974366986091833
91998723719472588452887254012846450566305472362710
99264278570245829223730422001039892514376074181197
67998004961158488903136574404814727769349793351969
07912412868049505017744535830567404267328578975726
40251681129144017289388939060078622033980666196507
85808534824907943715105931869232064049673865635312
81304079107222213576654821878051985853001988320719
46026351214279937006940708565595872468136554341671
21600702677482923620401452985056021224418548337825
95541641910011069844160611193613415728438557376822
43702736802105490498596516582972944555191824151604
06551183970720272020846402043930729863001390554348
60805727208711812587793844984904370529210374970100
16639981519494762949998642849373675253631752188331
30871088807978839241770462788936077376914701380205
78895049478115887563990450268575505617416055899462
50346009210210935213094767593435082242287365273888
37423211347106010920493956173174885378022731466288
41603886788153423753915600377407866832869398483480
80670719236001585719202923111341735102217455941199
59835444561375619179631107040180474480380943839754
82674455197750593665932950078695139834792987338878
10177945608175447381355918082998124982315003735066
26543377645218316617295923566550503629887119356012
04167938372520077159314190351927245801694493938939
68861290001191170558851515798078321975863643962234
11559124784518708290402202070552688856767767572084
33019621579008529471279823397076704667834310190431
37939095674184931794875599199055140961968939225573
31938718224016540438942429761659128259606455657678
96269500675457661057497034947209854964172219226415
18102798911059033065391546659670220214954542925225
68011997322331862993012889772600548883051801907365
61784872448961557321648257454753816143467084018257
11363753394201684005114429600303082324276272440249
34395610559393307378279093954401080585108538114412
66551615428095286811705096078289107899719529989342
16779462002016998984965144055336949093144156637478
98278927807417117097798317152252276910176290637536

78298686927280589881500482306979073492161899553670
79070334793754336049453072079648770163350386612477
16798894046172089012433709581716007094122493621549
64957549239133890521379284813256006540708721929520
41174511465783621081106242854180781661949418458010
94848226063578640095318038055317525908824674419440
83716975126383772221899903516608185037840103696419
14891107162792024978840785035770140561634787422640
00063558174689957745981617176542473582133634390557
46336700418263131436114181603329667629676001679942
05533403640351816660549908972163789101933149352978
81620939541968206581906428364266241323705903925680
46454636658820270576326491829158713636046873638450
54497488839362556344690258479973397243782686679200
48942544022238694891720046655825732880233249943539
81089464662938621067826158527899573711364825491949
66699900465148330478673621389610739799157349933726
56791738205067948903357851703480156848711905733150
30732364815754371927707826788849883018486465398211
83228847745990682339746215612585382662372283196986
02520433786277355751555072010160597871217465069736
99977488505823686182397405962823899061718458168239
66993940423403802715214934164580665060942551663306
04931071671973308360331180912226728261653649177815
45471333613951369357897079038129100817208674970566
96396275052837274397916287648645576810769790438777
88536898437300360143129486649262310772749037059562
14258751429326687828478807876284781862459567816866
25830268203644597885098295089252594417211353558594
11423995153512414886100581148133714476205748937224
16922190639131378281162017878760864388860506587083
24086986394651945116888379527746353597780059964225
11881275601601791590224752139769106798632092833840
60086102184671398118661205103771796785864715889119
19780820651104987209273293674446645552278333155612
79846519883483619760801583131790674551241002086775
23822065546145593974897869216323215553119290602588
52766336700281085004036776020246255778526526697703
40069592157761564764259634743356471602185512767526
48922167599801547259118353017790110214847022673250
79585252754842316261589296749128014980057541492894
37240746443811161096891279255334866504394777647016
68970466249702173347336807947732108619344342264216
08580130350246371110894166810265036737521403282434
29336919373726378916898338751375557910265452952313
72878571956727250352327250114908852401112212315223
95356681417563608279688942019932324527491150005680

138708304541177799082829852391031652175532217390838
633772407026085160186509754722845119753912039762
759601990538382949498226841606942370746852851185966
687687972298646027571845029912469206489946948977483
05050135197459222778942804945888936266175575585016
68491138034540655338404509254779564836853141322067
2805295322177576799732975000077209030258510443246
399340674510943312435873235986285879361322862400827
81507656081553948158074626359271910622864529121954
899127388993476898406306935015305808395651394402432
3250666224298765923968269410311308341511967555361
37839854221179219411449561916538849185979570764326
73697459359381066877511045939056158759634966179567
7581631290731439520021171624160236387809632990132
470378593865529140518948540202174774349411807469378
0365326131399462089455574906039769709495500802649
68790833922207730630331527199447948997819818289566
3978726235996505384508402261607128870691917955348
34127291556345078392909554962176378094144760392676
20299120979785261012616158712707535586788607013322
93741480098053490197876511723501392603202828319381
37530461743861854870731522878960438016260215193217
27812501015366095535959394826629785009647214769630
41420928560836755369714576744658251377926893003498
18767309536656154094018181213814515718934852114137
63239747591249359704551181113512626385218226841422
29057616723362217416385969594285558415266032581735
69687347871528253854686617083171567897986920796685
79385203867327936131109701750909153639715774785466
9238984188000859849849311591372836081341437393598
40877268138815763164529904003317006143551587132104
8490860408630995545829324985126941508965889662019644
10303356985757879719137187474794198902398557644542
75317591278218206791940095979448980216551994749107
67021949659610071343068360588439806250293333929180
50437874958457839559752191849939915665684207644401
57702637349736079804389437323371035779462949595697
52864241690766716259743117028013043352721392098959
10162931503144061676033044871310888930329252095324
60424387158071374113333496752189467842043520120051
017155888101407279033709013906082962325736543490
225158571597343839643254968282425392777124223574763
651474626863042160036737390572809741518026332536477
88062977836503169624788766304946589041398145368349
64837676379724030131546539880841739693614258671793

5824595491518936088602077543374425879392350378338502501167727052720609919380261179501593818710043945
4786426117842514617256027238047632869979661131161471745987885542037896030485119369471921087749508553
8628995850377779904479879768191744941429000980359750244314457216387987325933347484330457394081255124
7937720838298860465524871445206812031443287202182491713332412389413032203595572780514404956058136514
0986160079051007464455743265393945391647302445540904493591899500930070180617233371679820223173261954
8655260653765962406939391279640892608416114880330646499405407464597314824039656863432159312994393707
7821600270955871259263938062653090637227159030214454082789035367016709815238983270423840016348101274
9869965938331877195079369730835694367288565061102509453520470419059542468201989827961069973226213662
8167363122989056247377762923755761011654006559385237273915066906457679463920589716522864977434502284
1403508880830934461816836667371572514163826056268400920108841378388920760123000864027233105874037792
3680777236337609996334549142295140263407406950003571920163554103905240352907273269823891464585498060
7121971683395177468457273270578300165043438522673289066041888411382508341361379961981016970527367724
7197959326117762234453981953204724407339455212937548499646212828779894759263556471124809844788635485
7684404007964540865343117844698666996315507153553467533182789421749052954084700236515593719130070765
3206101646242846057544591362740802494426430247420387231136814035011649167388033979628128823708626314
7773710950925211669667728400056696523553312357273447122505849334210006543804671533515249182317846165
1025808818016446049994058848908523540861518389404360719340671292367260694480645999780777249220902903
8624407445869701420590221988806846096515170948230600096465701436440766806637279687569407135156782799
0649079063277209044524503248575792807082252032623968335485158606931459783852836169456336186314956895
7512520542758340843376543877357558113323322445874169130446233328853040341681853276507962953325671968
0304662622269392924233817614740621769438130181644683625060288786882638848622844076864987050543822925
8065848704040355625732567495201114319375477540770919620795371814882506166306925483188887162368525155
4848108075745353475665069108998902579006747116536104463548486258453296011166055248123665813348443402
30338387669473085311468229529009285203397072972478

45950326397304709692877275566741078792127067696914
71916296467784842643755418575698510816587182715147
49550361565003713207380545212738607371349328329950
67948381046672169613166745564983864106655385195711
47797989780405313153130469535595601250122307301351
22823590308974131531872460657676506927312075405356
22805396956670940455433100169920093401603015109670
07087033089628658695481117116447222429564592624702
28438373631682761826381454527381901157150895220166
95558952554622067920742767776923081152264751106824
43391341650025240406933025859894563392703641944075
39781200821821358504554735215748043870509653774461
47811346871656555888351972792131850455068355394307
60503690093629623878364086670129443989385444418785
08815883750876290001144469012888129558556775237521
65986849343242206433312659157488729539953386225175
38068215345051124474409469110451163239958515057551
23125829401236747715157902678546634378329976843751
81671324663954643020788768384514133131120043836272
09472896677974394888903403933393477149165560987844
06261235812235129549256259585831916362448449112395
36576587105078807396708810976691210513367202108849
09249834814108085147197931198325601491340711816926
53771766948863256773850811309929392427973112696774
58349060895901467971121975453286879491003849694060
70056456723771053491890644506528029557447570185785
93533302534373141442053035818947250256597419922390
08550333847929662370767233463629037599500875430750
25796397415020398849590375857682910017344100301639
01748485633064220117520177885798427457959125026072
78147035731188031082540722337056184039814643086670
13264139910735002441887725563513180201251858081489
75409736973081487305408871737347442840919291643424
40210244964263928735739824038105842003734586953107
03279798502293094662680690179272417870980625238297
54926742717401093133908440060317715039883971756517
15664250661408635197545734597473285460352577081637
90805387315806922805330698661071761704723189417223
85413267567686410850693619772850880899912059322947
87017236599579112547404902304217356116439548935384
40386619667832273836309911100528583707824962506145
51882569385163576399303075590707409177917689600909
42166268639945930987166518752762806121677655991791
02906097798876029113129385895535018018282822842512
71767414232794377249083446842157094679010491342939
73815659351333607061912518396634898789049470872644
13445808102413965253897144390891777522524117802201

68874982430162373290165423895888029875750062831044
55394872770124930831524949797471267648110417923690
32564979086214759140723385699856848993207228126831
50370989919313076022276809177596019419663136065337
54265145417078972656421694991277672019356518712974
23897420077422706008183314686892660294098085839553
45298132643374294839713715782663489388817585285996
43215246849202217050423643862971531703786120257828
54723968550109472648686527339361327053170918496084
28679730630043616542134626766101017003598757979069
98622320548802641853248629251096168796598076953897
65453614545744554001652239142481489297293814279062
55885970122387283489024057385524642344391199345027
20657717152104991279089921169924264097040941620723
18039496941688985426561530328072246825542458111142
70095732327190155988537895755711619245963123390013
89238727215278612420381681489646782141666758766918
28545852443941373067714640373433094041364476929357
83257567547224604923772545306631226140550175638115
99943197027883656146997453561866251992177475878966
80220466677625977438338995660390403628298614827021
38619053606636684579151451491296624149189690080815
39878655838537811570342660344304822550131978660476
76271115191413296063961296795675148556053596642717
64873387754842166807326793446827374535661080150860
57433991986215295787876111855924472352713169009007
27602292778572040739492840810280038898566540215556
33375622291458982640581718488090352195923229845591
91694639295796753009154987109014103988738347924936
28931057971150462061769010546893013669125649607645
51910533627317915600645964827476548057231889471398
41098601302864866561626662957625009817839445743520
39379491631861623245084104361645553981702333968280
75408160676789235051027647052040995697148193078321
59932256225791336901779370937542504178257657070559
62239705424120671641874246415575661781751832110091
84626487177650911903345723077873178804849377654425
39452471494240914793370735134878763145769851002496
74982967257183895783784649478639854402312145464070
23160932103605559461954760831841078154975855244947
32214389320523373497582947729369785424473319216585
33831755522494658487593974612031368176924912879005
51784037075161061508632843344567384956658915034942
40520078974138322121492467179808528463428682044702
75783698828657304473701798754988339182164436320438
36027526113090044610037477990279490761245993811240
51619199605965139007790963429358311903430562435671

57340950561636287482782058761548998813622840063195
11195201780809674906704976589428203193245913242559
61711416431669441618015524066188633117399506879643
77815538097222929745986867436434377244602250082170
13149369918140245420915767683955013168181074034283
04112686525498680326457932318450295097745201389805
53581941410191319848338679855548199401716615848836
11814850491864675639177286330583746651251909951762
78621822177837392160428438123658550359877683167988
76917667864037696003396728064045734525975201932854
03903843278475185561475310226363733593846397999451
19773456856654467428389581911035087502447542075011
75472655793430406416448164000185489617235736987650
02091463124400680506656182113202933685956754722666
46602468685420080392607405662982996622827886673306
45065503288416293882956258875540969468070706581219
80508578924056678207301913200670603642168364916525
63135377625483089594842053609872295558275245931500
94334190090781546711225727107985212227375561583261
03023920531679278861411832982264597557653404542346
10490295722395875331195796195022894605030835697403
19848247937503897398279538992068971891296270970268
16017999488236851544102490634503793304638505980500
68936885092159609249345461701869664702253261938819
30168212264843687779523961813687773501783987601428
79720848366410773287642886925358714697839726188810
33845033371181517114847157535728291113771363131977
82120245684609697774921963796847374969109456442146
23527467527261285301800789573543032753550589002760
72417108242779772273273590062666386669601352230256
08509729963153757824337925071621720744063331379638
75171443926623811455393900438867851842471758753790
30663666093268883193121032320723514090703360541657
50822090603372016681138850314684644519169504365588
66152125950693828434458152870871228293140727555933
69968121099035159101642125607110757656344306351170
56731674352895819475495216114251931100258904134528
90075077583181812267074861693705113747405144794546
19795301747600610679345348377394055213592998818346
54586798258758604317340405546011823364935533063590
83224391666806121029285929309962757245031274894390
96429633208730774671500777330083393431588596370124
43376957769454826077160976708615481666794238910350
60904614604413039687136894886799835087804068064381
62177240634791781191620062957777013993709343944321
72497221823195212537941326027533674568558608844105
90851123027060655379689486119033343118293391087619

61856541457096893874369570612342801977335573896240
76816315844335848770733607207064012636724168412550
98300951381957688615124648660191044190004053873335
67120152878262611453144400194905011564171801462355
30033460802176758915614799503714673327458150272811
27211826466922555444131883985950933419623985945561
18494767478653220714920141404358734838912071052581
63644906920398813879272899285398846067946999733862
87843222510037432806665926419930608469361675677484
71799555382249785746556725055674894930960003881116
50259900059937401738666047062621238852848170109467
10138768352200253700490944667104755790008627486998
60758010055989739775274853207418346619399378999761
07539930251144261568920485519723078407582278483831
23586478168286347239705070337701551080372168639415
07175891202523520030936445381610008908813050203916
93411591082327549299699784135448332296718754241822
46552003796227904310697702416765482939497616404950
02830983893942602243046169048435580474772240387178
66934915392885786302298924314368417304703015701090
23060675037024472003326413487285601003219723656520
15909492934148262122999823173320730648796012037972
76473155636303760929383734234682091833203420880375
83199689240992749363529073564984723927517964835646
03811318074452718462234585979449722843180527406250
00578442004830052382387510848554266486618405878804
64120681035919898396098727131150641081845490455579
92760943542184006717645354861510528247568296268598
18060293772829879244252943870854120731025294049832
78917912774900315217552148825260347141601819538454
17671180625218368758194154070367681561576618172047
79986923314640336138033465204018426158039026418253
61857224684486061288736869992720274162680637666211
20692903461969545811364344741598714018921166046622
65826615905420697639435931236620455287560342165003
47360119434225614914032015794171185171542756396517
25686453846709545248371305948985825597452775643783
72093903737606448757805380896666613991839630554346
35153154818588677926291272536342628898525685446469
81449746189241495863663671981400650685888608602242
67337988127687969406497029915452452721325754281953
24917311506620858665207749095296510075340404922735
65482829570256906293588816904146510697177724209554
46130258543817863048508060589906373809054306950261
38424222705375354598590993266967332165151948172534
53274733360274472585272453947857870490548475863311
57183663323591323475882593406415210390728719363267

96375928473313161233978154985650774595742630192501
36134421817786573268459498039257419696999987645982
49567094095595490645143192997532969902929018113346
84918939731673374047376102153497902801317223379127
99863914710105736458088249640377936691442602252243
29182203596947965229632415046259303763664328408656
16023121610990271779794048244237437724217545327436
90307492626172588806522332614106033816532093232026
69910870847586819856399049857501176199636905969925
41043687532918190720041575982623454667270157369711
33357041403209379345126606070799065586879616157998
49341095409032124365443108731615863757273748174501
78665573793984866922911759920434224760064859760054
97828062941873914749664566019768926361659828965655
74458040991426890947249706735220470116191536009452
73632530666440201002320187322781976148686634898913
27347014448203242931178410091528333037691119705 12
52511890297082942974883981371499778052781649343705
60432600535269810691898658868981610889926992043454
78155357404652938225547579239651257816984986734218
21853124073431152960821411209199994061601015821912
73730165017695811861903668977927569046785710181059
39373143881192914749443565221896260286325866365190
17453659212186387681077742091583646909091651827398
07531030664998062448492774756188452973294727139148
99726840778589778686560487233057524228571724734436
66741818123270841591791478616819780032875242194648
01193159379351523941740904190984125780990903889407
79420467270491534500024860427455307306836472220758
93082199445234721452184282562092914376814387802139
69363997860221263221098220773571441294126406537652
64285434829706936551168067283061481553500677992734
28746717408366660205372922048484087025230125857179
14569665795239635968627064590372072680587943981340
06676701411765812522334810483868677174058797368961
55996217846549730739340954660431458601540495615776
45616734472126427468746140830206387935980428496622
47223255046609523176817245863626112848338740765075
82889567745895887361095197420723212623335561519338
24717602181868389530067975021207690438838128356258
14501250071190271565144346270648149505901969961390
40560790673726072411292447199477028384835318633298
17619994731283314491596877750429032797703476193806
29551238401384229100357676929698595905443982892666
60878010344059670559052076683702101595219513945447
73118741072352794560844354946676079288268193567646
66589161362140424785642792681562544850631668526832

75246560027477652412794270534193482805462670281599
24539124873937558094012591977834653365573562593766
80876997525746027021669649252998377538196938462547
08518861510475226475136489188335738189169712195832
68100419576537702119211827256650889668246750486669
96598850420411916153320898856723809260181428117623
44795582942880858136988607372754974912130687437421
94301486676625969169519536885691174938231969755955
79402179388737225151599714054472897083955103654866
62819650368486846610392745568414363590177744038756
51208077145636487772844383315635724968367563148103
94389680921192823374145076186305657777377941453330
25782078879337135523281930667781034744878814533022
76711598246301467739131806469901714532318195729640
17138299344586652810423902920440420503010850372288
97072266732041640758383521162554729354209770671865
26207629467204363364327350566320411252128722589414
99762804689148555075973614650511764125793028369745
32036046506156923811972132510561806134521343817681
73276284141810216441341702491755843656811454797775
19582806628442497503791747723620420424505736306091
11548402426995643360035301436665975118280328039534
21054049191030567314210754130235793487723423907395
93893004368913281485468821970534826806406133447603
57465909065646098009717176995752043755635452168504
42243908278083480721568003121380513744755738663358
06612898256952535572326630739519540636979469139273
91950929709929134880148676072714978516827026905071
07678965765304404633626268887226274293120287517384
97554214315049989074564612156955425357015201474626
58735882915448693671682109726387703669298762703332
69267640511235659178773632477046116118752837864088
03828013634904145085131829558738033657159237554043
74036600943126624937447350183694088350123180570255
10894184693666883038062360436168998681815046281454
39937084394672379528195303288606099631547805411053
97983173910481917987933763099182400716369535925678
35866999085256828346179992044849215828682554266066
69480659055883754767477890063030763977320119162644
19312313733282236418119343830505865855449829986899
11466813117119421891601793736025759632185321048687
49920473470299426787127613334237668342822565756501
57489720280343180320624484957230973900571509314538
91843449438283973734515799805156259164322627014186
20623694475930214105085028120360491099390536847805
60216627046368552572741329060422899563510252284751
90703082532738499555533044957803309025927531635221

80988988262911598033711257017217676690454568064922
30515747468915571710175672403541893506112888730240
43144319869586521866760733038549036027746096354501
95252965340703015970324098511502529305886567190112
50832847149680648943813007837186239244681790216217
35691228872394802164846473775176818942122207103565
55965079794844990082719355281479143404037138717208
17609031988564587461081099105936917743794712879368
95032477418648580648196799561464367082487089936839
51315072030565303007886859820360720669916737616414
75665428771935359104452116916769281639636456297834
07370647882740618340543570774121613832028737879037
85858932745536149564461255050554782668745445509088
68894692718598894942344950748382185018434130323620
04668070019175045926284083850536431267686980340268
11580709810345898604130841735509956944151799175432
33480633073261339139979788000382109132766014549611
15704285802816067516233813538630524295638330950320
19287816413249223004761179535824956059145300042464
47880621302468978655969262925763574028799401356921
16755390400269966455602568297236950495909960271709
73816661686780048327292990594281029681615746963060
60610106226717021253966747951389381374853895351757
83294513642600693613777744000566993017402011366773
17877044694506012922607496911061576207637893345041
37336511956003290783523596465326574749743528672111
62980756758510838501606998969358671522596463057009
13908762874164925417081690968473095488602332982888
00101652962808976987723196907421027009348880934455
51218818833651978431853559606747635072216117872873
56394656554342761406855941242591214170781163030801
01925876219938098958943050939682518277130330334926
64885329561879526644631906349389649279747796305818
23776065803540227966910818093226725142614287685085
50234036395970562141251513762046722444289799785545
41319013720560029456706340382429917807512572448446
35771525893472233684526800050490579407659261183404
62764699835321989331271173271051129387746272008131
72632086712472478310369532505711668466933919993838
34165301330924772942935847074388263424007013217132
09728274947961163566782615071566282502125206276389
75156658513406045529010926112638166224236689927106
49041886270014421128735923939982500565800643250607
50945893585007218072932230824610825818587467133406
73344326805154756527611229009421546556183103412687
01722865416226907574466637402578505819839033726685
39128342511388977610370155470596978428438121104166

7496423619368984063561387622795954521514689288132 8
23943963661294501387816765909292508975324716691236
83482751546078272804451824345375965504925680648532
30999281451475345509275552779627941424557440525521
88253239556250857211799635301956758117744367625509
73197511556514845137285424074904838081995588091516
11793921910426190928485781613905148231474455310151
61591784145999471223905165969441039727295741158339
74593906205007758070959676589892496143734348781563
77442083749991461834513411785721356576510028821653
43788389069722998862946226868519562883232057053789
42178959367844899972838082251295857374295653148704
30403219543301647220458139790574528802074728588103
11408587987472118632864898447340531146044004800111
89647421657199931158890372059003146641812617920911
94088785006677801099918546190934892669185091189985
32817580156149634425272742021323083262625378297537
47808496486205747377298059504902145550108969348064
51097433300599798555320331318269175191591950065584
88436551656335235079497441486995545934682666761749
84193192323919858493142907033972490741043353155071
61857712844527045561514872082178790107580994599078
19034076848455908034852561211244638832388776007725
64059505857614506172929101763421062016322763133570
86984161133384335191595521993423910456556597310082
31699479978456319598341143056370588841358572324394
59993716084515443224733325747432690293211134055360
52609072416883753354361412870234237825270895382357
65851659641732811004236702247942658948954200246277
97793098934507602136241713703106513275975961348992
42700470471725333264227742623475663202251798424952
49821276559511394568141270076623154851582573596335
38267179226699363339180668550948028966397016335803
06357779206151292995868181602332782682875613869534
89833858078404867756502916232810223212628623703647
11672590911162207449944470337154671719355796034064
95721839913243157175868905635782011935622777763421
62367247566768761722061015213389428844275546380391
42982934097063768466511699684549774924842162345498
79019005901223071102488058804992082026734152133452
61948227180404524659228844295541908154492145808904
57049392729832168834134299536825867464108367284683
31328743219812300745130314440076835740244627809770
13002142187123511884439078142864571486713031627438
14053388576038852946905077691124396402844275392116
01124684855885908711120433136983355129831770447543
95273511809456262736507213423867548781623509663987

5898907810584333722039754420498618992145343945700
07669930233340450706235582283219793912107163390447
84574064959683736835999610270559810934327545718226
58191627376408326491944633925414125704727893001218
14099502881776632184985453085666790070376265770583
82731749561209175232476012728488544222989867998826
62839508678945771438815809675505801148163295101341
78454949532484743502461668260490860543498626070769
52206845769308881019936388602056908101664505187218
15005743472746924004566280135244242904323796847683
26499597859954187679609888240649742665229584406972
97761914626489783151028740066979236203320604044535
47944198199894752531957170520855316177791641077276
46139215711774029913555501516709796619652406222291
41609972270298654087146907919329111017460401206520
81190334793350740933967335438106677644251621091064
09782774039347240922697139986419324018336762578795
16616692114857084403473110985771860414380657030581
14089652279903370706792777717324019606366905990239
66006174759660274364772334171321125640695730430073
87189697608262537784076168904565036964121017260551
10506318058783071771045716789172093155510051312624
88507497125708827760818462973515666064138131857756
92321942216169819818338615910911121296406834764541
49874892596769391552088999743483482510977171733477
48490424157044765736574577528870313708739190721825
05772993177204212596617789094627810737489396727533
36694977597757614013390964005994959912477424058226
02276743479140436597750071174906872762693456375287
62791538610334809869295742898490087041375521603759
46787643984362695913728997237720073145336673352699
68366292608565705839038823593831189614763613317043
66529764436074940164969717395660023248475312782613
51162745169349859149728425780115663540112574883834
49578205475651348675253533930949298777856682473832
24713634127815663824590502307339832536083003873024
83963995418402866298087668996005436067463747817597
38593200109703840094329084825214860785580072030283
92624814842107356768943650847829172394313537730783
38286204525607937143479890247754480001573891165778
94911436600367935436393206776263021105215210135921
54694544997058887628365793340606132391102338123478
91165133960648232734302761158534325707822596745669
26399445065492819990540278815070629903621350504523
17325013670624394106180766761378661414563785766044
20749242292697703498450126514921671769633105167672
67848837295490056786572397844276311347324977198906

00761875914089607306658215138449134561555571151084
51321597382911001114287389599461623938505836032323
44208288145043391507378081863193720783803113641758
37348751976507933520535426106483964680022831803234
76626782438970343828285676740993880122455841828250
61658871841917739713484249557535536154283510624483
28211410756609679699510482522794215870693151868682
28906599054454289767683407842846866351695073592900
59446525171865184120454432711637452459124940510317
74974327164330478610425203579403271210384808446436
33301371529014988427523779498345747998752815119651
59434402988721491706555591849396373620235346368882
18131437208134936589804188526181461668564638974283
91505955837039471238321734527348213615696128326308
51650382152956508420824710834855636841528927797777
75636659828621565022125074611675903211654209654147
01229428385457567214173899297998005246418168473348
18021732521988211950351846705828084292711592599970
15375097479007950930331880565580101398081229845654
68161871538579928128610376600684408308498397279763
70041660306524614826604283117793289355874205593451
88132647605029917983382716373959860235887851346092
67323195158872972924667709763509894677014028229224
59093649319251931742859694152366564659951119254685
88648001037779316307387944437871151634358086838550
98036167341177467955250541569632555175659300110987
10343833359200752031771871321169429737366650481616
22813974369194360219793318911371477579284604851057
45428328748179328722787109615896826041519103216035
88677947479259298850999499049216484971385441255339
16737983269837424487412745470962063371390474048360
79415752936336390448179541411173493620260485120123
05360554368887938629144807879100525559893282527733
54359247067399972692273992775653397256696715240967
73073517612992214202555065314295490874261705335850
33317774602589152893788654307666139718694743502046
96966875056766378250013366544341201497803953340948
43058804080871386953158989175443230557614844599297
12872562076470023808833082557863754480673545385987
63808584763650695267362809861199004026798113020461
01019445980359274353057449296242273773395520169158
00533206697551301973113370391256119133054329794169
91929482939055726795795281772696879329114257773205
00214760199698152202061524517942389845818526827978
97974405416564805621008330286054730103160503201457
40518887619845350296999926465795650019044827824173
86095401791037025463814362445250887029226639233664

04351967800356654544364250362507952964892139065648
41401827369714502145264316466210037380995041855887
48963082465740733426300253099497815591421287519705
27100115710171637749883378795656865393442661195440
77414439924874232060422661597714780065489643349623
58396221135312572898201355984815657020457482109173
73786628025393070446554368897474906584779494095981
22447874322186601530097345480246961726712947787951
94415134401730118832367448720447806236637003524258
61765683808485736885690237092290882122272083417008
97912925654354194078268993055731519169901180705018
95885964740481390462609707341954494227067754033537
10296483606203275561731021591434684415539095659097
46549927915376332947359960200898026407946829253612
77898320585360585618611894514061132224271286111668
67250257033634886315857173971160328821238663749187
45662604295318985208791769279853205968708273206077
20490875624976239850639187378806361073721159075733
62989705665746883773515985230620783485667267399450
19724570616041702865614312668507975571689508067386
19613357613077933856652942611789955761282203962786
16303669765729274631760052262488130026201593446959
93323013044439085141440696129490951435113240437281
80378030527016147459666973182339616557550910094477
20112313016992708211043728483536465802279843531764
87604395208073622595864078734581915310594558252403
10753772157432145713447781843098447499918919885723
48815392190452015661719255542998753345400238110974
85202700537114712389797470101585475386268028132317
02862012903865851442364486492865523581713720293880
17529410102252028569118718607964501087652984253297
16311744186507520187692927464210613131762030850679
06658825606161624512329833385602122519961320728581
64070209062312718344848223007894040924391632745240
87456678136735570039755142780739200343533132128228
73286895420618818832914189042392958293492930594813
91941921015430324356744769924306848954952023954564
55030650470971258953086410011569687327280575346288
82092894998037694276715237246907452768749411737611
24890701919879296423247494837186391329220403340476
27285290480570200588772263597678817471579821421764
17664349005485153222335130502004742660842602758111
43081158773578536814136568366713391740316070565037
90852843226782164643593015192070991234338444761974
89701363751895168498630633471243935719934533251192
43402486722685096712244422809548620967064207146038
92359340106844004753696386497513597358331093783260

01909251574431920376122937708905574543628477384533
51375649811641233689229522888668519991591629961786
72081918371734730700682281270186065027530298339014
66999574794461070267161116027871706500234454852655
31804615279803013588943109664382224754397716230467
64635318028199644937566237115116051978758708342921
46749800015297141091672570579693615487561571782358
31117710135901253539556871274579972017592606546190
05937960897846190272218145072358795484271499133150
39620305124110916504419669755825132181861783569427
55406145597270535238267357110231808197208539486018
22054826898663602869566818348668524544614408406952
18263328048760444691900826696762964549075457223692
33274416649131955648643994588993387758700988054331
86399855404932306776159182859287438960578046409842
08974055068329611397239222226979036469776787551730
39666447415747265846547806596395648953581955700357
97166891226946992715128448647722739811741814886633
19289946594706008921131898942967719657048618527686
13423688150000417238002829767005277922765540848554
33348616889849738718678861898732323800424009638640
67984351716251126972592465867872110705380153194957
71649485062981579894694171428204216416558665990728
61984938491754802695846196422947793149812238364153
85570380897890076139010323497179696325471965649122
74558263541323414243643574594749297927856960776359
14847280121218205712372291254433245566053407484951
81446769058959806952003492300124986619376210850051
23644254782643573382132966096697316535354256247308
09028817761133739720629836430505408619406221838502
44985475668721260067633974373153257838354874824409
78097393361487310202390453380947415977664560313768
11062989214090166123270039005050229476135188591241
06470656031298014608889949278623547812337075637352
43212718006105308551717034053603307376301871136693
53217698428260176112186006358489653414360670914199
77924640972114274495469891463555482864340110401472
23008474005897193942555677557844039936570126377009
23304017720157097140226189725490249963962566890848
58977504157130429271592893380146276281780424512433
46115672917087218116986695871312610665581097155155
56963348198442249377278998490016913340650139225583
74525364458711315377496428451540053640421859769093
29790072008362962024673223965883741317529058662626
94467352104426037919315211035606156132717795833242
38941011378308624546295140958171894165381882609858
13625507028147207441010322838569770121266793214647

2801159682437710164058829203812229822825505648850
20009031599084096698014250159959742561022026318361
72557111491392144361101853384556828607031576644860
57682509194621585069508284940853018066449912071428
67598986688412790646539483571531979162968219164287
62691256721694722877436722690746310853419544061133
60848716300832207815371548154354645837025948503616
74707073027584996723132809601629361233574085051675
86704703228598724739808647326794039491393791308497
36324141390294392845766383519842186763466430180868
96069214338319604221009472098439766652282254436830
42220547014325651194268703971992934248063911831147
15967928827659016065848116137229441994332637690168
22243435592607990882034002343509905859139297715760
49472707702830957584270709136977043713575902026722
71213553449733043050674103705440773459584309227693
74840395638204885926470438636211199354225500002561
14497085052705009162892960498473983059770893141204
19837701870006385807844261773612787580995515950384
66620748481572501821235408254337982027525680745741
77955302589468194577646065374993269932888205395151
84740851474436356821092425017105258634953457915902
87152212995365959158076973734068649381356148346862
59397425293493723922991126095352789014741520946191
69375233960791800588818378506688578822174089302237
67078926490559017835733029049861047566240884046301
74420916460792765924033500521369750536665803340501
31280712427989700062737291525907016667464372456678
74325600195554242094453363343939195676804590871330
98344796212966325811637654664808900711247402815156
43434631081445327339715432334544926861930744837353
29034242902270632344509081553795123775716104927121
79818535358509941553871821944942708611496926208222
83110545052601764694421498479691624938335086438997
97943725725850349473321123642015645445958323210258
67338212082720110236171813291628134769361336231630
00555185416994512370308747176934753063809491488282
31811460148473591765019683057147047139716805417120
76085415277906148408154352770547111386619355191825
55496737687537565590189158920767435261488529376321
07873123875720648408237375303288464023488292875867
45751741196425955473254712998878441337697174478289
51480606297501598104109651792487372542415860607092
63434511221805151576805039523207983907038445590802
48976751242811186831122353594495362332805156428450
91163825328468276903779894056097304965982167747942
90605229064271154090759630490750045786694806442407

91416042498973639622383553426568824892490309401353
22759829226761802139944680189960320675803429397947
95005811235633986972790236701977628984073319861429
70899455340903726057682234474886920102976488719461
87586293421317093272777691651871002498996665855083
81133567896174811392400806920441462566538294522339
15516045948248702775240265603080241608406335831049
91593130853947426907323472088411918202484707573291
15072124544689852685531159985111793938108020977347
38174933999888973856536994038759525336217482394715
47834800589460393665918892899621752104716304660384
44412373450910382932483894560012983649341732042243
21656427582862696462987054943708647463427711852938
24804393582160198607006217119659183259180757449365
56603190574210330697537073223014044293913607299742
31482186205712797240843229742225306478470222877289
88917204454136416830186205926694781065001577273034
68399829551105996427519834420909942982394136155832
65388406852983750196100267432796083226766089824373
99230458381935994455203647109590825189916629159319
63986386099844252455919444237409807650556117505789
61464359199255642675963119627783751287465379652386
65256816957003269642878507201847166057379227252095
23210990761127024194913962807481696514943204319306
48996967523523778013360171535579415272267440438354
77478346154171361080719710473088602374503121389008
13256243172049768868022829255024334939599178274676
95941155443098503616431316394425732596746141758066
34244925060402322028029469873751829312706554137782
98861958481093502663645207509319615250820150239512
81069618830208378779175314247378006661366107125561
38095687549097630224818254733695777442501363334650
52729624195150307001629823433990910006155502494673
71288432197235339945293806722341962170161634329247
93757445914665771562668285110792098013823602779085
24908614061323820470296033614212396789169499234232
17152888329799391129466525384726864053187319793226
77702760178715157112713190221683641694532904519520
46150335534734469787141522447087707084561412083149
80110666716520746555367187872873746904987162762468
05308575835228041919956073276659175695773002879207
06287306356228290710931722541244102899656219439303
39359793127298249018850599820753028058182687345362
62076988428838928963551772699775527089280711983832
71264164981358505660929746681941433220376360160317
02386454010380419337568874559351238398276056529937
96946311157362367658035157564368020797909806973589

28950333631027509478478135700064703167653179843748
93859319928446797050501465842227782696067591977743
14228489834622963809575224532923435922351304412034
59096101274485891405058274767759110361971874811262
59602724586676557147275493941205551336228916904263
82083573995206157239464517444989912970211065709594
49855647567105391013640465590616591177906243645957
39346071857771170611184517001545450809988500405931
55875095120616554563146200738739443327439156540822
22655166711498136135073739954893391748086374196648
09327817100263955025914047775193472052693611721552
91928948911285123125631052770972349386770893098856
24797358932759808463423218516249853050362731645550
86002448011287948708902187528734539294131614662088
14826808614162015915549122041986025984886099100100
89355219860042743405731012142734029475943567269776
28542777276759795406783215499987080260583813286902
81838621000610033764237919800194423704420633319989
32146516974334576991282231826114090708986144154081
99147374743368164498243252660816669669733619695332
12777691297726357984301509710815856277952410140312
19725399500985483700699157263817493342319841708678
48596330912936697738356288707840800239223578231036
12292313343138708713756072647955306878567678761408
67978538841839750850468350928414471968343566924539
14539697267038657031729624183897923545368707062910
53584095862528817292816924710463959137654339775103
30386186905416278540679671885645231462534683464300
20306636243007728041839150504839977463906523527004
76682203370156915852377013990541263834764846638411
79107634163945096265761345248340913898753793488871
08440822515024794471987688839920035737926073657685
49301553430268438483889314027219668203872768490406
50786414983954838623991443271003548414285714663675
81410868575684974964249205885698437459468657448018
49342280279582356377564388268232624187762216226070
90451984593267734773501828543606939352416589601174
50737611406406895988299446453818686066474728889899
19098229601789297804735791247963218691536870365595
29444334995425160580908304927359408810125128045910
65050476649626758222413393315802709420923435482413
75457305908715656756767010920950546711178377321047
59766979436357024999172477640990996184223422593896
68469915441887720946530070344371831157287057320673
98759578214079407363342360849638323335917902277126
82630327694877532004680184757705394343007951196667
75243961591663082780839590538322951127233820755074

415307889777628677166251881091187535197330098637711
74786188154764116022239030319559678981537333332582
98360045188973413138579600929777458806142401045915
01478206797394363629199355822760236751034782755648
66271218825552853178253586010351082258145026112047
47092401718602564690068461731767990573490110072728
76892619452758833587582219473843208345786330528075
57454938289523900598456827291413464323488171485846
06783059482601453596876215967081249553230576378156
49344565257825522938249626575117074949886687654410
38270533740898921040368677365604542858451695031402
23236337570264179657785208175448924655709924081323
66557869852645353888011188919328625192592221355667
68155760927630615575930662647392608983278347680214
60555713159391575134197362381437944978888581196334
37282923219663203357801261130770108572159898202801
24527014194405510821109126282616707080627427106208
07375623747391179018806303915191898251718666137575
72759710389811462813209411824321201157828817875559
19083128416589810129599397245828288503470905302829
22251789724313294878973743215073413895319923645094
03300894441779949785506114695615294856553112229462
35263060515601499246416469416535817179065975346477
47475189449033886376945491013384753795701243435328
32144929827573206494600570358797413728473085568500
24140578069949444209656454542067040671269177034205
58935459214751399465865637953244989394807296345359
59897732503522425366975520262596619022391137446470
15156377494681734403794532885953949267776387559086
47972478088680068172355853131435632975431766043925
38385405756899742985095171277824885406609203265598
28127019571356428139254066130983872519138828743230
38507006601992157068887156531369864586671792836573
55256586271881440144317143679374810596913709321216
80624247162372966171539343995336805414569867938971
78488910159860309541293529874616910919252380974294
45514885583184994985947959024263664255486555633149
34689356150341488374884631294653005659807467697736
01945598152863062761262676635577359767581138421612
37331459708729860471384174012488889187971332736362
62511311334676537629299840890377895200008539399763
58474428197985767807210489634599077801542669717456
75426172384022032773364763975517549166533844727336
85352496691562976924834362650474619882335945593854
23887390136417704694539579811875271215977684425117
99580716945466861749820038914136757425295199235363
02864099584773808066759416971558083354262399667913

71918119745650950142157414450246559428230866854834
54755041753280904924396975773383406920036596269823
80632105842116831153608063960003029834869862501418
95196159770985309893415906918264474621242983607543
46446243464183758912699382353801438495736433235890
88034003650356294509895717318211938753606040337502
57331182525704669344702757566572460202434358051761
79804305001576612206859107119164478367877552875557
65149553864629003147784335242018223228186288983604
99556710094713073625117504656828874933451108004370
57008572073227508319673684109210872646030862698701
21760440904028069794911183964366052184314923073516
31588904445480567978322555962857732503063907386237
03331339379486490735595468517965042966618255310526
45982451735375632502837394355101805927205309010514
29092433527312786900151513055874053955359526490302
81312758926687850268380277539808784196954244470759
82652771476368013445122704646965861601405000598135
54266004555304125645385648993160312805596469709727
71764775136237931869535642851430445630127610428264
94036797480293301901344399860928405868810026888328
77860690700575222916378845954295112712364162904172
49259287033518121777245720634744414071045798701168
34865389408608793464288581405323722052203338827824
91606550751428498895026730473386894146657715191706
70071546284933413054595326178257624745577860528907
05568120939213636020794840019045348227175019919985
03517218198291555373940524474881608401142868298542
19815417399461519446756653991108625702661728915721
16167086128078644225968780654055240840769809262297
98908974388648718812412152858621071441713146827394
15124540231527184641602104587509694837594318073620
21929374001190274750271765673435942473670661803986
77673056064018589905357512300230660837087116869147
57913363840862325384349267186066139046684337879651
67900709509607700445453556313624051358161617384399
70087207800572797374766973300019518157166514482156
34062181865695556952305997320961352796043608491646
45440098534029608616745334380968998239436938249495
50947169541670641283942451714126019162473827086697
69311806960971015572581478531946257461453503976260
55465125435021452414343298249241381217713203403237
18671520627359281633744103154710463963111770834535
01544825945760866597757173914576609587753667249840
51724570082595821245485219616437893131098824817003
84223320632885004325420849215944237347069301246933
33918887639562414254068324429613965686240316412840

30587825646523428183365665189585503699094325953094
25060808246841425531437037390665109896765398087358
74993770334589530194951951702175226452073203602754
63941311371161162228990045708028475403614063814770
89041361896398146793609058294820541858067653745684
52152011414513584740042491714183497910852675578692
36460840510296405685471629114796051660512986011642
18923584706774478369791634369220302198889638490152
41726483510873673134583953442150224626155336633614
83478643233561380530074966762084287575307448476761
22129520464026842561574021989849634090361092184760
43128882969266380818247741624321491805174576051652
76714859567236058544814854402132907532311933789705
42137669259894146244375806251615321799734696371796
45547335354924900140560743663106474176679985725698
63025283994443463799305182425984125798358649590627
89069536518549591816028252311296488624546624741498
78023489619904934728196665830714757725320158683554
70778367282575623992435546393774544779733829602922
39539101363924842457990895204656398045121789111868
36846111736749565952373215883192224769664295949694
00736850502840377689062658085002467172958976399152
88552871279469207921220672013205280939645226322708
68221231475800660317858618410693450455257909777395
66180123341874179413622157860500783390345912525245
40485754363277089363734813762506583880204845701532
91728775365851028430430373809464582794463170347696
13448682880549387474207836072091819669560779780786
59557407096044302978609309079720730749607010815586
85015948097534353052729341161714831747339661005175
21700230147990108690345229770487759840572862989418
10215296900745556597243348361850377715055086033011
15053176164169618772366138127227871098651734520385
73787302166127222580623945634238951182710638999382
81939468089089171426867874887032369742369825435588
88324608458202840234836262358836434932664801755904
60342821517219563963495304300848416621782715144945
95409011794488525950494726556911945792036793654037
61138674937619135288389765488612131811530304716061
96867043644288434988225523312968750291635458654268
66088946046929370596495128448974048567800358527040
39935626048982822152555719969935257945452617407432
70859891130014290671400225943274690218982995179553
44274871811164211742934346618581259577501754135341
18015591400125239948393901766175216119230063203926
93503074408005564853217364811681583302031705897646
78232920238182476764490923997157484669006626848707

92697974543610502665979171872565458187225995671847
18953968963563982739116945400828677220839735648520
19605960672645551934292523068186375946771657471639
85103758010266451314905894653201170259390298092672
15532618811216870595841647293227196915373233155149
87881303473988948962542717046310852002030893497607
47480969523143814485952336287596393157034764290005
25190908752531657407924492946317614112816050060433
23678149217024471810409000252357290745094008754190
94485013234277377902820376877759883889102242894658
63071885783632584011400402958201515727775055220497
67174180652296812814453596307746839919743615077556
08490148304881526622616887549680346283304068496724
88458314489610898411164185347246790495429842336879
29502850535622738086930362906434961063890273423981
64443712989675246221349980717909832538537518245143
18229817014980471474405208206771734829307574244607
17784725245946185748904930509650979539054225306921
23607017038379108571469830225772485251738459145607
91055885370470662930526861151496257016777566050987
15221893119931908608040958932727146520031599118043
63740649554498522211631107924025308412085874327508
30257360467355905024287620096058217825407072535881
94242748229061261156506709906900009646228666919350
26133569804484990306069770879179642034494706647343
58313049859323970595890765212059389769761799954609
90255750129252950517564633281937784817982728921626
88397915039028415489284840501018329343016939308597
69188207609832728889211355169823445644473332530729
62398579235645767684446557407881847532800320620409
12485037907903369696799857569854811754811838668849
28262489337313463656209623643601760475628848255746
87983523166892032758120831192672738707762830879194
41640602074628031822157640294565833974760879869175
25550317049629196191712150721245277331363754728630
49900375024593485960032115144992840662158257436742
27447550106391222421889039120688571499028125033222
93010196259879383127482079514574663690869011102131
05305738750610287625824804729782975970378866527021
74411246083737007276409150371333614971740090516027
13542870186599060553712590929896988757268780006791
58690910845740780273990101872583402502706752349279
08455645847233838793694839321219370566310273581109
63094423462935733587439546101715097484176032594835
36217516712490048287878693443178634077789561343147
65304472710158730835918654422753350609450045427094
38295952345006179508154991222606770536954034708723

16703773580038588820185360607740785920309100130736
68615332051430948329712861083660252455592697326600
10329761411191743742767827897475103029546503081040
60484212662927492258713195804378325583814279728206
10467164454539667827506633761195615471808114106637
28904450860711216506603398923855553767532053879934
68505034921858653621561162560773785078336813948450
92505697034605431168901434565623077243178045128441
49902118799309048288989666196447742952614868975745
73204681701313930905117056129681336246565767032752
99788425636726104684513955787617455426140794992788
51594193234557306458553637676662779045651946875235
90507070290264235937689217411258335714398554727179
69334716699045245738576573463632340209580112235447
64441723301996887594841115885919388026520824126254
15775923953557139009940619257885762438343967082535
98508677174520306477125971687162927198110872264071
67316203119950574953533507855790580552280567687094
00358862145084193945110212966418030102507190041435
18026258391841696334287108392447011217284273032774
70134379841173301244691377597488172808378086328358
48060410924220865767728752209963240080429944929304
98688498984582499837138589166913141159480537977042
00159706893471118315733890104746479878081565219264
41124175366266821681770769432381466336419486790863
82584713414390786785266254202550798750059834420864
33532034033854071697004858954238194164632023644992
18696935197625148758953644751634449406416198941671
13410443501482484379874639160009785800714886541351
35723460466234792972728314241559208002510346789545
42752194241325704026306976946540161354854687985714
42948680303910184410863890414481123754437128533082
39937328366819623130295691856958566274113770338858
53664622747193167250336110407331565700765207124240
79756999501517168219006451178870287463522929808818
77100729033972992256642113056013757759771901399412
36326728084538940031909615421499319261336411225553
60118366273278385267401987547818763539357339492847
10295825287103809975654397325671294875582247836268
07452739034903745390658115194195726455858788269618
85994749183952654963544757136504122860593117832774
70431717021755542733811316446122057779146073657791
46307623015698777942799470800066693339080866312852
03725804287139455275693441864382832163075424935767
43406689842924817540762456348435859978947995073584
08972112726010980185913187269858204360215449353734
22820998321512799675477151086725568882198976906794

32319918500345646597546894209085865186885415650053
01770434777447943867270393095250807174811438806676
94404088033700276228922940394954645686946736562765
12157444272755618547272970923160771008330327612046
44001950108825543666118384017506433079878960184957
25640922702645363838487828264437784676467889452186
13735355436563776064766781708984505435511469123142
74141648367976459749610075175159580739164799319511
12693660164858482939073318797391690878819561867435
88313735155390613140986275515212954448771045808977
21910582763398947484910278339169952254377681439407
41866823756712442332351482346586764996451945247633
08705364406871414568326066397694548019309437100867
95751239891190608598079561897702861704671402026390
04075521169679039679720071713355977146779184571361
11494079667124629229993314776342165412277835748258
62753499006792111978060307885749546973284196464487
24815492388450416874884403265627747095296067748119
52785925148107028490709150186522875342941836314061
12370858732629402433909819838680897918601274620818
93950209887488319592020920204199143110243288618404
38672146984472180588274776118855314334547759499157
08112154724304881109826753085018792712236067265424
72255495116778349951376070493031367598922164576741
76156088948829950931142765681879504457390726038660
15581213816955577135842043549347895364202338974649
54927668535362013175286570550588094409771668261877
85035656932488370061916868813257698988921537701642
94154770352800561194842247298518748777495354659986
47312837668102316847838642080357150661043760802759
00992417626841020731910411686475234925060364563867
77296180495366105618145387474536473562955760076828
38500265390338220423592553982932841939449420500089
98872489180621128704903913002948556514749543445752
44822871583406545423074678494274930963470015143263
12416129821109765779780864620896364347208805915536
42322648312645150216051965026584720667061301204933
86969922060721205507484698313250445679036197937511
45105610994059722706102455316434184231593135390530
72773643156367264580132267637726686186334792960994
12432700177449539823043204002544985446412582181492
05601492188788848500428184182953837747170367919128
93763087010427207210527934076159095560569028788415
43593704129448706773764271263821528379114630861459
96881385154958969349477753009109089564506288798749
49987918977330055395549969672231130329962237357438
56778002884728964213358326697472583460615280371262

74322172432529339257592492447411545058597603142539
54019027327179534824534471181832675337725688313193
57002083161783185793469555062509874148085073837262
01448358464003533691270556211958906298935556277917
83990885764956240379714308839097111026422589746293
17668967223404012789249994400301464679220203830421
61988077173466473516468109820565844567718498749974
29162956952777441709563128459610269014542233395364
43247908988275294511632099275307499379381898314756
79444124595963726257884877982459217012800557580271
61475792168773028767724142783904590739127392942678
84385771923968052299403405334707357333451836725155
42658263961999930983673079503724486864611493730495
76129415707070662032891811072389155275383366638170
80430330556707275261677419463060608701555657445230
87465583961240503014805791061458163090131489886188
21079382747513047641248682780160190849678442189011
10183925596780158884405085393976838736014191230960
60086888484095875909397988754571250989027721154014
40192622172796546564989599214375691142902020411115
79248731265080755959728472786996827891626827869491
15247674585192281108652677009819279435337913553500
51468985793823713882735357271717893830142216485717
14102900699728235323288484621928112894081707974024
42190544369303801749299703208434011087332111453684
23599993209089515669085964915227766722963969422424
23418831803521099116402806434847354437983200003628
08190976855849256117523929774165820418448109089512
68364708462474117396127148810193294558673819432508
61265358837368559920259078153960821287907306065333
54490598834747010168086963731773732582913940201499
23292096927067831675968147669667520807748268071111
67849293584619841862617211092532216068525388159185
59880627768721643818351604955385279364210903131036
07816243891471254331653700492954357313119180428419
65032161578090425201331248560532036085914481767170
54976690739276489514055215206092541329165702491817
16644372036661368578767332511082859038192154476652
86225246359219175013034284393319549122972792697639
53174862232078789202684450835204124961260947859764
76405051344616457799579741920939413873112767240579
40541046207559701574182718191565611832096658777408
14676916977483766418386081752547859685152469480775
28179062939927065252312930894866450147904547107615
15539979963895457354995616420964604747459853772405
19452042446951551105760149422144598507856289800520
01501442172360303944283424448708887381117569548458

68810158847305082029360514301370104506990268158198
94595150453748572348798071613236899889286204993413
47784459648262388689344956413068869396801624022569
60972590583690359144783046409691845826547581534945
00776516075819566412400743361172866660578064097906
85068438390865501366034171566121774136535246662924
03852731631584292475107182073761997425700526636287
34248527697091241463260439116468257193844749765274
12791288332764753400458797875672197285080251587765
49056558922047149620525210401201669876445381749387
61539621762099818669564349377520407867045502757495
42082834382652727990664040463085556015793541580183
88708877140523005777747910133607583463708160374140
33581662171052377954778031082878931138989447958611
69392281377248209766223153741655518707243003784468
38734446101858764966248302353552906856208893670501
29145033747129770829859205524051878310562165213224
61228800347547325593257117509161765941664823949729
13352370543886272408483705528170029629809058650804
79495462458224013571415849006733084457388181196744
51429115214342793926996556225719864391960677530383
74686672221703556890842503483294766784150367836819
89747562636076056173959495904537872887088011965418
78924765307820255412342152755546537527848511642193
00210400696015444285500717437035400703359356505398
65178570700658209980419574495123587644781248610414
75565904500553778745425732766313738825020172648969
61612910104812793263745673134738711663877099845420
67027002960111722637627272674521018118655910525861
45338819701289911963847350290174000706806314623013
08053975457760287247409909750691788261928319716472
12849587379180354955908545006179881321198211429825
83753056350978991235940544860179024862607671948351
84423490587190753372944339592409185352802957201038
39420962334277562087477231701175275687241012245302
81538795845096348579839104519213186349569030391256
41139059641254019436292949491921353071715344840968
42071064228228981186402676350716079693504702100231
87810985613567910659306600789776255319789825006631
51562983354439164449258057007801061628032102201957
04757986565811680933242300056066489673694876242617
24101199075962069434685940406164109057115534545376
80923271287235399907443591953983973721101334949165
69271429930280203147745605054466184575323059017078
61564430381970179149567653940459435606066050701739
38931321346258503810731950386744835560194918228051
67730576850268843254958908956081419950752565189355

40226366100848161462038654464771071218795163069833
62021407461243273856073300741729085341371467646620
82332653007577845780127550787262783016182508700842
81877453320787977894296485859758192842049964829620
42735407338531005469939541254619473472170399527022
70357793858512968366440678898374656563613544478066
68384669765176614999618543989623502371767110274089
09193995831451468723612871384972420690809504422367
85510287628680425188163584026162985180721152833223
75809709057453569178401938160024396543257825045445
19694034884092434085789998277191512303094738055403
08231556081860716158343395561728106373311060601526
49641481568404319462356043630174317509207713049088
68560472738551730953808475014486517604975677360783
31544722925343359638456302152171049873859253102039
78958143336638415592992550894460278070179622745210
55506711913163262652799366963598923830060969816001
67088134430020391177191630701637780038300371126418
24146014987041714805662603384977517560384954919157
91417929536849597062863297174522149452643640004011
68512758738794348666883757228899613429938664023640
58944824529124282016580047816694184780636604784838
17618565155840174603728978215856590831489306511779
19857231716476472418930431531999088154997137742072
10118331968619684944051847134805103762448875818172
77233442721570874000852493919493398103083199952288
54262630851814551410496748964257681720314577419760
55401166514371933763721881865065248544503999376609
22677770747939980142258086621498719124701387469895
67658098163424079513570373348683994607400148381880
91091227850498742256394710285890361789248694551999
04917116231709297408195172163625062371420825261190
71317918763800373820998941551673629031054940290537
25379895773700088178658870490439209102611278111129
35519422778192147007436373735190083294733687322396
54947632992827531835181262400711892034565885546809
50302630425192198797773744326372609289111090052198
68755372281053055764147614824639858637189772797761
93730876704264970441151141289006212611388530603736
72295958161170213950300741417661128483328860167367
16732035880470158024784864639807999576764707923310
64456626033730736158992261787526742601353600729527
85114473129927914524506233402909639717592321979580
11191466992839606609054620079823745212245036016910
41156322195329726954455515182840945395507867404093
71853236603877962805143126766274036439823983188176
05978528134663946956055581184589398070501135751682

06806948943855291350882854473482815176097154238595
22132730861322041292330776565586927909570047843039
55681994015964223359594550228105654377995470862448
55908003706950156080193072146489726731639389255381
59958617022059139730270900638588414953461627642604
42837389125191847819850025498263035851006341034437
63340733469903127035583080112435481586611646799047
04099547923812878971867801098152049788060504766682
03662967250936939607313669337472036724300318966620
49975065252017547135786573464383646763792685019584
61510696765363902447489954321997231906116932962287
78946122656683064351895616389957450772210945127991
88532444937648778904054422423347097958726521769377
76370796040732789702455829538696164126324657549210
44812238089336380764949967196348615540609091415949
76780877461912277082868446053257271801923246319994
66767892603035979578118279000471394092171939987407
60009997069581634479233605106166460077875593954578
58135619117973484724275643954446900185370303889947
21998308058834058367204730105933716458537773337382
61881997860740674509062922554889908344358447071868
34628390792947080116968639485118508116438134602812
34771266500937086434980810611925116998390691124112
78849225010740467001002498755498035240563673715644
04834835224610219675040334226809019609191836769753
91844888981030769313603684649075185192089980796748
49520642528150398821992945016312244419290790582175
50021246415643878011473635348603231817697699256886
23422436511614137835848603457291845645973101458014
42339103436619091211751414322400433814714649570280
36817478157339925527876758136335975360559539384017
68676743047462011227916421387901627178293633202573
54064982943159500554714114406637280225906499077297
21531848353962105920750948187022309948254672970184
83782461121232263919435007317776200669540599603740
37654410628719241786662420882146482782794381136197
44675884359564005433840353292127859574881400073749
70832504832785755627877386652839778888430937242195
94555535436816532937198863634368179075180196127350
93458041094465517258849680261210153466972738116149
85607135933184212517820869764413662803131959266299
80080049993801799153449183914186001491765200955505
74294390306323540512913272285289533183861280090024
20185920683012455768851599860366708821440361799497
57693010158168404896369505707194161819229869985461
81106643162421543438857448343388807199476674230925
54142522046461326333021925412332655422517900396237

00118772248801218997398674540232783101115581388876
25327523466564979284560911758393972476956922958164
79170577534606301700752743140171314093470826207580
55636513836577977785668667231433899715854051283817
53951728867267924335193242794464042748455722042713
70383384282433585631425510375691018147458356414678
95345086856290184867609167706199880065923053443639
57172825088842599663928971247757401309355439247332
40791820455538176637235332220935125401324815902989
02642974259278789454750065499469212124666206626082
14349320020805522405722398438304493632828192284548
89328958740225793208207774992126360859118902964660
98389588810029238820492462297133229297037751993136
10098035267052448685322637447804638432564630100081
44862912199457156447900994460842936828479652744612
76533324488110332420251747386222344906972367553788
03399596664030721437536023310369657332315237722987
44269056689617796282321898718909625100096673816079
94856169911256164664511017559716379949948745173586
58677084047168447477084990976997944707107221646280
13946275459233625336185844576023868690373404023429
97958662188971415880457537565078504261021206974369
70969214409411346899426308743785693181269940438714
59489599835002482339043529602141043479871030683534
29770829833207751807152848088283370145995157366923
40895220746753110902000408776677345208304107255415
93900525760346091208140284177420377130700842437158
67293605934806649256089060062140073524622034669434
04377629737141729565773844359400547535778336478717
38588319957253806398099602645405327205628731511229
78157160862957374684566542360082900430576533154127
16898974622851338510767066427511106126351131616092
42434665697007093299521780947571129105148114698468
16362099491211915737590934654666176085925249964296
49049953008495876078196360047102673940074073208436
24420034614494703242395176785324245348099377528028
05259240486576284671412186729974077030839307426174
01450032210497262071517016718491281343898195596976
65219201908137000367278208254808444077054889497735
29007409396411521592813098524327606824759522533080
28248314091145503496480558833631436378808692685098
40227543561095303877707012120002898032517901049232
50778850259083263414354851687722009982947719960230
52438855804487383316035861722692030067101878742606
94178604070699902507500493233626929932140946580996
46531428589402950507599383742467138926990433088969
68931712215225093296152832231404015224720069622519

31218769483286742002917366443568066358210533280417
67261515623021242888554325019347747162804383419392
84793348612220573524012877500894115331923097650828
18111896355024958467106845292644845557427712134742
85886128655316929049767845662596418247266927783440
02660727947414440837066457585123767092000483121940
34837292085600229027797730864854147461858811157024
02873149042337471022051225421059966070353839506482
33459260971244250184778080977172673924731940165503
96078670123047395765332806585083484125260088946584
67311915729174574224177949335497989190078206213086
10803865516223758124648355406507243292929115450926
67131859296769309032438050050470579802957471634654
61868596663348164737563758253029528629237343678949
46601088352913613146663832807119837174914550006429
82081727450617511533164317850686055995804144705051
45134434661354349132377733690004775758504046993549
52865082123106885520961899712439343411168098795396
24817085293385576090027022794974124179740475717835
89151301019483114208868324943314817802337650953324
29955285944368343551972731851780494655835099194309
37022568193180246844883186770873093472780380591552
50231204064223609470988530160758370543677837414644
11605342176004593264890125101094368883949375010807
82355178495090823589954072647462043742888105083964
55884266548692765048403283121820919225254911472664
06362203079345506603988385724860051085280789875092
29541520536859292619877916892215922052205519853201
47926147108591884318686574115963789931121609989761
10979633565444902734359098328947867883974966109031
05796567898848146337793780972063390584010251514800
18804012308861312975542072153696492705801455275021
61467808691366074981225162163435485100633443491035
34205339346945249747695508626569362762126109157268
91851277303763839795715936693067949298648386633844
54486312760855100518189458110414647084540153629145
82274572901534105798816935405528318673603825088352
30473920214607034933191067272651277179914138372267
05030042889515491348029236323928824220795773086577
35443007871499407960630325769589926239205966013855
54180341966989324367028510494283621790242444777381
92565459972644214164588018332426573856187867895985
23634784235368090599271199955978540144835966062156
32951638907300427568254001923588832030019113497523
28613006510978769294553113966895558347643708070331
56924647705668317087358183948045388753075171478337
11950768797640772884648664979182318450231538105517

58734071896253879853762143717243682071046881420524
92393655087044891355416556266667131541921763666664
45461341970658844048039586284011613603368548134550
50935903141657252576055258698787030511931907553636
34544025154523395823365871603816085282185007141035
49936084662784075061236838764462145891921779142593
00649731241854636559956751295850203082278410326137
15113519839061241596463339823900878973879933716728
87203567894869612784691802988400077024046141684357
09646116237948458002436915344623192970276370458105
46686186489200648185788447046137629428206142107034
80363084411167800614815023913690139665758030939659
04415912512096952973581273097903258329274793996928
24383149206259029330928601033239174038383427457113
51398457747832024488386021968076716331653498673034
74540139992159822111671115125442585376091673432769
99040058449743475905564206307694693472835650649910
77767958926507983234810840182244891170749665104061
87591847485769721036743268151484201956972207473448
22087928699608362935876316538904783900487427479351
51528419727078614321965828417069390496815772568280
50122020751092363465517693151572323810501802258551
75182478223413643178816520685066139422626534469728
93597805755792607832166738898066125192388000169534
32522620052889956108613287995075957355474955247424
30832870191803056477082736701434453937593763155017
50935185158798505069463905231958292523097514074052
54595631400743663136531859885757737887841902614118
68954456504216033706478625262724708543417597795006
92649026951120275026309543674058016472131592679453
79436949752610184466085800078312719131602123509138
29704258702336416046448461284709186343151986536546
60902676182247471801225355996813235223866795597369
25806895975303712648024482045813701820343286908637
16598337757108583301036874346577411062181431765563
39621006385831674674809188717077376535589866220294
99873827444255479241163465467940603650247460245618
95259093499667359512271273205240111113918523027067
61427723092229472881013319296333997818550318293443
26322064698010129517045570430063250156250431508365
76283267412300204950639717367841889100514252530524
96886256738738477796628662164973624028836930961735
43733731366775835835701794471457470812490698022977
68156882572257089498908991206605540252060801322450
48251208137567437661986796426412986059431128300054
08881881233133472974731212674444311867594320910668
18417810265573353262138773747375534578279041511593

13218518285887774417722966204691386602093496942560
53645066213331732596198768258859429879426709380114
10541539939189608363619248741879169306463578448072
15658399312037940118324480201556714142859863727859
84697074047554361823481587960114136623524548067203
45614756939780122895658521622561696712983690085390
04383451036299591188765554858501038242000728257383
19153990752707127241272013958199553566373551289090
69762510703048920279452591556500485530466782494374
12341710845111272716022109419314554015799975257597
06235711965092077965351455828496946412471272627520
26385688988076835163458821474438221218629646612627
08267422635057195047392386350754121166483026200971
27671004898267161324519103527836207012854444670111
30523252269301508703063384519741892706340692454588
09137680372957533468067793504686478745877073762192
53052874813619851138575784542929107665429283407134
35022508828188929152445277839874721900813143807204
30207245467931758778466626656846528861507688403122
32121873329607244268494339139482344004879473181001
56723452617702576708867907794884357597613518177223
30324699911665759663561548880404973201297560095265
98823496022332949604235511787278552924080285877667
80633702288000221810335470733819373826226757192925
93356370954061572778057244148311164042802001173781
04537735697122670282206349312690545498167184995028
11568901079688029001125658917905559234547229213785
28723282181212503451820595480967722776607131017786
03438829573318206423587236993410098106172349638246
86830091332565344923468406806939017473532015044406
11383475519042887754060775819161781154130039925740
37864435913019078461131559812287433383309853783972
80207272868923202989439733948198177571392474916946
46666789612342910937033879325123377397138802549835
07066465501643565968531458265075610705724702998374
09048601724376419814227043148037384529368743600536
39126726507615680781314200412241195949403929770163
42812407872080852166630645923056703207098161722529
02696023063081292602279781774357161381029192980622
50972902342140272119169380327132983200837285066796
16281592358286686576099904415991587203941836822473
09036694969071774570121777144672683511194579923576
43789469356535420860629730104673071982276607743930
23094688615482810951520215970525502361564783557941
96881755560913857785219222596477699410230570038366
74762355069788231896556982414650286786318921131224
06061809386048832645173084016950142082157326064292

22886911152502549936021800510419326096907384748832
39140241558533260115285070430660932244424825241441
74607444884453418552824140376224643011608492948664
58299855205426715174054544202062807034332941069337
27264297066891081535848401490945693824621684799297
07068737877406289283254513422604088371872199038355
52674722094123126765963381557250244846112695927469
75238144932164044468989516224006928370958627380688
83362916372400418759586455204637462756958305079845
38153471523066411007256923629349276393671091313512
70403054576969966845535847145591819283771246258352
14124458120274966078477181056994570433605081685095
89453746307951839500347172519484435994948544685268
12973590190690653598903356956031006447968263120457
31910115444965551122684173251522773863030813597582
17229059766137627641766163476909125070161999553759
64321155753439662168827108403675119299960008862463
21999875418094360053087413396269299820762966801548
80905235587186807616985560604341753925240496799964
65176000269269165516987526525067739508513040805388
44506092601096436881089420268561590738998509908250
15494639182209700648455366366899685892286382159711
07671797678975011542808723039128878869961867893071
98286754991974326270934100026851032592963268818524
14895791244327648721801452982185749771429294366689
37836438222965859111417940518494207357064528325988
45912259394927444557146677651511456929031395253758
04633758579641581163621872276615189824122053513224
22488256167742459676541254033178449883841113760735
00772008569727762648736527833891636142496421063088
34930890332084877942864404972226828618599466893437
94851334855905828206964612394649757412236283139773
38190874558033167517272238664736033632294221653127
76358477306315342973727749231497394273391681398751
71650178103261317455063776577097886959767574221493
71635288456874197560695360039337332020651649369708
14922958343311631037274090986625747050514702272309
62962287676893693773871239020465167295592539637570
42296827013721597849618036234804337906397035855824
22108823529872394968853577050451828950991937634747
32035193828111442092546739336782292584965322008001
52631802914086468882484513127730626798081559547648
28504172711392640315538504058354882187206324982256
83083781144749672788833320028717670034369690112633
37714068149248560992223709551854738445717905417687
39279171785165931986828875641818677687684101914918
07939961128907075158854552469947650821767567721164

66364276819985224100965213050465083407275744849661
97616146084059060741022144497622366799448483777754
61200772349048346804799553637492002228711271851356
06616822912323921800558278141858159904406240526254
63677109244383173398476328514706535000797831849158
24011759565900535027064038408707123341254904300589
25526833691094710188568063097486389407660730095765
91462156505019760734488992170674595990100871084361
83443327787653682587723082233443454329275264503508
27510368852787696779247529054351634847177830600434
23068025104169270984042942326154928313761218792561
59805549617993488223404322283765653188612575026407
80451529541971941954779774061554624267671433647051
08681554032166445251623107122601230893710475506825
08603240463908671443690773244134398492841467882847
14793329962152726567683401040035380272025275418435
22537228344897065811560857105993366677451985660472
20084160190860000788059526818266913138417341819905
59010582359290201354051461037292598408924440579962
92612098298196317512145353321039055651854357550155
06330230393983217424163887658141828375495738248135
79535376415648600199102097635339207548493483886928
16112409042860516889724156259375795831898950072924
59604679885544190931123329852718446233567773599333
48040747037205328034706976370027157282023073057696
14148719664204255727504919503663230046513954181407
25108930709443978312110733276687592803776507172513
60875571937648563674485588882578876613391844930211
91882292709019500146842343636992753199546115671386
85704507441432163390407802999234905814465652044962
33515435720105541820604402629891318181183565214801
38655484650393917442276899832095994734532614851533
80908818440673726935784293194085081800541112501203
45744530333139738044694885277098998056960005191411
41422794776296903922415244615981368125575139849403
01589089128390396906823715967622826543755905616030
02045727456152794596519182500713348715654510175277
23448508700166716220881347145595773312518768056485
29105407392802221120032862781056402439800380701905
69773965297877909880031620066898403721551962433429
79928100956086160201491088191150979379290036944991
20621765377482371955324580636150130098086504424252
93478356985149428846338401965086282619268181813314
53522710221617868856397961804255727094019690419527
82218972371157604600163990908887257182510468842834
61891318120296964133489317600548046104950927989751
76311147402264219675764519848872453240032533025182

48307749123252566884756169542393488977846191575794
42277085582057854100616348798261398555091924933763
44196938647024154343282328276845684142699438372354
02540939373073804634343828207196553140326715847016
94148331391499674109081253099843163120731085050169
06329319101821105395585567039824196291695207657199
92723071763730813642389401482326265470550903841961
66395745836874762673525255811990719183623735843687
18343059092217995449969222330034287082269330565446
76836776755877960837571832810682555956854316804574
76896844792012444397487470057375724574087492178275
64247332585933827183601185506372711682381424624589
04590760296921428081805778560188655269099927922154
71270895924017947650784451441464551717272454847694
16076624783260657354138944619885837567498476780536
98392957632660226472399204136521623736361466640323
15518541515481118581084433985515043673480709801630
62524751019715046695459749141410113086616816368604
21033880745651994932458611604871116486279983802481
25394189901363772731113383426677853259232453334485
37596647162083385374122635553089374439019515415756
79942453238033408307216841994789968124268884616597
06083339733717714436498679876718797251261506319728
85540631915126103864962031374005154413457210449044
67051945156922739366732497685739160310543114816892
22515925766878095346204881819135120128416258147210
27809659799919441603443841823262314480816732189123
79946597469447371994734475461447290698588542010162
52306419680597237228423373245114065402837552630397
07842698045973210194934570025250559594698145422107
02836906765111338008271970430451924780925117856272
91035262791697425806840262730758419021462844091789
84425616298673909100537002978855069858231909288554
40993457717507878492547917137854322631465566615358
70211691604317209842652323139660654889308538301968
34019241368671420697276336719758147787236143301726
12555205583002475666557171155769559720731113661647
64921241000743253672111718190269864734965813010136
71137322293076821469823309586260175527216725842477
59443215834483251667717953813744964440656738138326
64575174490574800465056840211185898270646002549842
22932072749822069747698062260826601109618485569352
11806622929940380157261010384282960889874606563046
79850229299020929193246177160616038480142250886912
37342485864417312671847466345121490808553212758118
94748251785940175844722914259381996647903390875103
66666154164686547007202202254597534809842350136484

8574947885547459213375096376782165427914135474670O
62812767442222991188279981357269073785469091101556
81042971730577884247638537402679741523709462463943
46051216392451482105079760326859866094008732341564
23535667666375312276348010107704548905103240579565
96674130831157927974809669543472607247410692015339
20909334582777447339616500935752471124170750635032
08867717412193495146667638712637372846116040877063
01583760011153364921219020331806850032466637922173
79792680466363761955836204719574558817255112000804
19911461363395552011300394239159753566741136702232
55190193417645573146948220222522954833329774556051
37307742517709774446598076075945466065931031273487
15553264389083383702773822074314568944586437175412
10660493377454249047001490395946574594377123789728
00584293962105526750395663214923767298140663500612
02360793595072500261188229881702440932306066540097
22982433537652437799415918514933904172250146997425
33537805043621410935772354900881869073902695140166
97214836261672332385111763897273755722811689919980
39957293746032217281928453409332584411696304062383
00354268874290211824298564512457952073479846273461
95104552425613736299433014983937291110870529969519
18353365053484424284804631047652208342085936517309
65844961302858336548195435981867562202941613843211
63257685982562967201828906781124186868784597313387
14041872970071191986770129310629309694989935481392
18759288048398451387407586430276561571473351835440
73506255312343664960053109148813032384462652043513
62902626593330681205115888510435856994564993886957
07061119235727571102941969289941876554368842569280
63861435130310638444334313396196979733561523242666
41706639024036236559357494425103835682493854306636
95656283813497578319090242770499094451411112412302
06043422328892597491438231575907984423517784541128
72425949353333098571097875538683981754825212175181
03082181765051555634524299484539045775626744657855
17591489162251178070532881170459740597598645830080
05610322332538430075098113431012045083319042286546
85877994401229656165638908159592239403439222600101
97221765736217116359902575752900033866022749259421
93559612947551851369939324969278663506523882676894
11676389089823146190959683386123118586714957572705
75686399745427113036591818384717808180841752010065
56621304763267524946682059974639368806499907641342
58089308204090236323835178306322176172064336320110
40344099409158405146878326260477568040712615484260

34683388026809404479308919373423903638644025492448
11573907631680266467996790175567187064136332402887
05087457165871395916429253614402597840290871343774
44175895665581130737629688934752717371131377900031
00827293871224879869141242800845027251225463527219
92018762423508027844796784337023680736143992859048
11111254193110135095931272766112488895468919453556
36218793299748845867834814486269804703990091628952
88368911374616731561702410045157757001603778370339
57253926135405325011465741922480121824316985303536
39459885750411326222400541097051949162925743792819
16876204926756847774860345138396946799094353055861
50042794448311206309059344324700093753671005604492
65560347274778079078363950451876244839269798731353
52843484638881332304397927748022015296192355486000
47342730950786780625307673643332282419613242705655
77945226606569501618926256269482380056950336491504
71162428579689682908969058363758278283892895520363
22393096042046228781063765811178274276253234050556
45853432873936828810555823020155443402566605611991
60833124527637674938321952334956317862584221341665
74826288774471793387032908362503995945159111325505
05060040551933106785402214013928930774710317833410
55948291837130769245697952206414022795846705868857
75784687252894700750851850045306875707839746663845
073601953573707378535670036258555820667372433386238
35066357323527255029874737157104957827619393563501
67592836742308538385735127612882617320094878087312
97810994013720875321879621767507234310420409830054
30754543089347560999967053006260089395875398030047
81681712719509393419106833179242945159543851121090
91722673218321181622795705954478225361268295095486
22172312363166507257218634531741072397650382647261
20658627233900281950908857409600576878745913537314
61515897681028944673460860109973678031561291557189
23796941378351231627407516945694908680544178759792
00365546926344461817737322716700344426677604609492
48120587970646584973528807924153156393243441257891
77935725901786375825693806342504430545882795813741
07560228758444781096542765176706222370697241979180
21522914548339562562284607838662926681060526376677
35843824873378258642885012123329247207096075960682
75605802893569806800904247794144805224614080192982
74453591426130067315399742203980804453750119539726
19448484495199114028190660032628026970954487165779
23187991552650311232355363968668453024301596197349
22623522743230536042233756064177773162385607180504

05591823508941421612604389373200349753263396931768
39639740834087614896605346765002018018095017901524
75738159051446684042332046251958596479602895315590
77547204187516804221048827397952482737496742588221
22908418426732735405062974739562518609784580701322
76611517332515928012500661030784565522793390661195
5467698467069311445434165385872999117725534075836
26730720598192318641581968334407756173587601158541
06288590251485970663025662727818819343204435440594
26417472874446384970887538924365482695425677051955
00503048573967192593691831322499523829039519078750
07477419288341283393151436054565549927400340005147
52860117649136881975405835181301064281918542772397
98889115565442061329521483403974655953746931767971
26059326227357889369439528140371554981256229183602
89709884483519995909272476142927384761134273942707
64659658609967512305032437609252837453544759855871
92797451354560409284463123838891929763872245094869
46643316458586117087884072595663446488772838981448
06975933463489209208474793366411476916948304375959
98302984485104669711676118031575670430748683191350
15108662681481108066267644488187637341191046301486
43395133316943864867191253051197712222605129272066
28882836514602219447081969546319782481806230642959
19343803191070756728911303416669390683766514373340
09829176917783350235113772378070080134493751248050
50073219738123851625063208104966695365173928688581
39774907719078245297941956168869722316752104506671
37919208653893674998631486641017004445762995894532
19559866395809179418510560086861372835205544642033
27542845960428433290425439861323590988961610491104
03705381295507746816387557681316299190250815702719
07649077578436021697722790417283215248311154673779
86753486330097098407188529177293638378968670454493
80220171574243059909227766330242974417045007458994
47515007657427829025938963776349353159478320022542
43267251842300506882020825497212921405633725581581
12710474157018538931782939878771279827488656715046
322466438555534848878768766413556127610485824205891
86519723435336395723609948081681739740311903093045
10004396180691234477085551492472966785089521986109
01655248983577004961920373861655837363132652345982
45319951059160583790003979969517770697952469522983
67607431499008548564143327220034989033840428531242
11234021004981624291858924222434957536080826030676
24015469578806472961926684527511160095905378548316
36712454848677882017252054639855865003582350020215

08516423663500787760715198561452562649515910555074
77278537981540632716819511175410228892983782225453
36756651902512168230169181983942598999759411769587
52150927946376619633608719250944468590221362185710
40722049966386358712990530555270284104677262021274
46674545215457723708236444533570645225149756787051
71948005008025678246078181854875838922588816417620
49036112904312816748320766934852285776067934846458
65766909520661008787906430168167533916211520568108
44678941591233741463682113883375773261402746246664
51509892104406381808305608040137010089074171937662
95844421691227908932831982677233321279200768091661
02683872384324544206867975603948267365820673451550
42676308881815855803931916173275442955764365162015 1
66446685575937259409711518783692173299938415788276
60226709252914746182341866367219311226984236086854
52041883128019978033487875658827105870237096130274
79913234822581376961217046227422496101673375478801
06340855148662286995691527162633501789803398273644
87742823153814829001343256788832287607165110115958
71871450105783476297528874339274581827686000452775
71772478802098965643852942388173879991874712975874
11654133239155651089087752576862866168071921090343
26503014635427492044749312465201473231975770361204
50117479398628215253549720267179089505195085909795
62153891218056487899678573068849963903277813229401
52073050520209607654688325251752641013550651450298
02134353365875559161683674942894412148048659982256
11198797208669302128499501664795238170649564273515
52584684628920014188138574351067080680393400649398
02782040845015597431112977796802358220439971891827
40819520245230161759947970828058600328892886741062
47132869094694668439042012057741066994621572385110
91569237592785586844939773606880019229349147175801
63165254747272854041117825003154049416495321147450
75496654802310185518447420493368214986786738789249
57514706902466239047396630200661578109357920463627
71350394697843435917414264377803119021954752269208
95479688782548564570713556669850232754612398823027
86890131757321917167849301636501389552913159011742
24896073749460202948512798559245077379356908133386
97470374157396558258857374134903582781434074625542
35516439689046077958386649966494450747565796993514
93513597320013303372081166289167650986948072944032
99176129072301114046589113824272726329685176094284
18793980260523956540664593300789657415766970867192
09294525393155274373528280048234575091448533542404

9182058302117366937604973842272159134835520404257 6
1699280642854714019368556141102765828085704034232 5
8758656946500920230849830826784327277486927795504 0
6611100435976476867865384955027225588542249861365 7
3631739614809989360847409717649547154334062370732 6
5869752764592133742971412420705112256449499079144 1
9244483283937913804206362380029700282062393180756 1
9226485397394933083251970873138458119857017100249 1
3652522719868408318404784693642902511129275176699 3
9886203438789175172675722174421453857611002834874 3
2190524333293992809488390615294064110187937539411 3
4303171916852635531673529853639867761635066119682 2
4723486403409681038585046067296014761310740240074 2
6534024368037921068446153419708080881220768071106 4
3890588634215785282582287743675470140831003113842 9
8534935282493585040362345923926688311448077546710 5
9106940654723734658778941924873236437024020240175 1
7597046829540255079677309844431798635413464595390 2
2765743203518843111559754635233045235505529285063 6
3115240811767846454714132798134065927467320835452 8
2276634305953054734309381750377872317646489096491 0
4425587969404117052776629702325695246367177584587 8
8220284605305305466181722096550981839675444011935 6
7027827210833556064466575228098058628703330757873 8
2108211292102103896165231228487920328037665387201 9
5820518561825014424096283660984633225284110157417 3
6148823414602873774984914984590462988903284925608 3
9573991405910241206845576248034590472359536883927 4
6190063530060252868443454660057857456872500288797 4
0781269950143596964947641493185049625552169444528 5
5745294807232433027736555745610429660883569742530 7
3611130310823800031585387362868849210917491803390 5
4828505462786410001316947199894889420953086446502 6
7961007150484392620633117118608612081871573273455 1
3700141867686921967048859010362423315167760172717 4
2233050495306158524791962889675944421346235651931 2
2194284407143097895505598588624420173628260735051 1
6384635711187846834715883490623342588343614274793 8
2954834126341741688260288873554781665323832154076 8
3590968120548845481718926920620367096536056408987 5
9284508157427478621941367169943229458693304953537 2
2967997800487191020347824739491797171976726253884 9
5281730513600892270524308556487450412160335515149 3
1039641863808926595190343501979503662299371070610 9
8032834728693454151359671815062976637443099493236 9
5704953495914193527271514187376586945122363671079 3
8011524216624494119800446557212597535804639991023 9

```
32797708387184753479985436030661774685481674302535
09114142253635633838835435446860011086384802147927
63158479351071062272212328900030400855510346076806
65195521686567189181334850680693770039068701376254
05524668497671014459934961842246898041701860235101
96499013377865083234368694437821639202188508599658
13111265889482917734897361101747392459963978823770
84643593256464055446635456450627816507891000060357
89584714117881140014704556579246847933898590443560
95193955983048411907085968390826969646301033129195
40548356633470754825597162240957245607899522751374
31729204329442145717570211196649273295045892435115
42249892841829309680162790999014391000651606646547
65723303846462439511383067770124161991030939928940
39811606167420760338291759306566044008716224229486
41209276800548402635460460212864312968617604867685
45873324590490445815446897600129176759371782877815
74634474974431747224571417824959332658959901232631
65431809785578257753550495717798199024612577728494
46353525217033433931343645138304258981514773623679
19941816883285991871572172287651994703142482487875
96411631008191276660288566473109611646667671189367
63472129096300869239623420708862933863125561287340
65346790974199382881663850602787328004850544918201
99337871130829493390254440845445283110790671755781
58009386753600386035576806398106423575109973318402
80685077099666201399383021570574904394911543830905
61583001130141099139583290325869583767619707448919
11326312164098184347256008766211159695133389046258
90504021039716887529763411565301637614017241741275
41567757338515633409689244301406179749753717442566
47349345457924696799301102619433763644866753756108
76916130436137483304794412259526124151489816998076
81018481895780038325763387804353118569719951740840
40429215732071789387708959315570227427282658161497
40801332063433840086890238893918333142004515961400
89861121562924364169472543135617018117920055959285
43918333436945191945143171541350074200639050607167
65819058242162028976968440905524544700128188685814
35495454205566898387862448320752121741094873647410
91578604099102585558639401309155175600279765865384
07568236397358347233648255335205247722960881930540
82105328131130488092625504406239557590391944317141
52652754080895298657263071634073224395037998714881
51262446063128138524107414359794085766578525169438
99274655621805886920662325044937029212885127459270
```

21875382948629150162454072477788669988900709805056
92506985818373901350763943654187232930311836581686
33364477932900707857451061139914809110997127929438
49391367015842418969109386238027257645216678140223
61322904680977248778268641881228779934329767071638
70569511990189632309245899990217975713134517425936
03251369020883958608546750477732292906284648172031
95072814911800959505125813447571570554678484436237
76914819179984052906677154792911742669334885856708
81394734484862143811115954754498528040574225069514
64720084246244722993215792264672178814520648208302
76936119217385236785674096279108523422956090632666
71048028819226371390907376844480931844498969929310
60368700953087272410262136788706972698569734002280
36350475523688004955869735903902069193128307071061
79135567674215877257598221912943186457454772051328
94587827375775210307119425545175288583633445935800
55240089312099188257065548663923144808623744145953
05590030658095292440426176752542067710335536849552
46546435770101789796416313038674952396108289032577
24489918622996519842327827499595893408310312932676
61027241080737954628188076342698617617033100934680
08306518347713287054254996232603250116192827302129
93493413979963426151264850634734832759136317868247
28944493214660618479650573040671874828415191474168
41690897229561606700728197766108311410618692743573
35535646272541437940981346383228624336413347897889
09126415318730406053172477381035370826694106544406
22661293766233632590613838197631940130398985582094
82095391860248199098966486271356649875701497953400
67644785868204910762709697757054915087961976919441
39015941256832679426395790182782545568969968032231
78158977822565761387167701321480211552727673111734
16531189220384514736990231647764759388060160755374
83382328545825950629102393600165447353942982876682
07371219275299907369744081134237202013142340450525
93169727755905856570031320224654790866575834512665
45682630554619314754718739127923972118469217783762
00632624668145632249687765602801045500696828152865
75425982348340092647101283284306430256976526446941
35027062145831911049179319414349301770348702633346
01687102918360837412532758776315402230395628877684
47232803021429872949464749395031464918041335142023
93881524875937371592838326600354064289535416985061
99223530382921861048691825526902557498893197784720
61991980501797226224763718144597964137138462079820
90839588211870480155631852081343051685237415842174

78145801156305831176787708977094256915360787809113
62843548240228283945658041952201303119772279659598
38840936358355901185742704482665056343842162536049
83408543890402854304926899306613530295624400202826
73436728719262079402973506179692541012917537626608
25396822180621641812462173118967334743094220887670
60630546716996314182155902924351378436435063226209
31206801431691638497810122710715021679247205626346
87067390887567539442448270838250878826535655819744
16635778492417631881483621644122223236354993894299
07840921650996112353251201103142338355065493889092
75961105369398083023861037130475667626055583092784
94357851978563905347432674505604909407708591886510
65545300819826445252817408774654789916151163487539
30674193023342758365049641568635388344929702698830
21283850750117307225319474121886030606608665654771
42449026181091509558307427608294858110352011070330
30587092579512353389221572474247856716767883589737
67617721175130586934335536764903674373881704440543
69873859392664944715350381525963250553002049067646
24458522605213931219629970578255032704577980448589
56070209902153446695370684284521782144523866710469
40810750616731747856971897942787887160528345042902
21224398343390694767646413145818070481842165818603
66937640989433649381426799919717981523351084157064
76165027604538632999522443033893844869869487964925
41509969476646546897692164861423923568275318509654
08813353323603150184543091811589795300960882380182
29548364665073083461587537390946753112554261080409
65927527145627225527350121765782432201282217368454
01883409112563696058674173544188303029104229540931
21391632516652716281214020039348524629267702533556
78013212110007468751049272921506773328246340543305
14641101694580152392810648716511937484962847145205
92286022164309227073291131485055146260876549103696
89708578112513994774893832884265980561212183161153
03041915518697722069640705170655830745429556802055
86064791985611372083202139733715897180100934195299
24086318041862299694415900148445348986206796450530
77361183991361144007305930420574967863953731729127
78358482156291480030842989176364034258219775859099
88615422915064881854893919464924424427073460653662
82411043806874634642445248921727008002698896840097
70499068790618994349059987912329939316865429778734
05363741086041168212232803214430184507966819142023
71152463948220177093142729884554336272986473983606
76197355206465441486062065827311631505717724208876

55624872226829266602037148511214624414964999515202
97356963468957934911848613873235673727236286722956
93070222728261893624209144683434264680026607719950
22165093651912429912989094967348869160997557084153
85632669799928723106696812003873504357001390292512
45561252590033221973074262855770905192682914207816
01592068468518949602680324164502321797845493500368
68531120074399878675353188044734785139543177396060
05536111440635364216181260212638657309469059325590
63972194920380562876788287430919096154068691521231
89362789249870124538829074308381607486273896787745
37823637094678891160341754045508916975405922739404
92666239120406468558191112089876130221444569725686
25452950130411217199809106691154157468748584959986
61990839837817126331068153364133204083616858950592
51501682768475240163473441553578291894992138591091
12248318187172194868838657130404829477742444060109
96901563835237827612909596748151072258291813299828
74270549873596774842208562067520671599421809118851
02146438815360796234541509213403430061299786868257
96029384976591871270680515270714186196057390318885
12824338726837664102076717571266109274582233522905
12994852828161359254699066916018502759401681624498
23038608801382424988306996391762309396134854599451
78006710782255193242050873901267954978440156989887
50791231652774721289479153173128457969061288370019
75189510916690850679856760516587307479984144568492
49212797902881242410088408847783731591936132045482
63035674749277565413855998730321590540762951436378
85222986698185149670834860527446526449817637532110
29230625903686358567994891492488089604126511073389
09663443593384412495832698268242760102098965945460
47736523987118017518651367339339449442676775423211
91082309423728968680220347439593248623769437410866
60282017476556319495108722588920221524980324583927
17242795866773783806580166137292977711844665025011
52581240730709630180406940749655684993087263042183
00157041201379224567873194025821310945461093699749
22261858374651973232203681278216797854825403853579
95868520967119563235803556744705872326862792820603
64871793666055944117539018089837790280843442247968
70885659527161278836340432760800058045094816137624
17573420339477986303223673828425719406058354743783
89044641540657909993185608124308463533967991722288
12637887991600338337885884554719823167938893362837
77320641146617025954208508851805129008431630715043
31075395455419907964650902316442883447406871971893

54667356494568123543049612988845376092977089319942
14630482207660235398243215761625487612842541210616
11331336488224541324489754535662653491424082249134
02066175007211269430612496634133218785546802945912
49172174641038186713621514571649507321984896957276
87268836431105360442715715428913668157127442833213
33976334300050812739567187482635046210393143243199
75491958090961365625700243201665807095188730589919
78706793682952440485342023865275884507762927871463
42219301500563804572513175940122856113554368542010
81823715869013394106131783292979204109913274541054
71307174533004723383956546187163445703401855604718
13815780898159470368494257868219263636344774282218
60596424745794721701500258173333022732047386573215
34694893877232700555694600647506204148733161156862
28526907416880934990174691276069271989385055648400
24337032655975293686023874269601591645095650888549
02089848498876250095069667635938123169779034511780
55406673492287980647697339913892073568086405247056
32218673824785071644611430980954948809247373180071
96605892696476743801970268224103288656111365849274
86696312680737684133674344484354915694758172853359
44010063322752305783993875303255072167800795954106
79816105128701235325189048159356172170323986252992
39141178571556013166744954143136232251343090938117
13897244019512308210327892658362850240295904940492
94153277686423597978387245805939513905679556048902
24296007343177928261847519339555645937150468756199
75797431690153572144066875808686554524850048273571
30853173124413579232099358194008478035530266617899
90340016450047094910138334017722946299265642334547
88104605647714030170786181447811161624796255323924
40680096901179092285135273147955036450161301300382
80678845335633911351731410242678439770712448559939
26430774456327190903208839351852366033052369976131
31733483452682577284960574391671553951585295633300
81941842265634997617320668390993072216558028540545
86971189012219660240669460829422781432154324365761
01750205912960184367126183329145345884749623927097
65816939404028638746776848598592213820703486498305
22504843916857753454819551137494718952124618141523
99021533658511335253541411165644033399101481716030
55960643734286803239100314070941113262326323998396
99537619227136973500148398583884971448168151714974
59079590177449277445111306272842013163584376417920
93329243167440055461231142916162639760706635603860
06560837140438303004134347463989548459451126970333

77583290553364122253592752497345534833372325862570
96338433420359664089728564431789587613518100942754
52037400888010727884818895951672312621189125001920
87373386133650137343488640425225200177046207266882
00704465618473896823556471471078268263004521490432
41055363554525591842135419686511373978866630975008
14256431984740377591458789590609845742607885786320
23144025764605246372483920243154704271119003189042
04033381700098642286434180747777779834425559893089
22906974570187202046818294167524913485599606198009
89484474891662876041980060259700127365693936297540
93208594546675623408046150135458215508632072266038
93401376730576253406555169815277785599299882419464
26651676877611917362227020922783360525077048070759
07180343633570756382836596813995390760727068181365
65759198668375105461152180837811919647554096709582
49560178282456727368563121850209804703624641761986
82717748478222463490327810885463141517371814329792
88325624993711562971573739011583631087044860251030
04969469142583869370651203770466308242164894433580
00596868730214852492879538242286100073642036496791
48694242547730644728104255087291934196066705256450
64096087900244040642473114135660990065146788809327
91384938464806546101789056276456355644526787973176
60085645985904575945045293632732291403406240934385
16314025260021020853250028031418098375233896395830
76237367334254811893427718926930339828412036495177
17601003467519208158338293632128206631310891456020
14822523045528829442917400514389131182798098198484
32290298386962825148739445820391094065328018875407
72094907478611791577001719038791280637623661744014
40452070229245232045405762806965793085020398121837
84020672025012026675295531308349435347193634177273
40636026257960313651197855485669372846404204684892
77157780434586776100852896073693144133464873773525
01592452119765975459087695020605617578193591077403
62583576536008089376532813708436943902272298653222
18288437400138825811162971553457567403214986097554
28688657987436900949705097986093770278357223388331
45398049398921017143358261896740031225279973033645
71061607284968264026682347704558301545855748271713
72435847099486137265871302549402449573855889966053
53709033892511454055581245692941378882716519900043
76107967257280599874820479895678559388584994834696
51949308978149972776347330585707179027093568227576
30639304970229663395528763379913078585931420781133
51114320121026019873042167062601435758411797707904

58083808849808816662618535883559242006305302464346
28992308203070806494107304156759771007752398558686
75945731744767094556842689038531128494988018144774
56650509614898991517629924164287800047413850804520
32953053918409768994631996955912786769493195927336
62054309181205566924621527407866514323526592070708
67879558641686045277535750207487671433377060119129
40315857431076777779521359026130808289832488394832
09499884568307672417592994303402094399322708275483
57388507419917136940049879858619423446279608414447
35665203792829531701633511815302931272302543562910
55458639577778022116588666112693357407294436145574
90563720071282544811355783402901604851760524329698
13550274714705263542935264813662388695848981951679
04761247474468008477258871394552736710887847508425
68825983963683066764766451330823429953840637149396
55126025964126916639553294222162779760787495529174
85688421824863746324747783244929832354402571567607
92867425952849433898967643436575482307575478403350
36965376873654980223987801192035440491288268359419
53971843647255409053142105566632073204638848382768
37926105500380573953794021513641366249674935373241
04404348623823362492049535442857905306545277265072
20346592904432022017163242358313783512521095764152
74124465776261675436094709743356400769041436221806
82993551510913855657373411948903218456220443877152
70048211012761208140782452649886361038326508480852
52951495226355426460671844543042653382666861006655
77169517144295655590542368193393871753203864115522
42884740879638726559965035453160178728429959062489
75694314657253297995656442753810259566672558761130
30863545950868484208170230903776010731371062342933
78074547508237856054947987690213905665585892860091
99045602603206378272907615539703831101800844901121
48119277796748391027288205755978205350883461500219
03483765764631105684014250421063783316509790934725
94994266170452072326910171868068931598950080623997
58694838970524161223017172894039046699849427213392
95681261610046509028456212675739414392795031958650
23504811047168563578354042648572127540263881287194
62092038132546481161703135867671064365876605516551
33113317022718232156877362195848216856465284606970
66190543954014065106309733365138119633316594903039
21642708535422804979802671491189563642517489134412
14263615547808921452836708221694025987112632114388
52993916963048048178929629882011238074901305294249
29480161143533023900806706572137816797198568613029

03012993994451249846901001989193605982791697305147
59434649602883328969660815056345056609378129236133
49058578055094564210353090736019584463712165073198
20156424220132684566877418323310247319218685156434
12032717030573066078517538509706917170791725285511
74362787130160095220892024240503057564021537273695
92667997478107072793723912355777093468284756010763
01279131199539176281861594303820778398243261731966
31333620637934967687508952402364246923190454167386
23583604828374392788665477594859028920402019395937
70656732119490991043352855179871403502030760557820
19148388288094649648208424176699245675831226247807
03905576531412632602429224362037195329185547180915
96443185685205788235010309107612806044570442514799
75896088802812599786238774354965990492967322084497
24434582435036897803651849099512142294015669174534
16838309035284779643067608611599763678720495505795
63651669383452102120571246718902363583790833911908
02068995968969901881223218552528693485736518886301
60452941028179736080689549524036066488944683485357
37117060799430547192164875943131412697595251661025
22909575375509509337185449000729076761263467652916
64645580371533060205534741620555668380872331011456
70608219713601991166960117726535124144051093620360
10017584053344689875653490024475801849902851129056
03628154372796762883123816577437517662456404578370
49648569090428184674143410766075498411465742153343
79628252377393517758770399425521318169017399018616
42141354392779733470876597369481710103318186376892
72837636602301920591979295917914822441639403180414
77900282857125177644841059315644675363309241579702
12626481304280838933770672398228654341731736481424
56296618079313695325091128754694980155031799451669
12284138446463087410279878209558773461766677933200
63616141299836112387852698449676224949460162224198
48188284417597250896504323883882677621153869449072
23140800386409667479556596033658655008345015746681
00371549812154559177082855269058782746268018954840
98548064776732259308336464326667895198132303438478
05542571189332448803371027660806642619768000401457
68192614123421421090837882603488039871589674691868
12759503541904068967278139513219884211832561094874
73527648664367133593683737190716713615344289207252
73057077805616065916154423589107846465547369563439
70737221781859123010944369231395220301011367407345
70595261330293674379321204061599708906812035078623
54127805416826582353742593856966435762710973540865

23033339574924977199534666256942812121192667488866
52563151697066072400219396266842825154475614963579
33365845237724099687357953227591900979741551721334
84533357868142287399385190209367827402155999142045
64464383816000999065053718814849381608655035722706
41774386629751678966655499987889572179026230908454
48064651856930925569645317224108945164542679676181
97288329584139351338445960416728545739914150804959
44661353439845014276180542209659848671099440825081
51323925213606951062673373679223322142599523022293
64090476645961545055948420488131144131720464692670
49759749059935116920439027605157446677396870803247
80406343777841672502198884943540982821160007277291
50507598693656847220169410461894445826185511600415
49451062815887248514034519005556346661524473749607
66113577874837400388629388488610195028128078179274
50349584057529284529838909157649132473101056333147
81346402650462629156753779092137247828970031963259
68912513302152465612054358376226860928203077741687
00459043526358174946367245517897849317506753904640
41603363847240546498075003930024576610714660605719
49510914024823273526691221496016070897220722054628
81003873076229689062152629711142892734633921437857
58381679957096512975121288247076229375657213489062
36186014189959500029393433011746330033297290783402
63825278379605300004735592754684871892997206561365
33751537477921962495517969220085573147944574288225
92422876777321288598065370465402461993872964993594
35632302131108482424950180067571893986118972621824
30778317833445857036118160941397634465162725658288
61687821301342558907381840573422275279094401507963
35069630683158584259597583441339316667997304805147
10420516213562175409048777330227396980656495900945
69569853658432083562061593452925424189291617305222
09793524657122706640054135392126209537416070259881
31267956667461709323717405236296319608936529844425
07430228049766416403828292571371636030617625967249
95717615369585248664493172010960853457234236254503
85444144127163847672628333308189585593647600616352
49859063288744503255113776818130533466466995015477
49324209856865935049010621141299141773099804599788
65399855599720886527297388216508774800198668603163
05612301144493319357840763341833138597727323452702
12652657729626488462044050323775092702644091599212
65248626771659965913245715413925400153811699661401
44979220598528654631198814587419187337551855095811
87101969241766429242389375494516315947724531101984

14508008761556264407882172093511259342618446830352
10737940004183828936058544070651726449168857872854
52650728104911722412941522346848448989734965331556
93932685540211665594490751531039708324623445957019
68564326756803854451935868733514968195976960082012
53799008400105463352336418912796054468763570371065
14135683715512448361849192509499414144624632178459
67667191164877674448959946443158395848718188466274
20278441899928803275124496669648679345894132986023
30348292887626063713644580737134010172699240031409
99628987593282399732487871382265254741903488221774
98195455707963780042780145879194411890770714358011
03026624542936251505434616515198607934238562390664
55154590868997009872757833856476910334686388994289
63619169533138310635144431946929978952150427343027
45054891282240465675168373840917374148437318197118
82264119670295140010484497368688360489262885407453
71246015784688794778131708392027701850083959940135
07875106453561461548450353467874901534027514090183
46456754197604548330869216939024898067509229922940
71550692377787826669912301589909380813372850555299
05993471678423507867390580365538952018111477155275
16138372665668705503251456831582959065357006080657
26990227214337914923752422195825551552739047664151
52423084130932793556194050053244414539506109491632
70387153037015281008875408093329479098659178396540
89741191987143734113651271643824052441584288769757
14977114147142795082958870299279246833213370515267
56439423113502628776890344646636321844459217157587
92411319963298754131201832522267869678996413293411
31763665388968320511916362239963736400650624218691
98223064419813515321973198591015636256986218174854
70888837822021617101491243249216532386557690852747
25478596829812494806860664444935191830374836655081
75542257335268514038987865030070402899334381972301
96147340864828347612607301982226861441179898436755
83891590084699913140541383193918165643088434978829
91517174297486490963838967343065171217360275453757
83431135217215018269592914932278747374257245721360
25662638413895262627930213000996619630032325220131
38218844822215385253127676763048551870068314684039
92681854876538405638483192100247223191661009134395
07678555138370482142849151016989753390789756323399
21778903880476336813748465168922635716230718406415
66324924108669239676012160108144560923213374291457
84488061247863773882641020861802495130573388369415
85087823197098151586711709517388028679580151067880

44933902480689099052919532844669682882545529207870
80905016614853675330813369070048013388285854616540
64133202506938355963174243658840647261575760099347
84114084062998236648235748554353359050536126274282
00187848052953044769863226366278296327416370115311
18234081786739876610728127325778513921138076815418
94440417632946304900618647807598912642832572998735
28716127741833680517563794195244023212888549117741
50653111681836226989531900495922925083762608050033
17433385637848674958223105863188940739807614496920
17917513933532988588534336449979130016571286809999
51557636883579690344998472342604194318599122046582
74956441376367770216114312700143477161201646483213
29271182571328791058413578619311893745953236310239
12708890139129091665271923774586864170364801203295
32875161201291706095927090777356167401939117441244
71246014178496797282493661458990725500824349970890
96809636416891569620898451925626719343047171456304
43239981556886935433726230261498003528371665135912
16931783823097964852220628541884734869393594384325
29987537651192492335099196668931068393430992917742
91126087972830433166387584023702201121723945611447
33654127633402705845417785774852486316499991704854
76948432053120929273998661075263131976433765380295
22141637423602372218506779113887258057677755437425
35744238997963358197140322779356139744707119461141
65176151512388236279056488635894726860573344797283
09257094391377951656305853890416816898769258083650
68825009361192610789112427098812226934685319851706
63717420468096376655728936417132493864433405288735
27902550868995093761512046498450930848209464606417
79407759272735187506149345281817675171084502365204
42367768151326743193251095192005876749184930277695
59654098122539635771169467112606023606943945721364
80764649901663784374841097357300987497338721557269
597603311371288315838062490323833048619521149826
23586673336359436081533096204352318069905867253166
79671989775739671985056332039162769296127845043250
93027849365575704663665005042353807000210433790543
65452676915632116230708153866793287528039918102228
79667549274141381460065654850877794899447855050889
49148052882658768844456627293908196144006839830805
24037256950641143899331811663770163075193044500215
66160912397787650073874339861213776763163799499160
35800294253941509361182877925648901997063611511833
43773228780513781700685461893977078002754504705746
57440961151865016887216781580801618548641080898632

```
22334099124749225808111853269987957362030363601202
48633970529467124019239868886269983543109200456227
91699844169883212018095594550534885326175425495363
85150631189625309217665291658243159004583496939706
87658654243281945647647853735525153068989109796668
87810025698390687113192142541988664192866687545377
24431761446354156657628714055353642878518017662196
47126689962431948273100939741710425905524374968733
30365968721460188999669280258230500025049474319578
87361774398118194129480046029505427368669231007938
33552779750038359156208164728629951618141511824304
86495587047642038715770645275872367708081805904084
23523775775754008846877561116658139251193567319094
02096142890110964899571503972071590504247857829641
91398186464569806900388364679836798101237694632288
83609158544301049426148760350379903441776859995675
99330502253234765254688995525806289317811721823163
79508778459343728786415144638730344373009824804924
95540033223434378058884644265651671117254089024251
65680743457602957148128224094784605585432107534563
82184804837562589157517060137146819642168971776054
95301992469530239019961482626017062848187963579912
39697001594441468677531856458312725471743944500821
62982830493756959752133974391203106521261696229281
17872149914975372547212930687038508756506150275226
42033730412161623496397880994352708041669332272183
59322427911165736309254664967124992961439907500009
76357102050913521721026748783818004596833106999955
90778255464891283674339451582478152805746103415113
43563810566377035487980940326526654845824868458290
67556435863245918075346077580169583997580648813770
43434130105968843929917931741747428671251433132551
77595667391206113546736483115197935420861547222832
75856040177338917321114186236520276449176308259943
09391671301603555506639664006376991774482383984045
27277641720112291229061185595127506650649835460296
10296574754375906955550751018593507588378946923408
08844242104044351784510184494697766022432572757633
72138266732831848510419137225727990030230195198814
57021217165722765189190273755803239808560285417910
86963303805028305825415520792215467550998816607126
37966690626696222880410521943755535993478632239333
08807429440316363392974318457429479645304848126672
42960554778937241659254754257272948183035852407989
70601383390192188164731155785052643281067107830425
38278625507357514417809437945152087696441803929450
53371069580028806009592615542404295384939223669282
```

51865457871541550543768172161949416243980236697017
64585168224184823494985612261220525940694686843355
82880004236042671649205198300304006390821604948418
22317937800187897147326541391659694146628544607201
16633852755083190003281934916500791575742541572642
21073192131424033453260766000540883242224303953642 8
51701019071959689962221685724205827008044884586616
00852468547117664403374541716972573166435712993493
88718199291759466318132864866184797194493997567376
88968894218741250518128652265436890284789523945318
90759781837842937386927112332452240270485501136807
13014991275390637656776195040824729457795161472517
83340582936314389374727744967896513648114070023132
74619898292467466885589843355545576042775737627609
12058048480271999849553952672342626971751222462169
69012780081098444425535915175083609503915428095603
22940245012534448001359071329437426440765715671941
41395791922713654100901617029910319986570525840925
79984341415907909404761270738304781789551094730906
62575049936351422786265074676659604091872737225477
94729752121567356857260978856646457541013819301847
82123365156997722636151699971162308147353868744559
53454013866559999562536246834629631683409797550456
40501027726108378785182034937053327921389434083704
17286053516274318097196418515813346386178640580852
89932616267479202822900779806148737877411733583027
61312079602560784881890468622896278439020499837036
85368810277112776491648078939944439040925075904833
28908728324142449335236463081679818407101984769366
30553895402873674490337398474907585950356060720035
87845043016881102144264988472971774495941058452003
82301253166078708859906630371280412152890785515342
21312154711394784386313780256937275762215857679289
15212630006697169938472634430828463068278319532124
79757976403014368143734615264691989502103421817625
93659784532667602506674488467124609668661730097066
25245017692278852056906735900843160412459284748056
68946978182767794755884701037881345716318817494428
99892987167278685725466553677372831124446176730408
75235065054391728319619830505638090014071189077122
13292090837662204930496794578667884181003586373834
27091353528093942551819807934978546448024964273686
68433552167080896583682049543336741086899344362297
04144434396109886127019621236168294238935804471970
20973891992082302323146423505671064991136035773195
63884719181976988071005806703870572501530190615358
55590146412669669192362905950385486873376121913721

7442714461555267452282574000580347074835030814855
10715399389168383731109275020581701951231311776778
51844877768726804213939286034213238995818513277666
93655981806455715585403801215929712677686438428537
18880917909957308068010225411651642985479859780120
05303253222575249974103543108838019843220023575674 0
82733060839664255593659517583051615349713443826367
99028771794289082660425974949114770714229702525112
58606039005296024025458262483257557575612161312795
81281215685384085591627805709293724661243672058886
81576790769303505178957563934003111259297972535777
54420056996640220213834735660376916954413189061916
06144682518131601766098616772320663497456046509728
82659512753972733368694175508487217889388640618398
46003716868968509185229834465775516415629814905434
67626842114452483994131230385258051848680195708892
26188325223553643687364583479146903567872259825575
97559602168145222994919737926897880657277499602061
83123619125984229997445917931919070044699554058436
06932673167089261261701339842671888934212498755699
02430595059536766540275330755030949068933593376555
73217538335664890410728780373174267309618140745156
20721259831472457483012110660947978796294904381332
42706116552697331798122204673427121226641381929147
32789436609182787888276414614697642220502911444841
84413818492376352771491469069743360808145042927657
61587542170524939409283863732947357784234240779548
82095312623534027550350571028903943133681481995153
56610924477427046999116723789895516390463749839660
32427419931139442903905760590741555533250655482151
79292254764254508718962213113516699330454312000074
71829800650638738989262564890543973968667943212705
49392327444279957173363591063334844185146953429812
80896868740832375408026260594329862056291817544122
22900184021005925843557050011626334138911164722410
32935430679924686315539002795139232997222766212995
13099409795053020739055958119151243330404078852497
10925372417474301388303179701844108570451357681512
91536244294925037526161101183732100465189614678269
72444261780434649844070818194648857015566472912494
00183231574748921227215054856761733105517328675555
55137275257228070158444430690911684207944852719275
16752388469452014058436541244190068829957459005435
74308056155946524228819312720329234092490339765471
46518111314592519057258049351511243668916540226006
27554580176117435281431489499916146718935238144336
84640427672953871675260813395098759620778572778924

98559828348232891772081177773383466334241884922791
98052968309263756731847097048722337076247583698147
17742114804321363094148725478149263087466784789524
55561005349890788889845921184102235978273731652128
01974854134198697705439538874973901457412211904805
39008552547517769182706070979677126597248844196823
38105825994352982382672363173424267155782964601050
68310046137927489065603076363259810279366112357062
25460930384592230956994474648995943528035957281220
73590021484674876096284970187989807161708718601131
70396984354371096843517664924795544202742247063771
60003575229427613743288102773742437633846548182324
25458586522993701908884747767400268001009673197266
84955864544676707987877175135398088398320732770178
04624993278618880767133092543389284289547339980467
82679145981967469019830683989226343929035718573309
59662853884503112265863257014951784436813918535839
20429643375838949238481221756550210355406710582772
68875751378435979790444914526917905927035088146718
77816814014900991554621690142569780350359587247391
49761619033480456499169804389482848716057330970807
20504665480348755712333122224862473301639986713795
12788679864381025542560425357927516241316245495529
73102364591993011349614295221853169829571040685148
03822139888376963907581425519571199359171118755087
75962547737751359233870322994013917636580370678440
08595624687639951401471457224685434012807858564304
39394706997121975940645921442901071293191405742653
34713416412866451075856458812395114011779550807321
63678101603734337601573155634925565939373671656193
55004588107322335593024482569699655583883053413186
67616899808566682827713235687068122625484629821031
31760771801239058725534724204741520016176660218058
82461949664874606456387899631507124429153884042324
50756032140477624258036526092051914829101027157745
92414262871044559729269995650112860668854627487571
87665066969779602823041381108469308787168483579092
54627803494426425458612045997199608003166303479589
92894563255312542534431739985369459805836028674518
50810533130476475285376287457097777675413077142430
02325347404093030694218291168164390391655747003216
58811000624207185247579746980527651709727451530250
94618659937285040116814957781425963612401478096837
86888511251471276223179153314870448712057937765503
04016642970150767388550477383288817873121246007452
76123541766657688170101149428992573491012356466763
96258065112713396498422824502730566937089237358164

60953561164343750565029963151679745340938235328999
70256271802165624362551179869721624983230956587196
82960254668065000046716222402396653824185505730658
14460635905595549641982011396965284439301573931052
06283089149218063428715535370059003504708646096354
10978841060965660343653544490617007078995831805614
53390650477052743156641760972151791948928336481286
60460835307188194805344217730423604084119157616446
13091367593152863992339638705407205479884795798861
69962180644201535353179004476525582272767064593635
05728780427573485589876829668923357242880868062463
24897918958416944579002959286322888293828009160324
60635320238223124737736787406179409010413815330576
10283008848864941592255754380946063025862676989173
18461563936799577053825149341530483493122434806333
31688402699767024473274906189736334543327828082077
44026670977817820783120857263445609470855485214265
84891018495735031866421748229856734063285256420887
46642534053395045023102754493429019160008441503984
95202153256001639276693664778095841265604290645256
80617095585204187128148134743445153937464754963442
20538926109954944289146367538957876055842484190258
31181728850215885837880689893059452153928137465408
87775361004235101493108460765432909460867969100188
40384162250090888837411244830646123775233176545420
14868433353152580752667346858217764625547987715800
37807371524124840869256907049289006667811402797916
36537433395145161411107226456176282259912478849099
28487298887052980830652459935517374082411336775797
27233568268033781163575499834766699082383781455439
16215512856385576818804480343213210293942162408135
48026230882224191231192566120525501613498997753721
13033318398096362166247186330045413600338330530579
38607902112932032887174995145272045062395800542689
31734818354080848734709388738861901021362175650259
59113514421270210116480930930374941672915936245687
86003466022400339535225142449151606042997647942423
49837796113498665910271782929931246528425630398244
06078979869734206039517007531875786306161264714500
10032081159416960435788247184765644413513385091862
08978574621805394727057491475888584634266518241468
38798580804824882080550201928877634902053551585624
00189346433242686366341174030312234237172519433745
14014690928714729058901506152389562284615203146170
26175667585862095154776828356254506431626437458076
07141785780027587608048332596758878853180959596581
48160080652129817919584398592529518445846927246647

70760915168517463856471876221491932156230101271310
52844507481070026502446417858724356779922130399652
18382791418482652816251046147211630479078224202348
42176235064391415298230055436257014763699588784501
44051305748180118673087237596524652046435093431303
96665585629392515681038169466662031363943991734489
67139829815627411988262723510952512218217047506862
53399267537797846680999542042149911343540701022056
92681999404251665893392849856566734733257949343731
18520489614803989074911035031394683340777866936873
54754911077611269470298782112564765681491566691909
55293673205595772792951298209071515773009178847796
33743002145803603144778906200771554904764805424270
51316776689353266943735909722400831594023758388314
76354214044086042129957701653672965990204836305777
98545770670281905871864830613825275278600758790702
43587438121184097439290836223989125389316731842659
55965954849588145573527311910746917982834574376785
88414439809369945323260657259969758824219293587914
54369349104390422637817675573224987314756957013416
04149887297960683857414839097389448234081301095658
30165946280719178447982633284555363597451218726033
25357817924068700106861650620278236810634292874145
08137306095489089247445066227733083852681090209081
32431315118495335969689890391031708643714328426824
90648126662406926704213367160470574265531382424342
20856097935006501412683886793330241865462230747202
53207178938050317199178734911226776218997084782360
81116007980195606821356266409245951405941919888659
60527804596189879889781246044507520439119510874257
62535033742853443599668025487721129385619101220742
96511208884295468554439251909040934596997623225136
68449395939143105822005497761651193236335578447738
70072751670887701833608973105333061674009407487608
48572870502540396522062498438780791421232920380618
83104817232109300172019148512553721123091515719016
12713740653683546403459090175169190773763122126257
22658664549644959123749618371939551519665045731490
34869814045381745736975898227511377456307867235621
69766825239245298159046756218528584558914530148222
65840535952639098539371766197101587838732782383755
84724428825363726210818665740744020130772139829403
43245984550348898469160893504606046029720752430522
25050884840981344559999075868131547522204656145766
23314045263269653527929237979293739291903748696719
64630718060724784747396550517097475096606260234290
37646844450582247222021323863885571451323474982034

9966040662117777297860644341467366211106480533161
43070546516482946603376435620929127032409021043510
27595403970654729979272108961839673150847030362204
98402080566869922524659535837374960133141790035370
05246456058694776746889730944136910107442020272238
57514205225470819089634991421944317404112374851728
89543080184574091031999461128055643344226228957934
05173650295313360283143297024936562201188073837965
96866938563040365542449375719742102493740570193694
51384825698600195321516256897140183511652549600636
01103120281995349670461609746208291773657299785645
71306965165001622777885273834072598355967397082404
63152591767380422974317852831564944495450369564011
09369855817985115027211915917638004829658130789859
47039731206537802032276034416297329698012059066824
69014302949399525015898904771050802538351571584280
51781526426400657458402791703655628341155199917788
49951688578980881405096867648256081575871689213785
26143482401986700859594918343799687274938039243990
01240892926764545234221922075784137853342487883353
54749324685978019743073891678142961050444496628579
71986849317044974915506755212791116158380570696819
65725948152986672133352580867678999596495159606109
88893062288696613263121755757586483262796857114153
35026472140795023598595852764820313639865562813744
76129381484774020225044508591218250956247790738896
54945265020370785100531156965622029849937475086136
19043976299599031311900804319752458094000091455821
74545266258052740399813169325700182768421722318051
40682005023092966177270185446003704330143234525164
68664561052172069290603672027333539615770828488823
72881358894045344902269945387687846572485781928755
82017026334879541782535545557549068250069979739505
95046134205343092698190572553123033871330291285031
92281356963960128385345521159435691409774601581987
77412381988958667271114272958310827089863920462180
34537945562433971856249712714095792596192307818840
45355529797774221068893673388554858810722367687848
59382251540354409948225290592834847801360135009151
58114532921442353962987554830680155885316596656339
44781862223936580697312612851200242204741143375961
77699106333914637580520358154703062295277217035148
21238530493265705844611319656225452385286064449330
91816747127236972720295002626694938676067390723574
413268607147813063279625222521358345146175319707352
80901135431467773945347102400608951781555830757211
82150799500558837744547319261292538304998174304023

07022389098160761531109928886528725602179498866339
64206182092131604317680117781542966367350787241918
34058059780194136413801628579298183208684244469747
60959467546593513927192027086066670096446912642578
96976005037528190966153756618554580626435229492165
79083498437925743197158770646868200181823204868998
25645633405013849665576402970834480618786696893121
63513396687831362351177497941993054822898661904006
47154359595792275442777794396672633729746627797753
57319608434724918119021011929439259038026026484174
84447820051685684303466144125006122544118553603669
68299480657213953513340788692453270591291498280174
11210718841342687878882980021071193184154769063232
13303566470428019983416257261051670413116849386770
02775094988441085136931695644486075931708354676736
90177738942973154551145922770111036084305577182412
12234032928229874439864464019195609230001439499345
30604425799693849177239781614945113120420486863791
67525306349006652395804402898435392555784845807220
03320292503465974481326140173373348415220872649858
36723648805643312830469305304873539059684897769410
66248996816465510182556276908923306543747477325157
48234642076182693720200111288490837408415666378790
49177157916261744725335692110279631363639619333830
31690960585634786515836410409521854218925393845365
19000945682188235121967853491290747273345761908795
27700714534296428857778919797005177373318942564746
77870595141670950151254363254585850590927777223574
41369061070592541796579407364489401336846212597403
77694362926710786480691656941449476496275547975269
97506112392906590555602998061827757923211986904515
90594249076760144944330214475381107886168394173626
82473795362048578667366194340183753995078873570769
56973633489060966234152033032736644168409155972675
06068186919542897295549678007420888087319998422933
18016422639183011407959704912671956726619387623534
23067783745037399215560497316196545379184136237601
36660987343740561564616345985238478285233197307913
70198250905853269294286401288966155623665336680867
96762690219338587009470620408502701789450516817868
27703193427843070164519313139114857909616968441606
62092837320833387867641488391352989258481845308669
97588412889658670242875568773123590034961649957608
29237752268936555707635413408265577248890243575485
39752579091134201798302611534745174893942282388277
10449742344359228203662147297399136740367101215970
94308248753447698010669769903141940785020801000638

45162203542748953285695525801669871401279094554658
44685317297663885922327228023922957255162170439537
79868091887085119555014834500653542058958817281907
15946327770613634760904731651841773200177627496686
19298300484784222516625268124106031714365194567728
34889281095890446951076541036189885348326694340218
47931347638061335551520236021763656182711315453253
15248318501600255035300235099811874568401397841324
50412924899510635618839886059399851860662669837430
68215608935364080372210569221706210654029033468957
15239006679969843981971994494884736379926562713791
44085545126277376803369248790964745110630943048104
74408259752902764930190996182867206680083812477082
80425348545154944826733517709915865139720744453559
62906202978965148227996438228462410049492538096631
71584947464968773242941714860117757925464809222939
25634847344849734476876789725518676844578041930104
35883847874498471915754661252774210651983403688768
21770985647989749664179637585327608894833993789803
86935905003885915004182247692621391632221151170732
97407572999505921614195341795453956482580695755819
14101054740858366976388974854435670380887776225342
37252366858625286860701112073766444177034759239022
05402921183363592076828746819163573443621225846855
18491173782814989331732943286878667341277094195061
40678430955963466118300937723559315500840818820429
90111253625495158658798777933201606023025399639582
08885785246406838930603148815511881851063392801380
68829477553386857687006287381871755096202301678908
29577299370394812355322511773065141377479705343893
79645194776233680444566103772824237746406531747191
22855087525701248555303495842547755111923104174126
08960417645304738448618495987688244554949742237079
62742522613785956150815270717355225140609247146628
77076575923280000636236617818518201466129968973204
50670193879122339028019679284857642151753605032428
04953741260170275740303053422716418639495786000064
59952392766917288951034783250731781367442373727643
85742521775361860499615778451640562125120075711268
69254391270548041741306290852654801964879811114373
41575547549991708223661965071527972205089698520513
64905355472784482972071078145745145684608611157295
65963175793886474842463316376564944811616192160462
87370290404097536728861306625138090935098491430915
20136859403499036297931364403312590118696488012087
86661412089289781050701755926315932894759333535558
53961535737486473277884692900514837562696456927138

30108719298422825611441326287969308554351482195929
48067080592226824590669598704980565202263218860004
58133848213383801071401193705031999865589124946066
13140897994650450291669772328830601951849785565324
35522347947617679257654458205266051679944760722705
50260402538069305498861065092174655658888730178883
84128959995965915932279304573808414378982357797812
21663915400107412133609571689636670057484589520547
92616196173666179668924730031816330776842912398177
40029380690464820050593056721097047072358576276559
71528668574058099115356058690572447224208349859427
07651457804339879341679576813796362083390395083293
44955805953637604854622311362516792364381354247748
41948043589332145988194213605792941674122615999836
10855016724402649352902692947624134258256387230319
74350786160646176951012185410632203081716611241488
67644033887297576584439522022196100737434541485089
16871337442678359527056131521252620738693321830593
56589306210304929209535538145495116012146419843979
39037189643986934878415890922090939070427578219059
35709430767237024389005345312096700350896192224298
81608768643298293971488249604124465132808211248922
41883314447492688036342391829666716628224156781839
67524379665967458116991492813690145022797801359769
31386539455472068457777174591385361784792669537103
69508963772279061281236547915708886907667689081937
49340610368410673860054110026278700874705947106586
45143919698055970695055650501512339366658905717331
33644764213070656757319919039388118938253075210882
85951614750680946883924574001113547027478698216862
12743214976651883003196033345622355344214173681170
05957663493676223290691848803237345192434912465665
32971823841739691986587133313412071051707368341724
12344723718672494151084270496155495037955015287382
24860538460676720392875868626261698438228056015875
78668309251223040159989753848922836009598075215949
02580747171577353748066900500153498535903697672297
10437159210984693912049054262463396085508249182328
65843934026293826856371525962389474471783369996618
02011547882499133236522159566534048570112325827708
18862150130715779346002743951689275243551823962408
39150123473924668651002227673515415339817443806293
68188431870219539467457880683873304502669934820474
09308509529400887069518186325483548249662607066502
49956468194106470407122731100421544185549123163407
34019618090749872367033899749934392439916588065128
36679056416957365216050282244885217573611331742947

35635774830847833098492957430573060450412840297114
89736552333702529333285934154488313740058107262424
64775155356118977342742942596840194068133338141610
74909164044307805277729770093827687366826928083628
34677259100328412812893578761188653303799439157109
91731308768414829814731674389241507081233304663866
65268851715228773495808650709021102713080114880705
25108616418161525567481710478621940010561280013464
71000489600816181363398613143759537835734463470097
38022397066733317884712174216623797833950508494584
05648043005911201841730050224196298113764325550862
59936672979212123968336262543307920197457555379857
78603339936113973147973585880467482663190555031714
75107408265754553845260052439117163947985454385464
04774452744423208201158058940110410945383309204755
98313012780340587673381134517847042396208849358293
39947629489274926307615195947580863523050039063526
97550897371963214320279758088695852977316219835944
25668946663498655664182852784053071039460383705531
95307057814332061654837208763730542151049819639823
16223946155540162448192274889889915481816161014129
11142233274248071051202784972384904402642968076980
34403160101365988085642296075406956955713350800535
65951888414562653198365459981493547035333965788049
47612732090048553113590869747145353689015718969841
57754811777941076041901914565272888404051882795084
90082645360132429152288889379751999559985968288936
08911271091030997306757062186597296734639843061928
42955042921054669160915418280351783236841552181865
56796340711124306438551541562489751763977188126209
84087360982992383637303027505941877062626357378481
36886836829333969889277444686969662949968966027691
60036986059689047184171600019718412362651997930127
87419139272279869802272459522940152432208404817539
81240082576371360670303344776541140427436996205412
51450482700210515174118908825492609774721462055366
77900755200879989232346535925261273772769545671215
44499950148452685432597408757444502355950317588809
46786706242795049681223173819531934699556151004209
21536083260321530691857272259929860039539254734318
06464770644415440963085983320989428117389795068274
95524870662827328053647924741072354611945944265379
78749869795964322144950143520616632736083387789574
62690088960941621373442638200267657533910341892476
10563598881700835396449558521922407698130525217319
50132374196453428976165813540733130263030285478022
48519255207832323745483267963289071256274752461229

29296414094248502905947415575992751242508506996634
73537642940738391820741909162541609728445916256144
72721705908293857676713045438433599082616086284671
96328751602860804035347208536219374949413665519915
08536892373512748507429481445196541693822917931530
91803782047287223894558772648584565835836888354176
10564721255643864015185687695779882751742224347111
15526234369721170763345046653272476633423782119587
91176157833972287470845127988659924518327916414459
82802144372701894626680357923333751748064104993185
21884550682118360856897563251181387504609424195574
43263971984310789277524723566722883955273552360662
25987885985396328772844546836949236760648441227353
68292191324554704074421666820674612656707964301200
55351599047417085461637336202703865952273806423126
21874062689090399816710861502195826500644977817357
31850521577151608476313142971006824824913916249289
25561263847673862182333452283028570138155437476505
78465690588394825313419981396295736250191985710580
84667923649110592908805506833821771837094406269993
82691970682447053200579454083518610036611615609450
82423986504199873162383835746664545218873590261219
34531604858339212666377250620851905462362373373281
14258166438424988979859667954175920036913004537037
19627536068718301376481212741056148244879598635108
50054873490298447752975753493966553071505515441039
09386537416665215918335499738256689326452686208235
96214023963409712242682687002533955826932243805998
32426908453047814199149893110710157169474955576352
19458745768629630183899058242012787867557969347231
85030744610603483914598794977948711391354629025486
28222497438944743868266164360683181248859872326879
10766162305380086029215833814432845322407462355418
79988817472381285359683828950062022524646357316108
26636036431485635531605049915414413088721541443317
45253732106513961197330694878139130968733186136669
61939402572004993080999953482194276558781132352187
78124571834239764680697306979340608138301890778537
92276215484664088231264298164212394174569713566615
39825555435294981722390145222359192574194314642182
66477688866772502171232941522897844616291056628542
00714538834167814891345667445069291290631913561846
91533158558135076487541321859455745770156486652616
74662085801070023556816875810595967699890198547270
64175312884874941390708664208080627694450131967019
70335518100417192425136442744852197815370357770961
79780365547150100641818050275407358363121007584869

04203604530637430343887615238289835573728526027901
09658113583990082025106415006848860377851451703993
62693832261888230189959127100087907541662874832239
44522850239184867913815692056863543217041633586370
35324353038603138245178894425200804853014804232640
06520996296009664177693761308208068702013088347209
99916645580574702972650642485903100718469895310690
17432283784757153675098497043483482059931223224751
98548535455451980842281450746416932517417116603293
26677622781908348972275100308089752520503024664935
12646127848908741183038587799856966390634505200221
23934526686579920442386148475724289010511432888381
45837001486782283330164072761140369413621157371699
85605841735445608033688890692524353381053971593150
45259209401288682676195785113132383976361566212857
64826409723566892206504594883179858641010564381869
88942899276314816131141197839485143896402016161447
02822217564827342006461530161701567304518618437705
21270625734225871506289598548861762052296168865652
15837784247149479866487707067324817990842497441413
03077278122172757039389853107662656948276197633287
44659604559350180212323136168294691051653679961314
96561881423079790028197020753072041377449667453062
51107845657924638003827385686022458954061439361499
40484842869698064832621084643807433365583986880899
88471514295701014512054966842896674866101866876512
97313962832144102683416586035991143893180762564434
46092747502825373247224396358231441866189835337323
69168086950292204814362372048123472392174822684291
06661178494353167259238504105377931104908157295800
82189041099653740522940462019848205947195654684300
76822037328399061467920788031306210807428878267456
52227951039753018549245010806671435652203409852097
17127515883904861311294666733964099243492647162312
23460568160044054572146286566256168928699746838216
33904331762863708095828508190969741762120740550851
10018153302081718136717685434872720891726067431810
38687549909642874280410652857444783139948749789244
34353732018837509779534604400528119785269275442489
63257416298794288255060763951651083871176646737663
87526975088379398903288357402112295635432087437414
16249491051576822711741771193223294539197409213659
08600004762024328188811611636449287155599082998145
43584037170956530527567900610385822005025774224292
56977373229660938546733692944968154326056858234085
07390915045923150813226767810636325059586274551489
22828565406945222105635580286224167640557695260322

18335623963739880801424611875505460955509412272002
00166732907897800070963848283124462955965450221207
43326436571869713451446896888922951080200162568079
95121841316098330970217827686024487144336131445923
20601473497481486913207742459736433949200730885748
20672241184792682405330459869275458970721315458415
40477232222083920803632412721763116289188164339403
68693171355826800063517320974505243783052633429820
51585729293729065144082252093140038334428600943717
76965082929411189712087370784093552754759466760770
07395829963258388610673745079261804330672514053521
16133767896036538579850322184508372345725893974482
44920328733860279920420127995062845861769293493474
86450464919686353383914495693293534991399224536641
88100631030710950568773445423096458954361418630876
24149444741986669834771340530095779787207929146238
96263908846392996906393101638336383213195393793042
80498487596279495977933648358480037841610186331741
49813364342738798030257797021830886503641810622157
10292820215871814456266435519128923907464494910427
35969276652311469566584458181144763773752350128593
12659257607505565019843356775432091750690113587867
16195493655202913909437717332015580807227333191001
77931651968154228088370576507598837597021754117738
08713798533896289683026298162805530110755775897853
48238548129828105014962885887182322180488826018274
61644879029172841840002936746970665260086282843883
08813356335802435105776352859335154443801010244994
21747818965531884708737815522364407145428295483213
11895375408182160748659797776227910230823364843617
23366029171933992616788286898005789119115696128611
37304042229962444456452288117974715366357914615049
43812179699911719553392915467985888569082819110314
71838112996786565145305967981319080042218270900569
30448074830083456425150236093637525563831935174270
34362926840234776413899039043362351851350263930095
96644489877604174378603817234206079071437119444753
95228435516778885709093405909842628007555002487258
30650557511259353896315171826065846001289326829742
16179130811687821272103921757969833700705560047926
59974323649525447559862348447404096171475662882753
25091737591546032508096011443270411987315969680079
68936040759775018037409417146998188504662898263050
34062817302823197991255309183628077992511330655577
72589580549721937547685450346607218411557053096747
42472328699207294954176864890518966875077362184297
91511575851590669815433469973569518765532300615728

19957408798433268786548387703704838867969634471044
88103666255295862834343848046267812214764251660197
64227020362945087987909230689977626220233634117711
82015399050173071493996115548403715228268577998385
10938400452826367576126056398439135294087394557427
76484992414146858242913857917756232954020168247866
76002102151382666411013004217800623443217919523686
17769613880500659250907025290015574994875260137231
94269628376917390123280026029927806831063027349010
11003140670779004579276982793136849451630895091829
04830296500190892833649883721439618079320874232876
80686490992044495073598605289572116995190404083389
84083563306643854128890071475438665670708501846953
79003257164362715713573472251059295865110984068456
89715658254557256333555945765777476180201568378523
64031497853809831566253185809425785105813904615465
24807271983290957729580553008835764393546571457913
59276746643254483845455827309139861671777995943499
45503174771436597966834564542345782349530220337939
23089622734428667174667986556825373251453774300922
37212027531693856659776107823598018863075075604083
67712741871458966983457027538487036030425842802127
78831071351132772777499204648303734048642790225836
76007739008365615912219662842690363666029854323536
31799451470339639496138687167177630565460918856551
84434451689033462458468291241431753586574989124759
55608960402921553939774464288772795162230612464779
30882654235748010717809152774016548710468265535703
09898131083104309486675394151163167665828140370086
68655476438339770427571250447492214229690806227876
08544404858813995712747561301902637515073878311885
14410053710314183163474336751174923205317682583915
03423545058602263058687027792432296916175459534404
57447399711712119207789915812180624709441550694727
35140123455020462906778337817621419189014690880707
98181006734859396797266934876965238322019108208731
36965799813776062143345608391307991994916188426151
76620115163301336524026865060392172540343455286751
80825801046290582083646811073518337297519614561225
25371356771188784251994023543962242477517373345353
38915072628823213219610084406315154799859952158888
47115997837510010625972439544429056478372428271127
68861308729717667450387784470605049817926326301121
79328577963021341729058450693842312785744709828199
03689333323225245658784864990971750320221672852149
98827754658306559015958435161855520548978267361357
96279574933052201119161084208023699613890043993283

50663451816407683899879224132306415886725004798621
91487276091383655534567175784547455676041291332244
60955148312535361128714521074304363554789821369772
00927930137261704890828039390999835574082898005613
03263280487840702588019085387730318818712730746136
64205091087496124190176913449970774575283633978323
15611035648212470903595368161039384137568833771578
27938294135462391627057605602271779835321108182513
44199026772861049687035060733720893553086400814265
99165087223597269462486048366658911303958507510474
49472699392645264605522665189249764530807213109352
09623157608488311382603647916682468008414223588777
41046115569322707887932687436128379575768538184074
67782098467762736724469111891654655430484797104215
23977928920676389663589638356641805894421474539622
62317532655797252681466311769780129937110982453405
22927093300399629513714438319513505731788056663961
04212257787252801325283848330829972881825074988518
31471768420564258524847512955453433867631293546440
77734050007219968380140522695947091991189551884053
70077231658195210530473114914491375858791465623887
19464798452652848026896471317271515010401260230712
12228792246888113632874334667237820558111794202721
64792256537042244877632969701292769131500425202259
81080099979885590235689043290231478538738724020947
44838539417783679432332561309381772050173430979624
53249510339055541937311556781096005736046904087935
06212987488240528497439396469465846777436237028014
14300304401661790116579760269790511369309091941300
40439925056649562424683802034050894802900026376220
05786405521562274015538802800346895591754312762186
13147605255689989509498932383472879082539984234639
75791200470117076564797800856626474611921493201815
26856763348584378214733117677538206424894580965820
04134726957162370383720779356597620052278022518225
29632003253692765319844596583810375507928342527858
25917456435006260843441631129701955375474851856666
61090821301768897917608118674529452988157107661286
02140319019653862395629151313915405878496630720194
21858020705480546447754769556787208960159717907361
72414061141977276502529013859928135313797092560361
20684983888215192251813217998093335978213175107048
38060219422357710899459174705182470860381957578800
28161556161166585331628472637285890244233722087246
29332702835317492841004434726304179900869416928737
22278380802882663780139205329286772928042365659125
64514894549289320084006096841831783905934902376205

00022433912426191828329180108477069574155867364119
28012834964582068331157546262339166418139061988522
45734368306773983610104642316464133135532352273752
66445338203004095510321928897610402878825716543401
81783887410155412948949210975077746095597715247869
12881124482928425719746882048856549095615768512861
05935267802656143938335859217886735660059653009853
65462064254346379106298885738983183543696792192647
75780379760991519977631569730191138816967770383136
17431644537854570073193605219700151735410076686960
13054372758816070499877893650174222466174381932691
92862429301061984254163460485330613122444410053811
90421705295021020394928499328022918752088000318240
83379536386422378318266935454676378570360640399221
33069977838159195259555588878191552733115500131708
79490166772728426303449497471356587672814394265492
05263006190800059109449562185452175790848418298466
93841949558812074700106037683563441033205450016151
65724072012529860495889470797218342597016438475984
86582809808690549036772614620215398636294163771793
04762721831365968096850029180311410797043113811864
18491415869758498660224546492765131028727586293867
04002130005951781635864407787481178065225685065307
13507342458944602683462083458031339214535422338754
44863038607087278502777777508677629920222402710743
24591340040289287209026586544735621084252719222866
31314180112202868765811959272712835132421508816450
19120899669021973736772018155467098939927354219911
62731652624506949920028485236634716192101353179446
01819327396072124887398157503934618170208223027956
39335431676555278850293516327345947265795104011499
73448237742065875730346360250516156139272689820660
48321085542322084072024003091375158254174604210574
55961533919845890027397157437538022426415567778759
30793480424536014455008046344124054408972659399663
30079979725921292231094194707838420418307596625539
43244560963589541422566136737969285423713764749526
33755697716260219922673491394272360917846761965872
05759703367639965915756363993425058788943766830142
89164175738503388810078600218625038800881754282047
67842725956719604840605712100796561649269169969392
08557744994249775621141413332432379515093640966641
34080844752861415797124250850592580508106462051245
72216884820197934411532299155248204859897513010075
59884796958676495248802794232312419807388735906666
49649151139629244887105704564341997817437109316921
66476206909405665634791222087667353162014395794445

76216638684660165500533947931580877471076476445478
39610999272348900285145797974434466044051117604558
61770084338760531480088536735702115650361045487992
84037532175914820188299399708652690645538159173954
18408308262969421422960361926568803854599914531553
19530519391834550185884549349557882374650985608212
98424007951804176372673129537115995329871379480968
18664554688514436258350366624408525585930624414700
20188212204642192591723459339896192579016317752923
86555197656249237162846568538934472706908824411028
13258419107757550548159667543119569943978415163324
06889407043926608112156186190253032207139064676977
32683681506611237692800248968355757137231128842582
76892878231095678118996696977409489348724146614973
97279494126610763694029582362830348242237176331997
18432399903981284939398586827244646054071699259408
45181835718891094351264176846914779092252837837532
39560194745349090551016423380781159966344826207141
58723813542032404931757575337079350969461348285274
65137714683420562623632197172961999170866638304381
50499887260671726765724838996673949347818640599731
19900529660035329941393264852632809300822108367705
01971287076699002478130085130527296684406061016437
82307191363070494220493834196009535099939871351587
92521973942806151356564313408161568884901747824857
83660680040392675996290863093790311150672767194187
68824628307518879506897390548979889399988362663176
22380542165500973438436075892142420468068102248730
73877809478772352739016455743067898417558609780598
01159655866608180878353193002712597379133589578973
34008763443118861486976837881121510877126677572310
18332511139198516665079680964485325566384175831166
94938859216141667456755553823786044244557126333966
77214622446741586901295620545652768104736368260978
98649630056827907376919863156012916142569306478100
69891970202265386741626030496339971273667679574289
55566314014881184615445820075931678835668267089919
45569858024090677654274445079856845354905475878108
27427720219796600382020997865951969944929335431694
91649170554412944820929676092514799032258890049539
54995722993018062179262112407110162209578552704888
60538192842360852957014065767422134831332602634217
70543730953570108907807302213549826362852887826558
69156856346625947313258519565913846892446244583440
22770496706653499387235475209097706488170900011063
91255718740682470471367225709217122286721119172532
20469145969221561229752437455506882056173695494066

62733252604137044629086544615104425600763291794861
45106922588794437481577891250885911134172233031567
49738192086397220651352015828008698246876537375323
34466697837732810111452619599588666501082168815975
94956660290352758332149372864358745996764765258208
60555244733912117129797672981403798909728650697649
20322099279240402066292979560833334837097343711038
31364074116484760050698520156744722778358999608425
57884272473530611705160202186456818014842377128587
66165911990118688140951609402458068261990511296112
12754574119275346382293994753499107485956141079594
01047161296588915916567992554444225077969298705769
70584791430401182545453561117242733713999994326721
27719323193391300068902626785230042044775981367284
74379012867170965176478255946009076012677038666595
54509740468485891271332399097293379835865350809726
70948531616454530790871573529955075169242502752012
54820633988339034478284894862532638437039404450543
43631202404956819485038629028569337191554779296289
88453250576597682076434462946898145244334205580449
94658582375053659570536224403818429935935441506813
50709205774449799905166769053802096217663656068357
81587320379231026760528625950776545290579527210420
41385246156860576562821874755389025205785080074069
33729429877374630579256993775040268566158661680407
61542216193889794638536338311259582441879709719549
52240747959539519422976858251390076954836547899338
63568806182905679340765197580246742179102503322169
64377600441282077990490323308123176112379972572146
92833121847175212958011916642273935144376698375199
84530645787366407773806996529187031231945950041645
14120225826972469814614881846289049872728361923812
72041977916155713134479968757570339354019325461289
36025654403122892178220340954344388369354604089544
58024790180847629703419796230216029451611247691650
18600598116417274382667307289529784092440165695776
57255557295761302425335479095067619819197014241516
65935744603959673618532551061007924434665329441818
07012147646030124862963997533347247459834339008685
16046724022521613626334375200406632342549930842141
85882609820943615743240845647108254431018830907726
25857025112104655164462007203915374647393215292063
37979709851707477303806053628389815119695460644201
71139295668853118832806264334317017170205170264852
81318412516343924730717133554950605158671361101058
05046978358806115072292612757693952140803029828397
04314172657091329508291125343176943080754686551329

2224276499041740474813410763681949573977464379686 5
1830444656683983184841948244176059863821383782353 1
3730452285949831010176224943940539018649427132324 2
7248943202272085052667040161106549298027268862995 0
3201407835500681783266124429473379347087040369339 4
7444883640146301430766548886919995190654063116647 6
7819404973010037519857054167252764702308591992273 9
9842341493349983909786403439076922427293376689266 0
4934944169471569715547059904217421925882575342592 9
9956598642676845141061238468788065445791771750402 7
7628236063300794375840743669481319018301570912676 6
6207989331700172020539549068640945149774097741094 3
7345210942859684717270234064506710071428745863558 6
8678236996339079944880743760883533682031211373244 5
1571040418642925879449637775145772351175866088174 9
3878267538776413037795190605040647630268064742690 6
8794144744826935195393809701784967319464528914389 2
2238632801012183431411809807504797024389919357272 5
7052706054704728147464744620822245407471416940652 0
6969516760010559177013648971322784201700335664320 5
5511462217933132322217119327373477715778865837696 9
9079117113172835374019357198631824447047615448184 5
7702523441248455096812811666497090604322747183366 8
0981167836515700468018768170956889324184407362310 6
0256627475747969763747209063548402949173472748730 8
1201950527096375836074625454793529542341712726819 8
1339902641902576337361165697385508744130241104699 8
3643222100126772868218094989076236868926338441751 8
8562628321296599412137517969890520924751998789466 8
4512057837358450431489084456881613840158803969872 9
2009854086296947132259863231317127321942891413549 4
3233591229372423096601546164996985579627632755545 7
7984454403223040904934659346663308857369596023285 7
5018026850212000712714207655565772640798302072919 4
8065129360217761136093911359393530812177362843189 4
4173962135545360500246138787960676040805316930025 0
9344182571342161361444011915228953065300777905397 2
0033966289417946596417779835592534222877746564000 3
4393526477351783515933055719947159812125038017559 5
4757774595152071390843361001153790490150789070567 0
8818445741145088305122997002099696113097121893728 5
3308359428809904927007467960128096971829283941281 9
8960521323361070521443176014995019958953589718336 9
0782831386342368579567965634192930497698152099745 2
8878312145973684607567476636060039687917435421385 0
3489532629582054474876924133036611832868911277831 7
5460291279129556760074187332255429082447596730430 0

80458966345337819875369948633505377224451590105416
56658870698989013753888024327585151411858454353652
98749157271886535640826832722511014700909898627167
72241528776898622677036983969959782816557940888253
71837645374022181884118744813382879471964454937570
02072346962533601592218202808179726049128292420726
71298002423760022464850087988988572315884221469461
47491027891554652123059424861027260471269813241493
81499017673574896094118268050477173013164589468234
54090750518616610154107017955417597598280422938627
15551077779967459122466163847477146011178964858677
21918610441753073190603997309812718219106724424419
48147115278343039206536812214246550226930206567588
12764754343855734742632815492770562660066546711848
76520726733565473166966217706983364583582683020776
63377786474895873125521947859905262932469843638246
85738723284277789839925737597904038285297787397684
66380962417547759148309642991552814516580372824423
19575209277265826932305975246124505643557559140534
01429767508244334746624398583437614879389964144402
51411300246886937195215783044869344384073455908669
09464481382353532042192534791688998014391786232376
01755214594654274459179747606361665240186206188847
55864873805830893796002947147554901679495904281561
84287251585293982983632066919799567389478800199587
98034828312599253297599105020735073626602542431051
32862940349554176399109476329448542904448102689152
59589521457320122663991033216800068635048620073570
34858961061790277660718167706817936631804538237919
12595619843885760951802894321579652120565761109398
99154968840313775493935408569534499080090127038401
72626180182046673795994682954369719423257922064747
09758952510700203774171942638934649675715427250404
69387188357277563444876944595084986388776168355058
84970028685726928054212917958581319142283803871372
82755286830645433314868809215169723787601375527981
10459669882917779624109707091370378839304506450124
59886785895788637091048216529811520583322780817799
15608263843346554197603150488841919860848406264900
39958781693294270619622974531271365326944415146362
56973427524160873440269797879002146362696262012037
75338836775496915720824154639242413505757494323179
53795546323852419930894060511341098518780558840927
35591167161670187118155350582366098569193922700064
68228835899448657522671480046316567521942019661830
70345216392823182511277834283289541424721726008101
47875803021229475153440371272332167086572434181080

47795784144265189977886011402027123294823762338268
92096411116301103221754850809433535043407762834159
30030005339134180446423526240038073951095137011158
50953473248223743803508935289352165877809760032571
21283541953122550820412698760354189007713651108604
71819410808843111074253639171389881359753193233465
15798647750468457586989391963118824114415430357040
00826401267779538411066650964079049875221717226415
64904349596267065632899045783760113685132624683460
21348455756462607773521883602166221683273267524660
09077868093484338791981564661208248486780506442969
58460210293045372463348760259962242700993707358710
74599684633237610502937874080790673626883143222400
26342541834946497494337876425107862940494355970889
50968013376240248190955811349132979136137997670206
14698043501490706733150637876240206623907027183279
04802851482956061154740695997256194929668302102119
30502506226826388089654062984556197933891284197588
11358200725743561685767723665936577518536374076870
10082486727325827055947358759499152718354765991563
03913785716729854404027517173882658738499177463098
81277693341113336407022766678610507168850450924177
68179812507691095090914411583370303122408506723054
58124543727125939201379371298950497688964104658348
50748194540118577023591724690129665114821500743422
99282812227997873756699200712962845547283485924965
76820307884679506470219473098014949774430994977910
41466285009066700904219602986633110301100111327823
01805889845558966393460875372851907436002284230389
62151716195641806562700099995601348969285573932626
57251636400204079984714123360388867468340872957614
69762659715075739705145216740388083854201531984940
93562083494180844821651843907186454857935411988652
62240327191774938527578225038226935970540054945456
32486688166937021367054984886527552679637592542953
11527394338996216801552906883513703290248458258150
71276360054835685965429410651704196303896699098713
02275853459041651175097486133027113604353170371718
41680987314181958503156487077214947885462800392627
75184566504309126034142218423042101331402856915028
90354177509096542281408332982473259563282470188681
31890697734122400982457204778102124425786794196217
97082454947151657388079121305594255798293659101859
29521458891989736410574890894887746130638684259775
64232526863463439677983839121192848155904632572684
42980690380184893738786626776014667556930214317529
09926805769995789731762891660092351933832885941822

4344448373374585706226750497682736139292125659038
55909391789629362867921956985672207711451676871151
70363840099018030189287795668529739177054160961453
06993759159622783391711279810129843002774890935874
89453981173533815768461395084185638045832986728493
62869287801275472398663892413528204505780353885364
84709732754492568009427559651602910345775124513594
19321526895090145445952416961136980647081102315333
38827666229870284100724886605287603754043021857842
96422316353133503406804027844414752008268900378635
47841565363689567311688395043354563178010166155103
64384488614982713956079572913905790086466129824415
22813477864422645334901586371744886261087774283733
75862772081968306963831805881107893895728376778301
18699970089433656062457189838150176746551248089349
44770008373453061948200224387252360495475711739466
29136182524460576260094886690256581329311350674437
79323202503802054350185299498077810525998530448875
50724931255065100388571908248547838993266028603373
93568736445574675696601191916014388077529876643945
13579476071447098889327766053074116311530139110492
32821931105880973670474323440589088285640026797594
35346427421078414906154092962408338791081565789909
49881571269023662004328021528958961577522206062145
79882840491823383657351254312693680379872686847552
36920077772138117964924003615902345770034941153406
83355738248739131353919147581585276254133758998420
36188795513807317346224477123585367279053008355143
69174708516100914754482240609224557576103986096635
67882894550033360433372084655672516489462327278693
09895094558630983011437878258832122990671329181939
76522025724558400814024130932133420950689694190778
70202615357580218210512329081352831950915725992555
00671987968751463023457131529536331288669612988751
04615085935633839150702622404505679511688694605110
94662767237607237505288455533235047477489980158288
04575300504609169021596452383038262921063032258517
32156752808913584883548548712412653274247165752201
57935604338198464883776605527026552678470835601024
35686088326611788097703136061377909360911308723407
72096181023901578532920354712719691056747947044146
43312131439560967516626112894440503663881934028642
04850380728609879198298048731334990048455219406573
46541555378014662305783921185114327966512426186044
78370665694246510969746211106625572671764171963200
00606794615444473830095878493631232523528518998571
98091600068141919186168389015181248046434719012840

```
00707041173800540248415993671028492407559303963487
24030137535199115751180444162615222008808978968333
32452200044042973126122516176556942460302075359589
32402085289249243527073965651388572918316494763448
81044603214390876483265516729876219997368370945854
93934338332588462059401572984464297862778628233290
69044923276593292449912404613383396901524758560101
96827612372034305510897923175286777387820132668450
98807180268203922028048492157434242568046730697177
12187345608571520356706217008389369827536191719737
10794073999060368395206127922854971386002256544673
98562769675644776992563009495709270131191929824955
77576375085942369144906834763454604394437131867956
30258838268179289757907386757743819735208131268068
52841944365315510971335681257482834697901789014318
27752618088331363997360282959901000051972437701525
58648191061236176764114583236934795506473752503406
09927897230719508277849700119603131624755510087288
52173812918560876774785619606389351240925078580628
66821553712362464896932592034892191306713471710997
70337362895959783509532523598271289649198711044815
61301082918581273929221101792694864281968328624692
92108464389599692881655076958228987337238615783294
28488075621932309574063083808914628364138116929229
08323367569040678765357616396175426664593802436019
74719954034836508568871288552924293518679946556844
51320866302074899531698788879839089895456546759232
06058192261778837661222533547338637096772959302399
11805566228092649500449877527733462521733263893894
94914654038212432180736158453611404602155525975366
72022391988105028468107377043772329312159753622750
51572387645294363483879135289887879058215501111042
33584518310227611334335804789714149771525157789848
29893616449182897931779032646722874941867545326918
36408798282666191059531425286630926707017324059507
06227386670579287338827184951879760685322806148088
18646593287994277974612452954095267124969044104613
10739091921123969406835184469699304716866174240505
19222976752985296684867348368116257663525545752244
03184392246233255616522514104235923273201888336360
89013605047263374962058237061848468952998652674663
63021958716136936786724835356109940373813996989004
40515388959039103282794572815113975877627474453184
29305366136379516981727460520885464692320417591143
50013503950753484896156924950900207556055754384170
29014607818186992492393911943824110025705182138823
```

66237460202073538403482309687677893623056167893806

73178566313716353870471587401728905272491252082716

89304373982296588377632265870582768134735329947863

85827743816547793609856131567793418000201475804245

59377378303603956313491357634013503034840739927578

65953439127551602075308652365385274503788859712486

67165003987741926537414501116049507100186493015358

27573069553026842287584834032104779305348522095490

79257356397702757373204550799101581843679809773130

35164498978068477009241246589017179499863901523452

42314464073314623970454745260504301874212994382125

70644915073546929709320638029037759118818739015791

03827946849262860649355770579275356999844748784544

84558005063460310194327718272203125080977502995191

97688024658963981141533713506843610011310996298251

09234007688626817381428582041411060789570114950689

43086279652602887953539761168458073043529965627122

09219685525228849169734490752782340903793436643175

68824083192949783543147314493991484494446342896571

79655332850400946759399635949907338642665621874810

72632478724304062904946792025384859153980266086302

82068371068192586367561616748830031493430128105299

59988806188629972368964165204568060779510100917746

57308145469192581327312967302559205871656588042033

91315397441591728719487570142622214719278911066027

50761289442732242913669946659270657251041936310238

59817549079869943892438890089393463412138281362194

71807981114503000204339015792043931255399519222609

08899971256309233027142912501440398187050042025960

87808708135868664901772444736952194467034906502238

40969305182593996803942103858321601640076947789192

42121489543593744009993796437285613036289431167437

08946744737971676182086415931683561842400484542707

62185606643959788021421643166519009607281746064137

68465552889186181960348825852074845556619089693189

05511599162690872569882176388463745955064737773914

15806674076650097783414934842161844038388310937601

53938893631063154871345972529048370368834150168607

51585799025411531953560707703814971227446960968940

95305260098081749270092193326742138874489748595826

09816278112393479338277056197406663789713662110111

50620641783273090943864210443410015684879462446967

59993524704930849927057311124823975923359898645282

77041548277629085165037960815057835098230275874215

77959779004592060888004354874347352982814703676657

84539260478341670459417691748946808253772836216066

85686911351945238338908918911109127985145874140765

02852590672091111527992591421284355439757589985220
71759099462414469284632686263402158266024982921158
69480107657666054916190877864527586671942368344343
14341938123350021289777131425000529224971673107771
00171685118882299889208472946752106224245534716079
91208322047262682159688664508167350961643933992447
75114623696703082302094264625367491347034074245876
65240882619103362519804641137116122739349796447567
01454581288427010677196263293691784822862791205618
49828090900732388615464457885782858409709604774411
26591618895177662916625271687217187625165136317089
79617646484309698655020383274990369013956616772453
34777359428410507910768933523879355498187846781230
81259581976513263542563940234617028903607081664241
77501440151789871339407195406803684014377753823023
27416865127331446717927706754152593737093421319759
70409314814919948898722867822674696519315663052914
59571361839749552474801943392794936563511497990843
54265713102019714434595201177875945803750787462518
04995052213989814784595033178625784899977510091836
75879921922826055038028507810017854415807312470071
38124481319901891828791517297480631535418402724973
19866760503046989214001220778491865416706288946143
73987362169714665740339540354657042071325868663336
27928321215614881054507326446439898380024170684921
99129748009428508166943564929578343441236526169848
23031940948633410216606988284623109833870141892807
82073748320543074954164289632481395094558993370449
18261866426541508190058270723588418982809980191510
35177063881643966427934704377364802695785368103679
86653193903768776582660850368718103572836664336505
77172278666728793090809972219221888136713093480501
05257264157381340641178162104806787143023891668115
66310728760536945753778478065058502995269117032333
03716719601123523444074752681289283558682868402632
57160569745001944449517018066181081906441054552466
21997460551083766582885812981445152674903802269567
81150070305237616097616075164743583933410407798055
77229347759913433136721597866105507342278371167761
83199485930275857261397058658470986866795339609462
91886780557171136878610078550074388185710641269205
09669914928942274974254510850292688489395447482286
30674993942734032486837449145564735830378788605984
75691837004542330128662758579270951067896905333597
34293614200328824671488045835314413863079762659740
48930871107688512323078607934245122017154558018416
92164076089577132875645199431380232720750051287556

3762033975330060539152081158801054294431785558933 9
8246356458310469241582866117884901004634140760949 9
8214465414603928375102473505894407349196495403702 7
2245345722012446368700313848339842309183240249015 7
9518659337859928294701598579591968598386859819449 0
5441298097484199553689636996354717206181813585525 9
2623299539916937591709242861366421855846766772062 3
0544414885826253705320824543744822903027802706575 1
0380017108817832818651459865583258719554645852534 1
9757769782177292361207133364124028163497001437315 0
0885527129175891960828973889802021760821048775450 0
1333613191713197620856414914813796406630406540354 2
9084875144609304542879788815724796980056566079959 4
3883648202831603389466790445113655307314233276057 8
7108207926760439535354664225367818502682922884743 8
6393039583740097385870142651086344620470517584760 5
4990457272575031508505858568197468429290417067166 1
4133188504384698079735601777104811768366410779396 7
9436202684819117731482408997692555128826314527801 2
6438139137569639489110846479984997677906299545449 5
1573178700804071248028333711170264272301544239136 0
2066185340630711308281520749753719314684009710622 5
0371959216386582428228940836492726282455960515525 2
3505912078414670760567587367336189411174276167915 5
5301719943675684792853267322657804559329786442566 6
9444338925456899171225377298404289632547282555336 7
9890350772231031642222559368662240293289707900774 9
6213095713496292896492938787597564476663310010012 0
8538049136577804869477100465384219708755533249565 4
3022798404918623196790625317699314735845280277782 0
5886769223247796532393559859917992633825686079312 9
7153065955394878327773888071369814974640506625175 1
4314106466975480788825062108036930301495236024766 8
7170177830459449398213546668120189155589510932377 9
1066397432171715286101290073335180113311141356684 6
8007910399622453150596207162070402855157026143358 1
0300780277816502377517200967856240169078815127492 6
7410160630231957867333096674195332631791548690087 7
2125173072357898092522530225632265419023399141038 0
3099343538458027068033444271651927725823425369059 2
4927564449959931893373020241561339217286882111688 6
2565852709987290601656571088073894875836169521706 2
0956326824609039961837889787201822687023785356834 4
1810012149346172306767528635990112808891008964737 7
9245979568825007398502380775095912981555306692489 5
3573727641323856684678177814057638772348760403251 2
9467647135943665941345531063140695856263463368973 1

```
06516380743553431261006909674537650144051981183492
35318871940799399909553892895779875047727780327084
66093615488559657996970259562328028461747441648263
20487241282989494781029882283774618561858232334667
18586883495818421919438832220412925662182136162779
44900410223801402421658236604363913231229544346569
49827222067908232880702415137352416231227477573032
56124704268544338532247012797778599783518199543021
48759477816076188527083820208483499747127552820257
96946996655381939593798289613778443007953018540036
96616611576286812079579716153560662027357626724712
09934826291145872585661003020261654600684814387146
08372797925961459932392110170397337698734954390474
51665419547377441161880916700728524973472353480092
45947369144102322834363438410372077100134620579466
40670753098240855035768869970078481436755104010545
33652214918883832021327917374952250859104094126462
61587266461619176963173314166374449384885148595 13
58679018700795817364758504070965634445300631086513
40154568645460985779376822846423033101732799271214
46955531396650548172764019726579062195388132535096
32509474459898910878590169692258198604873251616314
87225332086811525038778390309210963973140870146326
27748736199925160369035164018132286384101577891383
45482086953949114165419212244103725882353735283296
62254040539599551254188046955347016927965818084221
69114677949577090318147199522420048905885593746441
61534909346821095273819069249340125854016212983888
23606711299047278538251093221267600863567887299111
06064744385406313070269157932911471683574893086073
41762034842422557974325100100386436881605524668277
32801481669787349633209963417237792378830351660548
71671792874001119144726245671247002497622458224027
39770702702350323771241691314913084480272640099449
72595720923593023069927300052249073651419777811827
20305259060505366479310184870283976243597654 10245
47190212964624407218786854291307199115602213435981
09261278099244929883532142115168804430524223133517
20366875910920612181715721501323049150385243127601
60267807102779059878363028490995133233325655424283
23312697082604828410911646293553079701347159992856
42688988970076744233464896500451148248944884381190
52031620239561251550801142934559384022589044523549
16067705752641775197360904402044833678818915689702
77893660449983167550333460997434539066796812379833
13639844586220491826985980185062808365058175856328
```

8593615726073376479473628394189492835760504833644 9
40113498654912082100481325506837562819702568696995
49187621976397204502790044667563951193761315600645
44864855250749799420850028954444995335745046836622
76687208248316413599480307060161182230915617525952
84900289952934287376173510267424188159371599489096
97922257721440139091272246178883874360805196751530
31479114143357320736585904930427733798447129195444
64543044009597518309741823376186337811529128015178
66360090164769745449589573231467955499389337513949
56436260145495926467373472160218853132654468600885
37207722134527510310595262530711102355378856916499
59116922083888770780517354383985678670150963780886
86475757669825323540442454284008826874777703285382
61997625425819929342059121797780827787051185845230
89729856387686511275072763410035994146601222794895
74955920360994603780484838552595991081712362827442
04017849802110317627877887503036302263616097666758
01060395554799787456998157973342339974244475884531
39334536645917552581347550463442671610948908179968
95922670464402169176805100590718447352631235416442
48647774387877651738534789750140252040693299113532
55614813604353296831292899129535615290402759131767
73412777046365308522132575486307933547882996383406
99937151542249438088240647332631233504613882159479
51691759254509848097911089233113778953966407460834
57300976511706075241436288346609180038490635692685
32964005516535997857913060664047455719084866250414
62763357204425087660332076412002768371472025839577
57254830817635228170657759415327083266255391096897
30585045622593689849897562270215826526528062002518
44164898191969095582120789897267176461338008395664
87722019320463671881723954704930209279866104118469
57048684700496386412595306737666603894217618938754
23752240187458159722844252290797737229255101808867
39908398854921449138635625388637891615918884240512
99819365171369259169577919988494941497711519431575
58263070599485758635347496397568559703862678054007
20089745025270519397969812529688311916459045209756
30528337309486023832962721322569007376753391116829
47198127705742624375221375825032008736375320464500
05738917934659235577083622041452850139079464067246
67360182753798544781407692125608569448105416619567
52647507452390254517053109406626366824745757346070
40652757535777432010239133411381357750332256114390
09760994695213981770284146108841360856591839329939
31358081952707069270927607721717779098763854634460

24051690499497747577482873009339789406414736945719
85048299051348428670709915093304457966391953558914
78010944345098270173677240979049480592883846575269
08214068409367522488842466125605269509780101260577
28228735993798499770457317611758694198467474290486
40123199674462226863633260076411070293488972360126
21498459684160318742453158435205489185904535694196
44606333798849315311695475836111574976677407031544
80578978170504573192258815494311439025793450499895
50037270423618264568041589970013697709364618431829
66606907313547636451203468088044854463947988105468
09849670131795494286681388276584446505851797712368
14267458547557138229072663460316438137501465429194
53599343608206282790725318865751797342457466122502
74430190922429627769366531587168094442427862498407
49466556352680450276843578211362734069435616425153
79232246664582371079321459044461110922107039760456
51010128697605935565797997230393938683961799189869
17991593869470863242416010161030988737854395677314
82972348965947671427213412840043762106602005505662
02333951957558645128302417714282371577693287679784
52275710423728172468445461622447270366618640546724
92501446712045654783572692144705387980542744365066
54919003697852300703720061418372571130911168102172
28672125895948574600435329503311469579656490062446
22695391251125286803782637520834620109193920529940
67353165017583782632764100489944648907195082147841
02083666996441555489973118544459531232788198843519
36466907561917443638748986263627650302720686092518
80972360884793801625295039225521028318591195209521
60308797092230631824304905136125178526678309896484
07626187112119385645233258801563584566325681536597
41400635166538527833027993327618187316429284343663
51615663255280877405476696700018814831299264949756
06174499455604840565169206606294419074711647405755
61955183453874064046466344652333203510377844767588
56666609017287520982244711564504556724311091957346
66267791950351111912484914064555435257725496566392
67852219176238547538197108319832284839469222949537
37493172577554258096479498589102686359453576135514
66037513914968451229674554784247177930607499992487
15039173711331059841824004577425759178667121950517
42896119673898889045793126077836316129782569411368
45078884344497866404495895781779775376331750386865
69214328456590763877035085454922881774592134644790
36409671937884800156599085262761750977394016437406
42321537883413005026201713197591248645879230068500

25338135489151319984710933979884365446048272891549
71076037317445126097171706215491523093558078456283
92179950936649904409609156994214938711242914663120
54691322386063352687404641869764975134600318428982
57475120258445983103982014060948468707691618383086
23878910614682419728320052615038511068199058351769
56323656969414236261015215538172503693919882029271
36854440106294367264512033344244808295285077865022
35886684798729233633452675826546136476448809927763
31655021300744945298954339617526611749016912130058
10955424491226738528512234383695983978048397524645
10120588267428306399960890765573443634480149048829
83571898164096451011928985398760882296922643542082
44568412368752332589778385243845422759205676092607
95846727938663976401333752981741038008397136698750
17925188890050961627253029063851224481562947348667
18079216757439502335418797146370341359507068879603
10150164644742239232867292371725653842901470659068
86729406948425427159052053409339014321081313854582
59704348580931485506339418705437548201917022688231
75109013294136171877005809113345796164220301259802
20431073829668649070375044538684428440879094580713
83896209544920759961553665571306844046952712994878
30971345078827572484489989734970396224651104987770
04179371263198665504248264504271322916123093246164
13533039167689451483585692702166031906568999303527
29669425409329858504714285408386710889273443108736
34570026911192432496377298229400944020752024662066
44738391720442575483401453940803546273409990964069
07207562290737468413119858657879885591425214708035
17849673589369335350075446723246131252582687046375
63439646390594790703928961259764866705690718158460
29936042856641652378271137607745621090317980865717
31999343128179691294296204556952012433154460835957
65650783244672112585007760996890714299062146372250
18370319985169220050813910205378983915622992500646
87356797954066278295022474592665617686886293211625
65605008454294559032917372009820858817353746878318
20644702268612764976090634339415664902642621944959
99726278798874206865377484001240271202527473344361
66813022720475458702704640986434675736414944556040
18046902564908532516727167095127900523934217027430
32886141323309616964755602018386215997872360962122
75704210996873700071225799429518696300412954188779
62872409327846179804864790769989057773388605583824
91142283163748692878538148143146224283984962337855
77350860511010509261293230994924741892675131618818

62075325740386848069649046982799912216113866566382
03260191359684025156492479064439833300318078952369
61651840561410338434799376178182100474351909070654
80640320569117166432209921547124046169424710431522
22051048853663827047208352220722817923077243786214
62986066830039443184031897119593875880719811504839
77508624928452053766099357035113846959784295954406
48575150506208497122812336063954148045231830375903
92304193129358047025322396391151279375936015140870
53514606298995194074575535488686198226932469553821
02194720212488490442636553953053943533004050613359
96832016669879477207952586691433189909211865226058
49608814962683654672349840481438109431985740368377
46637093658063733929458794664451682611483334598089
48132301423449736300081770030290154167401795744361
62018422076053577654231628456427644093755689715537
87286959872245740725586288916275422740013939248909
37205554561607842415395618839990558247974029707414
78814357270791492210435577454609349005737681596828
19680197715906457966057549425418144532992479819966
57119645518856556568121513349098046580376847618266
01373717568372741306170464438082924391653713296382
61653072310606823338899995102553073274412094269941
37920110104663208749715410587445826115995906877240
94286978759462694298805477860776458005229407570308
40638516043605931255565855331231165546386554103007
26993447731181690786628011955322480995617127881556
39351901256077112884694732263635778302596564232697
38474469674793817191834984412010284235192195947941
18886452077960231343063217174354069248862375881350
79501301954212568538960669312542793294445046041439
97511059306830758986663120897091786738144310626732
85729135247335737334139964981622560564197417879844
15602133012302960042148911478485752643862518142961
91368983822274941558639578740823780903834140879297
64451188880233720098864012236174176430506370381076
92783411890172940132946238563930853153224422276881
85717288938851686500759048441570973663653939411381
41433007084179831172343974321289826930882817908454
60835227616883923670670181937790638751868898267898
59261224877072553707746809091738121955681542467817
58249863590845775282210873370947100534470431626453
26509875418704826040850494328944967115115564045037
59922183153150621894176807974004026780591637359492
30580218910561624590130191307342309220118774890541
76347523478720509575083012458009760894490201422832
15170817863829715178754102327793778540726836395180

37227273990724613281166726202385362958044768744894
55893556129416678771151444595215072801124528978389
88924398057926113395117163372724763220356134137665
54936091076077542886394153750911283550953891017569
92734810580205244749886065694140688059815714553496
10211640412992071191573822396496879006157717959575
11675590848192969043559344490289369648619008661184
83640844547092298808201869643501024165892806728934
61892128839980588675472338226628746748982760072139
69179081994180723645143829894301735530322511478911
84679935694376925654535114088246264417878175405852
04627520911945517150715322322900317837863929972645
79504136224307388747429588420386537963008878284974
91015367140448727060522398327465443452935652807696
04772215030240603299608201442874066463090243695582
20175148190212769591948548065002515966276672115626
58270387072145811474469794369850676576882350350632
79085526027524578452139311897121959560222778010521
70563123963444611270021258672357370900902467406949
25766696530479737142762657053595744879087619929979
75491547095674568662666933178160269499245637861334
50401286482682564546781442573431384860066826797672
70827808689640327625941678840571459411480462916488
12852001026105619845278543167673430194180028739280
94615194818546866310990795150448813365012546122141
35427912283913036947262589780027331680030312219807
92227233930233396990249323813630178121360113136831
03886773390012252524103762883920011468747397830196
81516234484584417084711540563067122150252400600956
68450209965442357785547880065844530633545865197485
17271104686923708210374238344516214463591642683264
69767485119161178393419514216263434572806939369671
64403452311179813313674725581030233003356470919313
11841549327154187214539550089621519955776480953224
72817056846283525646275430576200001721499028964513
84383311711658584177645106185825082104724546989085
52605715433473640776605980218446223023035764928698
35354772286691167255092926423495359112977808670676
40091417604725110184229542894697242719313957825111
77137364661288610993859615446366855566406324240965
51152712448740813863395840329068301663750515937889
44700324467944420500623238056780758614051617949156
75878485475379803613320458867201313746842227773933
83010159278738266403520793857372733187872211600697
88684910568876737354682071793442051691869120733906
02304035953144024848275524988496686390561518129135
49133306891980509583195474524347688558773831041434

45399339782643790560079325779032687723893359704089
29063798623591326882769120482353226853311130949276
61454578911147071816782987954873977966493933404999
58044511144263787805500618120194285658011511604965
97514709360848244784071510165688191515476308537089
91777495003154677919940554302384555684329587122807
03393036550805203590269022257432694177337833020778
50881645997749984355147030418993109278863628555954
98666452151460832243270293986535471171461120978644
64644325618002352000486416928090125195558796777707
12014158540324292727965139982142625427852383618248
97440083764657199183395660336509497078523288974588
14933477309948639738318201932446879191922759819287
05919005907540673571852348118683464347785054157828
22449079858408700586120528447163358777233043808270
91373968895056845553523261822111023731271368814205
83983854747049000536093865761777730487830785597217
53881861727200525683687300867217691544126287754950
32392221164872217861522620911242592377467055016125
58235461544208744584214964776025595727402918471645
31588852588278842868558894965084270394298993544274
75578488409253424367596461265438109202556299820515
41480193747004803579667745874100884131811872582385
78544848881668277133032050914804990270633866946909
93512487922710050927746141495291462610517648599069
29923817599024416187949702356571809514425854995765
17929621056744600221413367375480798603596959468569
83379772672852875925060444184643577824036237766702
98728323706045274425550681518095558886835891475330
45701169217308190413682196197924446042649934384845
27323746191137110824464335016948015502532841846287
33492266134568944139002470663355470788141605485679
66865643266981303178362164646588208300503644548129
22884964461641012502375768282189455118458059573209
09394620648677509380243791289601800827940474817422
06332791471284209513701056194327176292868579090949
32180555689790662862891547375486731986937384664195
85618899770827990016924649425190347377703988630149
20111835283723279199650777155816340617619698407222
31867827012354034994384291685565051517438377353920
32256115992975687965574856371399849841889818723863
44774773551501353507919108180826989536012524782547
04321409778469323294380147255125843760860998146021
99698631548473576292080996702231230779999766892614
93709481313117612672502902025112501769538583175793
32482374758716019598930968995429457152380277892235
68504876418241391023269149165574444845124608305145

78741750738717674417355110130764553789788752222185
20586133010759127201284158160990129182911856667157
39299809291799149161000466033329225776086756566635
96534181854225605988431844272181094231810906310605
96773327840395059606697721027773614118272064342985
38442465877284718517883633752819325425830054996146
14837350414191861619862910670638791195176205055641
05481485307823643720165399965209504238904116749764
36029024341956762244685142089456568032327777818280
40235317172716161384745264342561703004038807168888
84214757957281324163069397719048693210177484934395
22088977977460641321606591235428730663498564951384
29915119375415682688046403440740031916487524228128
99084960491088752481897662954439463753621983060853
02662976776229728237088410640306798395704550798642
55624132956970690312606937272270497385849063548119
46653533660264315355456127620022454365014092870701
03845024942299682469894819311063805848963834966842
31546895857394178100478027431024343617063937322667
14140476450553206852545277727133799598971912933510
95335218376237814482821238983318392269540362944194
44779393386294782085653916027686547422160219745416
25034794865733087486963621460507966572115585682647
12564019832368722180162737027408546123315314874653
19393626134387278498409826789986196912202669754590
12033474871715272034237848532019977394108939918323
99353436083831944835040717016050019719407955692916
94412482684602905546024805566374925676902358565496
30563054990947383386820022532727510147653820157189
68917643861760384669147127050209010166793143538898
17992613894958205684315254271733398458496778421955
42284969377538214198753983628041513853270951507067
78317618492686749245187887825652388078755933987418
99239410646608428415951768002918996744604562347684
17462843614905240996146091329907825077671729948737
99300497060952190291591878815655029486924994826388
63968238495608685005799920812591698095762500632522
74297757223532446463129919160295278283878086374379
48487816007986691844944952033890911819968400143601
93709330547221904717861619952110929112791700197667
20202163966918422241349535264054150343478493730094
81075000992303709153882015508200330120076040367400
47502823812172353310546983710100965755488116614281
74197142241111465396494088106871353167996748974279
37226351358103899882545160553672510213641692900321
07312234300723995569142252464301262735666817822859
01690339952558864708517542843979342327492533998925

84039232079835993252157435842523037436661389938632
00080064574750880709379984627470966570809436929936
10700273453815684801439818002264979616549839242472
14953855166490613388699479448764070625660160551717
89113105157898124840674415404386343218080496035776
36933696507502496754659653517150085997507640004559
54263701196268335042396940932473254073217465365771
21897863354556824170391037818242656724415781843849
45382562034978117494710465895082321408204782053999
22170830963792471914357052689273788296301720459841
63967659793992468451202167315575940610850110840150
14939584813243143264831706383522933898357328629625
00645396532323409016634553497614539777543545510180
02272987816661057242312430623503991266927255939838
70446822440569021752720890597314031719499393757606
51704430817843584689023226409067025582563156527103
99198787449960056696531169420178903331930791287640
45002452926077757355448308514991216046260407966357
00429294141521078517939512489293113108723403687549
33321199716941558224225323452699165148427080749649
82432091087091302719220736052823988903337764824402
48216436744892838932717872463012952137775840656766
50342254844795273438929626352170692482957223372372
60521214867559012437510688636168620684810753252551
90808700823937566799300052564004105686873213457742
01100430212747964046267720796028868075453328446116
39636702961676361061209564091590392267597725612770
82336910179793240276009477905049390594990355097623
28552456920149233803895551145369453798964243907753
15438661079617254935797164480344612666235380414555
73676426251445905719258022229306403304943177399110
77459948051848434169030124710528400114530117015926
41760310046687984340067636613575415938107394902338
45959978566490063310019258076179659274890217308818
65451249156100845649219173398418493640078924253400
52885127409782607281844993623344396777834164303286
17074655574470958871066122859798438328988827786089
94982593444570625520846669336207364561329951753464
99096607099343125635974902965671846803518878764437
19273432284967575348743806058683938732087107123411
96033089306023521935023796475301514159372862118229
52590670185758559048698103361310619537044107720860
23300066943559822989972003894205071241309633012473
98988986501613446041636976412991855139856413348024
40109038204209805098188163707656025354228852064250
47489586808991794668611719325033248230241059805584
76638045521378932305723502009715574760259377207677

60874681482134522531630208788823985355668408462018
87763338893823940059693823475558119660440536601708
51554314092863357092159448116017532965834133347177
30271105970905178115890170866029901605124794507024
30123230670262179701141510682002268139997507258321
30356166794912610054201286453229800672689000948209
70758541021988488529545960197473063613284296985538
52265238161308896659145091248868131259535362960576
60319750429504118843939724705360578947986283171400
39684807642119094142756812027324542331959311195239
50562906226110099643989483816464487458668307548577
85328740819937572748521974137180942967777411722239
36413560332119093344075567878381130451998451486289
80006084838694206218527192801877804248668080299512
89703473294463170946003859512545338683557968905846
51723006704488896840610863040612135155203874213928
44962022257546585820866986406049865542588590814553
09948434938427338421786450513985427397429095857008
56146256183495270022814173253676539794691275297470
13170063835415965446342449683526350594853447447210
78056107810829649426478810025979318775639239043291
78532763420375229756575274340829508454794701524526
08993138857831239117512692255667572885133404397696
25403931174933713994495293568010603796944595685975
24987726734807907326761824523355212162149680234492
92542886551457337565576594555709239533428142462903
17278154039983415564198377180189821124760855955518
99950620730071403452081550332981497507024426772643
60338737539731484313740709266544922952042319900734
59463931199653505680733298148658411091994439462723
28453677112848473622460633136028591059635237193871
63459869636443906854053223193152413546932487576730
46338170302944798352260205181494445850496120326909
23375271623551335262343207219430093588150339359897
44933526957874572783140396703969100170734149325310
22063263016925237018012024422688492909819555117195
61208381550144858365716651026908664871732381901486
09924699131546082001992705047305688761418932981083
10235264828108102485450220875722128344134379484999
72792025835434172044259846932740914178214394928017
99745659873698287428268267484421213715468232751128
53416523703165307043258283372112371376096959399375
49536223222219746596193325290740424876025138195242
69739101756371975343004479617825043115331506758256
27353434762525391425152757047878437678852418719663
46241992700802576108392749762263654900186532064549
95155802908398513272627321967284783025385221904792

78689389538780368699318846603104363352437327154699
89881118644367011402842620261504738823589974728149
33432570654746370224518872890612550302737919026403
96577417606898976983456646470520471635921448307099
58430647172750763371802071459744565251418850503716
37738189029696852844092581931744100555760898502923
27101600898257223817394543698529654769490187384046
46564373071319590114076131742822038833136029708526
14512349073071476245340502454237636666855757401206
04059886955630114415443141696986074032207886003132
79055391786967416355524025076765308563224273784714
97460377840646093468129918719028927597630701598408
87781745192690147691030030234979458511000180886606
21628680111091511610409832730880899543375511871831
73786558776487358854490366879074169182538313306362
33820582015488544982788382174243758054923815972964
06196310582151670919032631873093381385011309133277
09303425112210972155056104913870504262198052602476
11607505971037943664771529353491718612506611636738
33049956487877936569791129319587827777406010753337
24327900097324072560703888008711373096596344570960
41175089444791191621745516970964844762046174128154
53612842260155130158952586280695706392444354780239
05168613385498619266567622760358234985569192248906
90116459866096156795541549215758128354092025393170
80737814650788320352665134570706553685699281124265
67084480177864614974045492118431227621845224410884
71507570190883495022437569885049454241057266246094
58320959625728720309947765401073985580699661980195
34500506514501054924018861089134173060759238439461
24656986160560909454177290736400939132195676836433
32996199979654243480265694068369867061758741316765
05060271358825744337072164588195226133970545205234
41280923173065051989954502858538352287378728698291
72758078242098261060609015092521109089899643892978
62943014111400676287749920781723794746209168998389
61894863077306027491026703883943352474243421236712
17702461011602406111857168705082440491623894343504
70250813649155155104327250747941024737478192265205
93355136255301812196424992488212992601774080103719
88421254744721602969500277426850775217586691799380
13625842241739856076699165432757061230452867280707
63189470589544061884213157138003398487408680941446
18458542303449514485210539912489324554866593053355
84578277144237743385339208241277632165967538326650
64306388069556915620262225946941429007998769834420
91469998979568326670904141398068633325156525696878

78992257432796139643702654314463933379900081985753
07978817613374360948392830223380327973203865364624
24980551140224692264789315929449180403829836490348
88638697564414855608560537177228737148228236864278
11365720394749690693723991561003682807514117847378
25622127759959167758140385329868885136552323139384
31742258535628070191544007763016347647781261324380
24842186566985527400764105119010954528983825634840
70455808090522147697220428738220206445111655802021
58137220466347663335175617990500897780885600932081
45417644390323524193973154721892092020247427040585
79135437926009768076362987566147826443389261212134
56594456801042227616524183764018673453391488079001
36360352843217478040168314672618806793649304686587
36463114832826980492022787625545401785091774977282
94675692935451666098641948145836444789096038304582
85369895608066566619036031004530472002422639388157
20686746900619298730822484900168163489212554337544
47580388736158658859248597558742783859992954170991
72251153402542222969223436617778192965331349674775
72209784301938184450598507508056494831896792205834
34147890510257617490997582001234724410285079412318
43760147142137829511021873589939170816868055988133
54699137945378313771141354919712434658109311278332
66217592227589369934770498435251921073517573702005
45734513058731322143846208760277518405348937132376
62907112055269490530038882280420480821085192876107
67728145489279440322723628412479431926441924307968
13703829482005869742015013235319872051992035387731
42158822114859743182387909891993253934150378768995
96958043272517776898661258893954420139171306418862
95106652689606241452084480340347411331488004313864
73171584468157548365316705126017466407607280959672
13272942245361042667928094697735836383498228114766
91695969557327702827912099792608638170176542101511
15811092683287485950646262362992592496943781822291
69234325485361604152514206369252147745980941988926
81477644390537611191746302607417041449224194980017
06238668169466079892475169718500094287444466241005
86380355863065063609572709797349307096488907606301
90792334617019745665624871288498673826785462689451
20946229054827542330251732132827853165175869340541
11845715104834632832008101152525413119367954561261
21610319742783210387954825391743140987706525700603
76719683830478692910032674834420668406673515088586
09166297657227799692600386827334964187583321180809
16861851713459115685089314940448199610725023378967

79899188725826867053775743512465081379862813483506
64313246627092452365469835174070426513698824143308
83552631945475425324845884093993784631867338133661
03100581146455151877305014130815666018061132268352
96397114624010498314846460439520061637354258469826
05212545385915053646201416593061524137743303724644
10397598500156892102790937867860318517672404695991
57234052900381676072424770169781521486151947462705
46142211256912722538159050203958305146858500360242
00549094550268261850958754262109739913220950295489
58289174232981343154069257570588015736545351789274
15271289413143182694769025888547865991968988359990
43885422748469473118751974887712150191591908885813
26376998121590808969182335059079714874613336803970
63500369555394225907345369332638969616238425410479
46294837937463813246124082530690269146502151719655
24256788471272297526679202803841296615750218468110
88693939925268794395032672870087581886104930085975
01969280952048237571389454388442416217566263735180
33643277401734125942745582026754402788121409286880
41203000227063180825931867664814904472579944670459
42382811148786117712471299402343531934763897789484
46256041745478020529553081502542980157090392382147
21457480550269684443809603801644372619530044039908
18426587487953263601747734396347413330292755818200
08464886098183291707862124370345940428150160414770
58185644132223188779392163988961273699240022516053
51282937236557373193193898341753843970830903585333
08571836931136503700819056545043298422099381490045
44540044861822140550605287168313414262789644169533
39802968795175366678475509672567390773471816933997
59001189891113962465206160718856491192664269401606
95906161044378014986669982843324652576088257101089
9195911180835030365079742812307093951984025480169
44626205923636351071990148156774400012313072541025
60560159316840532816997339070715372088090132654154
08408486946485133762274828499161274747053222550579
18337197829980217375914243447148663438084599101392
55494465966742373011912156910484733069805081712972
73138066292296784931657070031083055678897912329813
03751031746783401120813530914660733675118762187223
24789683703827950123954449539675885373844664134720
24700158852017613121548143721334792656722446917956
25863300306994583628910381264895233888076384381880
92118073979276831412308688094691717655267197134112
90271581467529442762521329501543011533690389221384
10133788327539359202090519420939389794128938076595

30870273550773042219114300432566846240722890340217
11512731689053394678518738227848515822470484127739
26828056517260376445844006828466737354482592496916
21423903388931811701138913150192228541073818145229
259218514857525247618384807758382986666755567628883
10086015263589358635712742177728951544583129347098
00847178289672734129037076071597089783899342792625
57381889563194050727520873259994565456085868553582
63133708493406413934913749179077218228531160094982
70366792789235878843160849183895336236157657683342
22895927023939153868119581529960664520818861843896
97200189356785489494221651236101718473760460603829
61644273311730402586998521537216477536320660720612
32929323962407800474280678081245429927950935051439
76021192911303780217039508295099069944393911955003
40721574148017759229971932827163039713393800349267
91334165089113946424796613209472508981957237504911
33129166984273711489586628649336133970303624716301
28321007084152026276899630681896952666694405167511
32937869050034120042841739429541445844475412467718
50871030194976373064645661863494065661595559022203
88135713617682347784631098854748031416075183130544
03428112703507195990142030588149232148841293569445
29643170313190357793773919016569125771780698512180
11520363784718232894953444655146267846820263039666
30199069226106232408625749366744026581397192480133
16060412804309403011781839533845697347778755496505
22671989203980646508809876595990402683545829084048
87435901210248570719056955851822996481632457015703
74833507162561778784026024807954364314277409752046
29600770595232159378392656058476318316453946086912
91390297075293245752831122063165307794559970935880
19101795478468222029813794967339008709934835236592
52153174780914929635957680364164531574198408294970
42403902353402659221352598530803324317858577406056
90039517496624783114615470747101524109270990190694
60555923968305614807726537399849961888020452613695
72230890736822583697253467329304349079623158386261
26344424086314103499740365508692160500462809793942
59573707752242127755962792858417731369309036459436
38449398233929185489553676473560878989971977807038
66209274631851985085192685262453825870249573805010
99381632387082022856447402189035037020515868245711
25520231530878090161943705387176816448293944911865
89768122858228286305889861029605283254438604524159
88790437047737737136850213539382265394902342171088
97837100517498175970206868257027259712399904777313

32089067421121200821839867778705656294246938200423
78134913066630287587520925647732731674636966474625
70612003467156409034789631481868213459806127296825
65455767498591972867379753810674217385801948693932
92329785455610079000547253305167081854955082957331
64530389667280573878280582588338674395672132016122
36427190239990318506978094847298037705172000913056
26967205284316649649046311031340090378152174924340
67144662452624788444797032670809204796602152536229
77798413035291824916677547333861097577175208925700
62709539841927672468102127146446516361829038678557
36355070011836724154289540477483432843483747564304
52744506808442943288003263534813266047601721422694
00349628563970257256283718828008954760238666306549
74704534984376640385989464581448053195091992594514
98233613653904412316740712966326187042419884078656
03468894409807356511171908841621313370383284752715
80140233374087460550901973370836047200902016509576
63760378637218832003863900863187002521159432783932
84792647056206906139403648830945520239437276001155
64487678447540835616039984885137729230343235300979
39678336983009127779979497170462853141004353493338
22674849658177523531271960159061728284621371401030
53343920270345130194910703446174565771792191324143
73649693969048965732825756691327645310834456871594
49900509202240475799421485141392454572532607827164
71305699581372348962272410151358146339359857391762
40573446271578414318958068767448800803490104731595
81907241464172911598289697025937777675006732038336
75999208981411198985757705456900880667351053470372
13293489055455497205353010557324696610538066099500
70275475226267638316527252791548331453619391671955
10302515194171781239124482761114532218866777176734
17406452378993015037104211023223884776937314255347
98388888374132460169484945229905107108955879321620
56322085156530074079505592494459743510349190441133
79156636661772461772342505771351604426630343126850
87965410397347392745290514055124103029836258933623
58342678655320477807539090909460140438067643829114
78302964651821538618920140071149455186269299132473
75729922061152524782916654575695663832511478672525
60975782740644380460707154246177387337680719306797
19130310725974717095148873747469503491520242571874
38661942079828728831057102815793640271463453279847
34941390242082297386601437354856090802957134692265
33118264067965254434989996978086293470385536157001
03796998646180680289328572972529014282901970405011

17093960401799400772790730059574064535923916663881
14459764187426920093782970522564055698299485145116
25396658674223630839350814877821146971451562642183
97232451972563939261864816182977438532410643492525
41686264352270431372380466259855686036939297507794
00699210927268702532645880616669225572963522442048
58671812045093427166631890519262450149084600688052
23509444346582740225829051295030497996140166077255
64487461462709786889732567210192923009824547654380
08643740010975723666092413723186800774476268629452
63917248970267674567927348695426329629330779938306
06951742589565375330331982513746697462587161719676
71157859591293894641900519594231162554265589036040
42611724998909306405095319996461071997051693828158
84249161492363960011138453259171654027649547661729
56590312791649517360294213628187264592677678276896
02966497224763374234588532554323573191763216539724
35014685762391656504338768002101569443582360863484
57350102531746380709120581568187968385839451042367
95876705668608026594829523255942029210268875291154
36922289471789836330628408977303931369921911471481
62894383234242910144325546512377642992120827639297
37715940641397405209230530964078416316554355424023
70608217818229921582821565401767669766120899144806
00595299065437623636120263059889510077235755651659
21971451678367435512908451113629555953087586708377
80019199618165568310045570228278919161302403618351
64122316270904542939796741282350843309452202160626
68426891971808149654830769221468092724377218327397
09295506752479298131156698823159331096989939122543
44793577456066112690464296564074054192882264785479
79797445592299821353002931553127176172218631970898
22353116106940684881575528948162082091816672481312
89081046237699070132293532844500814089415189311098
79654072146182757480558580243538161513918772004445
85065798479202545694411477966399229790532027713023
49978644034421824961632018918118043264783111515946
81114816472645477617634978713086688756952976260303
16668412146343026244079468697828598741839503171394
29001355908772255770537385820548895316960180686323
25879151070588932716859422071560763890785976077655
08430373190771766931455239135186223631142711608544
58040847500024799875823005870882654914622078726726
80636374537598067416479448481497389238754728459343
87527928676644327256479556156983137246251045428885
00733489513025043675009241929034354360108566920829
42618503883972921380359209785263348133849959272530

13258210860871562799411912242653301351854683014758
83617271648821814983502877885575396597889061068322
28618619529827640257722566057247446559340325286581
60143865185373616114163075572970379994466511411405
40794271475377811114255133972834961152875330388644
32816081165190097196055850403199345652798222234280
72991817130543227748759230282529480265505717408619
92523706296814981242042637768598819539599684750680
12031703913507600700194920848368879638514240583538
60689680377544207064271651941908844817749095380525
81044824739134996228296437835613093745711476150935
89594579265351844458244073484489100939557560229105
60624484561256004382122790034279070393187107523808
56389211364039358354010582073711565980725630307728
23585173136193707794908570998474013366850020841298
19112235959682225964545883214339357119483478926
83458897400760306939454021357274766342848666575966
79093779764676816301584881677064603897065832759236
30814092995503945837813851437720113532362892642037
78348412135950821407271208953373316878810000342084
05761803890377556602679235794264582504634285826405
82466470413641994747054661183354387910763314524200
05378089995503474173982479708963230657788066150878
82093271595756544842616883205894028796721171980537
28362406561189079991380288320943433112469126814143
21820670235390665254965636176151324015679568910354
88079558258253280000374072431650591530590694165524
40264422265534657082709714384284185626503226274931
96295890247541653457612824093535406270144007091148
20954833364938657662856625027302154425979845382948
19130149993816839032640802982348877414716824958784
81818005552066910156137025327368239846402589188012
03376500920647729115868497705912814253936463325614
93813809881934729589219122373029584341575051021773
87600274257006713072132715585027183263165673229741
6556993878969323828886660475346398736332850561625
48773854356883005726249740754685155054477920664951
59632292580229326617229622139077254749522646217975
46086820993904542065712223201937656293829780886180
30619528493132084967387233260394748697307938567850
07594093947867425498820242041547066719824068073770
80366075125464173710459356950619561033855527322098
10939122754665443071528565396608248218609920130748
25707698853489469154319716569722476616161766706519
88734448966245862862515222538429015608740899543421
76951754103353363403734750381964569616208605048641
41458492224453185569392104609170949935123097068124

3367449929819627438739313209704016695375731733 6392
4066206733660664354609510478033905319817058757 7123
8273780252473499031335004611778877727476072034 2573
1481597071163454090918423175198274427763779402 5829
4921372461614244122992493589461434008809389144 6700
3203465218983727289742397437971531983072961242 8502
6965615884663944840556777668605819505314833709 7686
8517186306676495978906788870683150525108802156 2700
1700423292565257755357147488071703303840646594 2131
3222560288183751881800277819930167409986441062 7199
8252745569596806164230149058371294203283526086 8134
6582068661120881999425608719239598657559906884 7944
7989572847189711576011266352332118719974665840 0358
0218134043653557895102240963230644670362396496 9102
7401415384026186040025210407010782659915044971 8939
4637653897423395944478094125964467938810595401 7706
1710349317906010285848179428692776802516063469 8186
4876158623370152516023637181787999034379595511 5086
5145402587972642320057250444419433171201374682 5419
0708531072152085126939846628017711102642445638 0791
5882495667434928755342215336739800701841459689 0640
6936381641534693733580413486216823628124855196 2820
7372517116447100484339267712904709544982177124 5997
3537949895925018192667009919231981513968720392 4078
1317332882274061834899368915962588277943418125 9782
2374682335655696616170703773942455538602130433 4936
4007531953398491086996333561330849820046220523 7942
1261127386469773435298406141202933574769854283 7985
0731423029608600645839020326683297106647485928 0280
7062228941198468523711846288178252337801817573 6273
8656338576525114589769142517386579768133455331 2596
1089216796759921620047777736601739698157005189 3055
6320934768057520823924709307505648653540147096 9258
6332447535240023579514208088609935236904979271 6495
2973307312176270227758280584330992778199380439 2172
6811176593651677463485868115239136038172399380 4361
9137087041783245836870732687927591512421327930 6924
9368067256716409379581154374100844743180798479 8184
5622953378315920943705859879306743149584212809 1771
4693715998839338365967633328550845214487173498 7298
2802287224597211100337067885195708636469326747 1590
6123201811286192207037816689825406153183076538 4398
3956690719804851395299403331186528088123217077 7351
3270097093437728645069055248320188640544591213 1117
9044127994901780460651193462138351820079194171 1869
4779020864787750881187224477634397287600533491 1972
3576540686820193680867718864154368080099068512 3604

63269609940850990396948362171570718698156808599431
92755078361763106352286244358297577723971617124439
00078527257874425455388265166580154504944151640169
24498904268345734562617340205714011793825315539669
17865085328616022779776182844821286729462937149110
91163510449320107800723707449634925691218904931357
36176727370757948988198708148032945608027014245740
27992891569507497718776325901218558321168332456383
24635426413663047442069533906874618048742695730825
28928549775570446553072537265354490916550585449050
09080736081330077728805917621134078127022071577217
99184691999647647655001009776601727964696655224452
66993376993129003168352117905283272874954475129813
40250629138109549668572838779529050442889661515542
28237601744913735138627397538983742878364570857778
79177722829418378625092628139451414028381810712499
37085703496006797685633696864767208107940134332689
92292032107971528543223093687838982497846997755897
77584162128896661183097189395618055898887347882238
58629836061482819706388537663870236997190568879142
00150058932781576679554126561532407775118370166626
80233363450787841366979508958640285849250404849337
96171180328045570796932170830887117625919959435644
13971495282622098711793930564122549381874381430808
47275530838917269346294899678637549361154624333630
99267699468701922308814839034814606660954452470388
37612083165142010076318337589349399962008248009986
04628306243249049275733571918058260532493551274110
73586030225305769820499460021459863975785058321391
01615820893810253664043283856221560504818745659654
50748771370455025814588687870941584142363695825390
50044102606727943451061502477228062235096633157361
25142667943414074665206353454658392226114632355783
93993709702620191622134738856245398302016554714620
84762972652574642687233863623153135553568166360519
03571895244664237586619804114480252199013025958934
99907018346443127068059900432561387112104506890557
50679076762563050384262622513729065225654942654827
32134998484160539500471824985656018473144907426919
64574526581135702651071623877334688337258997786436
72591741155701655292484206315218737915952464483195
25159806339460374218673502419803903429172882058569
35267866581582011958760698252396492923489146794430
84786574974508366962329607901893079624458748437251
74922985957167812557484233167303580613732387207900
93363369257424578919538675866761134125824716030708
94316874964912571672763444303055435879439672798391

60550213514833324054482959124012187831340304592944
16212927504998450167094648495344091524718377825576
00293979425014893421463386758834589638702611272977
94818453034442314713124407849821484673586273265362
86255010397360301794632125535434232983465042878299
26979525076211766041627496983635949960324349579121
03000462192014621172228858441330174290915199745617
41221425481510127488263009469748351230072170223802
51636265424573166829154744421810027776127607297892
36825861162066670221065842569816638217984120387841
02644877355661996291918779924348976235918131207934
21262858085245471431809776763721364584043359927672
55515876687292681898646645773718156713727127327069
17446076837023027879242438214038304398781254700621
37965560074412906471083531304202892912152146345225
67535668396813627818999544967628545917295133246231
26862712073070316867408660159570991663158646522388
74562344964515990749792099459034313921494067984830
27225457243051435304549078550468575655985031418630
84834865010575124492875671828991276457246072592552
96433846454729452076411844381790283425846409298456
81217561693893596597574042929557152915076829707802
02397891696925219956916743579510728110135844878034
76120458651798666327827480150636490227523192057452
15355728802481958656569366630546997062951144220612
55504568691480327448602817268281027424886402616018
93418136540881702751903632798220382703820898351245
57790353616534469844285133454838643525481083128499
83289418172916120839071390684868789213810103679650
44352512042221465614364722014989420021438344201240
97014662363438582726929610862525525118921290714836
04566795595168653305310545101978321657417626828559
34691871492472425479123271529093087674353283875056
31625953639199685925802257094130454164678572397376
26687111622820934741373839530974538562283954012484
78081748766221827151570135695466014514527686148821
94513411059801959086376897851029047454766574382151
81134510250246512821307882573115182513573208273422
06955041620563142444929775785418104799619444293639
46697398135936691118451577779926435064354447789078
66885667636555675101330203920641099446748697238001
89018577123739333851891151761529179033570357835979
59554448978594989542466471543277067082726518943783
79480640334221433772404786786940630662072056502773
70025852374393455794943717575948222394848213090905
39231169866409648373506830772494450468792906337053
87963710117044090375203852640296257030044175089847

80077854740069098315941092887358718953394735828847
35120247775144152864143330152376020257165466393135
15169580288664731538340423443705796376486698042917
49897294330983715121568619296541976790875435900658
85191194910142607559694653688445618809901450714928
35593653328658780734465634881032988679671646781357
38438860393567548126731638346326081522267743361034
25627990445807102437290860556394198440975135534819
36898944385856295365499862588604857134920887479532
60910977030346501294040228602836133422350547868311
75310480437887068288281500040827046669007244607660
81328348616471638169678446051551761653711887635152
35927858975553158127353916830280196887220255186609
05434784145591634664587131734675240423205137846651
45484852108274337280013486724506825679412532619761
65988765239668887392524079984935281412709665420506
97694791090919691843101757313225070643390879078608
67329003063983535165159800074053082689602417037023
26706976447029760260469815761395292209643118412199
08124432974534969714035525042861389842059873557626
55435347212310996418075573943049847583589778675340
82777525594534690720294929013861369117193813173601
64647662549743551192372319033756640399554244778394
42983518287742464123279166224872611661531195565153
18379303744830710564919086376924643039253332818232
10265162984382479889408161531526098178358205420475
75742391907906610890617263336352753588367285253235
66999568627018308121674052801800025536899293369386
78811674407772991654278804467841356200936297554569
15180767133129637553148165799090729310413796284759
94177907248909988399465812988705098836726884172624
56006546811448063717429508458798293125338228957064
26355589519574792100474878009906747134908177116597
02787400484855846184436218804559755361397818771100
16001209738065852060227467398432198019506909533162
30458982917616258601136021828935305946736287128555
70420487403580738017522416010536449207270031358736
27446547077793526648446408067183202372794201434472
34741680498214353219066185429925469027839023946936
75658550471520114175000886374437528098633553566630
53144742780108559946161239902956286531638308517479
79431177026166211075066725911367956573126107906874
25271321020893420430686442656219088980102687881677
58633391987936068177968001520738645811186433222300
27606609792372849188165221926276820901885478038944
35603204243307256873460617370232452680436617589619
97444611691103048605905531997056360086339357467682

```
32684120538725039677338741009430233106594985975756
28944088749450232447104514115759283854319043656099
79441778694565050908673727940501810358913300780225 1
83670471294785839325894520337371154096525172614324
58213651094928649637279067566775702907881082452198
73727940381999502492852736340743617223491460131337
41882615777539449981758244493738170620495051672294
24285374716677617880644347567422409659208038034162
78472569426829022925212523848585337347913671592469
49973608350100908415999161378048415807766179309191
59471885690996102325600636796509775882954357381862
98518032859284770413724366489514614505019206944691
00554517531628065330522640076777089331089867475923
63114249211964737983859542557785447923057506806386
12690209013250630793951922213386091859506512594966
21115675247703172613236327036342371204669236 17527
29643717179484510462385604258222738205746694163997
92178115941355964646929848306709201425779742380093
52953076421311879630325003384984642860363407249831
28555939809627486824431957818590388875500902591367
55043758914720260583621377666420090901070593053387
19095934833830299912816614493302348832428627 80945
03744594199622771925912129739618715920208473155346
98082291794557411069295622770746468292250640769884
40475901917347741466498926352361347170216506656059
04732803649682439836851481673729696986157231072880
50308655420546534599832179968137693852187938647137
41529934848299188089577576066975496074257348997204
99944592474776550655881309885779153221253482542661
84290083358153300425533240532142124836043612819221
72957838444800154600298950501182389646309785607091
07880102649379376565094718793225833884460889554615
29462664001960838911309128568907495244109929559185
08708629877492462935098430541631892065189010221083
68738507686044955836700884497199414711807644132023
19502904398729819740588179575559249432469415479940
50095786346491078935958277278660074156011277589271
56974669185672088046158595689739292346460865182597
34809876278032735783122824239714918079349952189648
91498748911954466018464859793933432798169521734810
47300746483125306807551970638079106679558987664530
00450685243345844501419438076057321597242893329409
53577690289281327309503733441374448424049652672649
12307457602800339029746726007190696517893056846085
70486241921921895529501206499382979045221890711544
```

52687821120477956764332887539697262447318790329525
01475268642593745614354879964023555025562412865641
88871149563905477942768587250411279911978525278635
55532605490775416372818787942166756748578561416230
43363824076503788015601988095772380487988087768681
88531550715521356754582486210745365289042299172215
64124329654859604047603401089607930001970188160340
18706687673493011680676253758341019449395995975179
92945290138196724876429435303494038404548902069081
14517035801938191590053992538549904281164432095981
04297256009893982978142801815867903361601288340891
82426560769657275476319967224533077566356514988924
03328017852909671591215592207966059200516647151130
84015747198573315595081493132744386096777289684562
86694798136503135660944529386858762164723841947266
75264827978036461664616546009384320096386651058793
83584087496361419706343732440744061759639504054302
30842045311689261869054774551230814292867131454787
24936722627140194805807208956072954026603573000165
91846228694429707353592797791351415457236366805613
51033735941605798693509445930764592536435012949183
40746568221068024329544721198860420889704487725978
52229355144143595866617108405761912964802496895729
63361908106473429291580124923341595072790860874734
72977792831022117036007855457695093136478690591301
92897508136820693747662440979739060858195703694795
62173390922423568787195448887076554041753864894947
00125053265954906591158579312704816593456876477106
13834516572863565673081448107224136252029771512301
15216366436175554153777313531260736738451161060841
51358374964999144671831238478172661278322910119023
05693426788974768845305927887905349031050776142554
29962938754841751963997912067148771056699673222538
91393223401564458501503835897166317796965033760872
63341625665152168570773753040224794403987545693099
76118475950363021128888392344959267003790422257102
80651298054546955321149537582766497186706631970791
69226050790892188740761776634726929343000028544451
72960164718901564120699430998616936668518983340105 4
86629594899465690353605541570293708695036832258132
39174001133578912283864381866214276391120167628509
17015801323940797165867875199335922606774097310151
17422689023963220013016501117008964085660915964199
60202060399859516759933616460872516105373830608301
38547011469178633538023410741772497712969498238933
47460978146663308890623941931970797684886220394489
66521855308553719676675096359880517797472617930326

91283182674862057809265256529034280190882705901405
46637470013833025889361601715015488868935910569440
44972172021139245648474988858366001193030933405042
48190948084678987600382766921817190867696601829782
03559920718977804292361836630667945726051889605382
34728759328230119515865551801782831335658309861373
16525935030805823962559082865729213865472195779312
24335914732375240378690825360216462948132048845739
87051367246382465059987311460376225349778221030101
45429875113822448213673526737210704666777974242250
83858464887294909600521861477477151996602465522606
96212706208541687872395159978268612079223288649559
94712943920009967608462614452966881819111809448899
19558814713799314815293295825160760107116624951556
59372028930345139657761202158250017927165821147493
98982521641313983316292159116787863114903503708046
72911346756645736776031670447118722869777749372049
84115525342283689364699486599281638902933332959670
50233310631864547159461989211746960440747930112114
16649749227696638793413605543628013565218859169191
60126501703473492198577912155996554507884590280024
19792836146886166968729406732657944855141210293316
47678050432030238929162094969940946268112688477619
41929888728302045325483555956456104975075261052442
55809386273420635892776828442281295814647347367073
62255972829437263774877683992863763234539366344505
84640322202749734150248757659910215195448391414894
52822383268148398051997076559268898315447157695118
31555106187300676856804057123078324335686278130316
98684340855208154148525567720882895194035878583720
24544781686346084119703605994692042050223895050999
05474622524732812866755075605926657023819679854436
97384303634755135301014223131859665983550172909122
66356068396272443084046523628652842323814234990867
66091580811529985673188270001310938215761913296593
14579978119982342630591411983389412562602152147455
61859783940816914555513000175131020838255631736162
15459035129106180015379921299481140928264215227003
18799959583363724143264712437805197524452586298660
91397653631205034855196870142616427373944255387041
04093401178690284831732444669643839274132175880980
00494988615024556839321369972260395131599909527837
01454801275952792565706687603394301212911978505936
57439413065417846820219003381050360714952969682719
34082499540824216163965539009310071446388762031349
13407756275562058777480798439458119495188200713205
25940334421340012436887461101510266689010672516105

84232452648551398239240043572195668307365786346362
84713947718760514239870777535371198854467657293463
58469884781033914667847854708731515042908742459239
46132610892919503710118254923184207210437942006267
22449362643509595503375838171951054431168732796056
75329829161312575435682524564650081228052263681461
15975321199170660364359744808288562193226739368656
06254293822490061995607753330652464844307273487208
87976729269681479748532637460821151712272174344612
13726243363240118432918898637112347583073897410591
68181881668955953718239958310915895586515510793911
05153715928239197272385189345950241777905515151572
64975708724287679440973145302040959076917387500961
32648370745595341535133134490003875280310133785644
19114742350224523620088655342053548595620977763485
91737878062122554402259252738483077651799963738230
09096197593801747525783079615632336266463730838957
38467111670927506441574763282421096818667021420776
32683755260776111089889449646732775343901491089616
36184144351402764581222896050603815546531573231035
91573592275891134925690093560714797768870073195410
22834271748757490709187163047623887234096963025340
78247465097250027224145260335082791705095244089375
73333123198203021541635078677826550932171378171231
37161142123181244080633098153607437639502654255747
23877774795160370760254863489482815303352021941346
46696375143271528080291002816293441826410827591952
49518173693711365151453769757463035503968815577039
38983487154988401323876915333088608396152038792659
83426272431774927686269635413106846562448434931165
08966874844693471034053482295484404249445480290150
08712091167917658606527872481257977534747880316689
00351087458568174549707049735995711339834554368894
82161005371526145300563991242445399625803132802285
78155567533705179614335935483126071990025851110866
75429079991703537006064368388657603432842134674936
32847981345995095244594136668858863653580165643967
24558897521380576361590214842158335086871769121384
57600443756081874548473053787916068543093840810194
97206105993813537730874309360802543746183604369148
74112722209890114767287794789539517337789411265620
46748007712938053458407655616163671403281364506738
96217852090789222464391679860438040198487605953575
72978480805364654179647434163208018815226299727917
53618419010572539102352610066612857938612848287211
51144331217481644040056183601867286327932539692823
24260140007259899509705126468119851380702881169297

47036513882781618018114314687279332331454315102504
80273769735906929697188889345453153536951518987596
88924675788779434750697095948389187091999856782139
07843263703165798784080761347005954231533063135629
19723476311123701263743716988364569939180204023601
70654847410448271684991511973761915708006875431889
67229491535191956193124787701048836490034307122021
69327164487378907486971688905566978934955748268599
45388159342379901066924553808660356930934748516271
99700083726662594609163691191866834087603981605345
71873044883787844599456410661946492827902987144851
38296622770697710186797262748362345055249868433462
17582535199489358389264000821604257858150101486886
91944139135668696883144598621199233497225849337410
55324623722317841154042257919783776260572497686118
08885686579798004500743655996168491050849723073534
55998115616755131668419573344751329229644291365157
99663255383479450766103289684869876281724653418103
83001694345217588085496074784900756730397047497994
12435126184213715027756166827369026168815088921349
35073218269322806605182315763054160723036713898748
37793340501584198071058315310913451714395671880125
03059886950631165440619618064708073612376753683950
22824398752860510511351814191973795694693638681274
53165281063503834682835738440551422934800799366821
08044936068621646006766344830319224958931559540458
16949724136805749636567933079196367152569807186187
47311974596214344478745387556767923021361485972863
03389418237450498917697400714288423976680628317290
11908574032503385452223540337598944008979329603741
20546035438418200763258809362869789359558085094975
65067995350334583706800572396726813294621407540131
28286368823074537737549664487670662370586745285605
26287684371031208597830707742988942333196659933706
72470968952524985445820981439492120793934365568025
69455922608937043796808830592173549902808187239423
50083166725862989891886521707048580918439451741645
60090225973841145776221030576886909260019619975636
49835723155371164800780419034073499583084414551229
42817760215210493581318239662767871573714998284140
80368819714227388302087450157398585239725106689569
96234962835492727345082689120271475257042705061118
45946471828532054542723345159408698624119906327074
61826679560117012752583508647388492046027857128502
34784675339031318786296649552070645507689584383918
67679066785694775621300377608024518082734525214320
55160633150403699415486061306759533659716800235921

60894781404681853314710609546833691621848065587071
34105519361745103710159921613619950970865013778053
38975939883669378739548227896833361381628700251093
98023076921640166695991773931224839082644791280998
57806405324340913718621885323049102890113716108308
68087486723811585974218156537092967446551849292875
00406515807192028280529922444162735432238256495251
74246715774826896121618525639989365694450558351032
81856641319976266974391111677809487179369657369037
61431922383476655463730888517770884496832380581866
10490890214787876907311571261412345364963900842699
44708025514624680875023203989773654607133043284170
53734413903893234842503181688302691387388458847942
03557989165117728792068933863168270043214700842467
57852941660469640375384119123764327438684183406337
69086563342469199412844660048651217780432768985518
40227751809879011069676458190953231321128789090149
76869469812633598854195455671757126766788371557631
26702761525977769925616437210301084993130354371898
99247009395752824298729692241071111800967264157307
26186239271371578280611414300201711142648258488927
20722572122032771300998294999206516489224551883661
42159595891282375248360621720444959024857568099691
55862344381651671463163310048739229322622194319536
54657677812098448625420396083011277674528313406762
29436884135422093949607182598326001355753099690969
16373496655974503738055417879293820300756984307669
54390311872706744220840025986793092414366290522730
54873320374993181703899256416167449649356926652153
48150771057177730318828452217536385509090287600520
76444558521723466926597049347060455327562960679060
66323102672442059559496173835522058814667667226152
53909909223734700140656139750063356944875096877152
08483235189794212322592920100695072008942754098085
72680945059064154821843092352059880849315619983713
48630863160817753099343135682611939113131975531178
78918315599227750248461596706646640528488092119285
32569954957327013366289102018529597151020987318184
63944280052695190904330022355676019778705309066426
48447231165417685422211916748623508214055524163362
85619372915602656303748519633798312493712512584668
54494417939893950361305635853814653497429452024282
80473039319639196656867950978121194503715184948395
53461857076075329697620604212644505057272373623975
65744000051885064382554728183969647559539802630009
73297590967668112501920350862913964308563802687805
42422691206708466695667793808428879759066333385191

83165807333128864107796998027738812163216461819722
97993823279225034392320715570655636931529218829355
46190236507169076916658534114162027868814520633343
51824445869277959804662797012743488199998367141615
93004038549093477123216230853924966881367722657236
65048007428664506672319728135654420431444220544279
55692892481651067906360543142276229820510603946839
07359874274419025274298058005737842467721405075868
93275782389649330295393167543655826368293342278667
99690862018808955961688981948336656830850488836176
46031216687630865949198367526097189379850864296154
27801315738842262690972075493012383476933259946850
64488503584484386598349300601794354979546847118805
81531834838854670090003623901656750909851974382608
91762970517516264463210468224004535486063995436349
98761793295439245093275322116718512553617107202565
83335435269680085114896326771841394897101579682237
12323777998170453134977953440975537822404146878310
31187320430287713984126674284308300996375651519942
56408235324995905280936608017708154802977468046987
30184428172248913336690764257349831495301549179718
60386848864164136682031527841507301603828760904785
50704679705102972376240049732679654044375743461492
63092329939531021385733403946546431380393284754601
66828945703985202898970561990500585663316810254247
96122497994161923808081718695617683355593082034329
17111861194066142459302341685892832540228112237514
48783838043753338600524598377152198085748474091159
65605101261021357390877587448522307072786751026934
05952584004438769166088899837692971157675464446866
86822582163159384153340218454302004455678786165353
87790068479648161154614774256766434666786165714321
39560580510685249293020348631118769790675737306130
86580498053996249830885162974483234209187093248655
66316859988821807634263361803803309370806856552116
30835704265987849396277425742722126865260875537703
43242797213162471865621815021272100153381435276404
46743840817921398524717656064532716663053443606587
88502002162008322243397547438846569080848229761095
98909361512918143246941901775429720168260292606936
28677593944130399807004856247227074616381708027260
93244910407161694311272169324596134669925072649358
33273692236372077527056795318598698939329745192340
65803202897787347160231747227460805571629448861637
69004988028768178344620062203271019135123357703649
00808455544255768267109148155967365538582594382219
51358015637711971679367020622245686348546905987780

34658974565844785240881926883092277705460494635561
58414097453554239477673427530500839360542653385834
29240886791409368144232858790092230529152799915905
00906519247441417091004770849988903033856339419441
04864392190202256628773984626697129628687375722161
88171278212356334904715499470758868040594632498061
32450533895452386272552456440081303686346872684137
92193795785077498902782431583827323503310967089933
01570664195240164048025986195829466611465708789699
31266619486819119516889978571382608897201650221151
50000459167591831413795284292401626307590692810259
15047690687227211554583699847244222110127830084214
94898542759892875796268140828424620273448115637761
58858566660628707597984538985888539735915067846667
74407355889621176490263887730463122881500824148640
35251260700750590426855154587308199448361425175009
69198812147177694290558463647557815938880662395420
18937490840322751020634892328309341028237894088989
53172570727814669839254676150509011338562734748228
26535359010089528178689238513054833708012163757061
86876378595480214881006720711402705172446818076076
01299422257578378515262372980443754897446037591002
93991487767534772424112309983814691187957254447449
60420094875863210496756226171098065703754579778452
87555067068133301194037028368463183005066807530624
70647522436185743826977839833542129935793422513520
34923550310322632422449618848671977535580316521471
06199584104062211908359669078979633808121363989284
37310743158230935296944233518933301343708243264385
32789908261497650024662233601347971746464208079836
95465133294537755766227252446205078516996720198999
93401013335072075807710403826558364817000188252048
73862694727977686819841244971301436744461773836037
84505886773104155213802955114829413819681116530162
35598910147759480759411771570116508692185411471004
98530766154450326362434342050527856128683711788698
62422845371122780475373192140489569910861835758095
49838444566013084746527651201522516404600863882540
89210102461583536189885561567954555943415393774502
91006612155870640166529816814549150487091045363602
33696267900742045245107874767111085816038833504907
30198454596575431151627225013288264132732720045864
75040035975388411508587123667673305367165176672359
23474108220556620738971458967361244286013184480990
09966194185512659140312448268215050509682117223862
12311526523007131658654273609247852137350152630873
64504209708686975277506519538734683752316717031793

86470783338125470305674216067595718124481724154900
67795539503394974344065110140266883233981384072995
25779426860509803857100388472248482378758702492339
21727160672323783759668280655877905336621109097334
34199797844334852653243507225336039871946098706430
16788954090843383183273800955490568085092791321896
16199663626200962269637110459230585985793321394571
81218497046923974684711940903162865482672781602334
66412458675531537220698657075888456159200392763767
61595539143811410641071280366418273848570213166476
67552407500949113768318919687594594576779755050543
59139588476862792044160738994386605970487557360320
76189399290784732570121893863512434504025611153110
61598160410629347212590338103396221076910135920641
84427275725636244992188419296928450488655716808147
66789660936346427193755563009580265716674060696704
50700559764523975309356692672134756563223105217097
97267882011756733844202585858563099582772237670124
26195014021412415170170625748239199375731539805651
84474781497885071568714142353624433273021226810854
70827797568225700932570140588369636640436028018657
35583944918479033626350155432400879444552885841494
51156409427092240658840581570274699062826291235403
80245799757493270182391447626286719728006741510646
15784260870892100884337577739685600881081369285756
50801843593099633922487482273469794807840647767757
74350810648131138541202668180146216960634863869351
82283330213466133693279168595030799246911478332513
08207669101517857971695866018579272996719400552366
90498805765228834054038295723294956666106181631097
89226399407301157002457628374773576308183798161638
11907973603158721219831381962034497698162064239850
75228327733732583324372882160597886109873551913778
55881403729865083817511632667454759408345296967092
62816998084488901044363992941713355049172185304441
36127553727404380196616706233382973802404906298258
60951393502749589875052807206731837864730248913057
90548156273669342031533659348035452212375932319892
88843748037324107862086056224621755669140664965603
25627015246939470098514711600994089128351947568274
83296722721766829934944453406790736552541717488658
39010393192874133368705592913800277273147754869775
54119840138896045288554164615529596730625328830411
85550118882984158691157708185373637750607133505432
68713538259132850979585614230274360395764960678598
01089379556543087594553873213235007603007730107917
89640837991887086196320867905115889137412620483854

11578488220395923594332704524591411473507805455040
33581903384706481014248689197256381168631933216497
62981484953964608387484954396945851525795180911626
65452367335174501636083335297396558922109211569119
78316729184425792575755004030749046664227090664322
42851324544080760503099725830217902579218216908237
79438834808656545165803224926641396247339605115247
59583935636607443829936677311897124381434507144263
49066833674626796514487576042164900465780456681089
76237352466304486513946482319660407267126392740537
14806002028814119479141742109645063130559424100563
98778030768315454955071573005820147925159590460246
61151783936785601612532406275242043711925061379648
50891981909587770580992490842085600103886023943155
70640926229658546194059909869647650740890903710204
10737732283300019434413131898982911460768793479475
63792607660871483258647930931942606503765031220789
60597372119426458074333932294645621715299286987757
23744217452435105937015224486976130482977756125599
01751454759543095729786727400721774104428762419527
05751308188966699039025134180461879139639175199961
06880395794578140869943557929398861400711417249894
60512023152862732692324098027034403935721351903458
40288779882338142266098933184966747889266988742745
14772695849546580773589496632043196842272939054023
42069936593465517594644019356968088757365135655273
78275584560031781257854725797390168904462967021262
48612178766264775483706533502859187059393901778046
47175942432362408204797958379349852045596799025405
15940494547744176083957797368673769058556479182794
88713678562976470361971927727368758174220619342121
58392214716939705250724783165836869092120660602977
81442291451540611950586526514128818711064918796979
43160479965128847403654083999670832363146792721324
49362698570740704713058434826329318845440510586619
40375587325025731566527539290215236220741530144657
59307227508883267063705821488431961565310418901791
25548457874634053818750561404423146119784513097056
54536912682557944487804258829500769682321898626238
11110723687449921424691504040400313321866823059154
35954967189013559031469691373622407761443103122648
60376479193926771749354075341625710255887112283009
80455394033370487328235883976509095216726564747258
02054809063989279095949756542290618460679476258129
14780970375574292480898165417448550967270889203351
42693606922157665634684417142514188413007346342117
70913388497281568269755648308409133263367172477250

08190383325739818737436603642934168154160852874645
87255653507621150730885068803456968232915354060692
72424136126383496243025222734822076674328244625195
34381686632983333512318926415375390268980209230690
24691880866165342597137031996465636551784185225207
74003775501336093586141637044909219989129808172359
62029538477316594515932545751276218265882696502308
32748779521264161760154839038458698458319371172093
68199083288932591601683152378984175095542145657354
24477030798689073885423655119403552999768615121850
36911858118061965525762964582474395494638849523052
29390431920834700408595906247758692673900383856751
95963571883814773408191367110130507853555897601972
41318688735176938889609209708119960863932376114367
61070356756751954509856677260928307830333384947896
30261029049827785167734965663017924045814188890168
61103714921870755368544212842300294361846299784470
99023892090870282586775997932900240687404128958781
80015512623850669835207610152581029222069185058987
97807610317527440586023149271114853812525022120659
08659017820258780104224742644030508149340088935536
99421554124279402428833016355600845480611425197360
00794683676743928913680375452258525035643374923040
61188134789864950179120395213927258935188503227479
72830455537783064856392215254818172332080667252766
59643162054180594480709373376273851917793186994730
24590811653170846477848979352443357203806146987009
23270065387351237811893555880738276143138710477321
33065852429217695200986522155832270762404786747201
85383578343770223504250814245712843756571479689310
36341808937329972201918567752838733601339441772638
15622028490159604474228410691468157779660193578485
36075667691643346140295482150176278079402653275401
69883435434195316982597257270323767232710438850214
57551160781078490367273413756850547512833318281681
80687923483942357902830465325709099698933929319568
59422151042753161377858913302623839957249246256520
92380982163100220099385178387862912847546474997380
84609884915717838740446198137448390687340591284238
31399226835506173095377600773344155197113447780113
63671293049539990019837057605614721077458334412357
52258798197320154370849321291768820404507449491093
05178697056711770114196561695487469569955457946649
02459880581820522678280554400630551716201091706454
96657728091231282730371179344888819275752509942568
05720457156003088351254835453182167003120209888175
66560248156433398561210335218031222038724546176492

77197607561639899925558844824712539754441995752875
53381607523828907495794340847840981905049954722349
17678089989735554281691198660291050548190046634137
15557369930816878792785736669646282662826784498376
78112704991616800588086998350764297274029251889063
94922183187369232560399158730451177448334267912516
85385329353340557406954661639399223125662373328913
08244660515960756818641377290495515788532889906154
12343781361699480463908311094735416191894425279561
02391550363062024648582096751952056686309608898274
24160266486843101853579201093414899591329401297008
09792093387285245068367706352271937561210705529957
70056852165473956309340145995070906849439995261099
50370114911485835658403569443924401813758729506682
05071295542099185087650711181272383052550942709701
80836733246047964391637119624816712878168808667228
63275435721997602795855021249960429342072378556610
33521342883540324720884075362274770767226570322161
45985308480701432711332327955896270335331133019138
93098742633572074810144260604122194998739520982043
14094001173960150011637464937393337425009359679835
49598081681749426411617589002974453790246451001157
32568115366055049218229071820849066730683734741354
08768646880362810534636606363963705084006032259444
23680684070109041479140807437243253754204529454923
20548854094472777330867728957284483519930624062333
60148946570102953727693192398007913742461289880620
94042510718216870035418271782469358852896936838712
33950818071126520323160694213943504416422118045865
97284701987470587704917452361406216647182684227650
43098722130253292080624410135651901924297683194184
22479532304887222761999981305934343540963408734149
40098361137992901040490216519800169653451050932011
86528895001349855481579764869199753554001996239218
30371557049566111407490698906146880316274565043092
92968564920493914266325600490954672462450603867027
79065977825588642987245795155182788954929379136186
43354949560747960629939433289895607101850074129740
27902759832985344536654737382544305064921875584905
47253663137453707765892998875453181707580339014469
76126120801219236484960131914537587384208870327736
31045444103175204216817020249242468543393848183239
72011733672714375914035732497421907662839518726209
48773642289035555070995680644813853912139494407699
81765712217675877697741374769300803853092414702592
67309724342514738979433308220709198444296349368273
45559992756543084921450058959498583889721949080480

02110310107746945750302798672045602966829024330049
01958656561523385066010860852470512592510723689039
14426044804191068856917115605546765577541313378467
34357281913557921521252441634267287935145798726236
06847687942449245432959375932256803824124308040441
51703233035468059302554598084018141938839130991313
78039516586688564053442504597686306846470385293042
28125371288812406383719196825131550640458658212202
70334452515002455569718520449427126617557097790765
22016314099243456249658234632741999669659190963031
50772162295973794133044906912354662899976787063964
42754397053072010156786676514625620966498520697707
10283319925355222101790715425549106689098901571435
22523208824935483264058254433228993388181433246077
62021192763535560554018124664011806449074865679249
30457530305406358998581036430506691788360446337600
72521059307210192292241895322382915890934128228750
51098014631623957367143457654118054222740156504411
13110505863376808693783303841959694538613373289247
16025322293697313224937997292800599267556724797579
09534963414170020386634196145344182859054952805340
99977630879343399759789105686041339012606507861256
08232043804545448631332510663723910133243023185466
52650929391180543257416902759540719084176288677352
99986425460585144807032455850880023749219853889982
57635690469402036938827446681840139984177397803802
25429149259195749277317837957450107291618969993288
31375419807672649180013064389905496374484069145828
46426124204961678749190028707996979188534126248108
79505542074352644179471940403447965109102724481791
90320555977587738427273813105814360328119623482496
87706680871902988723417289527936418706406948463980
10895643153523342290031479810166843136947919614720
60973085801361507055166513339144332448586946901204
92477325571823058188574716991463603187793301384759
75986112096170716267577315729761334685704814097969
15486001251242060298788553533764784651123129289985
20040610540065834250345163468563030940509789836252
77393412354469101293626170198997139567103939774531
00963054901054483657021671991872203463575636382441
11617093788893854939355612500904793637171542240806
10343811886033057556124867332684560694175279344094
97025997743501467019950271079144783210978457155621
88832741071097653063416812979334593467427567072441
34694314516216704733767358268531719605428171285887
08301593160488414921903243630580503307219660182809
00940432717917990576993235443881050324067491860691

57840628987344737670923422578224494543482808126567
71732125804023869289361125565308204506530663405614
90103696865856206381088416211250724374687218924209
26302653347648510064882401875311077523879905191475
13017011555125936509502776638656047599326777269553
47806327049303948934897959809117789256537443265439
37422785062716532617100491301276476585887813004808
40711844142690290625420067897649616996620372407499
90183839249623080167971334236069975708749062665937
33463493311747238915673444128676776285007328674289
34742984354169140694898144641854134452472851022266
00079613809607527010407727596892661516744436606657
91711951892709120693115700607846131048600959027972
95146546772338319753003929982023067750861479378310
34092325166793058858094449717802012406075320584269
04533209973279358065620778914455124440482552693035
33035133590148144451647017174096780541342209529918
09060291260715683392766168926744561155320928000933
55234193476248116875078333750521448641230046935912
72455168409493435643592020840086639728874526447641
68122243197900574037675204113145935690829486365028
86651386671870984019126520871938214610496291771605
61124132622984729181973501923264693476067359179204
73460195021468502042227254990605003905271739830882
39346961329546058235596168859614438551773255682572
00408640667157261428742158656293653466676503053994
37264337771175524863334654686617471029474257074711
45240840693574593305810664791058725770870394121595
83497208014347320216673200295921778311465479415676
32358090159344983934360311394701960236806436471015
52654833033229032494848874017487162555417843234598
35831317368567411948216488283219830392937820890066
68641656356329990025891242536746598742757842445313
50568116333665037981361610334287691399779093956537
58746991782052951266065435874802495310546207908286
92382531734870934885092202989974921677075930466511
58113338304783246584537799959642245110552052822598
55135799543314078046873828830918171688650474647342
00601615944581759276487831751006154057153340802777
00173393486915972544835849957031169089050234790041
82696112774389101113682498365112435221732941277060
38130263418165235751483500779868261068935781083578
68111581663802542863945488244743152171446531882122
65603371686438855279490837229672715058599839020073
70435204519621300668261863897112457539798316748358
02866090243753365970379553017428601709822852543466
28222605029782281922967974950706846947014111471827

23771794543954247545582317637072002093952480305502
48615291942583807464456124756630329362111940643853
51261733638375785199093033778956350709984872647563
28815771858778297353705484562184061665163805211633
55359561571365548830402308390484990534640227536350
53221312628579847488712087974239197129806515715622
51453573762296496995785161894725860193048018878841
40770642778982111550389340417299078428877913960319
09094756427746282346450496185589571867270893050509
91750825906016230356085410026150659958294094188223
171117668561034310940901519556035941976295271519144
65465701146273564760341664073355301078406612170688
04877676582960344592623864758557477341228559099455
12619726150335698046742946544652410747998946799784
64892745481446292704610242772494517285427202517075
13725879735089028835651237307514021621311702640482
51331975042822098951384552813626884177326700882525
43172435798898927526987160398846333076402741020725
42860753914632056334190051780169548164179493173488
78122444725186119410088351313755549049418167286424
41721880263881656275398573336004110595994336004451
09382525788027664814425790955484257632566676861865
91270514838980441597550202022308442316481714578201
02308761368940062171591863696647566801150589395069
17948617938811069135739111929119476457163842439850
67676092701560138762547387755513082161491786331107
56769969326398363601998430563988679303503631101462
12592618232432920230504873973555103880618396303383
92022445021877806341801390292508001654765599060390
88069177185244075096351519581930854853494363752693
14283472601286321556955893475903752173339569860535
58181334040468345871203940744923635469708013539670
29689205641532705761785074369410421620028138597409
94458039484371712237808591610625472912894185014337
33201139419237769927284987921679570485720848262117
89537450995901605731914510330159219504779986163997
35136343018127076636196256421829613557147414196825
19778451292399518094802761577905150529962456467685
94108003196552477778443101848753683776930481208594
93475149575363519083664510383481178383040200872495
43294359801839909611614425208081024615483437721590
07474654697078956825591781021535644406013968931598
44515933212019827378778074605279848063188533935925
53264056804758713927361712743904944420640017604659
60097267419950111801944219947030763868082018915210
69608033731147927545046918070866330683047177127699
38884349752036150838640309236770796659624074665303

20588557954353589859477754208465854466213117417321
36381937611174526719845377107365956594981659688759
53527256553052258677787436196995545270088885043127
59094143302364295198309281704636367105770040823556
26345787874785234482399846943780739800388210355197
14677936743948439795042261555530639372957759761213
90828294776160906986615995244347407208254872747416
37905412032043763264976757883944911594852617550814
82364352014490068449037552549504528711277590244026
82896602399138122666872871694391424233569071672197
48529854906502866938531390027800622281054659491949
65767734087173852622258531958476574101365001688354
83562369923544012235969360060512297048480867065598
28336254616249888405808056838747680592416721489925
46676970704279759470744399240192171358768929455771
48244404837002827609384443667265579592053332863638
21183436202774646087176456018236920499752142614111
94950914136593993959888496873253905456168986309629
62774556931596271112913890687533714285816832655822
91531673412889027734335549344788683553410612823002
18466236526025203082990557359962941212840361584876
98284476721665060508430933235779163412598672524107
41162855560887417648349820714209069639040582853918
26216228998268695975949380590488575368152351745149
64661426965879562019976643810050615041800687076584
70453477147005963307233577907943767064211961192058
24254444186413088962966896033391500132432796099227
78353395891846625759931945266902421463659868461586
50593407148400860403033855263822463815891581183633
59664373818562104058201328165698540316735563816301
96805645873480396751605716449040168382782016031003
26068032668396046855898129134031175368012912557689
00097036049925914526513977577298346853058553693635
18247572333780440075047551435090756127219522846296
06722106216074612377151537118688504003714786281788
42646139058053647502894690723928909472263625662125
72056919773693290313934135875697822879124283350725
02728595632347802504078961201978921641323874369299
16913977434727149780099649672978953914872704895812
27501458990446238905869642949272303541293353238761
89211564588764429713638978164132213843945580346265
57913144029141250116885199892287079988203332745885
08787396201958428491699988096256663978461402160950
59729972870961243304576253129268156432918037383948
19151464952919885361976689649877753470040989333379
72715949051939180303124409381216360642720597499374
30095796162204706746117408573410974428749024072224

07192008491185818151812427633852311408809193386990
52473755179697915334836986077884734179237590002069
64547789804654420961655824545657572601098292794621
20160358645909800121461108129748652676649377548555
01638009363914403874704406807417307111491203955955
64763786368725212586641996518155272682610249104716
18972792199637288140577295437189483001292061255825
00880958648234350311584272504471441799240885831604
43635426313119988381503447473273977326572582918374
24868253221336201914847369762675550760047847475071
30263315279144246484583105426179273255959789950216
36498056801672170239863642215138491367894696651895
99636981895289292091091581455804158302963877917869
35412183004099868888870765056067578452348837144892
99580313972269250026344239337293778361219989460046
08051929181573650714060521324366571174865186510958
66553176699331817383034483252372392809606769052368
51464558272384358920906669573835462780112429104142
05647458071394447904816658809815878347299839103102
75228746947404696773821161510972471275609181821603
21327115448287990220915809954467179102398577577600
75937066236993152851061780016222800130689503482824
38059889742807809786337323753673875156399625002026
88917156087205681980381321592713346498607978324698
82632505217246773232158505276772769080739518020633
23920222893513074342659786059370251069263878950489
39556321921166611355155598132690575754094401663689
42600926755204065333655395145959443033647298697252
24613028739834973048301961869455565752979106778727
75472113472308106665122026618370236590083531181275
29782410474176812005473285408824483885466837414233
65059125994228687922948350772627145754704620061650
94003489129260399554319578326832004035426871828068
25496525383158353257730798874142984638739305884324
11167585453287548999719550230033835213264235652711
07017507937488068307856033254146019433209677063749
35741539533003747883990990070253146296598041526455
89779939487647541072485093192760329489791717413621
37841981035068496164039387135610981878533506494822
50675345626451525297740329892753756169181748537555
07337163704805113108209276849359945306955812100822
85314541817055339623762767685236462658936773733428
03558785781280821115743061979155371243564354768881
16318086833937758278931522464199549300169784479090
00797664761987833614645661921975754528302389984112
80198621038498830157743708738410828080144737287666
81903237096742894197093402433644581613180747722821

33775375992468949488568872590487141814602376469599
50801386604347059435174986009052318312201394591848
89075304017368699612543946672139967231403034936228
62701101830211066751111569744130936944850884308639
20946963800556700634047876561037082409804867884265
85055996477627529334517217948195455073849381133042
38594644463901683723440199071880860774745846502332
45520572489711651503735461248395335503707166335469
55833592208900331481109310503562524157515546073932
44446202438951629450718397676169870974697327731850
08363285906286338132577347176797086008286365784771
01424365570873713729405753606851996199014232615351
91218781832403826601040993227680387025182826899050
13928749433754762826805592644380644635852915698379
75102408599405715559620169061180606385304794627810
11636883711150185564208324098816256980545241961108
05010759134257423116274388612649920868926439355212
15084790616735964953417920335729931922987009457311
99911697842268853665105393723073414833627765946108
20275072013548479905377197752110208021488139107284
43483895833745239607913126446165738853182117046599
36653431264959034724197008910572073105140310031420
01607836834277549263847812555726811479079790178690
70658706347495144162525321346591354161159377354271
12748784426401032091386953545141751045683594010162
26775468370908677917638329951341468046889569352868
04536200975579858801075441759285242964102754439417
49831975845436916715453758318798583064671534276462
60166170736520150241250941328917174724357727936423
05284204915384313671868862378670068866990269549824
22348265355688667764379757582173536817241785261396
21292352814651019033040202959808631994332812220298
98589174133129412548255309686872331162921846782131
00262026568569686333898603114906825151840653582620
28492036911080130045106582899768893986223020029873
02026668239598343372148343594114186800944102423948
05971295162152859580318258362458840738919247171307
56271362697428833359520054337402297168977565143850
02397963122083229688685441518076875750485099198641
60038519290649018781843282607380365794153750889224
73330912890232978391570165470989902590963377562583
27711521976990127206542767363431443596338669837899
06914273142987712102809813540389905181965902575287
17110177255359810918897180596906653462252559961087
10602903850682610373659519036598094590387568023489
58120983781845663284751012262558117615391139727878
69656636476038783309584586952129741360212303926230

72758316201715327098091760294702138897544744047645
35418138440232395192710500836541126144987477629576
64613152927304082624646701708792176731621559023521
03397158595470580242283827027971494018602228872477
44951501920484063908977847063936837638424702769184
37140113263995349055391609284364993786270814923084
85158569104536572034214111838272419259960984403071
51328839084613953670714121052722050610253405101940
29407497595745271749295390793858606386322716975883
09131577548083427308450034582094375678511762382918
13322850072395652673288180902382192834149414495655
42842602213790588610200418833919731786325472260696
78634981468979548112924564919562757485899108511676
60235201086703572062410419111398965080563101776254
46789940282116489206299309939504162691936328525056
59071223682642913459750001143812662446396194029226
12493139664600821783860242226340290988260707141310
13402251822925181145074532496117982780980909040598
66888739465434533741529283527320684520374228670618
01875774419308457568459008304866895218185054620583
64007276520648231602447922945765035027161024023604
82760918929259141865443107973061585721689758130145
99779416671685835670145627974813776287791201997077
33760091548850548543734919107244488782685079767274
24749887750371695099645685066210523598133155973577
09655906404999570137621979292143842319021934015133
73371463885699756025752609691992041679698230878351
33893409721274136179671333180216106553351478401227
18050005605899625441087429177105963861488871216534
20274202194001089823491632143341096645523645641574
425476162806149948622262819794712099533265692883575
70768742314825654762139665761587018860883087352063
42138180550809538710626433109792183401239101558732
34497899286404340085664332440355206342945708350867
45978222019072043491820981652741547556192053287163
77066988391265389325883009078593309732527980300713
90325461116679061262209148495864246313746047429285
12122584090588471531943843113310747680446329529101
44117885336084147241830788228795538892654286664484
34674012601752783005323779504717394619894984126586
17883899732766773092597723637251124093693571530993
44533436315957211000477806131956256649419026610029
20527566702498156483747966409720938614287428218067
17729444668642296989806010450055271820474193533036
59476484286197418817359912109181105178317173557233
62048767977349797951642582972286108934350157998396
31133567144207775122452215944588812353931831789842

77679077619574751252027257634592410599926915418595
09460537709471536644233681603453774944782038031479
94524854190241582254730780105109221383043888730097
41595897624392851682724173540249533525649788361744
76519814621487379737335020138996317498404803141747
33112535768108772820544027530157949921224822818831
58599032176421808576117958983050763104579394151675
40135991645960889661120356360724099260713876870353
53083602313716182758794943707880262354513499947100
57516165840831401814160964148485556955730484032393
22052485420840917721499157966705053940949709130942
60358442410735665967515059412976505726814953177565
47067231503130463608454835845721446246720883776265
19460492307291085755171808704011926298599674373996
67039842997856292449157836794560501938232289199784
20229143846192877103398117953279196400870648499992
73641610192982828364419870228318235369601337295269
64003143205504271571656300347801719246420651854607
56811038794804264588691923654859303362606440276948
22097406835423424397801948531719202606336030218984
99877395705143192427941574283714669171775653622153
83803955612588336253255619898881383941315190594078
36144156978797339022026664366760566126034177238527
33817170074654328762267357799173442064014595759856
05811985204360990748786201063309505039894971353174
75818349436118333585257563921246465585146177331430
09987470829349366305014653167457492149127422582208
88494609209423211433462825171607831824274822368063
11975876268107227796387411914481207607961353984499
87832458778085584707914035804032279332157013895936
58177353967847577538591986059077025714985199792918
86207175540665044143674061959756902461075245136349
66072493582493815286236865926413923632758445954235
16530266033702306645558408623065624456971108791978
30061029764884611057424265295474176486625207870400
49090179046710359849647006034864761711029493672651
49700987270328479905999347892818513060236900749309
57379371813869516821395468129591464986234149183262
07550263876824895095674867632026469345517551029281
82498391196467909182393524187155525228632683189420
87699775967873611749834858899300898246311854478422
41011310191145821330652805811241230053589649036369
26524369193640694048651607563283689485719246133771
98958925336526525704820267206476980220983714151087
48082727121455265654004946322613711755652255785578
54386204843972745128112469893039538513275572087385
86136332845154980999121622176081942298329537528843

08497481526598950959603170767549866453741376304678
32607288385165158982819059836624424098412397675433
81995641388773390255619104043407092540587331227195
15004390733257007402291089271063985702642339450723
01662562178032650525080887920390398302390563040930
83018130172614570730839500184286195290125738124421
80643661159699702227693367937704896765160022948925
51841716903012990721201296501333506270071422766354
97411119992198196646987095666400665324210039471451
78129100001780324540645368945014739497490056690622
42571460680569254946226479467048866362893504625320
97847012868109030596278379131960109090781603725759
88890915668049431931958905969736237831810429437253
39610072872574632977674802262448251157855302750058
60141541908753722113152887672443495488939371268118
23576507975737559186226095475879390068550537922635
20713017519988485814137391208239095529104948088632
07734526534495606973773156538854783575430682309858
09033063451846343524211935900991772519327329122989
29823998480331430713420889867686491831766482764551
64850978318312757196668594096546739916866673803114
28772560547672156667644589756821784995803697938800
35091827535854837351023803509660322552556599141555
44417369194496215692433112650812479498775233971600
98964043204516324156612432501455034316605675360644
35401981471072977478011550232305077658642923557297
97955055139760232195070145877926441473921211871557
59311788108567349467436775790869700486860076104855
39674009396682669252994853769134670998340658310623
22136420749971036766488090636658182890886783654476
56052399611687466435038854549657939336678299942212
39057546757896113200214638887514277042848516141037
90853626728543299282619009124004269300184230897419
47233718827707653645996344376750730597244890946843
73350253686017508317203951523600178790732272888524
36370333004444092781290593453686631414701046593418
83474689282629988236301306013766926988217798851721
24541457337848823038246719166595110517463243127903
15608741488607081554831102132540133568685405588343
10188708893876139373250234088079659382014804830316
44811231762015402434502589721776700525987685752911
07994887617033468123201993231132192874341846612599
87018174656117914611868926837025201652991198988874
94882924206169649654308944234634175306462620663204
12705247904652222594748526298821801665103773915209
56925717676051391512907908330630891313846707678071
36082989918994490539984327494024388971060176275164

86543243504174682174047720535790729788190300647621
79565605159378531746997543678504299622806859383605
83506521637181437581203594638980135385789008753863
77999442527513971642857645585388150959986542599611
11212635252183537375408938382994071476719479556565
33381033560920916513587960431756452149002108737452
19407016607907421171463892092871847601609024923191
10422671510290601789567464238340951983591142408642
64571107074853007624980220673638377984459884147751
50716229321920310260500551509076978943194378348211
22313171976968730832874683832939868019319165370266
38200348246498888280099530802191763804197594627304
34237050498168626631463313819924499513504093368521
32648622166261430456380155416702997567018107991459
83714301340032034976529521643857783420248049746048
13565562787670014116764532765709159469878574710951
70775617589719547014691405289876238634466607521691
84051529203706434167143445810148812459041088366769
36963016122140430307962334187927807074145543096121
95098803307323271225143074674379294908470001118157
87217604725628436874440299990349072352336477956148
26072754304750733835794169520854118581414211633663
31884361393046086404438120305008737474074303519812
58795565121015437961854018176835163955314297889210
97933506442189220638279260170808596615134092310144
55095980500497093334182603462822266136524578624368
93382874818080831166321408860189627933379691796702
38926003951088492322226248791469952469448221322207
16228187633754117440717644082563597774910049844113
15866456552169347946993853458952764802986158402264
09999421000433420644939416446515860822749727905680
46591058023199814041816664689710703815899178259905
24437941647676653136370381649556880784171970666908
88187111892963554097089449350838086720874087385891
67828057846463873013356329005608175565705186898351
82885385581894187618464318855418835322055865514919
60840135051091304296438673726701769209462568404821
69559422438162836317605490729939838290187707137864
82195962795827372843849302107651701114120971271895
13677811336345225119432564060929092039892030311428
69311029961628971574165135312265097656638725415021
88189457696063382654025201746274843313786593668353
58927288944137222712232373031899762712187563590305
52405933440680406716588549910892233951031852280400
31630777931393887881242637399457661735057804548647
09713365612269105452680323351709465782235132634711
97754156648001216476189153839445438270741357110988

02738252435819294527063872430289838878623739726994
81019099564763398726779743818824078646963720613457
50204043865140481454084863722948089187495333684538
33291856926116001360905269807485077880809719922079
05493846449129981160445105124820157681342303697584
59793135250764991726718978359204624413558353968020
43901129880820848792705993984520815145552771604555
45091663910861465981010943648552995834158940501132
21759189182274078858545057370754171980793576571347
64225664007855202712359649841814780918524754051782
98598358719450900926456203221456793600320098036589
14036592480297059704238934014178494089834058894208
28137541084532719476594015784918087988412786712883
46973044453463300113407842446974676100521632523146
96074617972352275188891136610847282504473338769880
89978824961745714326538959319891938094537356200697
79566007329207375987877395334012242628246381176046
65529549327760151654443398797796575964213036484953
80297336297340540953656602715666209562420401897254
10026903088730688596758323634848608003136749337880
46988108179243487055585861260443351113415506834721
02803886307988424864795993442691070980705308289506
51392898724560947408991150499159326607612639813504
18642126839879243828106390190244271673507646240245
76817524129773437704721153408616804178294996765068
58062512747529950655953249881866111872216992147209
55606547552197614550491099906975684236752153392973
55971225275715087665659664502719171782052938851093
69447210327912997299789495953721796541482204684847
10797133152924225658106596490768857512128315157570
08915688390775159233949705557155439612034287580617
51886703983086783340810134816839437033921934197424
31633468771675540102879059518554697024410748369099
88531592235768360501858756785573637458577148410634
01334897590877749058334553977057953521359016826647
73827250855655781354887635988320027857706316422404
68395161657169656331177116454122497180862165255308
45080263561891326043596292009640323843546372129515
94753702934135578205609103465031482793614106566034
54420828537160023113668131909196410287304920850041
74370383374462810464620942776963785580934275787598
78418333403996601935420267148826128194886255395043
81515336088819835281749473542529613052058898947452
97898192765362302146492716408632029235659299419175
24547761440843060223793185676064830394341621875362
70414749761396384298639152870831145938517668485369
22452479133970185679661898100702047221233180454192

30799439221508991833972212946648542669182478057987
87826538813387791747999298627164543339304246091128
47414100761105420089712585366728363148608986343464
56934102417486756764886499932016760769139511745616
30327374498044609078090640304676349444315588698973
72150230602240876896280899677720082954009728621969
36979990856286378189206873431243425191257166586084
88533132234261843260558367351735755946247449424091
89135202074248917184402231826670207364676861018624
73648492758014735888129615711645307777309918790610
29888628714930204679227525167103708071639439123743
16792866821934446224765726040705459985968287895948
18122960996644984189543550512697462222284055821601
78156384893241562942941023547244744065298275956508
52308039881041767531095394508295668667009805968039
72387830710888730991670839909866670302161465717224
78408522623333842572081681007339653460321498432069
72663930918651492548013701038387054784958056923908
09071470146803194411882916774100108676071463670346
09701658774793861986557251491603212619971997380349
01648422675449125967393123979900748310553850686618
30482906443355681392530449017556754977224586553701
31148854521455752765003400128947427422375583403216
77426586029415028540595957341787349070980159085826
53022046578069213686344182383358550580440690789048
76946952301682422689530301950384904574094772378584
13080942448126386762545261790718566784949159447575
25890432985971556253916870664050033869114702527528
77463230763947736622050212431711197669755407073331
12675955811430766435083776613839374188211987281402
43019592577233992497745653599173737048234552569017
46838618160590685025236871722925582045471781431991
85807494916821191010614101754667530762028915463213
42918722601569145323392446783536092923925956317992
47736426558854142993028945714297643673232226292360
24015550305643202837051864402703207009413308930740
78971459341135466306263658728571889770055691796392
09408954049496757766916683128261519805386857951638
87456933961269736698722204498574265207857339345005
52182495973648387278103946120544515637979612030291
65947657469934154327101407474577289265442299660080
21914307516320121147122336288689110031419826976208
11610237200462099132116432607069198868028640972266
78090238074035935421449915746197968355714813677142
01028436827004103443187994214361381197705387057025
15776750087453539287747201965450490621594472377056
51061967599990856948777593914911594201505099136774

19640531912235392749755102752262125932903159292020
63227431563163988355989476949127802825984508358367
99862035335202068546055921678655283576498156695323
15858857238729888822191559448037870908916485672990
72137386053604371214396169103856951761602847570707
41220885574454803861554929996011109008952930561509
28346650288039831552918890865902817664933855036021
13010042614046121856202729086358517057052077500603
30829518090619335033657336926887231145986400466223
73484736298028779881021471019245854937487774531159
62897925405501780747491964778406746552790393195565
81389669254392861168127028607801649247175794769004
07138384187102292173351898940764080897143188308922
16393659687537987014204003784913012750100361893552
86464804238014072668778949947024252513956832936672
01267277468876032284869428730134997355463449841082
90399024614311248528848255524681487627399427149890
89896406588465382777488201549894005594865085108465
81978619330248608338007255035370575267261626271208
95748385707810716790396321406114798575892731652066
51387414183990141524080694271641531248414657507367
16210143728566150672804848209459012141153970570484
62215390455053205451408649083481693367506628520708
50447616870476424706292519842182340567119317597738
50712138435661612005412914870910999681331855034567
55250273948056094553333242616500497427369923689595
57120323458164445061839809446368120108418926213314
66567215994708198176866591488326823185460165541728
83453416704493091663748465689767634231201898326438
39103418758413624196745799464920222197983459305656
36927568493597776710931030414113073125395642486385
01455500757943604266544947470225968985102663374383
01815326070463610412035069829100774024752336575842
43492598067819610676612549893669474579320383480118
91804623993440204860547400539729198870648908353273
84625425978152377016539340906639616141813699362622
72422063733819843067752648038741771906134560708695
12882942134188943261411559837419843096506180799248
24859955747397586597917835001625124791176820566112
45687897954672289441161207246221821503611187196038
67594046340815340520931954899452801363923920455820
70502328159177110790863859943266252683370835162218
62790696351346100018927287897223967334211224885525
37949623348050174564571416968863601005387174928821
49746928962534740324906591107947746995501662902714
29846508839179574390119154423166333872790505489315
73371400843033387711793984550288105152253878558588

52767867246546822526013941421263800251511052536202
02850883368116711791314535182745826907936214338287
36367147855025406183150742638171351310767393576500
65187225796621355848452519981400465049664429369446
26432535342270481087358438651531657478369349438175
61843938910192099339207935917302351336134333617409
37889433243636766210205752064049860033947626117730
65979007173384350861190466728309191914054876182490
35409603611171758738428295310712978874130067815729
00718720285253473736830526838820885190065288899206
71141417561482180485903016126993630220042457303654
50630834445212718140481106462655021833491808728134
31700059389454647778071780075541159447956636875231
30280968563849766467416423979403809780240068223930
43975148776185510146807492444313049368424027979663
80697010721859444694667569526315883828526261340027
80565139541647267978472018739287343174319563427146
86128687031868026805130778331133364970514243458619
43399376038313489195361652219857173400602626816423
33152627532561526998660446742821000163078713356756
41760570610365397244034349964075523914459700042488
27807009018247852047697306068182728689501112304020
25965464639168826534406245138943800868582630992637
07383047836303898086010994899412575125614015344638
44237087490956244130195998756389104652096675458776
60086590395215269307249475934637655249995739813687
04682383578222135022751562771743922399554134549014
30780658888714513281337076148502576852323638293314
74280596688096462099842247620743942690027942917237
58974789327985624247296590853215947205332369490434
02796626630740273131643223047124289657816081090460
22568044881972470679934948937439150755051735578827
36746630113365128062806763873894435107340477854284
49458103240215302688926709289273432162228866530807
91725525366482531922248604671904011881497966918972
38390489921449906378342247258297448757138716393766
03835319582212583899500531756700955293648507888404
29000362324607985108094470411877669656985270022423
65421484082307424965912899096508885363087254327321
51415989181628756781130705162568510558151267135934
48321780267835089604725800542617103328951883638910
32447371674832059178733650962829745596943462409255
65281665664281336902593075874044002346731373767779
24867261026258403688081693860941830435421605123289
94311377533910651173174257919038774427555774666030
40662009904063042605149202987043184601327389509099
81527030643369446904100445712022354511710113287564

03959370242331710298393490082072739036495979673246
07011744165743432549961178069176467596474687979151
55727815162473060583345263648512898167784698088189
91132100393955511186968360232676578194608392777588
77356094075598291775428086114543301395004552465512
42910049113728859660686718953557118903733300649089
75683351650049482437502013368515728499636967464259
14953603739411549609823443143510932022180970935978
03295497595988950811043501360621642003040542535251
82009155876233217544217588085941929940166160003634
39101534009403986138161418529659189582746862217600
40075402240523491448741154144506035042563623296960
36597208236492559421476520771374574795122002325330
75772735440666725460638556600200246857044600372754
03923296087432532813924489275962636999746081980307
61215869443681254346476005823451709865886875789643
46022705480070837900413305141721926594157615687911
50191340297485850517148608173156097398981871178896
39975438593851481271228565920278693528607609610014
50046862821433081002880034237990803160388504060829
76294182308278380860352272498102367705906046463477
30952402490251187179864243391902530458957320390858
50787195225501777037652162664218528198174050734002
66637251528093405208116710112696986779372259856933
49519432693201259024230765182777135271884472532778
02055114483586444782301154711844183522932511493257
26988617491226032840207277788433002018243512889526
26434850401801176692189400301384623039255957312898
15372438169530773158947855646025489012335984452603
05842110783664177049843804227277561814636149708220
52978940468419642105195952976344279449380087623752
74587365404368603239256812039681539780620318441175
17340635496464494688643129005659923971039802605527
19134441217649315767012502328215868291339917094347
21860199061499472704193722324481136577736478433420
22599969627985529882348358134519821814256759243498
86313315764355498522016187470094484862457290141545
59189488870773043749586720792483838574340109825006
28961660799710944183699874784439567679292388862416
02443690271546527600224939349036905471674482965770
83073924210015283272337960935692399033882446560129
80079191764303142021942373993964374442508813987203
11047330446839944062988196979371975773532541936499
97033298030950573019449051768134116524453593299051
52911986147095703537452655787424518568889601351304
46546702707588099460903301835695366013279171879444
95410156034369228648022224704476758696090322096842

2563613405634836829717434394913450350154562712113O
7069128196826386733221318404444149770373845094446l
75483054536899360682058038898772474119523892924216
37467845624985427985031449329953315855430027667154
02629626516695809146078810174714306991744199865847
32904016553566585762630805024149558847753348985236
46722389341636565324794364510059025225863213646412
58499846796161843552340352324721110521226636091573
60271302132944820897661410378070919365580262218178
49571220758511904228780008745928677362763323009690
43780313708952520766671757271829986143936555118371
66922372541946679808216666811103956604393375037280
75545148480681660436746789432640453711566586375053
15120812713275492053068222000525692985014308858791
83833858882722616677568345546004203873216650375630
85408359999738344203187925351510988383385390032909
65874054873988529729683799722936601292312307160205
50973393093605034590395514435053077998616792471614
43270747624508513019789738699270993325789524645547
50676366826464527152552254333880535483627391626239
25296676645875489467344757727335601383827372900539
38966565922305985710484827743980497205838211155382
00989209661369468931771991114747170373374826981059
62706129131399606088218772148525578898249605715119
74099550713992866920154565838343101426030808586884
93271922984158950926435718314092471047051845128758
69988410928735902874312039343762798516411032441226
29263110011096914955445030945335769214098033156765
48064212577277675625253662101808506368182957928716
08398234021472035362598206364552008523128058003267
16866834481511046373704849973483990721027211903580
08843242221164334445080022597795281797172269973237
43864517946984457648063948949183343852518042878693
26327529024478904759379404285984527499222779721000
23891121548938382391382872989931731194761739061150
44782792876911023764755025225717321948181473706301
30884178898195981629995410833902444106927067375959
56997119535930938496110286574076506367694490893018
55864987037289727234334572249278915326092232477022
87726296424917698080302782362172393798854005036257
15548875361008901145686498282437678150512482820550
49206761472527146521896630049688579599767752259397
40603051102898580396262188197128217051926322308951
74681586477249400663476252399854173196026161036924
19571597760197169490239932872743974658804365659364
96880168528639775155224759997649418595026804050064
09698435113073797110441197918005746465493078021521

25298100873140604694735659064689241814839126360000
73624710556481982589380887457645362774299376813587
65419179735722961270008929684713696493683678963525
18230389131039926337585965257961649644990890955243
55086589025530278599077553259012730600235531124137
22883395464048657778331615768298615178650924137474
23720887013088054395225927885302394309216595649098
40770609594261296282479677881113353326295287479754
09878835566787900429195451576744148678404482363922
33509566007275479391401697107231858244127989233882
00237794063975753657251625013351636726443591597747
50611925713016230090937345100474527618016380709677
37009437680596671422941358960082475538324597480393
20607960449050176920705851236726198458956830937968
06254340250957462165951887975505779654919550494928
67123325133755673871605735638002894299024885121880
12405686792361892475560482487495532826387314646416
42059885385147743343317259129731711974000426498722
24381061421103274992413637133754743240629667251815
65791386437025620243039647904890050442985262446575
66236218820854094942368505732727377622836552938642
13194617852606260499906254796884745853044130593739
47277930775350781935576273441069215589407275736285
96944966388909215851327061017106149797620538570852
81209575276329498576677719475935215242167687786817
34370556742374024365096351799715330205714311146401
35864028290245151732610767169202252500633762431074
16178747624311018029013318097223112382400446652702
55791343338648233847824083641509142630321466554736
61759625616966594331206659851276704614504355650567
63231927238034514025354212809618536406586065956865
00900542984050046093548530620626770476584564323035
55796213970401284145071551329589154551669286582783
89403391529922388233290253888572605849243307420504
80774965818966106091810585454197932480203796556828
03999261459692054638058771364903148774404809112742
81654824191745721110244974231615616924754790847307
51663266098195237956764638767882534315088220817956
67477147068016351059647568318898324971204609208556
99713375741446504693478302243271003842147687932214
24857135656462834010324241282632765420816089448070
16915495419078899085838997387070670154166653384195
83507169714519341920374457438205104077772973273608
39324163745628589224133765386367495504954305663770
84345083651770046466463815328674448226290496018468
60503688344077608448239700256776213235721377269139
23930959252379422056676983704392607890348267373475

45283328576599177610125695553501926205517993980215
71031241431145302306985898701030358942128852315150
64441420652849534936220244215603285094454454628741
40740184508573337343507763059426122501925255325129
91863421476582140383079795273873761052730263924182
24264154215090646009883184415256430726001468614601
16194913024036693824750171418942259202080670774549
15759538454237813886087021786642478602868245538257
06070078528273322265105633445664908743615822952264
50690960831695617260526525349150207041380219034005
70178831183123741998178687238825101059747512023490
65416840157335014317837335248193861982871799710861
17048195607925864281956197702496700421100095380047
38803920047245467873090629279686005426820228388866
84029083133520768865052779186562901289213124031511
47840465000757126177971158769600362591788995845532
03528776418478397863166507073750966908836131673914
76683106804830017611360594125583902618497547666962
17285340358592190345237671511643133726006710559414
35933213580593431965154632317833809081857823319571
68023225636454354657396538915851269617268356652954
52993366536165073980298734018388646124416365174666
66989389248273782645426314272038650117553097076155
87334543102676089168151624212648705807750635927882
00735717780569088816079843345659706100924240360984
17826254172021527883071915797667428851450587738133
76144840008391264395689171356932276133528160479732
56116480024364781339419493919981444634503389773048
30790172218978761141526758491378276713640481452224
17009763802459275416672698590142034111588045151837
93647076944899216519582332638281683336325513023426
35169444008445773426489193207412771550956432261038
68910385700958521921628484184898827326865547042366
75275075298431229087305419839504408942021416678082
19680982797670774928984971242388093354144951082942
56297327826692300410116180647868542163393012745589
22324247867491607615769541168830213454217159658460
90848019719649487228542292491332269577189910652192
68235209734285293627988609211679170762948584749614
99783598343087200700477102185689744126172310910355
86226249946839024978024823106107738908043031729059
84770452243032100330495756965955759098089718773551
32748296339886457187784691064035564489612527351448
68231053002778188431067681436348836868815197935919
48058645183785865973102712078058781768283476422045
80417485465272557925932127542209355067091521746074
18634501047954448472804322875904278532798925864532

24298523386332572078549434410071304918160075095719
81783809560002874758275571459591214237982410344201
19904298000834846679847791736676339167559812330736
04499817833000271462079471539626074240190517782696
82879307334273726355455968205132147577968851655215
78563821506100375744210687869817590879723105471878
59794509341635317309713427557368480465493684608589
32795193878054835351838457955127888971075385264812
59181979522714467314889783066814412948090438764754
17203288367931539487319278428206140837821111238551
85925737202642344646616985206338453406008552668716
99988254685318368450116433542242467663197456134600
84963085605745373590303320585846047421171983158007
28930013561157562071742314893304796447468064963812
93164292352358113902966994946800145068838572950498
80031742947556236767437649942436129590188781636342
23194934072584973173897184738742749355098506472696
96844126520678050219420428761073628889385885038732
45685564388165788462809886618203203578230333800993
05913007233341323450960259737460520043570998600298
14550957846283200151357359254602735159675644163653
01122647127864032448240077379969176466506023873396
65635679340398356568072219654048851193224882054279
80912971100770045002277546120661716691559139809765
65982271696317371323802330818946438128134866452495
99544573599602734037495319810341373545859961495498
36091761262853953078738457075946329303714882251930
38171751154383500267089958265452638110372525488774
39260135406025221454919816995798737164535132550990
52087967799440782253080775816995602711127758544868
44027605293945142888002909538028485411012261577841
49158140774999841496292240198891308317859666915388
22900994694745024784490257136735697263979283040328
60634546819859014808677414089210890401057657503110
41922161494187431458784761367147739183053531438322
66954538329922394045613360601782141188650929220792
94966409121600359051153880564921627054464191236518
90820653277589199738922293901200268232222369773672
33003938217236746530526507439140683094747321260320
88400989901480267801994826858553514806570539140057
69345471367320387577245130697596060567953900372658
46113845113230645833725058053167934472599430552175
00853177863633981947217743849839416646214485505188
77066168902788747419777507278594616784819648879238
39242970123021952643848769171169294191367645398975
30221318944274689864451195233611358086995256573849
95132272344858932311386797831195178438771350648230

78704829980344715507014188205310414266822948160081
60950246823597889332394676950155947575022359260204
24722638494100311367044097453658610308012059308927
52761072852639425752928436218637764253542781899306
48006656963672751616971819907226019375711689259479
74476124876288821798650136747507500638323479883964
97740048841235756668657161421583110847360913934500
02732005130798128157022256169065526833030836656381
41347007081942216648482210415934349190820405640859
52240388003780734926165030023171799931482592911800
37747446595015659399813862386928690626523820612336
23674596407209835077011082990790280690341091750963
57314561823190444770495486618716069228030350137359
52241233169641834879908074808040868998221727551316
19587809677521653989830962034894093683856539421196
12308102110347105174241643465517192077927713852950
60267518642439692655367233447841006814559511490367
82838817570535380038946002769070563127023230141413
06631680174679733509725414626095995788159410727806
59665422853016083098094827980877799541513306341851
97787230301266392253999559413949621100419546078252
06744250803288180503393892187565244451699554137647
78416716373075584797233865939263522401822608031692
76708468269071288406191974911765628699969084970730
82337564779768748466753052691929850792803668182143
76796073050873808083014464297598254170078643973049
61083418619696619596322018403591635634118435818598
20514136319153091251744066240493909245135885190762
70688936627099055946468937668006920468283630462501
64021027437917854480248512861821612512114570003573
46740692536790368909502592398915481716225418252452
08060039060040615540589290773206873095800617499719
20364712097884192446667092044497498748240886590526
69358894877525751640135436742379201453072202353576
83454468120686595139327263559276996599573777441103
79091071568358658465622085862107139549354539122567
32806295275190075494090489639438880642545570726221
15936312439491645972564910184257540822004722888846
63451280304483190178400740116764773956154364713952
35581999769359010841775219733620308326257616596841
19366145853311420753211952927669717042067051859842
49976283460412316390812279089005602391472762547230
44656137389193482911984549306094462945096159115367
55252862610591271212204144684177497818630501112974
00394111935081890835733329055114407430444467585330
39081986774585870646675310587332044486643819547370
84809840190145711080151111444662950746065233051734

59452577257589307863700719576792849542202391372656
82599318384963573717455405038735780540832235428668
25098340742461917212410659284052811166200923282960
30172136384928510477358529839208709892631698435885
74220637445799561054144370524882233580267567460992
54402277684009359318177750785767334532073118530837
97369573820246047450096045240556006415683554046864
18106415591598692574489030347146086368684207141529
51953996888639944162985012621982654789950631292147
96056471849993133924449529728833783355225306656081
13911155759997907138289241837357409051932411808327
53210575834434078628766429488113359530078115142595
78279640928378127631674688525323298028567924732045
32093854210158071474018094794611604862776786734377
57511437592333049254994572062768423364394693270173
36108444018756535693160788031270156774329211095460
37466986463058964329961957990839163885107358365539
73586858039475629404022863520963472170394504703852
57108531336244754542001052596712178357874633359416
59232356257039331280188197993487698085088538737901
56788859249599338041045070956681978068909791304753
12701446911990817138057938235367271579787439956478
91549064076938192367836672321819058213639903497314
39811967421740486606919650658688315134834018768134
67904264395573859006548375807152818128951074144096
04501704396548535905382780434813583077244516003786
09737374314721794026495307729429552473216428585864
19313390462255573142876790225334478786885637977093
22070475438244713707210817280726216192203451676638
56985421460029371066131784467434949460342745909707
79402571198873753139912381326000956320636823628583
07898741532274462127591793546312149215856310068890
95807780605937282837406604517338147569406689687907
44643728903240457174689316227991526076700874957946
36552981080060563205359323461491322115081869171155
00655666554774549787559290607422761924901312867775
80134210840162883087292122615776509522101508044663
74403297822650479584839492908809137834911052701891
58666597815395224336302038194307797221007492952919
01417577525169929771479350013718996448891152064736
29667612182183930848992602460041899154669973852196
75672930964342169889806341929533111660152026890675
52639251081017259294741159705724670208362379144576
57307631055046947966134150629498747616641845707823
85557437047474057201870953392723123250003365765441
82150162660235171847267215331210750964015851018981
37749142654529986669208708890369491023049304630341

75089835146799025697287651150445102675835608349627
73334541439538796196861122862718377702626499995437
89756618638452242447394924921505485101221670755524
05102103873300284593613184584427867338231426176973
56364270842120283188436738192834713195087173122191
01203167211411093958999228846748017416567609937878
19687707634475970187870115363507042680620343222196
24818967910905627992687206315734435950789785292306
96719511043330556678384953840961252779583891054879
68484862086797174930084521443594253462001124108426
65667586897808277627684013469829419295802033057400
47491397897105912264221040732557891314047746709521
63373109546710714788243474697322536208971843414016
89515209329372895796179900974531322807631818289943
31896956895304723703995389058396574835501508194701
00336494607541568093909482754499811810031151431124
37162060285082116771605290150303839981778749861963
50048908052208969068279491550381572239746651144204
07121328005606536244601968573857325813809450794347
40660360543591168103854745541390100521085682696417
43645926975730111231427615691640643829304144191258
09700150147626045084302994739777044340602558483155
18370986210437182444909324499909412396968072735574
99097475439290255798479709348219032808505910233185
05659588569341036975217879661677104230494235235108
63007281287132147932780402066461426230078561408403
25983489255712085118985382238513620972879195187746
50641861010501100015239214019881155010333190671539
14966127363813534906201898801186062648881416943529
27513020120744485069394971565696370052810443645796
54008558044162484257185448372086643338665752522858
10948289217257839158191476913646032684476202255833
78843070662682013656256706042916609673993739633372
55981754023690188353530079901593967249287745723100
17813388850629426776845236106426208547207080605367
37626847668768462104365662552545771558209684895512
56042709483869900453706023638867136791042491149199
63014756467260027940693936292085268041593916556942
83101370172150024613412555388032120174802466199405
71602598114205384973309909585864771311219005778516
82135465676925436958683955395922697911981510567862
42787386355969635159652578010088777516139485947653
02893365917624022970657836985360711004953475675722
84079338746963969820527548854138638091280465567957
86738024779624558074935723887491817201030089198899
32379533927562492951430639175417565236205655375337
47840354751434991801696242127730575175317271408992

84179971054379976646930483998576569703889161802688
94828664983964738224030523683857879176549873616284
71601522751105553564227093034129063412140503747065
38761104405763127767768795582839693606879749299247
30557570145071286487760372167136663996479516812181
50895635932214508085348626452441380423193763653355
27483533321558341288886647780139622494602435843022
30591757415527544778471665151580601596831434699386
02241167033961033143444142152378121270529004152968
32835814274572054807634173997685403211427870270994
65821456696142049358600517832030749599849994536775
96390154433298372959877021587984045304241723688539
56543113249128001668861432133590181459881534511564
96930872268799815440163790362584744940276762231405
83830246323278355589704912287637551609935228638759
48264709234548966040439552829693496327329619453926
34125404435830649127279699414425771537866021215962
83848008077648600684421195128428111186065633816275
87966850467909393024381941471345044461099623814141
70804588938597963438244761200943147501391451102903
53458464233986653377503403288751178445621701907008
26875371234894254845267952905967289911416216871720
72527895413036625313121616871840029084914010882474
19290331003958533280903056898161959584146403500881
83835447766161764083433565762829160365278550533429
20173444239999129821560656392330968312326061134984
74590475348175724793522899893500943495075396373482
89115471101729844079071163848822988417921854283174
98575601644356222646122594640283086477663873594598
84245047099086787716750091393003821175198111842564
99449961925019393804725337399459333773125252463064
04342992510063627726440425221293353639838887125586
50282148393519537829121923251329550479427077479817
57306909813981758364267491567563803402416350300899
74588466445595105263773038875334873440217725854816
57032600335620490417735579097347598439475995845429
76546367412107535150701385121261710170943881638681
80032534456078011389315457232587631687591414183933
65682229624660091462055145978337911564647926663543
62782330254858219782070997473109160351106470097487
40007315222876647396291277862184468355500202043071
91420072846279018318639787025702772268782391036972
44548641105888916691110592202944493294362703541330
98805268800879346170956304846028827660119070894073
00282006643598669430991288386695237929866628178898
42726970488860447376760942026153771779179096775127
87197471044080915599067919077234172080808599042860

04545456751422771384737823411005311824430632388715
28440862687566050697234784773621962023765844110337
21590438118946982931306928611598564531398931399489
99833404400924228379125175552174621891287605139468
98847267718746650478527066436257483191690849153712
58805414540363267478695396491037240057461302202931
99503101987750602880237975002552157499644642453349
88591590936954395808452804500493663983056378225410
56262416832173011323746636508183215513904980193919
96251482034852336035202979892243773111150091658570
10326003536444475177424698915893573470565875149762
56326803969581696949039759946106397634323054227213
08762466857346704606223493784199198380130993928023
65227419198605426424971179228205037053758742713666
72714855309460807796290809358385465468349840363555
21684570343035006341023502853487766353047125068844
08723266759056557933478459113321260789019286980993
59636775783128957269704288379935513039269512405891
99844906046319277629905646039476875652776188987807
50820211548536425379197075472907112634428136059928
11917357099215255551980276056037180905189020718577
35055523271391396250159427253930237186445017661783
59500536742452835334629660040084680727285331808352
72486343316020649687387392161609559277707472091863
83619128575571939484457227933909841306594059996512
63847999733328982724471352363001173194587972985469
55749664148606783193641212157264534076580706689602
53185401478248747972806312019166738072237763920872
32475421013217402193170524688311956613036567070305
21912378617793925690762722384770505239270622228374
94238143061034403779823821088774143963139015107082
03127545660795464337135345992806287196946972555924
87623405608599760254233805356029198699095607613736
82770704428667046412247405699674920985983836128293
65067744980245221678095700993792811010739323086789
35464775565148775074794665008756926950491325561264
28060059883949951551625764082779816057275574439612
01814749780045132178212978637437510997476733763131
34440669322169897906481415224596057960363749293853
90580458098260355681952893952216695741564220430366
43722991469676043864419421301367590016932422693491
30492467027077824818455231134611034534892733150600
01230285383342303638247155025551368745632166936656
04441464245556981823192741194508279688704694176702
96601950745024985165298061868054638134752514384332
78991996092710858122008935766222569799359869922149
92546471768210127651995959782470050142217475458619

42960392394590928828418146877484191361418987382812
64835534324101696493465526295345563461708335109501
68069402286750567763445714741321777516730620778218
77064922444475208280009834255704577849191916884176
77178688630332126895491976457394075370098837140048
70254292603296387792875437706956043733999010029485
26381500326289972855113010369858193267448850522284
21918054554082277475276074653898905064374798169834
71777490761037600628289061945763967812992880200275
96729449861547706520473219541890296708583780605695
02688599152022861683177931813811133700846648282316
42940194035016674892993924087057564794251319995861
27833097352653843359384167524753096842469778191862
43437711155992528282731329513697878214074254516312
68645232757808217439154214688943590977318156580220
57964044194212253701479918927885379033777432873409
55117413783520191979152796500139386884855693747482
16129271672957278563847386324693858405292467490402
24134389518832380107931460183429162163319657370015
97942739004500063841651314517655908597002647003221
30221985224974139157795298792909634972898511760181
13744692209425310313138344961355993181788354416471
45038785547166597698246724797440311660606198912250
41569090447646624571283638206166742756470277596897
46278418105147670135804259038575306203657293784016
49166948271359285692735430676917886700049220273231
62640407025502795620934962162273386194868110608449
35895601787085883133844172887638909315374072400072
80253256276428402648656501968697974430425922584958
04741792279253400552524744950234083926561723909309
42300609366303234802021086788680896591816847927368
33014327146956844570493654212738523641976274894176
03760297520161535938944876220235739135468342725946
28295090576514319420959551607261274135359833191841
23578419642134288725668738970843831141046585600376
88220324630865651541079929646904657770652379505345
96024614940206156054484306437872994525822626360919
70063423456958121081018804294851368286739852132534
51985198680652792016175389656184118252242529689346
34983238786265738322488214671822123921614521633252
75670017042893990524654825877851241251856125788689
45553166549754643047535031903559023214381285817927
53398401246082389071705460583596058677199021834652
83057186827751076250665370945298883021196273029318
58892708475701485689985296650573384710386205996389
43209413359577964476992214153786551124648537943925
40736219275246848238284997312571864576555150869582

41513497981570174378273366379934306509060649809298
38630333539425021822566381273209743546622445887643
49940735538863587706720633681111322942298365405268
82156127024596288572354826421831454614331912545833
11812559791473648401291468622198673758189771951882
32785208093327828052850343881380195284554650513932
46902691156026768435854439350762856672612665083945
35898309320803700107893243658291550801322381298871
46480913564402924712524410024525254450802324615782
20635868716711055693285438016246834619674923755227
75131051001267760576438799157199485970651760213891
46406317350223384643458394835435027981902728797303
20285084688401987594987037814617966864628754667039
98963042483342254904924467013293924725832362315311
99712398944621765884271933825466621610382140069902
30277426443857141757458794397897959481580497290597
77726218748279191542139015671040424987960383839873
08071550425303932011381726233669143418847662675503
25863449267294163554406164160581260068978504890246
54095367384485080441994812315226437778358928010770
52872357981319176422544079026297752232994316244056
82282404897958586204209590301675307700984125504143
95173705772057555508175512601790181200735133417723
72476220812000860440795123951426598964340376424506
08295996661560889038571068464029141271737657151348
87944642689107694108953101190999299956309309050352
22777233262914701401786445146353118738378495543882
50085692730878394745287492017688644731178310411019
91600631498818929990610152778168708421621381839557
07918405119806759776959987531377577268878910886459
16544689831334742354792980519109215146830716323855
35103872718754467670829529749053459537652593192516
59451479336850638167973478663688327078954395966772
98327096680062790539599982945777316823832607388018
06541025146172162886788358706619093677297966422255
93369082458671032121453015761406563848832046204655
11573100331062717763663272535510511401137294797424
23417996595373489421421400236584408113388319761752
55058900924545313775605884224762865238760627246990
30212670470780945124147162949557027040189986666320
17984230055070084407533279625699917718765426525703
31254951397086494471914527294488305094601841529556
25147404095257980099014633837977690212939408531024
88561567350606338634923684489507528233401007520258
28306207113719059426781552141092186057054209610307
13293725553682257947355874625677765164533109298228
76028379225930251318516581337706052092108657561743

01233428908469922349735151163142174525426713978924
80500251722320908212457411077611635359168604652376
41185208310455600513909589498730970708723111425470
23121673320381085480920178739148793448883726854568
92148778303900165477417622812605807283554153313690
07931396300063769702007625350507261233441510111428
07093681940223698999130824742465401270194011322299
99320483328746713553834945796358368992886232904397
22584493817107725905803949716259506636916042428812
82548386971596653055474254354559734332016501747169
42614086413803804665953223880609959689304939813989
14417781080440177680412631187307038032840781365152
37865950551008740358384973781723210016623052721994
78799074360574231409928334586615303026591088028489
43882627192860592688546252611811506554314391860473
86383201495201419924016510173976740922604325484294
56592585817768997716520267498641989074933642588243
03008229914088423037033492000321094764235749370825
15388359612855402857151199968412130951329760106062
23844678533043036052833245947715175211091321846929
68901359920399067517466637717540893162635269159223
16675852838151330957335182944234019485759992887571
58961137352500733529944686451772778107293555066200
11166278640684583474212201535461842745627781395631
00350380090185222039972627590546827269914375360065
86551263453165342239940332569876199032700182932290
45380216469805315530988295337618967309534457130377
12859925458180227261374655690582259578692098980461
16740093917323357544514241815594279041648405012175
27511162224841376487939528948768911062083467875763
23688199506508172349368185004920139539693115045084
06318331697956500115163300837827110749772860464151
93311497771862005817211835717658891646355701844887
33065674121671104599185285061221968011073225482951
87740766699796023038472007253327600594678695267905
14319525735477141111573062837948717238799010110737
19703379511138790244228576611951347093824055168672
98698709458855280989655509050058394797768163621359
95896454669367741167952365593301962543171459828163
76377348304158535288710628200928673451317867057905
58624228776977038033586718966440076045210507780109
02637401436327800462862893243121698489569692681269
96557009611629781048808333226401158444986578869198
91551164987759500820116547107949547616272535974431
40698950143479155214870180524406888053182445054861
51055750824583348306015305152714103401346158717620
49327376822811793638223772636769508996060057645760

74349083808672495330340119364736422164031877350174
26283830918160337130530819470054814566633422929439
43791296136117974299795978982220183820433937515139
00818795675780849881967116995779814800468611110202
99855976962841938868761232745152462773308044657336
95463654938404008197776097066391323765425391868682
03566854276619326843902885919967881472483502319505
88774756415910641899124069125309416312561954109543
53088146423434083316097049504493098116735398312937
35539341187320088670867106762928026623131366609838
36430756156824337100324761286608742139189356752130
59506263362049826465500820665018774633318404810965
37269399354992508460932223638918187900587249238610
78321577979026003556222664391725444460628932945945
42958310015673005507543724742621184651637120770245
99682774758902127077460823281087774656437622050892
21176286259492333732230679917615024643599135638162
06074085843974251331593898633831027241143850753208
05389733801159125087956234072913945303862707068178
01468194772402893961722164417584863020451648879583
76109298506760537167764010412278781795500182331972
60574617611883779468454732039891838117019778662208
08018101648347143140329254503142495220082111433074
46640136242253192598750915751217391324329653494012
09539286534708463158821504955168014428706494848315
63843727263048169479579203556684457786382972288953
53441185206100695450417704454744925970866988636099
34470061993886472734499279127222316585283623292536
48259342107355249952854844231273220467471078064243
66995842385286374322732442018283439734000322418590
19238030590058722292896105514993883061413500649369
10473902129154397749453605108064872080131190490223
11070723077062428339195289372209114877839087904495
96315222989682708220530489656016395945586075535222
22159573834959609286492041366112049876816520941632
69125894048452822290360702772755091042347607151026
08470372049953307356616520160803158835638796224312
08900709419217345047787877409407146870679225942590
52275181809492822953318214890404208439333772858902
53665084263277258143948601959376487549244711520859
66166588308595533616071705852042479775057905952120
49489913462737333935179735374909554018050208624252
94715561008799154147069653545729992240709325803842
55389746776351480895187698836463589425494284220731
20364510050271607803983361317000227633573220580504
72099901287776893533759857416645852007639216878048
57367539294950338409822939797065831425555392829591

92296980687772279663972939077790821785173247610873
55641896708494182323029269132494491340375769778800
00852120689948851950118704243081970477677656477051
66600738206498848571710483227234571192591806527116
704896922290985807515362751709550528429039224365004
82488074481318574364656698445218053666467548379873
56791642201329619035170864147973371577541061516174
24044495799580315561115791030873134720990353018949
99465821929921964771056882282986141014201946390542
32858443817124083633226562432512383859477635673012
06764410850147539814463428593104949686936382640046
41625964695149031961110485447759191706584392706760
24003114521271764708333200941756887387594777063240
99809206846305347743324194522002176300046622820238
08277804197794933893918898522440855068666909872615
09993432755942195136148946032754854002824746381855
74303867224848145712041289402200141526884770962461
22211499922887643919191089940007645004267363603359
56446442708189785274177077451339584095760446211432
76559892571212464070497606068894752177888846753657
73130888483170413084708302811779259466701208771841
28659419901877875096320028110237551436356123048655
46153298828299904617451774858147760123133434173138
77109055770936706573655020317579004306722930314450
24199197742809676221242519928632740258370400752972
81743548041063934506373267506843468818388748332354
11216634188042412330340349096757794165377908412586
87982886103235278857332155338151988305880458531534
69043130898096369406641813704154859314966671159813
08994408254571535523006525082284961728723967465082
51900453245582357486877200667479497121636028208523
54302783865361171124532148648794241321331700852315
43372774607680663766996188951228804910891117659551
57364984738860695247166847523751446415213365489246
72761225853936148416514385818691738416754348278131
76631429116937855646181716609663402912720536530254
44763830653355045114641522470865121213129009990019
68151695921524303910229496964390635521990651394321
63036534539747151573501445915609700314795373825072
22864326791180222854544505100668683826497290748132
58480871020887495051426964293739258136771841690654
52156108761573780205352795800446849136136917468253
71728035367843503618901245777758338646770048718755
15418115037141294549114272696877208861952903110006
52148060479389430426121125047463622256753934768192
22219200635168766825821506827988016073570611080555
78616867049474864042027000614400977944187614785497

64582395624980544495512570910640270832390814460092
51177787652063803937135711764476329221621412656483
73947107451322905073720554233262086352301211192300
99328216475364369237906325033568253135543303478962
91533044923115380919957555329449870528019033511674
07527636655981472206121804385730030729787921735685
00012562331806742598872401099689698138523973061919
55928336948611903239492535944158365958161383912185
41195151992655070437222451106336712668962567275866
77388238790791336450938651172201396285944786544296
21832667845170020278188419240093649036627235744372
87448563310872878958458482352508201562742207923922
03392045082819462261529184460706197582285213387796
96323678640133130410995564537477406457775768490351
37916732532182650044015006462416364046311782779660
53575667603716137442026691617218914299163923048497
38254289422199854547868948256705457712083060696640
15175470113984382899319336352288857298115482869135
96032428511636219222076679819006388404842715260865
90715537049718593352260571181041504579347353963276
39988723256063689608410315441364214878261192854183
84995743044276868385145914918918742400661902831447
98592264459633479953102863027801831150089300076576
28088707768885566711361061861689962499638799370291
13619500621550959100266394298058423177896496506627
56529783441514973388255236336446520362201321628032
13500493619597507026917278323701383715764323028881
01329633287393824573874624509689508223833084417619
24084760510272468601914474303915108037774819238710
52911279590551749882293907551274408036416932829212
55378008849192870285467542546669735739705365362454
00722239895620130676048113391563497277605671449640
90640451148094824868511796216404428068971957629753
56223618168885002728569433652880013184412121411238
98385195278511948146790166528406883821869586830661
29590397745990561487036122898098411382006158591424
71286229860041718906453010082032794088580385760890
51226987600864246064826948504861862965172218487518
35565288146631275237687067466752691724416729735456
95673316677184928439431385995773850485061097313805
78292094499446323943060687595811900386026190492210
98398719699336474633114066294511147152055694804027
98735824309185973826397713404114160166237752693577
22361477563479055527521664824146099814862813287663
11875241074174329874362753850457777425420575766273
93156984043856772914383783590182351736877088048034

08468619896263300503309360409978222914815147525771
83795281384891568049192181238360412271358296116497
24710802612545920595248651142278339115649754666274
48671852187561816294711964713806687771536085417869
41838614660748536539552580901696623778000065583681
88471976982444587322984453088699029933788779526571
97280899159793941934367522718663437829079368244403
20624639601866990497231903150243625040813055353383
06531610923789527333914369792593690728697404262340
42475870337917002214925834352410157186453983478454
51758922412361367352913626017121554410849303321644
23007596971105885469586957117263203798513719294014
48711950153715879163321253830793896944127468922739
86101183720851428693197150286469098732848172073873
81520159116379451230101019666620364454129562919035
54810519125343871316001524124785504522454804170858
00974416436084037596380188386074895352662695035328
16480968167944880176159399293563064314571114835166
74756546277594216725378229613379520048290422881659
99567050760734870429085908499684909529491046326851
76365224631701348799893768877984209294851296278523
01598830153361268342991776614639254947705193020500
31055605493677633916328395389557886997769714313544
61013249618901917057012018206670211657766541460513
68534345117330284374109752675183557592471851518890
91689894865760416453321241702808114846759077301327
25479460941550972867896718796180122044335029687962
19644048327886379960409838825362938230395839698373
94961017123582184217743974270364691125810751594526
63554646751436788687978229022955994771576430671265
25971855615110357476610420964178412476830158403397
93601121187811200823174503714075700409271083743540
10891993459498375670612740971769921395411095210125
08398136549562045150243668431133989738587361130651
24745242321542571509170983114140086026489053937071
27744124406690768316708542405730036117869052432320
54426823568650032703030650150774804738700240267292
41448002051530677327019111454898739634929248920628
97129047830449268538002831487535810599705614838069
27373009686610988863789029557324737732183929682372
65964099999476679557605307182161869394599277816445
25369696581224500935645899443219172791686763985578
92539969660988248722705869024920017849027121486353
95532805946828846993357856689685299143803410528336
93838980810654163125074949460944740888646908365216
57106852902937901140010171041875820439261982433726
15611135685841730762865206310031274971446997819103

88199260901664617975406910297256584746904507192524
49465833527641746399517886169056732659316334124585
45178258082449007188501785142887176672083115995559
29267262117825611904459506934896175722832507114752
04412767765750508689367098033666867867986680958545
16356450456700098282130467124423758025533584949678
34550276310756161856761102420062290862217868011243
45915647756613627310796173252346814090700110500979
45863457244190266200577367179046123274420853797609
72626868770094642272586850071636459572360638163384
74943499752065431904882687582535051569107427134586
84179456955827177098027528168620203131954435974916
46865492287630804666214313185341739865035226451902
58054517242379319713354798944313018430240118980856
82842876356115113592545051759006609029317534197237
03731662676310455267705728410826619539539676802350
04676392322381988953904099269167859156689219764620
53713869576979999088841317689151137434627023755761
35602359532129295133933068804106622580955975301522
75907114307261209980406112049595447025290224582981
03260460366610790784614562477180721220945378224379
60892084783698815339985784383584762331111455294499
31635895654517074349410086456375682365245225528902
79717199986729963816213783471325388298076612871462
55347835297146301393797884322985295845439519676803
86477081199962158170809443989580382507071135827079
83347809856610300809248363340106643785171705008672
85605725665824900630381665925027603594014207243253
35032907153406437209910495544172192961728518931878
76675409135877109975306839422832961708480658343497
11181400922782530261593481394755173603558408942664
47493309584619986206812924842999006904953095601991
67359270034227705807777257942989192483507500026253
57538268748323634227672480871144139303257644516263
63014157737299135855264761831061547505505435003978
87915345327702159604456635703067706610019201793214
01714796971673846973333970705605859892283092531295
26494279536183676079287994017708601760847530393479
11247886123969453298233627503274176462432178205058
63121003280810253530905228112133576906734827893771
92908366864035028279947062486247688670440208595385
34724137046928259372275289596415597499167757872687
00961437933909121938699113630197318971094560373016
11109766624424400181780650555724623398592568655386
11682612704334070095180088689713989492131948076545
61609544651226431496693496974361698396168741124092
69250879164951012251867524836356160571234863846892

79645666764984846476716504656126699086548540370528
10502823254158231964824582861497900418034575969586
57165789359912026924047544686256265670714416277114
32070572623204570586425486485386428718325923588272
10050178192591032186210252542906106419649321973848
22924672145088027677363100251061465898752818456725
92050079006099263317935029302633914975478998055915
98387407228201211160318474460731309264223605720140
68318740741436847356693028138596844963678163554669
04575253185482659911617918864750699221326838807888
02178150798752627095916528280767673143687407626055
40277158332846667905622524415031604568648941811259
99979503530707283995418800406218376904052860463782
20683553744365548569477836150626359899363478702790
90309974627721842411001764821590127056711820876687
82275764676994285411305424284697967712936556371908
11243475249918894104423899876558149098163133828 34
43986788305614220699486564370563456816951020971434
23812653705290231148917416269759846890675493815136
88231255317855349374611505045803566781944318476851
34829172679530465154959807564116899823793686265452
25447682319382165559881689756544989847223360804023
62152126378985700273204797098350733847558808852656
00460111363664106953579734490686214328577769297 71
38838668754917368355359148530578245719109983029831
39513757052525620958095401789769541394615172026176
49660795210633054864581189033232775355608042092880
79548131044308314254117564693796449370088051788439
06465059869952993456228849781367900568424690668982
34803767228391414146393834419705052555274566152430
70311689399586409521846800689011361913009089342682
78288375705639519533012518018235004929310697272580
57031966431977564341418649195709519441152022579601
57942174332998712495398481643215884016823180156768
22058890334434057690623837262060541947083026988680
88319400151779250677571751745937223847177220508209
30704159311736220200038813060788840091117739664188
83673332044652964644593441976859642812624451256257
78863231538319095654286792308345124027616888359652
51028829254701745885087785467432335413143581398900
52342270388006077143178342526680299665251595805267
39682566297578541127324599996348271937105702177276
79088300584907363364013164799368378780942754761608
27790635339802635477089489921777344518972910084 6164
90569126445840049207083085260645566055418879410176
89160277283372571529263391248090560002823379201775

12157409261171753177525342523126565278956547994952
49996613418668561137172657535761612467563936363465
85290219883593583139219249139341864245413593442816
60384057943034058583059516125841208664179704045005
57090151031427979014579958567197456136453537244757
32597176241622166560981547765107924332845973035022
14180191043778487240617468128371996146283916642534
80309667240241178483790511869883383917902679307649
56491327966578197716956457475933313313426260774897
13671970058790516411057560868039039268658263487063
45405515763139861676381077414451225941285507544942
15952948573989863056847155351487711933227943103860
06628760697072692238839211010422054182314187838700
28474888838905667506331222092051480787061361084283
74406008904461466797371582627202911168422932474824
78917896858777805977609418186443163400288502645364
45513550671213401188690785557499410205012020584369
35943833843142118798496695796671231829694191171815
80494352579524060183758509979343711308802640215428
81644344306720286303061244985371567180909678367412
75202011134541349983917111725353851702142430673210
00314413728871055440789582470237649047523203097059
60620761202742331730176569032003677492694227330322
75776275170079415069130235233822952293804237429919
55311001375700873574048960493014910013105148285638
69984292941736475578552941533379493920244023171942
71602902312715943693646130477801570469751026061543
35602353227271325523781649405525365188946498390345
17885744396354358013434976027147384385511984781089
28668229457725753597842954543499095269077618698050
12609732425756673965166418609433503841496183873703
50938070380101695366304616092407294362211337355372
25631799245208681827167064196100450690001783517268
15392178658474812406988299439446928475392120476967
04008917516980044735013401137800552105630498825434
93206799641734183811320822606619087198336021714825
65623937107277080044260302578643754691414064673799
88133306274980434048844433937285851420929071406931
32785150534696812734523204636356663009170263359763
23886142443801882404910085101582522932565567279300
99661715167571103702279090057724322645193485395815
33676201804307906634693859522827634852807373926695
41534068128659434699569118047243766089383156219243
86564103131340589115080721932867391688323814944776
07199208103547538842345389673265484968440806351067
15752371203075032887685369166123886017735354040091
08803958927512100254971669370797871866429220140145

58824562342414467031323035012810324420163216305765
37713870990527259684940878298118615258884925272186
03289522182402628298323270081763455612997145774658
37854724296746182466438490297865300776315937919644
25478394882826806550176331623401014632709472597201
88233353881335302545653904634831051730084970426153
73676406203301379064787387371214645255533658355828
25312986908539600263668907255056827141000417352289
84821717599940268074649141888703063814711532964678
95593180865122302663699720471131747863490527766941
42734227232795808700025982805258013785387832003118
08721509846232270743162776152941280404273173876699
76955481915380842773570932813737605617669370728806
12119558068900815993982648764512003321785648698432
09063760256299992888973076124774122838326961611075
16489152282506445462683064172271803383431737658197
12463951447878320009351333318655222338955660251647
08101900224467477939875010877461626988940950281310
74856975128637090065771914143770296754856231438325
15950385251731366442655028598105764183707048240607
32078711770552954530969818351972929411541825195835
30833634749559978987631994251041743808773856423077
17332540519763611239063521989491743905255002477559
23939446107776141318676550924068922230286443171562
37562055325359475888341884110318326056616085707801
24121329727491660000489927474140215834370124815741
91298877094711693311104113046464573198787106957011
35487660168472395555808872908971746912203692511897
24680591711257457394391145651806106080563786530895
78477353911887809522439697800184582364439544824465
65562789229023722984608325547054940682218788034731
78991834160540268599674872180081320778855338243052
78895252897097708026085078817526844197474750300894
42427002773032472938196957991276667626902535976229
52462332687883138948400393681704468721851013957132
47675408223230437822817504981212218492381106072004
41017372402920022571947628031499451547833447030334
64531637313152749162692772871965807579765624902962
41213427394749494996058045828871922218243736016280
86164468294217844866433081941654909805035061939353
73441844498848185595049650263222645086225208709839
41795161372926156316664116379086259966195848326953
82064061026825170404948988385791924216865098291704
75839529326011944310572999700948820006462825064142
98088578461198438509317434993315875405684618443087
24816903828496944549149121128389917442698035544256
67205923759401508528758412056238186705431189016681

80971789190221229351887427909219551551808886890313
44770845777714549283578452961724874657333204316660
64130222407809409924086148619661646179157317812411
35208581516991824554105441256762164334410701735120
32368369224702394752231986468094665767008441477627
11278182037067394773027252712992031143845135201994
63470898105814668173287078775610244204807475308420
41044301634872633267883450445024484231091775516736
70760528410517521452293493248028426483884846900209
94452862646418420347221657095686434779811103662204
26052840320341215341862403961367926539763057239176
78082394197387937396993118579045446878731500279916
47682588517407844000561270342803131241594006256008
06031689679607752678055851584447737573204098686615
08956832617959871934719108242562218826890023341053
97189176036305647134218859359916610040431195689986
68547095296307607868634751808876682139900467692737
09484748663262578526322996526490290475572655642628
17106736122779326818851162138242414638514198006184
82560202162079647746012249996696722868524506028513
80061764826341859670837636160177178787584787211352
42571274834527649231762646257436709226621130773355
52056833860543070541587402449290035756111655557169
98579313100068193328538001828777472325091411581985
05769545095128707200576522663427177149957535199423
75852010832755725591013419830661178092084032701596
30241973591496606810901929538788649629120915479131
84092762346231311444102527801585364435130263119592
43846145507833436871321090511487271230958757797122
20718360713602361416279336302762006615130143175584
24364472527128448286083347674941120679990018473193
19046961301417860432255267100830950296615161233914
00723248127406943374848131945857018441948519546090
71396254069592655653623192382949857221286126450946
39194954110726922190617568177212932823950981632942
36973124724084346206764151658372429522369301743268
41387410209413223159043112309008559178089809863981
14724234312597727307258749654507988460850364940355
63606421360246367250297582588214239709069638947515
85219601005670875761743422200688184018678289640797
13421198798942420054262322639109160808328221720623
83218156600956376613115070352539431370438476406712
57073659863704705747299557705633292492870667671578
42639748416481898746442062732629180918634569514082
11126211183077842318805504839023018238559619868972
58663753836854851880890027567239148796757475871447
70449639059666476388405551398320851105180869467334

42146964388936519874292945007963579336776306583547
91344094374984874917811052595293494608869603961792
37563635270568286632335693875478284960491495594355
81123376296279491108962728456306695903129237389498
73906464548234526530112459709369166368198429401975
70396110501809396370767769574613416736594918684071
59799409774921295144753643557051040490718226804775
34689219219223966559889264013833854256494287750824
04565581803397987528075009321325165955626489684326
47209508457269426761962032465242536113808128554108
09861388993231752761000593682748189193057268792705
27066816509473844112413522522462164058966977377662
66947223060479259376589040545108908727196692960261
56460569223470830776597249422251734490049588103258
71173498512933407482889628228684514065870595822088
54635662223796926845772708006242862470839100012713
22746693291077595784116055523253942755096006076083
70533448080696135747986610034569429050487428865415
85205718247493430292664502012901522850857613745521
09727391108825404901954679022537325594370109330222
33435336792479155486508905610315092010532977003311
49099331914415825403937671038561512589708413151515
28321798116250944078384463599269824851477998262383
67154228185069666716266201761609705670948611250935
94209257672502737040835833893160975056783035442840
00039700202864233335323800308367275769471670632072
71563288145135402665452805370561633756575655615604
56839735821127233493026657137376157808881484169546
06951892450897761458277305644711560367234013737512
39113342221350995201035617764307709080447304826899
91779764687600344803644414864134634689995078455510
20302988863338483281810726992000889828571936841389
15398111676352370135996047767943273521946249418339
83034177275287197321653523974783666159883000187013
54800725499677948156412225073198207773749493693405
15926151214725240913312432853522660950991788624206
21470761814443651682059066937026972848443035060252
19140497755126145044657256971231595797642958217968
31320720497667628657047131171465971689941414194155
85527921329165534108035864539423604397634616953352
89846339014437097710317188526335297860098669308669
84352639341843697031885743906286547106851908002382
47922659706695796912922827797760081119896191705187
65770471548040762342014690147470123007236720063747
94146524884880021869725445463705686004723267422019
69808221422778472139305509963930666588351205734209
53623270683351905374323509642416928024349246375291

31968240070383892099468207970820508553026506084172
90646789432924890422666237149391487185204533360509
28192722002667835450900672192934483571874004864525
84361950094552025533853015019360827545508148367762
94317346668701839896632736870667173889783817058514
35561662657530589349283799568837156619051174693401
98535875250672746157717542792976654112430661688579
21466304826537623629178636344787320604811685644513
31963377597452108914206426210773371687162905791090
47378376399934031761013295865660178686150841320259
94391846880266009194120701567367052752104460254246
47662225537968562211299822221366194969278051234613
58938800937870064458889553009309678080220567122291
17324496219466633608501509594916809119443188318875
57272880726049204842257269502347772736256681742643
07924072732430554923883140548639459295216734612059
34733108122670744358544306390513548612458469235277
29555959508163391240344880846155748316511028056596
91260473822009624298786189595228730193832928596279
93498447285095834161821543866108691365440642590891
15896981298974427147086063734408895081120792563243
43912160486709803726929822324855824995708943110863
76548403737521383697754037253509308684024083186592
18947543425465681993319202869736416876380780559427
26490940543186086883587062399303809324893776063958
80881692788217232840100800778744685528493009535616
81336987821881319879609157078006065875120413681055
15013899140721605454073209842445711240786902752955
63717649969227320973453390327493842246971775604291
21963794004392913939936963834312381057271231601654
62381860803416937792323608064841668516700884580070
799053990191389869288678886850125467916825295729795
09077814007758372919595259230778985290095374969314
46488560420183072483668164534888900616418487213140
17619792067384253885282960239842855401308933923814
11757012080830155418887191011712203543960412588136
88804892939409662947667940562265648193922536371686
30106007982286989053718470719552486361442452983986
05497226673813992712323269791352678194750815424751
58259570718215174779333083805385422525935868790011
20176971506948468723239775696021905302772913441798
95332845717225695951393984500808185505028461731209
34633238976743966867841162982536644122223505420632
36389978613011604606427642524721199538797765254709
89913875733370958754446068818103330791592335169400
26805099690092016813695028758939377149493311215724
15902123622515497269878580423624412748789986559314

59382697569314305549817950653144186683273288195130
27519956721753823705715225229178899738983906301739
91729947859647328824514805731576623972746812720692
83546859972049158200654932142637378536537776577631
05425649156377280018981099444126794727692115095607
28023628284880601982030177055736035503431347690741
27602842407027856245018676049368092179666630506285
79192569032160921550382981573843650495683338819914
20375632076289437684602476610394352022944810101404
11684096352222244652669840429640253001700640703723
31719352207617831350035742568452310201544861847411
29462404963288983640551545380230006576243147668415
33398052677981987237595528463455943508759753081225
40783115285645913826698540619890759859202685372792
30084147530346162184574848815554875180280750087011
48602056630051107952626218165099970462460938200305
62461035531104034228743366878696989658957146052636
01339474029550277428860048235899761603260749857047
12218455866713227141006978846958171262714993858982
85859214625368691960786535613356845007576646743331
08632471158007102508635704220042755102796922229828
86795051603903278422738873811183032977329682416042
68323692533434394805615130277475655642243538631283
41393926559729662026384969453375872939469025962873
88740148807094633806597996983165111929088025119256
02858173049910841216417996843252364020412026660339
06135644140131389322120287306294453261319831333565
41252058211952929321494053648823003371378130699337
52626752573427205471825985193439712284754974232282
54040766261730855917977487126298870022667410474706
11468698028702735148198879330690780405185216982872
23191317558377555383293064193433276705871185727668
71456496475004679237066771990706913870008711630394
42974822989518150941074191583828498300089051563374
99709234458126841189055720390138093744926726325991
47334552216665140583847415931793774701388310929207
29725748072689274863625450102261803654579949694183
63051852033485830613886089153747576814506890483050
47432310417567254445678677540565353246244263845011
25401588113376287922791445769993245490207100571938
90243323158180677444472667231766456076823483862792
13909238724304151108883374048260207564476757768523
13457857843464984582933624074648014159794645214350
92855444146566236726007057107442947148089930546252
46150539546672945745477522309885938349227321181401
21819937289727478363913024222954228322658127299397
88697581742933644005462333979847923661918522402262

54562010126296227425623817530051776328637553954276
86041957675848786829356580164847516468108506725307
38693501865443186067821174807067102386061328973257
12447823979443239268514685587071759326786933587685
47160344896167761171634129966733645058979211075460
18301236333606911449641883879341218421949353787499
66523797515391763059159646103471521214656427472391
85396502131632591123081652835029486819565713588747
67723962901916931991677686458730587552887475970901
59188858413402314944535163715820461193929538650063
09019687811487252002463250058595509732656697594088
09248852766267444246672639849454940963335885449443
85507082778660432637669558899094233921334532437458
69236955358408441578541048678823088765914992585877
61349378939338172395661267326458605886099833130238
81770669293348340480489448144118284346563752808166
56029472988769848951911289727995059763032773051776
93767829975992595734475281486283944418936299209900
24135806002423326855203253436464935897752706903435
98809038877648352811417289852206157665771897459969
31269049942745958577489007150177102800505102185087
46333748028182672386637611059367212151178910066446
03828092457244431417385808314417365876863724975750
17241805055648156458882694424136256973792922559459
02050613210392317227946862868956199674192340073901
31687938180418212831728509935919804705998908531525
50606111290296074552765416055543234626101670881285
15203185163523305468450163097876868862516095539218
20193843043220857880847407848236511516852457920537
63628583004724889499062322027715010389354247920672
72180390323180854549352300215703224048303575168346
14195045183770461312945022064049232543372082330956
68957898208001861335005068753785517389822960864579
26134601229336427894129347237377241183471056719947
49881325566302417485511254461353073138250801775959
00205755256882935354103329405824763345954891191480
02630594112285629020991982970892267520245118222001
12557157924073365057461275883823812394802411040449
07188979390179213491779857502875171121244970710366
28890526745050625093926019965399546707668561456593
00467217310496756990455624866338937724735088968724
55308678381939797414983908087007124844406148488248
96131026973307385912498790374187062600105142158390
40887612370365371352029294878765054888518285342824
84100383985536623133764576709237044770544344802824
90886232209658664498591943363119205831620545310144
57848223373995095568172734145085035650280593064829

27185297472128532388175324000776256548899011148468
34623218046070717582378163621157379393336563514361
26557882430018387059786827453486224103312709824869
44422546320518242977330631937828805247362772790102
36575158387770445736380232431010591330252239746032
54422842530476392499368741225941252534427457191435
79042619855980323554107555171796022257310079403792
96322417785536177805088049496315873832128675554297
068865951555521682850849181846715111976087907235697
86036462041091972064930041231501888377704583113976
29187009238052681820978751665089521199378270494551
39920444798943378848423122248762725989299789548257
46643485755792646037586224230854016062202312395837
93967906186082020738486233385006386037167953946412
82798171911311961478216700083080895078544581326695
48181663862569509252316482191782213462414175913354
37979028341423778353888920595668461979810523192825
76652938328809119668761048185889645442440220542748
96911206933353455235173072013952795452161236905634
55727025608582660648538391808817916070760661386419
53390753463104231631434614551495468392152545717652
30176279071346702989641193481046862487310912905882
86930561548550109865716994317948320400204615028922
42832539872040350919383645420568065798193492377797
39923616433923284412229124161310236812384123094008
59555943921238902610148002411843673257218566928685
21171174389577355671369440365534188266303219673712
20477846139672424239343820655757101465210839041105
80254990574309270936597181213253729453276129255716
03381159932729512007956007811205331463611272220893
11501471925179535242820970463835362813237330503957
99214257143099602033906880057835187398188931411813
03060737189155369873116976049855114076377510951304
99113983932418267750678612930933434194460047109297
87141898483801103110274188437832920482839062201145
92454197652212689145317872121451331267798784556044
56159595249754529857535222154681714898414511138425
08141055013085489623424362849791041944000953541984
78294098804365041833757195053081693362546548668506
76594860210844032088836979178574562358881459948339
27128325817566478148930763018318845031751877025433
81512172174738086474183691780511854271392830592551
52036961544265579274334095174087902928468948476751
28182899369369638005209662580963095224478411416233
47063886751542015041317535385000813287716280810470
01883468965555544325765680376567350202672652996826
68844678106657495635099985961788943244307515831054

97717634532380639058204773181162089074001240149200
80192386954492021367930242580246465176983105671485
01978569587399755567875029661732867079490827566132
16383025793652727117235764937197729881838765016004
69601980762607172973387195864987099099687247174947
61114101478259018801182453610215220422049819761816
35300339885999787260560375797598680307331475224756
40075715187922016448589055409022006921571006776359
24985723995527632014441216849154357780055265954849
99851247978090199909088142554531420111741169391548
33148205738280414543627180464686626291373582349664
82875220896995836290036596212940685485088790079706
09715361504930307097144793566401490311205530808240
95024438419875824164708605864899073940687544131101
74450351946487233176746260249006611578886109716268
85032390425642166579301971423307771445355387862843
25143360212501899094526144540052685213771778766749
43223919259355906514401227995323657387859633667188
67982100511224848175402924750136695005047596708441
80126373458801066225304001850669818109719049088130
22918728763660112598163407302581325662620787942939
37730883405816982294048034393246806755200085304321
40538370368119674497364266432990337815352550225246
82542776448272604906490826977213886983755924420723
77285780670194840754825024590313667177787679458280
97120074709141033453979230407021247047895972416306
31679390426246365331538246802784629998492955829706
77703673617809127448651096131947837554214734726097
78522142206977441733393023758891545174462184146588
81740633219251066399862636936880015612905397748917
86922752271866000006486886069438433416956897619104
79315504073790699480541423931403427721205641761019
18465198316227552484709378875008888303178635730728
29187673035632713538749271862784783688027045784857
08707347281843655076523511706256755940456147510817
46288865138894890196169187358664401789113965033124
82862821277323414956625703814366703949649642201742
69652541250313866715492577924258247183930406221193
15529395247295659610883491077311846506610853782237
22765072330072986433681676406634827126596611335519
40546215024279598826033934377785136896658920777477
03809123061987976754485388849348861517902298951335
51513178169447938984480551016044753872934602081056
42399995653132943818118179491682066434229861417488
88624688910910401578383578904647033850624225450915
26178581720960154959041901980817249863332365323996
20352998335812881844400312316684412820921571036500

31779327671655485926788764291194438852182338965094
49510829929260775654351813998833350031659441874901
57382515153491173025292109119075949224257483071597
07103394639477290177111179548387532454308219195710
97116313655851113361677992674500225456746172702619
26582280969301676526353679785621815044068552425020
63277431207892459280730831609544932281990578760422
71412546989922037225580941931329073979529846907496
68849730282861276834244509402541973342783863713321
62982718868028770488590398165426651312217466506883
90343880540662876132415147364980113225683524539644
59177880877465457020953889057559869620433725788582
88766430401486028813478566777522316770085281567031
35170869936872283959797761427043044338753674046103
40962659814007959537338037660820668071019298809834
64611253521726264746148090624508435609183266233286
14765717887367070432644964237558311181086135320630
45273135501338932584698039650758945995278709868677
36616656527294096627095361899238083435232506453540
65363667008123808431421291608489392606475750424360
77337007697801048622686697327206131308771242883807
95136823259604935462698754785069760870906213944467
09870504353997170682855777324556183385967258415295
84388095410036379769074832639223226967631086303998
10679689234160825946605411965782508337910051764307
19600669142267780803108635894954912666019682168984
87279809973651882678777310532850591912303608390383
40639111365752938473873273964758695119039096129214
46578009656278230854852576498319237213841985818804
91491408122029836664762563895359153095424421023811
40094220105435873360217656075153784198983618305840
80950957923288723131448256881159002930870419488419
52225155771425360196960007116347447439350056845634
43769003357417602825549108885215323925060878448597
88167278966902631720010672064720740459424890050807
62823397203513834604101168558951501894545922832586
99909935831848388833334959057125432197139992855669
83682627054269275987881498938895553277521957161988
46758409266923712272429452524398252383641763866889
50239364876702931815150767258597678484923374584494
30892319353106512504708445945982293233904494552069
19519475305035974627883356984613202221299389749069
34284023355296263560276993322927250894302020639727
85105589058443007897205048804412923489474672886783
89150262288852912874295275043556502096294224736793
46403525512695447933149314320123748438652466578663
38104602907702516740675225470354471781686148529224

58798618961723244658952819715140614101219273275694
84710478372857694609245181691687995355804049841241
10491975743929251100959314280976592191588701463865
51402977596012953584700768611682922644374888309035
89618611266068498281807295600945732186507395063439
57012535482591503536895771466916509576445043362651
25119916820408853488218399214903746883206389219583
96771807212607327885619513135576575243413453665708
48659341598443546453769453590903140796550810660494
68224721451838346650131789067411039280361890014419
26004517726990294651912262530275450380603248851883
60479364632249905482580495776019740854482383090288
70415973120470316393483654892654723025152908040772
70773036185182519612016624249355133908758669104232
95025219622274262425667159298289304043119006795704
12010084094782659788365032760310302848431325642110
53477207583503146038617532938273761710329521381275
66993973744418533716325063558390500476440504318465
55050730408990389269936288620469402695844315063108
89786433825298791700659552819878337554177791762887
61977750252490672963806218479450140143711027157594
36540408833825817964419430833308599847759889176852
25290274578421689690036843713892403690325632174580
39652881882758186777509035040778567728215280374417
82855392463930301793557599469619528141809981603585
62272455412759745369637536195570980535234513266574
64468262355483975934275684583454305809159838250894
73892876921029768874299871189541517320435806519158
56132717351681114909835419221182834703657288674488
15599802621633472873434300014617603878659001368802
55812776602634600144920817095907337266610360736242
30859884385252469347359660993796975691783492560369
33896156460246531209080086702727847741561036000878
97533676639449245622950923406638335836132514639323
91220211410475837363815388273912015906594748848180
49489836365636223485421468944007752508002307778637
64248086281910281820347118317437303493344261779754
36953771948128215642985465056109643559380311477664
30355133888829485169813786387513074991074046317672
87595323655332912659476404873562844117507971390474
00551332393896195551285697859802047769760052520606
80548352054715812429473628012190883115120816936817
09227961780504089455783599130934763228080151499698
89135696881361110514023419878417059507765640482463
11888590148083377611155237681938306357143194096425
74226714354981847395407794813508778895488544130013
31746125100043073325401075314242536243267779801060

57834007304622567359488688561912669235601232984355
77265000064743197514702226705282803889500570021520
53908057026851688179096653597758126368885914769419
79748297001132585765878572669679968003208967718995
22050292034907180214016910200562865477296008692638
02729111469401471195506772843968772487327158127480
42859781030245051328997441075754153570752061036910
29094313706923000275848953212511978468846423010680
44903732891922605837738861309121071177058775287031
87465304552555815403887856524173249573697748876076
70119504928941832459182180707700622495028789984059
96609728435314033200749819370748032083424556361863
16599741500158189254372358414756584357119349433485
97563546491917525117456083081918043863357646830719
24141075004094886850106059961850142045861653689695
51147587396066060761951716262525023678143505929992
74323654217871595338031759236278898782949132690189
60179615887369958353631530305030483258619209352221
45942082074130397798738379090640621247797034395114
16304880082178681941363928392496378920442456710399
99528975670486179028806273423845473978447281935512
81160733812632791742199283209721893969611128149769
722842643702754075034764079013453331332456496302
88115713553811281549952388263090680098257040325222
48214189545731194710504933927455593513204206562153
68929493664686409056310958536598612765502965285049
08502547745982156692951273711332174559075315718029
09943258834053869948164099672325312246083210899317
52489923443811948206643167694320572801425335205262
18782872148908350656108741927216443745740883270167
59943094565014599538832556482404066112833332293469
44738229814758202131797535505554577624296325512225
63613964468549978940344397493681610165919412356501
73277012122574966526646311730711573483666997513141
82591158461432810857875813421737613298382076751955
59755419571723966422267645474652002119862782287820
24036452599026354617705964647041183230009657954902
48713711791563189956210816754283526888091179891832
70015100894309335022655098804172681489088122912870
82952109766415444761833098113691278977477122980202
13321274658985263467192662455538831927714499914083
41010595248725690306547673218555781410028384420588
90414682109669054337555206532913423204111494441007
72459855641528901216225842635255114707859555321360
98809328950696448376187763252594271087013146790767
50276325987325766791190434282627051475245364942311
69042157035922697585321023117194458974786817232156

11444092844987448122559723161679444150344586844820
61781214268917234825687477876627836168367743249408
77324494898869106311260038047886581813424621072084
55447364215184728768745937138298428035092082752117
68993845949109624624375453677491827465418467347459
27049744842547339625754198994080811398880961788701
14520143244990958695292621402193397300316065173591
89393323587541379546540821388091274730654354517356
64490932758490061726388976458421845913459045197700
84034522599909618879193398402889543235627906082493
68941546323611677529403826834623555194286330995651
26369680011564888048929462661936465231843409883458
60273058541333874462705453538350203975715425221285
25212821830130299332661790412226923870614682842645
74806844585557582486688721350254173093712604179691
24276481319974611402653413800502024718139556939770
26651364840094792620145897591381816690481772316593
80550527069076839774618455309912602312300839997984
10760478293851415988787247984223909143764543073187
65451890953265023109477426368636396795651027995433
04550196299510289841429099115580018885576177703373
46744546784876147552509669944506590337393015003131
60838320599729844570358016495399357568734065602219
92121815670455920865803054460810365368880519721305
77603369779128213097605368580630079515176056476299
64106247398349695899949168518709749894440934598359
35232634681288025988542531965131635958944314542006
81572435605398018596809437149428655669441490034911
15569797346153042368660689450470004538919216435945
62912220420454155483397818361155128983312621025076
96743692985516832037854186774223763371695145553084
72609142939192564006809487739878753639043132845210
95778702457216803676542536975566933769168937215968
26427575374494974180054169944270856774686279433457
41278193459750892923701449925344551435339662061684
61628694631883411638168732635660966844266181685087
83583022017268272795159491962988946547141503006699
41787908569445027324080377784271503413853735560505
07742961538376582005594222095940727751019318804644
24558912948593645383784405015959209169180992093220
85122672924749205144015172216109792122102691572302
36569349855124309230660305936577985029687173529133
44997241629647348256737640787833029427750736521959
65175395117328425384809993466669701185413116405189
49526554950081439314826648814446464020940783235393
42361234953898624815016462628725140684415403232410
30381292120284342758340771587145838104201688625456

1952959225028937503794382926040209740029765913066 8
6065952755327510698794454143399655516194986920940 6
5915238201172767866616283443831248166625203883657 6
2541266998454645663056269563005241453508164490795 9
1479909647782002448130287670724944687100703971599 1
1375934701497108624407665152147198933063018602130 5
0480860703451838006279564187122853624232806654123 2
4259297091097700292972121994744426228543308684127 3
3791162698475208548230041569057210122026554698035 6
7154815773525190469140430937889334079783576638924 0
7945831053809339861714613321315002679579725818962 2
9057661511991624099919326321505998246815961203508 6
1961621851409553835077370973816551296513520263189 5
2939243562395145390317544223633130657390191841231 4
5894299056068429253759897791824573698694733042393 6
9233735211154133584762038181426924586220681605170 5
7737223332996119298888705213003969668000446336718 0
9692370885305036087584320402755756772967005007093 4
4562921987559009851741611710104989587970844695219 5
7848116947199891507108449626352546703160579177421 1
6938220772209323526005718234236239343941116792458 4
0915260616864130025591430568111117797082777361518 3
2307889385667509092809708369331327427004104019029 4
6144372591081348354917074104732302975622169328016 9
2770491932893191411149088697243890420492218758259 7
9970675643926559694021381142671289816729574280407 6
4685833698703542339906412061908925873490116640570 3
0824007649122612850101872935100246046182225683153 2
3826198069982118384010719482289989607372010907570 3
4014732667850030562583899804980719849773423190191 7
4724659837227207421085576954325059034070334050482 2
4226143087628088834201672994184495616288695892134 7
2341857679721081980546181583973331783147978139288 5
0648258250881896576169717918714150170609154500399 6
6398970448413092125469123200475844245375100418446 4
7710493477384411257984961966549943416890264371295 1
2680562302820852708780439998811778775264384182314 0
5761652466193118860690405132423239531733139514493 7
0956869460930746931416427616166093185970588956635 2
5960237753074830431316525457281206579123672849821 8
5753474555387547682602700226624748154671053178253 9
1142737172074582716509627640099158475043363431826 5
4635440264040597328437116507225403265136655394981 8
9050993479379819858069782186550218132703931536004 9
8153697632986505536587743634152179587756124518580 3
4830994833708860254890915258282377983668348739557 0
9870662763298057251921879145360285571773767137829 9

6157796051868521774624727977445894561254974374283
1904815350809536033451762018622246012604624880226
8144890302086995405340681415438518493965990384591
1174586904095735814668336030323456446280634305244
4122209949711134702414560239693118152077552892874
8789363961892837294870079331117133257969760228398
3177455775458612993110518107239694876579428203755
8844620777071732341338904151955540464755763270276
5338010792659045019913999111486319557132221245993
2729859118497350132241737752767249833216157371180
0569092997008018124471868966578772680054555115368
1979719882684807894522754243348703672318842103520
3504853087241154459384754965862009222207569799320
3380369371970118620686785419495255563324660911586
5504217061767650666487720230673352128712295728646
2859329268677061307692555141372493400192765224853
9432700595619641090703916208440328327989866193987
5924646768939114950318280834793998604665837250695
0213256921756490238876561524018521701221162127468
5894817898502864744778728805223523568228520359372
2441279936637967428244839643780680849492301720946
8877774251866079593245371729080261399410969767654
6634094312714343688065892069923889663399237781474
7893502809437366027590036462416130091873498595963
4280478473695673504965124278435885422229450338001
1326200397158461145519604154209120235447053382014
7803874100072252486231838881937801921658210374416
7097585735374113408393955228578747068218429437450
4489182475143887812334555863450776262702177165763
0862420917470500401708664012755923070392599025709
6154954742574332757651801896883382854955713228848
5916402907228197474390843291625499233603130937725
9116244716487414226815761994432461605729560600777
5572712147755502821957088598761030861652699743456
7736849345330753107855095203683421538202686763679
9048087551299768255483326900052195031300284825693
6888101150090070833401009054160543970501044880124
1231425172792669780942466246160895311361541680530
9768800790622553127495864955698799918885362553006
1132458335482857506369488225573730403719252797800
9324019657545394260194974997779469639167367418736
9879878250594371175061368451255835800714655979918
3227867154283537193419549062224893595622487235001
5965515958203602782874174520513574548409743275382
5755521956807347778912724295252854753774163105437
1227392203054066316539460792954280119497228598688
6262095970577136576745769464229858567404085499316
1468923354856786331441819221221368862997065403

71115279792138934362829963788413277829395098920549
55684786747301183738455056131478157054163011814605
18125831815266099326685656447494864272361110063990
20153193412882598321073694949529160862702977939042
23636251591408247034324703681924639827518952691022
79503149337308998377992792454394116047159119733154
12320997178133722888601536303280053212834939228219
42798595545541667925851085320640320984885062781566
16214881284667672704162016898436880694859910074525
75301982376453842056047226797984563260150554934161
89255332635667717529430341119018787056822355471201
59829502893609563368361185608376927023150693340265
94230419562045967244077011364731694969106130497283
21764084695335392064815005835018255851030854903488
03833748183194421881309584774220376952264714441724
59939593411907054416363079721417685593828641120947
16562019410130765693954697559964008297600535418866
17882311102017271557302255059529033501374025869285
42771974669844636030298141183451832193293466211910
49720611973683629567033419427791676238341546392166
55897206710021103908596866839052817371965278139213
45015475687862913183328433454758072201247546748768
28981892346880324971215786221858465238181791603387
62205445026105352773016917736647808824173908844525
89138524041891705393013605620502532289090913146599
75223046546496264872705050427985635524999568943548
46562905335283890524074768282346944251242205243214
60496911515995027451192115682913619877757442997508
19945714978774047543664667121836718639985938647758
48049737957431031355610692264889332379418862103430
30099671295756250603303590322176674941553563372391
16889032366927392379605559478222318350257576956904
84995783553419927080045371029096730804871931921873
49050957832790929334097901123050953551778787974257
30259126615147330971950212836644394579639594272143
48479182656385965253201950438972415926946839252424
21860380728712661664237383521768393446568942250005
57581315184030850597256194696235696507258485093481
37829283722170682289794264165425784454200928474864
54285138283727783813351358194082795357922839889739
91137735931487315643412685577389382827974403739403
85808905475853764692026568181661000376224592307825
36902831976059742661345582628952000747175198661393
48452285860670989229139860073767216427450218418990
68751282105164071420660638958780283243197758108844
37261383554629612460612810338131101281474830649250
01565512390649263760563155724150594446447578971934

93099102668095708148423810488418579255005136768429
13511411251757939022262587400884536416338712775753
02581962372271590742555475734011936308352925466276
94571481133866548463902123036916905804954067841731
05594659185983035030658313990683169764838761011995
19366253613888976226616508466733759478466304203938
44658903846488347282284523795317069941161364108194
46969967244407469283923641305679339230152919108360
75357808954407226578423150840588341954782356879973
66218421868049687643075313951636703662637544391351
85429397386393035047322416695286543843954922710470
01209217380103835760953115694497464875956857723939
59461254950830179421864512497606909585532848141303
98283321957441569941230839326637951758977091254917
79731184593992615345221399614109834910618405773674
14824444133572465291503100508044625750253745275459
85515392948604233021458280713117375319139408935171
21551804301704622055447973766966747893173096271481
78043205241537398501695409051168830681253148680904
39523232437602316225250438836689868570661653066181
90456852747466558716177265851650734155065945175613
66784259071595185264923266119894199276978330288377
79411117501447410422908089023660833919406521113932
37267613597885389234282889008977305473363126803325
17109129839261484970005426861602994296096384886444
06004910294550396652917023423634660650422229602109
87858800694421569857705366984484108686731050696302
96090619342316066387489900188289495125615591102404
46282053159377096842656480346033781731481405384504
49907592035509064459099090914452597256714953028272
64521527396612218260413461475010286492244572657657
54529032405471437060123443121775206577764552719001
15395334250541807539121915059837985261573370516229
54411970307888743173998914579482534998715896943787
73437376751615663954647624352081865315975103666897
07775832838650575235805017140232362041820853877746
79830295084423383311037458065364190794474970628477
06547679482962188669259068217600673139160665816078
58328425138624683306260336679546791249223032388929
56877289476121515363960309406276531197669010911380
48740549377875158608275732363545668580674906271659
72159902992186708613896895137370683173156800919554
82779204650557777506688852118669297652110390778631
84433695906723520283999964323963876867320361379164
66867950311217912679120494226863196952264941526031
83846016537045092592578800424405944349467622855508
54525566020694226877321894633390276715358202225470

```
33122347985668270282524598801234683953776355174689
12253678812381891995463784412703324187373763325613
04223327118444507497424223782661970461040111226532
75889557238498505763648049409248040111162770871555
27988407903612572788359124144608103336856769783495
82569733383995616923989000850293535342999657406963
77950214085190300644954777473548411684055102877611
08641985672662267872287859393358397028788359545126
35880762654146340514808297800269911581141860547629
51288199430838665320484267405555510253322746134221
99310361947772049524338821178503225046229221424569
55550033137758428571026505201688448712793185637412
60727741141786989397154226727632286584861696775818
73952946709294345253733506500569601346073180257767
90991551345034841583984675265057374239747147481254
00935781953545973458470765007447097325493931035952
44087802427666984630842644463867363801628651193925
98513341956303926559571167112304497992321173606848
97591755826316223902262248984622865793572796249103
76403823104080481974942859270246321273900690507498
87731732188546893642438942096492856644246175264232
70727279330815571558866484163195316141173690908132
01902738952842515499672243034890237632805437291613
98227252990836908892497388522995923775450126780887
32611954616362090049010456572723812186073402918544
77995352899592119455188052138295626177408041273303
79420903678075311256760080426049507406190564878080
50234373558916155389927465633076200800996912907610
06320537323126937279620073905433437462210258995721
39788919097031755019735593786924046361116027206338
33840903223989418916722494065846038688359912725214
20089279274309866163507957283790514385513872952711
29836678961619181394864073685794226166711785990514
03823472914009009792249130249978704003805414564064
29066379039225230449217160958905202817816159901170
43582891340913588943930495096599605113324294482509
83651074985148901512823058472152580251850119996729
09230195341591046634975148097657585419544419386603
01023932894081909479278480783045240452965721750860
34722585941757724710712442707798690720995580682225
19789986479329847328307793432374088524818024125993
60762807499552231046321991068299808118204157702024
03786723523630415869096428133036466253394949402426
86862576591833522241354102004887850569974716852406
72865751943425706257347366754736503125572083747217
07731732426112803077590654692395022906758282
06127
67349847106351976446644271672093846156072556820379
```

13752094903953881686272030842192749330119689065021
85542429917425792226204508851936642892877228775513
00947736463000642410992990004593246677353137444054
86684875877715788647542882513257102499583552305099
04068164634131457314484939386983313477742735215011
66697679503234920870266706333426771215264880879536
59299373518992420672251194807313265923343577207964
52977775486743842476892616068173391692812463591354
94609645011156588572925382446911719755728510786552
98454278716583023412111155300074663525550482452345
41048573187791003476233058840725783349844254988058
45876271348453269204022568383164232223709764547140
50912364134406361959220500003871490019578335980781
00859888605597284847911653207087459343563080218716
21114895896268008973308214206067063769193099058122
37161050163381359939183593187130304492618018971089
28204261003161499659858596679590094337472123334438
95178821392131689613734560088472118340553704173908
86550221553897742480597895417234353658614901584283
69474900604308895256061113875543858496272691509108
62397554805901362380403582626005307357451248710774
14263477512509773977309390725282336321002648028822
97270641095201052883807867694620371563957604766114
50058080477176427287800131312774132443027234088512
98968560383152465747436798237046012790757806089242
27128322264403079900615323141020797123800533820530
51219117387093019838536790817347001559734751328332
16025461225027248671258349531573900562069353295402
35971715394692464427438802759614864941292475277337
41349507148780335377866363118562306153486757767063
25490186829580038258788485176455630870877721920831
83889862253677915514040364912819332723464641041042
08811093126098396184018558463702354359467248574915
30908048594183126096729940667484419440084259832175
48033459861740020043137850828618329975681776571031
19631581865995049067237979178736721907515640653437
76447630621705766985670874922707502808767246204225
35389447414241343631101664366396998808785733504534
67245406692181042688115669543845133919605697691307
45213394121929508769111217525555025022707891471738
00685423650303237374867787025583890598936305021008
71664697857118051661731567029479585884426271984103
55094621510005467265326668617442935116210475673902
41977309661472422087045241117074333885178666262283
89759505203128872018952354482173947821942443997589
99835006078041238792193065679325724872870197685892
46523250669611473973008800477104433865437226884395

6825008857164813094684461270956543139557547580 5079
3514267563138193621702422973187848122776831895 7407
0484623353836216595868433085796285376160313676 4747
8472565866092667662925760874527312462223550441 5865
9706369989276817043499411681279792821296922692 7665
0708667244800880233097892820355930828885978535 3411
9785021182140046842505467402549771417333668952 304
9168314443762977348272050599618427960138243826 4090
0540500505438995622032576940311410729669385541 2386
1845341651357163376862041548822631196037539535 1579
6511561579168752008167453622412708438608227154 9504
4441606876735071527867361649906840791020504384 4601
2308262194961869244003083142930447840925631186 3207
7751264305941995949177170641308906867774638543 9177
9381975761644681110663893235836184091595321163 5978
8090633295173261028171014866694864396113101717 5536
5403322789044470100197631212341076463636245830 9773
2689325932774191957149924498559646976173046729 1526
9924740555769815934966307737547040710403479749 7551
7710849312135392429329973675722029345975758802 5764
0391775690512155280231452102931304996533393730 2320
0920505409685661504058680341637934252197386129 3658
9718569331253741457848278270086059892165403956 0817
3187429758719191069327571217995208732082698186 3598
4600672764338764820681561136791228409737944035 5613
8714059739036867993047423692350310653421466641 9163
6140197023934232575269429902746933964408159301 5791
8795154429053346261410491553156884501255855500 0913
3220611127010184435006952174617306595986416881 0938
1630424976087706154578395449379187191797782140 5022
5790496722122077816023801492381294008546323714 0405
2972776933521421226846185978211744358524205910 9702
8941984624689995232422398165559046677132287636 1960
1838487431946537298122963352740628643961041759 1624
7182063541974356857130071675436810628538358587 3611
4148832792331046006134451413086470002471956472 1679
8552823676900196362140435649853331976888064888 6200
2046177902558022709496834234610834925724753544 5213
3926887369393128985048595882232814751038118880 9460
4514397803692352923365109003413934584678504122 9174
1350494370619605866619482665643182166566296456 0637
3347509328955343251749727379136224270823935645 5824
4327306600773155471301780840169319607522344183 9922
7001189768898484463505526607269164237837900804 7941
6176843343832284585376841381182511677563838892 5839
4020120613567446919670757527804706934458182769 1577
9568602324958841160289598378405115255979783881 8410

29014784762345089670289667288889647657977823069979
88192708835134933044589817086468179711128381820020
44197499117721541034205165427027031999846634914695
20761598650684885220316328732259038150648355010008
45177843754507436145059221942402418726282490356341
26526431192655030406320257536605315091862694230400
93331024829860919247004411577693505738700428590486
69736423070558612735640205404826776438809032580278
85087690994809257329017331171653054678392387839859
92084494944282354551111075567141794156706197119864
19956408981974696503835985600015377631978659426847
06532072913018346587824492507819878301123504261299
13080412937786711714417436494170413095998427749615
23852311952163541571620418554261725773289754274896
42524558369008052069719897834053279524962832641569
34156139985728673098742226214028851812860019084603
31750133307807483123616417826138051177933714470414
81211899591909802237467877728128904530357995934005
67204305644044935478026963464639719156600092636864
21734741176193906414540231793906317382851890365239
86290070998309862522489234371226060985810304095763
88510924389509763364947748584167476644141210442699
67768519849816506753795395453287080549905298268091
62734102724026108419569462737591630570306936049304
95517602916771452567323503367130957078176961089025
56901313383745115817342608720809197689623761582472
32799696762659491769689035000181087114738574349836
40990927933694547181562903452870089331778646260018
48458350275093946565743519796624693962789671332753
00103362167058028060203271745531773549327571281289
72230169431756595295821313773640765032582412095839
42276617489875728184847630287518607461981595309145
17767537614228781538324691582039685564713187068248
64146943554341864240898653402265297935042531053074
55647445859877651882708589209421996518670330660554
02432358530574124988971883964658269498141403272968
04009856740944722029444144102681929134110942187415
13282873310798232925145066107827921012180103111970
42776907694303544975283057095089336353333318510969
02389069806293571634303881507485149898279017106593
64412707476112985186817773137047234454037456002862
19167913221365782707024079509967914180334821962558
62669519743611248846594658272876564498977159444421
18234927551749896827448384642155445225433577710157
11153126469088386801039213792718885796109842454401
76035892736009257986197434102460936289896955972601
91902173807009755802375380835506211199233147409088

4681435199033503297762255410262247665024469857171 3
5357265288218568611239302212235302190516277356974 1
2863498354083903277354810508071163896557294476684 5
7921741120944840199655614355306898308612084948698 6
4517106673707691815725446046682028205264852335869 9
2499908059551927828814586941368229897692946966657 5
2303826034310488580760551170830091971011984925364 8
0728361569767818774221507110373995369276615245244 9
6535091003452889597770297427788541533978588106607 1
5689492621308277949265494362107345696787855068738 5
5611333520651100095167223844443533158667179835359 5
3576451196680957452740004243401544004906266613796 2
9574706527407578371460940023326556772078370794501 0
2526980479349759953631214724888120659995044732454 0
5295694916113543765127592357126014280388914399713 2
0628419546819688588417529292266886442621434063384 3
2354490358718369905053470947584495815394054529883 9
1465186318150939736233214054509690894535311623502 3
1626454242878880321886191725362579809217969251069 7
6631553486672128902553534276632117995418894408023 1
1171241078910639117913801116908415614710432641203 2
4352019466878197773271630704885109519004363450847 1
3867267715378928165562125093199330846173552270091 8
5624196261048152846404552681817698323603329448717 9
9050874485624405258466705707820296738438699369354 6
5436456444723004453622737526653145299219622309881 1
7645680676713978543791658473209504694430438488370 7
7186501843256927011517134949617369807824269408040 6
4500922506823933795683717612153905708238585482910 0
4571562854052309447709233679921158488718861524422 9
4590478039610523547752945184329182177647040126741 9
0255625784771039687550336529962214488179352640586 7
8133326215920913490441894123125521539959779526570 6
8257462407649548661139248146700657227719602495734 5
0805840870221307879945435072556036021889510992483 7
0331300766185308525391274076920389698099676917560 7
0148475757791425271380220941593877488494049646831 2
0257215335558064888819994902449124874438702696481 9
0456178567151821532142145868896572634255779575626 5
2700629297845964506174896425300021092247981808889 4
6251675732735002967714705032799875798996291279287 4
6607578196479484752392035222645594063126283248417 5
3975481745701065709260225931723208740932749140097 9
7818697026014374214786317938531308155711671801618 4
1988500770608288114464967535146217195521385239251 1
0419841081641404822044249417827953801735743096369 4
4364950635187482039605091070892098443141678406446 1

910936771361505772143004751642927846276061258793264
495558644718659029848182201602100499771983618037782
211895956516892253934182635010371363211577812146023
709366910632191188391695270536319994253584490860239
808314298724363262584106915366179150117100345827
398845023001900255774774312143342156091021425630047
292952168051282215647987913148361230334611027752033
829796984764875107530862096284647678635312023068
605098718087512822655052819891699944505458252874274
597063402296033568538869497993828280147109986008705
956848412151964733434766337627435135600524136353
719011479120299222531533188660251537706833101548890
999536990171736942984470666770482793224482341820656
74258791467811151897477490725584891554664700433292
2203989506494527707553293229942626743329882814282
5568965733266786575619337195939080664291914750311
132844675148739635772879342989756413360426581430509
213481367985288829257251595246368667052647189839619
635984921134156953198638045581484790717809078695
292727918404522943010294283671108395063484250638208
555865392327654528622726648834185074874139385493074
176302795550310290813677069430289701202531770184
941820914979238296316560222983619803482040579523193
813266546097213588393044852166287214352575113723684
505929298249561147422682921830579426533469225932
522637203170191999844767571541048969160820055609293
880438561539393886108000388931415514251988072813467
570939331543005256903783714451599730234429145056
998641467595030318127152727894250238346672633173337
455880994354439500367756703109190940716114115405573
408848342833535993192144371060068593660264699346
572009360316234442638215142442839171596146581317424
731705156325348237931474944920069795480164682189884
33275915280709539882126839893642318106548904480489
276848921854710676978861350333524498113861637395
731026802516423133941154981062670497502013612853271
679450641310008468510052112136399583903140226191080
728990981630702063541311154226660786954871773820
214105474014024032631964563930096218551712914326524
427459441441827560214455153440454002874324957770584
494080984033027258180963179652491735070149484668
415725465928994947623637005980489039657631382402769
423666262269015147894711690498025494902525878222068
5372604573303597309077583539317030888708542349531
223031802292879599064050177373344213062743143128615
220905180899239090902879120512231186846024133278
609750024675079171260577404575292564364823259159999

31664450989019146148028600254823438719690337398705
36003763110023850308855156273942623157390714593247
38698502972134778226071168099600604407499093418534
00572171993409130820882341230507612352696212454550
84222401498616621573160299790401496699491727462378
26730178940942495960688437738947431540589473271470
16961985825091282157140530857846619186132280610365
03420039013081403792861284302253788112844894688305
37103303123570043462316590768763089808395415916852
05458809476237119278899074678575366992814235247044
11716652528910036053775597355884354254237465176941
85144707314525476876928997005954613496803973823293
62389980198620565056246066813102252036805483248433
49695689653100385237546675878567994009464253726661
50546757091298762361926700835987626785550302863066
87993922650993773988460839066820820662301246129973
03780115748296449826052470590020138856244146334105
81453363132825605320520059292648083031321203507877
66295846454418916953734242813903516292914225048390
36261444255735810748683489251853965653149819630557
12419995035132382195118696723815145833934908285975
59919669721704534304327316193571896762686397897886
84438861190418094418582586957960263456303755247758
31115431147620359386985073776707427651082481928976
81013385969978614342443000676843942075955495740760
93250167823992960045740357758333106586041155550814
69085084839959586167662512905315303224394011724448
87403452240718053522187971473853132168896260285312
53487585855672513707818686352116963311057203172237
06046781195086114266665602658062908484881723155659
72646242491374667624461437195284569352215618440020
89813015954860029902518858507357307152932312318131
84991789363734145399134110220355654105101077243598
60556317482778472401379834746309724538260700785102
52638166027436710934976867796097426453923241963379
89768248442209801913305485964528681424629087353705
34116434769696472966752583007869309307984984271168
790440833818632677597338032526824222433296807395064
18067156560271426821123031234294855165365321526945
76106468247007076793291110119601654687799208741506
21869243525586056608143500705463657282512899089865
29882762656823007437703610580622266454799657003762
71442571577258126868254662946872399564065097283240
77614389187704249767623422145130917936877460629168
51839024680313643989741696135882918597365538906457
75130811934551982918149128457651522996407262983389
64187393802463224707363927685951291328962522675690

31289898208892471349570142944686822655595752774582
28284299728097773832127325305141699246552250666146
55913575986554748942601571238087794284727911437223
67111530382747753341424240717948860202834057759385
86047439950943326511364877543242214726631364859057
77194353727858104371833790095179817963113508959960
55705684217532144079895592318480852487808367550068
34594839342478328565635247641894933649224929770885
81624231502049139804359044981004314932330105944902
47471847639893163168444347404750568117237464392161
34318381268547094021092795718799369313860000384685
14368458211668002182820129991748092639890989566539
40582958886002827448026999169801064240492426581075
92127246906309924560742166116941838972040284553170
73315231511142056785094965756120390076831567476272
10704573566171878402962624872115917692632706359138
76784655361999859831823045145540096974268503775012
00832133206958860197305121870854184388061088381433
47134325666897926277024434199218076863100164857338
40408240758539913655790811783908542062933068122947
29335597163936794620335391527090637206946734233815
13834269471410243982243883086676898962441571506447
47905669323318085246429562923101600511186409568800
68052259396549137978135636662786584825404606873151
67516856587130530521158705592738375347868908081484
47224684033527700001191254671233038886156296696015
87218133024728247879162197849116433286067222446352
88310532085836045805147849852094422354984713141131
88173524407691698381700780317068336361510531335515
33095846623655392600802125833620966795554446296223
48692244319084746391935174960159592862044537991279
24439547619127992304158443289127305216912408131923
40886616809185433824240294544610170882751608810427
47219249209453946970268602852630794031070690991309
22043115964504298191085799442609001524514242833415
81548822767582003641525105027903580048053428092302
36998208941459463316935938990700155598350644690822
44498619717044307628693201445951564848777012594850
11514053979796339301004384053190679074364712995847
18332138871109099823566722126380548683874189401010
75400137881018393159148808747865878795001515539644
07616257750818635821793101172614404666888481821945
60440513792488319715457124384193438967247551444236
65893647185182260718836387507045929451981123641178
09723074340955219414052446422009022216668654835608
10185144317155508745203070668135820388435215498794
49603949472960654708063982456273947063974406405137

89295335728586689990085990869067039434348708008176
07140504325690320088153694716707609996780837875260
81073299247949817333213953183877832823591673701258
31242890647354742150887825514984141423501301672675
08217911100255797251742760073937319214210392603297
08107698190589880389161813825799144434322105291569
05787884745821110382660549894669376430572820094574
07529253361163657509360063673498502843887265817107
25994107849303081301175864861158329066057327427060
30699969482400586086403325051074570771362035206886
49462344119056316806989240695412565563981942471888
92203522432260972317548885317282667739103757237101
06739337663808981515842676046852036203672407891490
18792735561807661755878181538307145722038817729718
75938956629614975056785345081345976592828371823671
92431400974105437297844510162575439587624579038208
90293493150148104836451353888928030438603690164265
89231622072189666519355916274979550480092555159519
04618606791880818722697029796220208880024877871779
12581021178942507276131979543109624664019772097232
26100268637455300186190885982565656265279366085407
82281152515511826170482175695615416278513963778247
99523943593124697524369059218677942638333073373920
92318903473965575739664909820526187772708461695587
36145592952198126893316443382397314238472615945308
85254088718865776402238510510879731017225228452997
69476173758249952632471411817301602018331119181122
28135088569821004818161146167604851873699956114717
10489695145284969675812583453612978034773231329653
59652239063357421420204990479779497140368721532807
06435798771212837235867186123284810142893866885703
76207234844796759291442195386422012108207798876551
10250311529371693291996515388780425162560257463240
85042288449977623894692696315286572937413430169360
07603532936970641782778773779306501056973945611621
92403366764030907835414551383164348894499792375578
15875014455206486934713086498330073898088056894346
06520734875952488738145285633118869663717726065392
90129962451213621618212497585510924608606703292781
98602652523263228264835722732391838349258202127593
89405715304112736281883610271502536481549937009962
49826124488262917986728249764948743752377218823270
23286078786741446467607560018209489067346574075767
64552556364224302120916796372613211785524325445167
26617845496108737903746066329417692646345850239275
54463003063866779511564310976617009500805367466292
14903192289315461344795220517567305078224066541216

43097747251304495228849925423816543796406991093037
26768644369877159674558387881782369993907291362951
13565859212624706051237992070984453068067510219235
97625803820917959940362293224160002144948306949888
47984025711575886642601488261724776092275527824931
80061245468044327036949428051996932474056765621398
68967945410457780679381898678743896031549308087544
85087084139693776973877043177428658169640187113187
55551398374341494804367385069109968928340845548658
83150782980444429217813519681652065459628859248994
72173332920607370072548385216598658988907709883546
59504458514681125195787272983135614348787393577890
16506310758644069444839738465088854412407993571718
92723876043392675414211824046241390905429387061282
39046744918290461763858177673659738693310685073570
06883922614400496752244109439386794743104730175735
22143068707911389927519833743170803283017996889374
42731252158213563170635121945802432086185211252156
36094841086274928276882562501686289940598158930419
95881642867887107620110956075974128723052213171260
50716005368280281377723429999177300500943273641748
74089319317228940480334599855226410892982215449118
14713634885180832952437115609605107576510978703876
31281243959587830946173490398347583369466057915452
20589591440569186560964276508524589570587748288120
41326123928589487352356033810431400035728912378562
74325025046365007438900955727406369494461883652866
60543726152454172205829830850965936482841958696169
11572593241982735832458538314401670681614873475086
12648751989780776187917496827001171248189184661389
87978076114957261378239841534622457347391337669061
77880605463474924802150100016241121217139454356212
00002729273788090686389119833516081162870910443237
30701597837680528428190952153900899546814560480934
77272389992107712708831199940831181902204147888292
39645428650979881116428598216955662881290310706500
00932023736562567548443741799311021817623100802014
04616668489913449894241224497019175557649285423992
39724820650415253703922881058863411919720344394148
70165759984553384786876567773477091766714680382367
31340163982840788020534954683295900144178046155394
01292235930446998544589414974439097524012233423549
65425154758972141848937914350277894140168852816498
14395529829554011283072905955477612250008820025122
72561369373743769265949008737460443447568747917170
24790073562716781833766636490104058900490891903746
45620178677383153699102840008228759819748535247250

20143724210479284879675997055778633111140447469807
88275213095399080803117091873922137847363226332007
66495163505108258978872205344514715051636392345586
23587477446622427362128110925795828761191662541536
84657318540677262662818074645612365270570261399929
16165305519804652650305545484991794037554110839891
39053949669149956241308657657440203839651663557873
06178906142079724617567147885358069361700198445798
43509116551020022736519845348479824964461874462583
04767464826173612333863217678883125049127792009266
88484238181854808972739446180692274654904673210947
49474591173096314265599310511814464984916465734889
29909562360569180745378234301662743162359500345076
37186799869307186295069833110875567687675209574031
43485900228811237823624226101946741693084249295818
82290971159753012490415058393440528022350651030862
18445972740352939276989646953854696237284285171887
00622734337169764549988286823553023276435037635204
42330312191859473589456042668354496126899092401308
99833787013512452394879538459690393424706092469339
83359445142833816687683906014541970792247310862821
68592765472336421218078738429972932575872522741969
21100888994834956422769640231142753912447443241958
95104686825138415711722663081780340834694446916054
76793293889420433966208647272271340585034694769837
84811165925615771535228404276482497291625573147864
08820040147197345096547770301284755681410163286181
37324409859068562663716058890707199676569693695577
71869700083478267984657239831280624856641195835594
66864633682410147066349690545555892651629622100768
41661897345442324855875315765411575235082441977440
50894099009451558682966610670967090242188567263513
02207694616474196101248350048832439909968585541868
76677309613636285574990531672834279055520874941700
66782095830556996249477733433635071383166500916099
44586030701991206362094726162816281543050557973001
97875513378835228335930191701502437749238293956379
35896295495380106173507005062115379411613692454017
79331106731368079062915857711534352906341740273374
65251218836939159355205715254803914101411607607349
32551286532242006682870834932947027112382304481910
80636701705555168166051617085257753897094270729668
69302260064896574146620726150470861373723724645325
43782557590092567538422619308420193014170554457973
75197530047041686118589733242245538937939958889725
73965585786621204211377058501004153632473380634849
30878170556606153341128860737674343207140406875176

84530102491894478822892467092476454535781147272683
41198125157937479385901365363192228537725907459494
89165008906353103732934604820812754766554480334689
75099417337722730080088351386612163960876950803327
74463275202112383366389075701736586883407143249573
76376131890231795720119331834684075713003556003589
10191442671794848640975070348915715578801216721948
13174243874698484019368355064257538885953635406457
84595258026348940536848524566120713520282183609121
07282448603570984859862149911072056038245919485982
98235436647477244318744362593852443193498859769508
47699830301144277916640235362440694889364336665191
20633002270696431428914178156515762413660679408644
27739315087645327820000514311441693845021360245385
95273582412808228405148007249950595042158198022032
11911703806022726228531527782250798281601848480446
38845423818778217104534761659376260729708884217699
80440600360950716305937923533727603256790842966377
14903184469807592422930615928875788093754556644160
98881032273324326116095521520558655728808412282000
08754923083828398024930370185292062238770987704278
10125622682864582582074893745065734680589573571270
24469933040752354544863848261179497749065229880663
96915491619456757341717414665666776155891302285172
49374989142315440420360083760231932689109975546265
85144244130691699988162808907485969048306877241500
91092482260722119536627835626888806669171455147204
06546986724461341839275466663949242227578726053861
94266203793909264926951308081431676592825048764721
04863583938056093091373069208483881377562730641491
55109110844125268842822447799765828045167088789610
01559623254578416946031392298780545287215559674980
40850462270826259860992156066567760591964786619653
50118610338730120681862698898317555385634933349620
36254588905835397049964181414344002208060299886141
34685842391393401535642324721425301428591205657638
56935627762470877172637820785953181433146684288614
40577879484394185441455390118963375663753705902427
87878298698149149790489982181020529068797424909942
84322732392927379229358949375634604471174134618118
76377556755317135332869446788663368525299779133888
40625205355767274522687590942502698802623029029591
98007187271543905075709204894742788081121617537057
08177786065723273944368967597196132409349773380717
74850676806611000249709483177585048961316817104715
76013281159979796697117964893749365801828293146885
32667068635647384591938163006141247385388455900458

29273118304531949237507394953597139353273415735585
16210856392947218980959393414820835849569334691831
18947980144332181463352839107766288844960868696378
26510737550363616449216691808790491033399484824422
07474508737919354745696156441020723233200904265039
49670459479467217232231410461977817923227968911516
03338708596999475128428050100075079366668644883362
67250377590252110262588133484892873136664049593470
28020629670055707734062202975577334989184277808485
03294924150006562102268729921694084302378690711214
87459408905047676091555973770140654311513641993910
15322169319775060536264632456293786010408510259722
53251730926509659234796949922483311768116594806088
00082618923704059498077040017396745821892429548950
71687713310010397851533534531471068595709445060537
33591953658617196314970060182160151167816445877799
37232745484370216719698324035215895168535513924782
05591282796153491663015145805178884114809718670698
42722647325396278568856218601357551480258411912578
61698154027609127050741951140396563792898288285227
40860145039535211265389538838677939951729586292709
47841273911524331129259464000726134649249972681810
94515144033606300528712881176345574744004968524233
43398859029913064236650173092311725493223569364627
08264736539614701936146564880823663856871274311814
62802429670841610218758998609649692350312982446820
22862410158118338086958732157760182237896180157677
99892633527484089573104084610685377186963984413185
84611504148287305023118066959863417933895317469817
70668663525117787844575853111495225289209150428157
49224555913847113304271589135534111423495667324043
85307357246228684692228408379373448470602916936013
99304095065459619003081838025272825630822093726975
27529895207663388958110039346705019550272152540707
84222031586900159951308263848419748777684991692392
21965372316654475744076410100996506171262795901780
98819258884779270810165459373325352841280200757510
48259116525137578340100895184768524910186221173555
34863696984157401995560286512422361874058340908447
68789715421259530355913270720760615089738197994811
85638356745062572946951343691678918263066507952431
15582636437199760377444620187910161354244770062736
47656549196267616444680772190922929080866228112959
88492478114867153425715536760311952454756156523696
77038537047688660469802138524803056117638206875750
67581364128628780137765140619072670023309784587766
91822833391651290787076086693751711689174162769080

9551757279698052016821027162621360697060416091561 7
8870530540720979768493026637638968662736050113988 9
8836733591351396031547428897471385416969392931830 8
6800212328963295993812716537221185295145016710843 2
0746942049020976670074228274667222156833863413023 2
8609110460240156123049845591409523921046097565436 4
8344461508550374997059553366602213462604839960122 7
3273641910694943992246524570005239136227333383284 9
7275573933564959431552309012332305634341523510569 6
2822867788210930846121568661144438707609582840671 5
1875349808971433102743967023207286830105305585474 0
6112071090359352224531897377489287212239388744316 5
4802090390081081088526692277246193143825290972586 3
1124615779550275982207061668708048769500542419875 5
6204669927466398863934848684014223352872821444039 5
4784228917454765827194543973721716746000608536862 0
6659734305152428332728939125107799228171714059172 2
3602073852789264208037379292786435578021158357573 5
8359060207378135471081449504904591832117553015450 1
9836835859869923267993632243604356246020284705006 5
8345386692633431478982991467853814916433293733770 6
4728561197775471780210572065624167806204924960506 8
1014505544400083691585386399196405583027286332121 0
2715925478049198906708906687151219434944169901581 8
1216296916452965667288822617346469987438060666365 0
1254919352995156342670614836862978791948285828518 1
2784137702694022167558068283567621527125100272253 2
1755011753916761857082441000569786355201545717750 9
6098390350012825128730291388517597460971546374785 1
5816291219002842149372840941016515570616862064622 2
0736689554939314543518226625017737147979968920612 0
6532527541841391447611392215213461406928641935582 1
6544796702536944885444171239433349986029802709850 2
7141815954167802543245054515169222688322276807058 4
1685710882489400810805982436388069304940140036054 0
5882514727455882582328529765554366006097614188174 5
4395068351899430644076770973415827497543346074110 3
2688819736325102959868912713918327323940654677652 0
5701268560215837385465875625128673719730520083545 2
0571151156379671524228543756123193671768567009006 3
7354250309455101918511962299514032597437920935437 4
2091184315511683498513254915865438192839955738312 5
9453672482506711473896296729908788858488825997010 7
4227252504035481804962852257052082363485122693831 5
6280672836714743505598392797326066842950726351382 7
5104197468897676725913690173065123657317195324310 1
2869561072580528336315890095826698417353963848720 1

65200490649064035498544923722942741837841103308077
73869403934504663332200174222405363394075275059829
35749108698818541052273129910222333976612533246907
30080270049025891197866095461412213341213891962638
82666178655614634421081326330771760786638063634243
19091832541943227473241152377048775613809279604835
76499695368748511308807062476127325750376659107831
65878576855066198839794583026908602701964112202257
36605864073929143877225989074073598764473315527068
46619167081990942108608514033280601787851430149967
99473634236622229182069032445301525015578576015228
84736715182349449265482885717976992631635275384557
65576440677544890668248996613455952180097814220867
26886305642915401382965346857348996719724201717604
14562999130251414447524884878859521922268437236453
29643388078851106993397696127782691625463097323535
45146226413765213929750680992477659734726126909397
87221392807455856470999815894296685155627040336605
87623053403109834593229001269832269205022015814343
02808000223658015463288255290470682507363006307811
89568719809407671585126103344019382962718808600861
16970723967039431812613097424711171790198574301239
90754035471650628805126492009560551345333620292630
66498091540875817634021299600161949111034937515765
58875248272142376797264256426977368198890882172269
92655530498724790479810006504684342655193059548646
35159658341932560199539427254246373171515176352439
51403807424423857724765659615245674669931628602826
48550406859122463407696639769427013669388291856076
75820086694383375631459329417145519966697728221814
70620906203497631712086466030605675614933109167359
68692629980336515985213008880240461816833186087792
96650027792213476011617481352000602598951502189632
64153851311775210714641070725779349718225272679005
99337018659615793278006617691118316761471579646487
41069522453761145688792311508863036238407176919599
89003565807547270107199166447759227730658896111939
42758602466572916464778295951779252172840786074432
95113156581166361862904473631555156558233734102054
10970553981055118587774847255317701694561977327400
07627466291601557814989384991548006700158802872713
96477885553340501525788846719648020524672424493955
18643725584409996006306300289818578112735319400344
48275340042960655950892253518601554222891764294635
30972839057155251922006718225204483456957283024858
15877783543719512685965426708169607982346616792592
60735618939895590289542298200690113501199927833705

7617540712583480582780681238942856193111141325049
3316426052802330398141690067988980373760320995l643
8489058699369606830710123179615266924530464923746
2284627990824233479833037403445017864480398812755
2259020465366084691021379484236888145262969686621
5664767020142672532056443503131171444137713514673
7169726545226546510614403820274351610225460111162
9577553769090129814813688328624816036689927739083
9405147143384874769201164261948192396449463200446
8474688479111517044843919386765303110082423870498
5245204055739620581831624869450329535091985805645
9890874425683122925434507473734151952742364764180
8199548731737721290125242144675404294585540242390
4717022570044642487593638766367067747962024427680
4377854825766512843776900931420986660710187029338
9331043773285303437168895184802547799127333139633
6725069762400444399984287154827354002136228003638
8357808619303281309994905965891889375075383442692
5703320890375832462846794994772016161849244806707
6066423943232192320717600372523136002600793811788
5240250457731492535024973994254405139909972427789
8511892389555672490883322532107988627081564000322
2780315109766866228334677738349417461225894542098
0002909329690743772601386909102791406259851525059
7668184401078167066934000751493482854055561430475
3911053314375746422948620974467908447587646836317
9277308598851113550957947449542186298667749669615
4744440927311320066978611380859054531762649459016
8196971498613994922697223384527051438093895135046
4375512254861117089139668089366777973099438488086
9331909104357860720849673073825937923963599328475
0040727279386262716704475407571920250393419197254
1894831172790246140496689551790799869102537648909
4845981670901713935120678283957996122631197331491
3778183433841931852367538662901900463343328532834
4182492107191609276730801323536947264848927644297
8706811256546280611726046073321917630474121506403
2017893205795687605102775250530436122270960467584
3127386616521424194086834083758914009511413392954
7700947317481168853640941835286109971034167235581
8602823498202031499867940174041719140283936210519
8060481901824518008170137104219745921279840402426
9630053355368549416400863921774567695344586508832
6298216584601645078000035989852129012395900704202
6074498878506271760776222550606390745319477188925
9905810093672989195409957663353865837809804479353
7991877121429774619764094727212140235326551777236

63419660743763915386601945017769140062406841273162
95860806350676293775125293436759607342719967513520
15800873739548389734399012382565682907859114425882
85213661692014029900413146213680632352650865411218
08474998758441118362909790891983411875376649604809
36264893291043905977256329558138877674469546181579
78704191597558335000377286724607351853508854954642
02930971585636949785764048374150555809918840209343
33351281955145551857333488816491676944277824055543
36977311920143722541541927450597601379841443735994
20287605255571893780411489261257983036183801077110
05004239239264415692277900570279474013649422918479
33692535432484048780231777445184177958355825754761
84254957539587854945834308480441737087984926741952
89323031489589916006854228795789294815900068735373
33333386381390842099487255117261710872944088868447
85081163455852692141540299672098869371588623222033
14855817426826359506893623448134224737869394609232
56600754721256741410342184901311896396765473291674
24718993424330280290926985075229490797094430092386
72877439362551113136287615919738324134916722682612
28263127793811750807408958943971900254264126649479
80176442016454158813176018972659624614413913192067
85035246383065776401652297320470892011469171337228
78630370384531341942644142496649844744048617738513
52937310809985947281511173650719139881269307482690
61403928642276627849432955882859383721484750707783
55119896224911955882370450645820056101702053248444
90215022945617655618592145743990095548229413751544
13613291504304691417994122460933816513626279028278
84213812207758942403884062294331727989259418366829
36792596042241845941770653019548643948170335524102
87470447311715070347750834323733311632587672763683
46858444865625391872394608273247135004489570868031
50325038676401735315079400345572855037001845602769
96150615682914161170610461617408248462670335189152
55188248212726007259576567889912567870201497866790
84710663107487646730989091471979879259859062573364
97349823503126098309873468616273935805790735490824
68304972840977323811670824915163734680870510521919
17620541698826254760544581771117993776778696542169
92578557720426344244304207449548970339043450720611
90076973635174019526563221392825831205282400374669
54590928045259687984608140870719534254761388363353
51191121441431485055201235813806264923135383387675
80918892379758551573203658831762424116916752381458
85920751640352366843726791759063705392197981126597

7081139473516719629999705209017090758985691638906 6
4270423570074450277512010490394814832945744380974 6
2603510578981954076398706078758177407249118450697 8
8429941383420608124283901488148725998541814802929 4
9227878324356105549156410917488770670678201198591 0
9589098386883951171838013491482549927491426985525 9
5177653612624215726624488960961482979703084202105 1
6027967147856159406461363824775890201102519923421 5
3210060175230257421223754210749591872867518955215 5
3299453226894251884094228267577442222755282076156 0
7277103947182566802471066067738312063031466284744 3
3862047432595685056892871626532908327878439965071 6
7242206138294532916600463808725630595241532881209 3
7009922989600698139627968627956763519874182401856 2
9319849226233364318993090170488199525882733880795 3
2658851449393812411543273205891645786422945268411 7
5188081840509569046913813443077848902114879712116 2
8397734430548461498079356243549671412947333266642 2
4830500436445454702749172320783995650868018761732 7
0331906565795475395206929252015307064350471306881 2
8903205385455639879921010956672982873047946610054 3
1635846234487441555407133814323441311788424196019 0
3702868696242276246502400420813713504640159934720 5
3275567950353390671272161779060302162399780418576 3
3481005448388703173071625525647995999986935319681 3
0101562970978711673069649402749166572674943432081 3
2314613886925533494929411831638778899032594010934 1
1157274298013318145782816879135142439557873420591 5
6145877368988080791707114551154762661682081777574 7
2484278797129815482385203689591652405437305246672 8
7313030192582952498763932098573120916105613572201 7
6392716995986861088676061338436496169518654848604 6
1684848240743838118074173422244839478939982780147 3
4222305786541021772926482091409485035013224151559 9
9901630714781485270516144322582547801434401095336 6
0239362642493138522940547536416836467041574300558 3
7298470401814557100296962346985059977885573699802 1
8223035492383187976298941569772123638440889178927 5
2775284714477621892057425453151037479977706862362 4
2189906303096282211773219708230347745455060238585 9
1140389896916662207787683260123961741999762365506 3
6326601699066116890886877413337809195161497705492 1
4171181911014954347869382062098082787895731327899 0
6002086339112784715368430438149815097030477088688 1
6359741925341341221913962874578109934248327141091 7
8276317654209631250713669263658821357511998754011 5
7902802850780669833384183382667394553683196565717 0

31946293364109272667274244992747322913800983574450
91340799308568360484677866535421058668005211542648
67497239537936421566535872081855412598194547427516
11841693662556324193591585695088905353141218336623
99878022115042456600150236469108159974192025443787
36102267129412282988880533679439503294048049616771
10728788103161467730371502183528902414648175430954
90594488754104250168040699998196719379820827733464
85581585910776178828497505468567913990401138456243
60403574402461912376944022007604214335733872603925
37246640896649147146547300721952927374176796135652
33067804268200024230741218667486694628058788787382
99523278050107066101385402880119138557309113805727
55893681940309380718863793758215444351626559912030
87848205239374935189559715815518280481480783131053
50968235671612355096316152866585785901952871775464
25064129849451057303533243348909799720945729170095
87840832214044050147411438170956577125267157798170
97676384786420648761367939457844238586035649664463
14013104866705613462769017492832290043271120819229
56415894815282655842219261890253051381591180342310
88514912266539179448174339043227005068742888199670
61960688500673328353614680498596081402879119631127
48254664043703847828840079815791344523210166867374
11212944968134510122379842940219479469166481503124
31873969119602156712114227943068201040876756809373
89820546842147856014277688201880717174141274936746
78175132277109046730015309467773069223290953495694
49160116904681818272347781619751257278515355698616
29220291884745302698301566387491770219476050941748
66841197276604440854832975049890782580615390200301
03521802717920995081783912123397007002783290619371
33682183369615408265203927161518022791528640768315
03299740609280483105062551572262871313276818247801
16915493786248322401723837072716088641929421181718
56467481185694008705299611314105945829387033052862
97918826493247420179551244232947629034883495272292
83080401222637227611027520380012093752088562406453
11250372640153996437123370790374395120320285350254
74827798093030202196632509329094488190574510298521
72830699622421954710165193932976937065457633343243
32564331363912210835291355577008126505397931646814
94513412075121883505473968595553878091947374656627
90318681617136416152155407745354380414798454584063
44747450856802808623241269693993112296405603273109
27938491691879333596148535170018149698261648003440
27822813985879014862852128674617538485034806838652

01680747674402114766556964387396757966442958864095
77559154192615071966537341081706497482220419135035
22393203692779239073695588057799755260190308143550
84924759818577979802981264125192698083107565746594
69351128562797590578003419323476001369611447290131
13729326518877314672141074127522101051515586571349
39127688557300645655666359352535450945737896883580
02770721080754685197902156776635596085899524492722
04977529981545862535929556885865521908620348857429
44354883401766168305532660245835994454330952973620
56428294745396641017593878078757904014319567264450
25653896405200714870685370656271174667615719181064
22804643826867806417817017101455799878594929810286
74877471679017435503993169683528592116481487861286
28911637599276847108874366161776239309829498234064
13782807112174123783422241440699848632882392406563
77438980846317043398141901704177045856467859934941
13767101851048288345847591129859911326180631166520
97710932602545777664047811397981202739627905217807
96565933483031963863726360548172617544026268435726
45147411143619747488532813525432313210406553747535
60914051335764484512650315994993984759123386762589
98862826742421410656317028268420274277535478527849
80625547796730956213501075135701081437671209736106
56933898112877006439508682263524195798998752445315
13268435771252695511656842606249795300564134236794
03268694320221277155284522945590601316630023329786
18427293697054256408957224731479608422799606431211
55722898884134069015706079169855397062706949869226
13155059545816240665427626536098988246922842402217
05109208845226419380040506472351410654462939736295
00626870691857435034689078702526688990310590307332
02099770701955626708007842141750040248776436938270
49667540691448956340009298523549912969960465402832
12995128817182931733802589343360888639561881453054
93633210224670237123490797406812568724883352801820
87968683767489328659515635001584373454271486153424
97125226151780864718350199049932178199155353873785
62345508714313905038432869651387690329053401523842
82439639132568672927224870847796968092736560421516
90402300750173661949935854471440415221410647497242
16152303724661255301796533454354088980086901630718
91588084555221984311574223129451967037586260587762
63336684850752752847903442501653764916331792832073
57204363149629332621719841204149693900215789875840
55068836313189782803270681820620114709707824647760
27629635132451352251922427860447660178455463586895

64183440825955325433408871016151070367468245292204
67808485318529560302603933699879125296023073278584
69371627037491448388916337500526216973323321524007
08758098485646289779180984825342721202481272565551
50503057004181198951860921678780927093724148047112
03209275216382196930053667750846835893865445281522
35347557559076380237852151946018272456823639549056
81259327472895456989344711418098131536495974851541
06854609786330324864298777018635531367450811076763
86047334640295768821152889813566449309493104358903
64514131755241478099253505914813095314712262341354
06460905980393007295409692136945644985787813148498
34710618588580258335380086634822074587547577692067
41006757177870214802490680993540340497808697475231
82136878867192069420344186215299004686685357497787
10147528458215215350982709863527703575629384931393
16042388716899073982395618988722188420611902770942
99032275736687186079770707721559232641813601697172
77740702884134571773206253029881617264064980178019
26964155038729328624874511566944009014691037146658
95280769075063099165801904028249123963456798392695
65571594761366943873933300683738308181230942044159
29595171871924926797929712950294915811852694465448
88160644890910857473849722526625613598337391783194
95991506543998379398350900517433878817182955161844
73257069422937536525515347117857618497747797331677
16071499421452638170475227272955705001733744013560
29781216871886130729572008682704728150994493655761
35300683820300724872389186045558234056763187626236
25890434079602395529144081868873503916372993471628
15765862853465444767189779664009434202490164341084
86305364084940912887711996506980457880713797795159
12042538025709198604559673886019016344148290099729
71392282778638712630801766921370493497690438081956
56188012979091465075440684531805169404962484549525
1863363242222614586995009297904562688659703930983
96956023564388968632992332376590811424860358035451
69782067694889248663833068791765942638200926377890
31658270502911378572975097400493867535805163232169
84736338584197352048763394553946427392885249745167
48990465145947388497787436575894707717794356270743
25722855361014929296756502658510060032181461536129
28591069343214878686374342977020598254510958054174
45562508116488195634432335555091540702287345061766
34898004928111484860336673588052242980276245065806
41661646093309658322774120168700461864708735460759
46002355373436366858463000829891159321746543217351

17553157555101863096588560274473288174361764536559
26246176438777403799768860801841457644764303571298
39955569156559423117453065948362502060364382217354
40965535395090457436938651043129342716658105214647
73628560410427152372939781248710605985932017807577
38436706563113506859305888608362023477806498797585
31784016729059787657028138758026032333379883203038
96853999145202912912522642348966197633971826810602
37095975966298091853481901250403158996252047170767
66399868353153196608687529125423115375034755005153
67406868469956767733057751079235049034577877826339
64738764290564016443331682245650903957006685680098
25182733058190424322611289485184918822142539686131
00337137224301868395596441734670841783204007571512
41680837554131482479240045243081253677296897044406
79643179742681593592031358215146396789238533146916
84801923785613665706360942213296256718222140853765
80706834616858349637565564815213278800208251696180
79848404748675428648124718923245727848809951784920
02381321495055976860978043922721365667914325583872
93962885557531898513390471237808455940718448328361
15336157802570583643859337129234780510580916071579
23717358832712616456065679450348099079972050842273
05474190778110649402160166666295094593246968082788
58738268960848774456118379844865730454320536892684
03491423450881535101678575706668749563760666307293
63649798409105284008454623326178181497976141218187
28612686534607116650955135477832306274118114820717
16466526542709914847880777689282345795486110671504
94736473997364806652995373677999340235327496480103
44600085639769736337322294714697302776409407753962
88390125824662939693898770158620893799185516933084
63815996539591339262924500564406760974231690307802
71559700744418327838639200591504192666472875278979
54927703415082639154789692688330816604795642091123
79312512452382628913239114259259248872353135341403
71673379930617119964803740766444036108277815093719
89266789958837505255476092942001843074443896493496
81425354244228754826346725993997879597972547224411
72876007712608840939504811921596748873955586267106
54903021324022477079265249776944955205108056410482
20680217292763561522377385106360209720313789483890
87608773044443391070371387133163749092821549212966
09435599576542505065970239239800133971925439883533
58193260423553346407090728580486521415339035222970
60471220130494123455357789547124863000470556288945
50446086222664852384731073317223038564186531180217

93512078836789316324319258064485005114528227697470
28812975567230419389669115168403425219126668605 6
13003845205389336911210081205025241087952203462366
01390629409586806381048615670349189528899594434218
07536331295702241260765662837857763105841332497008
02109639513491608642051940551379803738265147259899
90212475135972827648704803024095769246243692551113
92235317869482928421855572437473618265779560035189
01587687598144266576265825837773537988011685811161
18854587199032823772576597479255550151703522520432
95945668950459779859313354603058046287121050992002
65391999022032802985513499055895296203508118519116
23933176841545106106551624788219806941469531402163
85429484650993057590184254772587685764147409170800
50765864163376935814660781872244505837942437576287
08545403350110537092671021601688974251901726647710
91187734019658761319238244016778669447316036433235
91053046392692548647340576221166484269938330305048
17439731193500536761645050844763047325637642166613
98181721671531112891024558516207319700700311254050
52082382908931287575642187541678615691797009700938
05014298466685212001591511327205923213373624510092
71857273494135289481232311599234615896909789674454
13062762687256330468233531371596513000406153320056
26421384322314827035473586350919884465338356840048
41684653835147529872668521047590091051673159246264
85357070819430352359875504929773330753172203557347
02365170793159327874445498164459324739383779436527
80031092775354373492970112030888508113851103629856
20594883469615636232082831084250287376136412846726
45036795749821634469459924402320386636095796527312
50489120123599962848087517002713559088212824459212
36597263623626193171749930602780067270385204438694
42023962659430717338754484396493573940165446942543
89183159395967500993298475531832019709586811147403
41146430774907873234732383184316977580069510475962
53478039290531227897202831710307704415204096202753
60661687750953874913564865489935285108137546623023
01044164406078743379938865943431973972762809887255
35964218368862525286842920940766935310174676061436
15040224106100657518385781845943097381666527422822
35952326563156004363460606617992954342681278246980
23110783192217548828248443489421559050962496809551
68161417840810580681730090026315272179607472345797
44753439008266238408070488767662012566975422632476
84144360299612706320364247672556623958413633466963
42018339637825422544743063280535146449208028401169

3507171925134344917591634464815473816005896456760 8
4057980165902557489767118772253952700017838346180 7
6833574250619637793972907186641657756554922398951 1
6050443618102059416850541876584715902962594030767 7
1869386054624379389529177382974148463926922111853 5
4790599095097299760747387296264727605210459511282 7
4356312709605950237557318061954525987653198881915 8
3707806094607301046153140796722525757786092730919 0
2469192988451739871631507685766351864937976297380 6
6031650319861817206511878673359197652395674431888 7
9533652290886520080140499811495657664501357148699 7
3922194603166589011920226137063954921500008096808 0
4936515617904441399365473211942270762716806623267 9
9317221812574576091524551670509765492798757928496 6
1673761936853435468604260079278210505029351060269 9
1107729258332233138942398087165405046314658617867 2
1994997496972905979157918464803703518738864382027 0
6098049340045567860930765382619265263181120218638 5
9251656925865948327448316434614594036961723580597 1
7958882905838152369788533168230133145229299915405 9
2302274058550374062853590459765785964573806521600 2
6315917742888124801830766646377077199854694714324 6
0415430871067788218769070796941313678460577018382 8
3928309479160915776228351293308159945269760684026 5
9423392885871105440868306366385810204736320944965 3
4988776275786269905353915532791188119263351069193 1
2733976667409148613974561452545275688380518228526 6
0871349632838841836848480136264582895400730650791 5
6074102889083454659625380869625526263711592359482 6
3845456087258368603761981706726337448128763726829 9
8877722944540407706789940164381250027554201698302 3
0695451162998313431071889909862541016002935524415 4
8625913761597478709185153402568888130198921884456 6
1116491063268883242344830962888049657974271034082 2
3736673828255772507677153051860616483063355980193 4
0710989716309884087467259104459888759596053032924 8
8993638521193949096828371086457135234560158043864 2
9710353846683059689879680835873497857626785565888 3
8364951627235452070877953346765867204916172087981 3
1491416989137566464545697421666338802887093115965 5
2908909685832466209423687259552095876586763964525 8
1062760953955291491765181737672918987667798425119 2
1680755258160046926728928376965028649208798782224 4
2107140464673074851974371397605307432234515525321 2
1235870851616285214538008368612462951548039453329 6
8377364248629645702435818923168622649949921863498 3
2468121494673751199481950450744965970432717604013 3

83552223608153400047959819368522309258814575459795
66969475623894957247325248486607065428825628767359
28839761419619059132908399469163841005321889186943
25657206677652323824731643807976960444572969446502
83430616652216987080261757570512416411109207357726
20397041168885940376105843313029314448290659556842
96487296377161321950732199716414417025654689461012
70308245972384182836040311660348915371607623286396
66165618560009467155491519746730842325586767410973
34029846169675642107632231536789799885806831989228
30859763375092946490387910743707740084634936236240
08300849500735581649669167597778658081118230477074
24696436047327935182038471988961170359008300455685
12528050955106676996023738782353766372782267740520
51061532018998380611491985952875002662945542273526
05814894880997940795238178862244330133236455432574
10388370423239809214161496327553956636176867524381
76556625101337430464808207552851564911671828345413
04723879598488899915627591908215219594535894398739
19878854478785588393019531703471240250072072868196
66318891540923756298247737363589629303730274864925
13691978890676358246153690757238118890003868340893
03979375199306538172287366775385114171618214640630
05399340793672109509412332835057142652831949674694
85021225058627404548110939587405372888096652279949
13135041148573758189949152273413520402201771742697
56103240539002593855895784915494068759108510900445
66987790296358999578580439959472228433554403913845
51575459051012236770949004290725163272506438911414
94031439293381604921411482986961512607568119300488
51604289256533437306862399621812008375911431730894
41989980293377230506522502709849720595963536060693
01554054235809356222199901761551336947568289739010
09351898868910230562033456067478159556373737243150
51310463884368461660222105807660550163384439513392
75390504719811126778937842527429307171428737605543
79041535781461948559847060404010163365311893068369
65939759500845851332728473088004848774039317183964
92321212575915598639683100503344056052789887661147
24308920739067717133448999590499556528668704313897
45563864195065256263382007256053250254497912589372
86606936652747569545855493793654946690595626482216
60110907222716643362714785994645999926749049549615
12642308529764040436950307838875676652232278535937
55677217005441761522757890068849222464725810068548
31676168705370471402932937942957597129456134524552
75456568249439714331385804950973720607539412574156

29101102326051852161087629611346623796743611234251
77993400596014944329479641646003108837766887059200
48862018019633769761450582921768913766854755419381
16074706436461835509504278367638447274620716138197
11917704444879751377889228995884738200829650704622
31272806210512699103944589360789044290661289121648
86732932771245059557649995316456888885393740496576
57168809130392423485693764450199912028784002735463
63108028048839039864462866315940784010291779687774
18982862222702853291914550355495243566744611953366
89703928030763361342278481300805902452322986453653
47593792470097712372514855978962233505503714082373
88559899963572576815282498573230291020966336552980
97518691642928076192749832296521944816960437154884
75908552723586440480201758142575400529343879461964
31967349029347026961869732830560212662858359414291
41764327043883997140379848629650744072265264163463
42898291915406945822384005322871978130120342846511
50002141596938756059895846743378832151044581733491
02931408492619625443010694755863267361339601315493
60027028822653755016913194817216772727748879790713
08645912517689622702343482671737444762540360443612
38342663685290979347302622177434409361004734383259
47055617962424701479577599383961282821867040465947
36713467400380288689067343505606541962915439823233
19166341577275777262556671272875677647403587825186
32401429351230992652418610536526239068980576795900
93782672125122055111315834782392514171893266684869
67410493386288058933141258364873085596852364870957
35227355156417316000570435683375128586486798777626
87891197017419892629750373901696681145531056396389
13349194784911260028872720224362955411330210328883
12521790386091534116785776233880138563643471230253
13312758349214962681684346180565506437686484432169
16009932979358869713263459480476580167302876236263
75404641773711712333755529076168457609841203148149
06712654478813087496692652495072837633958248312795
54241699844491415609082123420144663561151439878692
83676440381999960736130356587640683341102908782368
52304517716218148049432624678420340375691218100204
85713346838603164091890493318702825651133422596513
95183628517923265340031625303117768583043905855303
14347000949954042899310620069093842985984946257642
43642747550200929598219970537138567540242399582249
36146881835783905292562766257814762825490521531188
45167267925851062996411218904742903268982903001953
91955649073481812466843389938765229124423119814574

66200937808079651108208092025003722176564662265462
85167806975616512298469040287638196536023135636136
49766389022197923617233885491819809573522970142320
45491394760020309831182651347083195790827421779732
29110014981104209291997270793913105416884305647668
06828814326393122924847528035155632827952732656083
41088161697961023963066523100437026823091533999011
01851784085347966645769639956438623259072566307560
39470551358975851270259376353252345454607115787656
77751713231407198493087072741725990383479908377522
26623850161890001369665331022529573865193690993625
89633379104117758605187819207087776560999410980515
51760524338381498578844158021483003773807294222057
61142218734191201738097419160390896945708128691961
86877182344133397780597593991704085257402459527953
58955168367104612241414848823507042098949464053346
10298148181498384962874854695004074324843010042370
23770269359497780909390095551642812541683795122263
40810340240060173185622836711787912863505765122105
23464875470892286547579799198663491343367457317808
00010159228032458041560620405881497336905468838305
68311188564269274466682562826056931827114971107908
02221674273725205608523980970519287617281829491707
96810849563420922156800522265765905027081010596468
96004191594139713443207974875200619703621436531076
81949231466574683330194256177258029656287105746356
67936196429335090417591547605643722848231520544883
26426763087111474606360347328343230094190420867481
23219633559808929813901374321723190294403380213835
03784665824784928237160284570901850939986308768974
63612139222874464372822230689814427108087673984745
19868597356568324758502379022904387433865650163543
09204949751394651712042399638048515240438271400499
87366092215951679436655209716246719028784972343068
79414622093306540351514653335343817621214097499529
08133436688742196085463005629418718571989796549038
92260994006458134576989890293752526031594793520517
28738371667007215479619563757407012855926075633358
04361178569570327151086097332660021100882712319916
37593409971230320261381098899642220973175527414255
36341306159729484372048567305363345356618321960256
97236774376640419855390845866547731334424306172126
00862976052967207859322562292355846262846333189292
83198361000259218711370399715055774932048759783197
67136286320184428233653934716363794571277158840984
17687777055114469465240422088538202824989296395084
67046570193475974601082109002237981389393889173661

99587023532221962941499139604842992793411658670487
78571113372653492856653689288750896260840586049730
81180779650060100681097962304559548011897685661967
62423893127565241655983194566147167582205720515073
31874386499592077292171541152707025157374293274060
30388997018176392492844496144989211996008741455920
11971106191781356008311793943700218567880801261181
15799464147173035479067670391626448036915230016380
97509549864785771530193320758707672807382416272997
98565721981668444519311512147215394626062415474788
44925314745222342898144439356689652081728352018491
04468501236353466594439101771286059078923203698177
81441406576579531416934275662744275647924957225617
71122441508205905726084814714045923953079597060427
17245927521655060051371539677724263182593431649599
94084881348962944398019280504469903074332958696420
23477994406085552980260168762745948165247001320475
09569931582510565956554511246812167410441892014971
29170591132046486929952189360787257198954332687027
64211207971112580634371790702853656868188130649315
29035864912313662571902811608044992533173093318861
97389137211839634887920380921481773975151215550607
14212378478249514649493285850008995173231334179449
19571954937381022516204335585096404429995065494821
81749182982098028501613576469799306791322247849851
29587419897623402048264287062020511304845432074564
36305468298589979035884055646100674589972300286489
58952414533037922186076757219603000199840534610423
69673948465981989033226447136417782885831861564108
99810633325669588014908754891185529444754877770703
32542816540487011452902591625351980123874140104360
36309205281399608185782175059199204440716799015338
44586401542054227660394950985253171464765665886681
45884224627681547177489770602016193969477385529779
51792063934259381963552380388424839581039275670564
00517745841545364779201707342682078953784241931871
81125134001913549075223018853664245615188640302650
41520622587526974644830596060008664808467397587469
40310044305071100803285756185260033706833217834100
69730737036403212982503954591566451625180163585488
92501886490417671308623474164512000978052671659140
94586669529719432662613627554666276397479883132420
76600247082565551686346541573227303798463349743541
76053391180554958485171003065047146570917400082202
20333420842716210255069982951669623227920520679012
49991059790172386421758536906421361877237109133881
49956001852273629653609206373168397847371498411623

14047954571631028508309649294656142890777360309568
91413757372422008431953676737207516723402117432726
46707775707205664465381708610430491301993304747985
96351648879646194492952890582573097904095062772066
68356944279880549619837512732746507601821215205334
92208085191762661708361357233342510069683104178207
97186065027973257761157165072402736511990861376703
89886650327557743894227581566173076972183643680194
21958476811417575765780225941229369376285483761501
13712094447772678839072637650618932744947410926405
86931989590585599696009720463567109558642594222507
13422810831610787854562083865526862249687755895674
28400965170789743998364521940287896992967688552250
99245481131679811960958449994512830174395658645542
53492467331927699292211498644288427428218962343777
07149143857760805808485642730371713537642453067937
86945790575233507643881521810656607927075157252883
99185157105260056188339108536221275688426153686799
81807360170875673642170133324263530619346354543601
72603885525567745806213146382054889977943799486592
52807324771277015335667243051287455111305227076922
62151065261479813961301205482595539849829038221658
54000278718281794527593457598160626825669353591091
97025317587895850786425123816902286844088555046233
86176809374387125500306276779114460427175023690482
60534968220034680627979397528237235197310708566623
24732554815669120184661565393448604754035740573532
64973565944918990736160811763133524918574724029491
42219105534669423028663739063083795795265229165823
02609976507409187334001330523431010303777850787520
63516583462778448353683665590270558349479612983505
61239433902475739693050522951308110467091324988204
83153789422613223556634309811418309866847681028257
15502868274838339757192587347401153664671682629370
15526822442127711052390917969319239127737977176880
15422468834962014009973227575932939177240864634892
83646444353876181138341439888235343530623717836037
72709222067901491315749461235248649803680609448488
57198938411919684715248368996081472224187543173353
33742369490081762643689316367885345454285713963603
27509922895712580324146305634287293186997117594565
83631036168351573519241152917458568654839747092069
98158899997133603670512517832216587046941565206271
29418830367286169732775954748983270093376170910380
55159386077975183164791131510918328012752515936515
04886079398848586099308119349380127789670910847840
84709431548945577055045503618218115460265023335986

62621190754572843333406546559236526779679009724022
55903766627701571787453010678368459746242411941460
92702551816535744964080370763592182048070317078004
95030515279198046841480292623759144109388211758454
22300258710509897434053801960809670600172944613159
43539319021552498639177030603251093959660382062356
44413794178842765240643899787215289854873908254194
81126849740034138058770293316002349752331437832506
83468323902948629612891771070449877062308584555830
07253858193699956274947316552089561794462764776882
77511157614704990194822843238680273470746738628147
52675333720121010716466861961600633771352137821138
85721215547739721693304401947166534830268285098055
31003676041798533591083991213560094604211825482838
26080594511633337459993309854009095675531282250406
76460073412663544062482616605635769125279981301615
92594268648699500472477533277064999384644411392955
89691465220429908122439062860004650357381269521702
25639216821773367320209158675045004788981687036460
96151846004855741439881726097384472127464419545019
83355932317688295578306458020898295276315490735500
54654111113719476304362617329785902846513191614666
55167663506411933457586671378181098415646592962365
76908362716072233814788508550638863177490787234919
19876798967463625454712604409541681977992207104276
40251548433196477390558104961000164705989515785294
39919179851978060893956786471973638900985242234000
54422376311640315186427938021795265684299781428838
32138959824393958877015579907839448920670917065520
34967699860541559021057651477157873786751371254730
44660334994239637877962711768362368962445967764401
99697869302789570435167443150980228986501287745403
93407397242671605002558785498888940993842091001681
73874898358456289352751707911705490005436219621706
42940432780627987378667673022285201837041592135242
24275962837503729973495914312511292396853190129753
56116296723084861743231763892988175402470391522806
25468479103097962829343042133940228841293104759404
34608356683432324956136475425798625445544988963516
71364445937935735007027731767348845174887099668250
81043899155677099848874017882990749484423316788301
80605973715188996429503241991398806477821402001041
11777478968839555108074211164804227507987793103151
15110843383177288725255853668013231927523396907869
30159258085241915908837680453626089750834211044419
11728556321464612372029116740614660357396431901332
67351138318086854427530611568220064205077627624316

30907633957468027315291779908101253549436125914719
88752386663993748525397978887930776928132087457027
29612199390812546255462541090083430520403871083838
57226421767563029049301769295115288579085478954134
27296790845515266249771074342215376569954921693119
00356755887971969593608944405602798532282974592300
57292902250191869049960515196346658738457662861655
83709262295490525587150988780191535985441716721357
30700635697462366450699943859586530458169557668141
51886375167295828551947025681486752161213458539326
24252174469525507007692700832805350536951638370248
26205634521190864360945508786374555688416514747774
46606868027320905274568175395157132037546217069826
26148475907106925055688718403630005305138681095753
88748063346329994876955374348108245413109810837369
07075104526381461571373620350563741206115436983956
43113673185097174963434058322907235834016182906087
16587101601304215919171390236458970590273481568107
22898671953025796837645639897187692251759331558679
73340773733043216755653910755754238916160702122717
37592070056307136843747821213528898979866821776283
25725333451832303927476186540391920879656525892860
81930704035739642080989321089432200851994167611717
52735397888202661874456228202205315283142784830338
68602799651751797558198833310256254382304160189423
39170386337835792103203778668218061890863264867419
66200834537726721380300483534966960106622413864272
52925300053729177370611623486543873603335731512271
39300475257703092179902691056833698681470070046680
71319009006387690689420354186765107497339382475859
86386289190118498516056762720635681836412579224498
28028996536186177766867781410290398847347627179023
48638353671988418153776428435790683635879056700585
81213427848601734299273114985258294263813065849793
21719602718883988881367210302529373730687284284252
67681849503279329574707045375230320864088918820469
20257811437470677421043931464527865896380704085307
44824078053943147968235436205409865242544613096095
68972992532000469372276519264525234710438680616284
41502632729061257192725776763140224201856235148905
90306131224408194389634712598106722230807362487403
88234464280483917599711890693049486869311881573358
94633373137830646307582206036072722165120394083173
60771272291089455309972771304131061415677302487550
30303311974593678235696920692900868406551784355069
90979613012085913420825236538319721640025784386531
55268518045595065276218297807292700162623807539845

31787493214571767442842240498063048733634559557141
92165559906931601168545680475785694458258146525410
56909421304151860787424364050507570011697845159928
51436363314191985622039283636376980736964248023175
05295501373358979603598744425903636907172462752084
03121238030892613188023207103014046119559039673478
32214727621039428519154515034699239286860608789482
72040131551785488924211858750326012076622758794866
10780619943166946023124667003664069456988033789419
16927909305638007712556961113855111068230718626350
87813016591596657199561663926952401328193712268673
83997102313023718606144240281675000278523701329742
80057314123377107673052630029188543218495203772625
17251966548985863027520198580555286556701741242478
13984411479456140361337235929100240288001695428252
76370017260558174084453430805114569010709200685375
10749800562299567939370360942165585240126826086201
39896639979818266838146426887629454986869869560183
58721332468705175195617160408503607021926593490727
02510994757252219108424455952078308514342748979583
14090611381368732186562478051997330989401100475707
18189852293784438141434541275082709849791964579292
08023550364363535096012517177168056554998278836687
20305795332335489227358143909560512229294254511059
61566598998015880640054229431876949270762221110284
76180826159644660270430972905492918095775775902696
24782434271968425210667370895391287926957103913170
15524198956659379628884094286905195234919075493968
33743385108678868311297484077425614288802420254564
70750857403395398767464470647241224405084157459877
31692742806579384510808293347136974573171707801215
04655607730879875787050244201825130662513284579379
66934267465917675447321287297992553229395654158286
83586256392962270161695814361047964633701681690383
70025573649440139581902290259043029179330141319851
96000605393959301511803485506302148638173900592786
93779628397460050166002456192425055935165239389938
57858329225917116476018331586739589226917986771992
64267707228044516574554501282171307485007367793445
47024871488371884766882437818598556832300391829250
72221247233954381450812495920572738582163867174121
45544407200077462566779999303388581438395224684186
06099465055117494931262474754541149008992988802447
51171439414717156204843166161483490190460011909296
25568516287760436851209221765372520306632610279260
45712112346384308976910057607603820506269489451831
33681297570084946503627830445034242988558033635619

84544505418523948398908251480866797159530872371873
29524617526196498905920546969084045225197466547763
40655367050839612952694377982971982255074008724675
79607375592988511922700401408992230997692507290824
37252930253655458496293343701951694483160099816953
82175397508939318308818349025619452689772640110604
13490804531314501071393769710546347665429387332788
49650778891157044338998759686206776694117023532572
19697006335598012767963217354057017373873456002788
46155575539188888190157937805544173152124711048525
27959766608726189792991456157552097970404808675605
44694283122745402563321911571044554296315225230436
08263630844221033568337100347482864619734312032202
47244393229338029788392731660966573419664813971173
29057631860775941914189828747832911366843302535292
52496479211019646490652178242802165844480119414837
56087062646822170527885558660939730849211724889 88
07055295004138866907636839943008188779348037755411
80454695193374369307401500438691562902746936145881
45704566372976279494406160931199311174180452044928
35456146997128768235017514453738928383768007204168
06963953649250578693080932586432379583979185083667
85268709394339609878348151314236645262541524927558
77990653256163320812718635364405049101813148648797
28064836084966650248920735697536217190475720554079
26966384435426213099435243251883097135308234078731
41549480966574879196207042981321762437810817966000
03627805961686458583311024834331251029352663857765
39714735100522118161656726351353841367755589213883
35613754616690150611753776496372976412757297961854
60065305881543374664637502467661873682860135938997
96610488703732129989880771893034558284247986325865
08329716478813687836934043158699441584056073105170
08074090624232298342148364593754066689887990245296
77503806308864246235400067920501694025766842267333
77623470073850861041947110699435804534455704891685
72684254649000937125624761059366963889973127846586
24437991441399515694668108392632522318191172864007
45587634104562885751255056808152522939279259781486
17475452694776380447699595505060703040572307480234
70574234467241031229653495050651701165431324285219
75922325039634918024654316346612918022256977140890
21233932878860417394101352631152036911145392003875
41090012174008003707640680658246278050875572041054
25815704573154793095847220829190461794537539554705
58955349046238100816637319455023584810199222719291
20161775202444668605900966401426557247684365331867

03522065580145891365214214884279565586627059338874
91878639391231094985612126299412921957055098215904
14591386112526656218794569178586414084184662918123
12771701856076429841403475924859795364139295700295
39960004476524174118063609089107032993576012356745
02894896672436831132348273563813700784818092204544
48786971363944071406838108537502379067925491990743
54539111875441697879774458807061279467910261059726
78506875496861910266428987266041554000355937062096
14687774802119559012974434756190369015032298765074
42116594074948464211635836077421426796439831027568
15554612105716791531072217779302545732287453729298
91949546444430214743494433991526199764617560500446
87614144519713784817621178977241435546735467024250
73478364221897884302406489528463143881634350752965
33334782074398744784424394834378621580005295941201
69584499759566219531459463851706574494064454137708
83853227475395462267472178164107859715062639482911
74373316912308779475584016245243467316076527923038
33610840339322785923043706961423361851512020163003
71064733923601594093487614139315780147375520999305
71439690936141780868692008127299950126894063381545
94261804252487070552936951201209338500618267008961
12557402629284289397798199536585334676890135251331
65447848621138975793953376384770437896000543746315
26792261265540350013294479593320389950440369123410
08956512641833327189635116513065117671202257937290
61014842352467437854740469612582211063998326045158
12547546779293221601003968918351668673368303931362
98532998872877313365140099200771811594958529964781
86606788956873041297968193338686403654299825024897
60838987278799683224799486129062153811952781175065
35007681270346380699853213452396070408503822031138
37312467354408540035498055988976284821825502984175
19242138199529518355344031257843107666981982362890
49859569939761472019504074153418288497163679555729
98115769289902945365175441526532860972531124706097
74310064281021572319914392872471828409399674138326
97591370192060393452424462818209416205366883589174
58615199461028929758611633262539363485791650895497
47556108870430826578335339548720604361931381687421
18417529818004502462401321388921541354063163302382
16156546453399121918866588028283036730994712897808
16548788972062587681901474865764326474554358647966
05054419314007833058157665753933917660149690172511
01351930327641254379081724668999981078707432988286
06321054287292306846189654216257857556016125523403

00580197329431255534421488652069980970043014298345
07905380923445824367943874916281483401529428782991
90846211322390876235024637891877012267547630879194
53241491141091253487734704529022285676973757021670
27235152036832281449865303019336247358246400226530
17817862306131826734757455627191831385937038694232
24060783415856173750148103203795100191326222685916
20758399992841425836075502370367514373472500610845
65212317820690269323271707170180717500766710702438
30088213495621142096666279257629475353656122311963
03487297992396129561001441176843099144359806556684
73318377111148982516686052882431582966815773674293
01750530961966351587675538641288368646401680329010
20983641453901361820123106000007757966076771445323
74490366645381903303565964053774848637705689195214
36067964328702651141982058714099621884954127590552
89662717437163787015463118234995808051672638789869
01169705743325252330668811410230906371609653933829
17542474057228131824852865622014084294835890305433
17686693886272529901374301298828533204149259647248
70842887086812156215565905552011876699209953492885
86951293492562058852997594598147350552550331514573
49813024963566600571562129412882016229998481452915
80272745294336713461339895499251972614295467134110
65508748687356789905052618418649467003626154556517
85900747434683022033530621263319828205481038832943
77278480154352985423406909915122071140819165328421
62868282636635610834323566621845834965842435114082
52713418446704388546056408915331118311239118605398
78116762767613703658428481807313920056249047162328
23299108066060664706264035428591900796973473018870
58565429921291410650831050249211811525610063742292
43293904732428585904369109978087368701612715657608
62527256304137946186853271590894846828027643878196
88303469013986309935348904399396141313859646288438
54485451786146989483635930250233388861386605788253
49382042975420534819660539437264347797913552987090
44097516714256549173418657402833105637868993037656
18156623518204755499419434971521548912142520647079
29043762128454036356540042644388587991544652650458
84415022083481899808252376263783493919299087741863
31195023335535079509550198504429464600379207703264
72316538371677976322551046150834470572786498431040
69195521190290898190955066437540036659891571296690
37382605868862209431585676214169462770034461465588
37096145418383678165326467179887047516242002769841
05681049934797417474275556623834482187239492559872

4808179028869791780821130782667388227175699536 8158
1006834944177014110353141107098279679604574215 5734
6773729313183574290098817251070700102705681610 5909
2561977387252629549670643826974876315270996332 3153
8978021419584628370235855228029775802140619125 0393
9000954972068969229351548709957962168186517294 1430
0236510071410275558943126234999452621742518340 7314
9518226654136707112054359504770529840551641440 8231
6040094148593227671833561041031952334848460795 2364
6610699869631765885028193317090927754380975029 6912
9282902871827186867656056560103883625974768993 3191
8150868463510202044431914159077236468302553916 8088
9137742672332139947128849775979539773479229678 9362
1930992511200663011566173906575736837676365937 1892
1142236849912021475571972230557410057254525724 5385
5565056864605371122682267950192963103945844174 5580
6521223889346737778117487711085358563651048040 0702
3513841408394344914958733631703374524744207690 3104
6589402807065204049010261018063071440950890118 3652
8291001042631126121723016073039142782998260548 2593
7487197078945590863342170565376911559913371696 4152
5291258655071927483459371130756268223314419307 5059
9400673536365037293550076798042151214351972532 5605
6226439454141131674729877836871409967589656307 0199
6956082462801450491199124071218574805370693964 0389
2123464697871225506696069651615068130060629410 7400
8047057013091617350773347556487725473691225215 098
1350331929933833438210788554383323618735690716 0805
4558098436700574350850753199409765965336872104 3493
3222806188349920048278738112527503049208888174 8464
2831901653960063046650291562089053229473199966 7891
0429991774534128768910309099767188148030932716 2698
1236572060433159649649342053593097499554635341 5998
4382386204942506939320142666378368948120219976 1417
9860830589838293900673951455175735499971707538 9248
0315294109011851492614087594473721159393289263 7050
6958329918100862084041028648992346326034564237 0424
8242570639091293808017046596536307241449281837 5533
0479486233506336636375886561058906603353162911 1765
9790023653012172857536620189010164981597772472 9054
0226707862683387773011170094318514035776219454 8167
6206437531968784148518425893448140529583996384 9702
5395976212635978594566911063706013322795334191 0530
3795404259783041376675167497687874652996491783 4233
6427000745475481949471359866806915666645853291 4903
0823205989028120587812681576743093072101761358 2263

89247766118431545671617574939384016165229078440894
23150876687054665275793238805549126661693777598953
92556108040693811822480005135080937204668602003905
50091411653944819959417321871903409718825590726295
84283719770085817941850701023924759988289613573778
75643588549634256114678078334051871095131257599993
18051909219022665615695039282619479016017023122433
05754431260654464625008686622748043866744194420153
94260381155782754000040402071218190131574640109342
73357483361014694036854512564432034707528448389317
54561764631572209287810279912029021892238282470350
54633830941944779746913088292457205029220624985552
35510565416430457629886417680620174113480892342272
88347454320119807266068956925882293270245447753472
17655283908061743002542828159828767471359831392486
77545318468446083804815081566354194625658132963595
50594829076330106815644966517880328377723442649573
47620939757595579306386710047774393400649834055072
36218119894844821271727778513899568490447627008613
12697815775722954647603359273556343018515256595829
20138209150226200880031749728538998215039065355933
12828283530229104248499101040960080812922737134515
81458295962514381717546634167630658001246761930273
93974968282716096494372311355756290781019612424029
81117679826186714048395466852385580727594056093297
31240555537304479929325649327981148318332021373111
56232404092544419362171293573215519555826930703620
86939103095626257928849446571817529163361050844013
85563679207115718885798851349629804275613855008281
66953039086989620802903035538006255632140366817790
81802116484387794827851293781711519531292060253499
39787617546408001885491126509477377940338081385165
82177365474212231932820826980804014905348395503964
38927820292472373482716964374678135415623079293493
07240336751699252188922405669614699681473878851860
31428976353797624324269819101596656181862939220488
09589153523367722568736438466816976741773574492402
77324427185217245824903794440288306738445640018536
56074654175605371082546817925693646964418020722076
79501529746750838413523113561625499529176351416883
84581887938427692077003633081667441340571715043076
44550557086201962187509021388493215588493146361185
16681921933331068710415721922258451362322199002670
83802223487321575797119113968268038488404028145926
95923283959641886626796149305159820371186283109450
19769133557938815895114153272504224953588864505295
25188569766476775406419896461256327822597017023337

5585208862221826002853592814463086109070674171612 6
1230022530622943269439780326835730088162486844963 8
0618338129063172066698253927339740049475856958735 1
3934547695113481873226417526311905776885921980237 3
2093522988172495982321802051416465423317460267710 4
7957385695174672602807096815250437335898205504740 0
8030133017558152271695309675197201612009205662308 7
7542871069645863471374280667516783193735132565221 4
8383317367230811981653422398026247437655894767569 2
1634368776691564947998944908953335482608637982325 3
9491667268994167499834770469902146408996837582495 0
5829081453314220062263702658890856758926305062177 2
5045902749909993279197623786666529191863955876879 3
5663877764742766951607896083931623525292783250364 1
5584678024618159880514292691440698965247194819339 6
3231368546341865090928413827172521695383620063230 0
9210996206249425060811181486751298160865486378491 6
8389142024407461253734991180744446800456578072347 6
2101130684460779794221320441751848161601019084311 8
5778373692302853393992756111160625500938380159311 5
1113590785216256048538691432381224590429977294696 4
3222737151895258029733660453560070753438041266967 0
5867914369328092183041139251793786077259043301053 6
9386056453122825753943173722335852211681543044363 5
8497427720836342278796178301536250280185857848442 5
9719867132834248512769481082148289899874543172209 7
7924036083261987325361585956014193841365176258823 2
3166497136618714988209130428155101622439116045249 6
3384256540786205403968475984137295093158148777371 2
4018717977838047898994943654297767325701570538126 3
7852227469724678742413007936423284978184783841870 9
5000920272327654649817697185631159468301209971547 2
7353173557025264097429486253814814007859420937562 6
3839468673716324465006694756705315994726878112561 7
0460064074445580742901999701262105369442807140922 1
6615182130793486989728370011952930810736667285487 9
8578714822353168796747873575266193854236240007139 1
1305675550338852901423771854164892294155671638458 8
6141110633338312041108527645828402610255558454722 5
9375961872346364309939638012344489255652989827202 9
9003678439151041868749582442954626212615552519867 4
5094446529022196496329554000070385210563219676582 4
8422650733125362054626026868452266096888043838047 4
3726232331616660159127936881995940502571999932917 6
7339310271001259536094694379663859680832664319316 4
9658496339772919441451837316675736885364518202302 3
8148263770653011391128913691346249132791260325353 4

59199163234527758142476660279547954070433050957305
85710512198291209443165335943240846813807488753872
97085375441682806609884935066699637289794431656792
68763670660592266495503521043083435714033518387756
17420963086662250481525113784858825700250405158386
18361645076359197566456471215061989852062746107207
78853409008974133378884529056064324678372378442381
16245396078973114333370609605259730199650937439545
62466866281243275277881785764509786865491389233961
45393872016099547277316887599733216771184419958948
48614261038915187575363531390084472167159313610565
90552306882270163900604646542371934043098508250773
50154851993174718357373044915069497572480079084269
35982914383093138985548754942322744949162792191174
41681762258515329230906270288626273271727137367472
88536386212322152156598140143461744208641223824870
18421762113798480012891846115029134072351040099682
81635515588496259347022842452965644631458122087796
41481397405213189828785428426965782243489218621245
34021422918738248798312836552083881102235045871328
96511975297239395600114252964021960676967957581479
35979993141849812041111542822165132392559070987481
63233710191611397919813113343628756085191368235626
37758111952015928301098024561701102225736721118075
37839399705619783478589980103958642732946843133101
09468796463429787772268219444805699924553685460167
53353994086181176225929427764715341240000276901027
41176192399224871721293219882821321458155833081032
76766568215762232861023578888664955757065519767142
30950420576201061600927036420023404509720835648577
18166824151192694485068151862935190561171280365926
78213698507508774982207319334861979007258977582664
14280631975955986314537097065477664768007258785006
30994010878945547097206380389483693036970026974582
92541889356827697675923286776710169803509732769360
27288312103987040472950733573175722327139128868230
89697758812579145493793429853594473006165593150559
02450692901802949396531937276413075979435030186195
18284940068279455659277338106214901644988342847501
53040835721432245892652000275214846886135202683202
01235650451901911872323559167037232979034597875506
94692772157114718237996680746390722945122990853465
32617467973382168394091646111762121075682647338261
46148780221208854610941607249501461647180175574523
15757256491655201696462797061834737046196119470719
31661127537770751989446486891611246406779934062221
96506865913705310362339187592819657416107839829879

51386477074064514224493029252407623686643359498661
13933096820043150156117174402845705892934250488997
23028035902438855797151315458832846190466314888130
05446165010619163392539632499566891885581207683296
13750231954026330963046940512479868495658727645287
69709915657361774733919053124868449462587226912095
50207072170716218796791877607055804810151922950743
26337820027918311553682643767887579911981167968873
96317781452995442566577309275671432912484702302278
64752245335402514079094918254625352910143935228966
64824298455993425575591777585758242352338973747484
46334004725931357292624483984877701765481318806697
06150228893096106568820300579282477684565057591640
18129455869688032645811705112881260506082220110294
81378867623478883248252825039466886560479147243495
93624085753393149412855950658025762800089063568814
92320951921640031880972999198025467032863218567448
77047667974008052444941230192577061686079333377261
66795237231022560304560734945720635603131707037596
27214649019425087954259668365673496784779640178627
75009417083925965179211371888502696058085928715465
64185389115112448280957513693327438297878402591292
42527015238018394282776423077865998007149900112718
62672569779749355858588276207844192101150122755574
17797638627058527065459889378332964951877011526441
42164487520863294241085419318611140968276285129014
37848023439124804724666828152772743115489646255670
80291229410470366544127961945872451600591100008959
93476482685734682460496951136801911314321302307246
63416373425090192136199058793486103011684913670312
51593211223143289163231551486390389204907304675379
06033384814622379047633637202231768335411432973333
11418939424737931987551333659519236920605564181536
29274571724953820445747470974338111998252069390559
25739070777436069154483495464543945550651751304659
38835163084824746341099051994962367971035899271356
20109785056162499523189050215581468446772463615546
97831683248275696313571755831470789709172877833718
04851989545984382859669977686925059438280995311638
09644381799776035011308707394485192851625490589031
10872332963148825592074274014344023881471254559590
70011936654709673891258727027356852730777519396886
20387064305373419963678594085215789772443560955383
20973712223499363623409298990125319603399472142957
87475147685543217321671274622768033233000563823270
72275452949421725751941251053916721864335859445349
26876922082387331430039261354663005729636733155649

0979598048992472669386456437462022496833800005O557
8982685667696711428018767262177865576649157700352 4
6110093279468256367716153962437927712948381379723 4
4729096852205312331820157895844795748404966542625 0
2039567468235473353258966746482118862207730244164 1
3964005743958993445124070810023107666728342986005 7
5549363747498649085556304880457349808974578492631 9
7751447359585777356307725467852982333254687020095 7
1974896190023249744687725350453317273092423088905 7
8830620727285549856746790484861180492665365738111 3
0031825472998778742263224505235417218301325634179 5
4396498386793829456411967522772180797079505564445 0
8380435789200441015991008710562086545753586198813 3
7544255212730289424165307580303308079636039796066 6
4242815793244860528724956074874090361813640624302 0
1765226239558683682892096274924609118894291902212 6
9876819746106434478899463354904936758430485143499 8
0646095449673288773001522154402956812345344894693 2
5923497985578607921934790424873864420679228419251 3
2730049639053883815793747911629959337347104425865 7
3721918359134231189246812151005641755378356731275 2
7720339420845773309322939337741474629120414336423 7
5845322780010418199175484164690798896663803490314 0
4208579751276702343697309017820412023120163323706 8
1609809619376238353166428146780856607220894937814 0
5850826582561206415669080391330145037873747008619 1
6342078689658413132733633143633823725986924785670 1
0819887206149431011600932643020534519436686730988 8
9365873618527462830468486508658931662844174281581 3
4399120583431847933143825136125768653093775747737 1
9660808241387978909568631924278782136534145351715 1
2012415632145577261257171154237575230435611185589 1
9663144423086936670511991381534032262106215943974 2
7120765465231765198966424475262047151909698917445 5
1184374331256041120600048106283417744951899906102 2
1341264453400653485761580063364046688273922022619 2
1447571115941454757056524353886708217499556288908 9
0167708239731020519483887183549834328808886071103 6
1769033231078137963055727389811291277038682799321 6
5904053146896325986391942915207644121837405335668 9
5819942652091520607223478701115078494599263794258 2
7381004560937340373847005260432400476515103397442 6
2915897859421619027654612437100731415331339560670 1
2099235705589355558643733246623936827338137666098 8
5613860817560855257518818229823656205930398480268 4
6892564831572720381963427502449053813871227283653 8
1381741189038186293706687965527401835160110677721 5

4427487631866938516652689190966932412414576525l754
7713861679070746876905028630836414931896559562354 2
7862455158759933740486888059363509476404640422669
0237394346938131980945539830596379527850040281880l
7151896873158310682541473547504832093766879887868 2
0162497720796546229659986970928634442711878404326 3
4846582416724416037900486290633522739626326436896 9
5218637458554773792770810832099800656037854978617 9
2816823801844373777396596758291322060125539286970 6
1311830757497364982101473139995137801195836304657 8
4586218819441497849370098402756006854980263357350 2
7690350133491599941063406154707873329060370723116 1
2403418705507883790008981769470259740812636634023 3
2052347594946286477202796252113686448377842127754 7
0890607510255301454648072545962761137431679308322 7
1444495182515532025306889930585319483180619097628 1
8016677230361216606781369517176487597906417672078 2
7490044745667114390302618481170988221888916649639 3
8685131934691125989498624773419222103929318565373 4
6282447189895787586796112815110996593701003783460 3
6699083660549953931420999423492601951720056003498 5
9404096353991054727739469799041357870226320692025 4
5498416572677427946396129743913685217948503406180 7
7285098742812276901141368164028467528875427664834 7
1728545123898591571606211062103861150414532497879 1
3012138068893780887857411356940236010861172747490 7
6863458679625973610019911702986963967536056330358 5
9850590240448570523144308227985585804210667606978 4
6685856139920532524870355545853701010773500886495 1
9635411914539954755706552627758435765745846125841 5
6310747495367701904508846045178961035630096449832 5
6798030526371100903483368327380092585578396397697 8
8757455040977616660990279542918858930891795098681 2
3115630538921168142337958131082941913018538766498 3
8432666048909688018607869899694639519523554122354 4
4495109149042793265931689165384524647612102977323 8
0494910269720631973144576872230188864547231035203 3
6088032734518925146042837827235737381379904451396 4
6145877241578009918294527691148925644955445782081 1
2585497462991227232646490397507964230600261945260 9
8123860389417285256976447427429289378164410225978 2
7808080938118848982866564507504699035503682364045 7
0287861926400784608310625668967210515107875998062 6
0533102100122358089908786452552773927454483894942 4
6097730976810328818104837755849053575436985478248 7
2097962396028564633703672244472560265313928132432 2
6027749446017801180064353804656177241828844153793 2

79733031656426254964457524785225151403332921802994
36366892004502808793014583626559274530369320858199
23685824058244928679704700489293410367432496807871
67805287155715269795387317616139356132593003098518
74585260746042807145302953344424836352786309151458
11167703384349810903471380868798951289092704710360
33367710778140834844624686061472549883654767143507
89716501445276993860022792288731246161188868651454
87571245875831948668196071351297809734289009348299
60916137217184080568891284832030737804399029801197
76744595260872450178788482758220314160796646845338
40137300363393522391326174642283971469201272934108
03224014862978907413563620435519583015124060878235
79905459937055983399639642725428884443219350837396
04441268034988549867801424120139847994694742672513
45750432841611528318934336257825555762486044698920
81082951581213080747248488317379714406575523709296
20468722922975057390432552935848119802663290934039
89497358092902735650265209686282787669265416618779
36514649996335189185919828112371770580851290889147
98950229698022775369781832643658030659460809240080
17689072325841441297192824247203800486590762483298
43266612530268510334990265765785799633057285781580
44815065341472910340118651075275759146213859575557
98465331746524212479703562965764849716996877845984
14328136415062658803237353726720510020391872086548
89404916333923844805717563887250930123137906973034
46402836948914532187479689036890800919107696487522
67931968839730831363285516442848545438955119235162
67055241661011619193956232121540447458844931776033
26458648332699995327613115608198673031798777096885
47320697361110696873523008666132573282355451328892
70735840381580895934095400477668633738822098999477
58887252513928947102576115811305813730792569508911
10603633747143004818074544707123585696701876163044
02485928102941244816533043001976781251848873242914
65465374765308407856299090453737847639163410697134
94831641494317725925735989877414104258525650646992
25753338667022937999299024833844979636165826017703
76024042854352514689293826677378840100504077814980
10651565529747650230253048184829022351663490708944
98768111961215106508070884528940298303191343694788
60719723091087906545455929044269621024126508962080
02377548637921900582213754179945136773755029344213
94783438454088249683005596980722742714752346186384
49633003720110584884442628228471835669510578364180
70908711811976341346792304827999192942334443433745

26571185195827581724295569753655476535585715371587
88673155823731791203581943368590246116895493584548
43810218209805645667115227811115286631487979122410
46715034541226359174023105072675781565169079497535
45695466102343506351789262820073876715784184485323
31264748169641045009329526393910725514026380972345
07421452663467912487992195042495063983505756316700
24222097888845014235493326447708542073295642006479
99045672828827308973634240163559815127165585708760
26319347603574797113673228442544954614124103144112
13653295907318446626781110627401990080057408513360
21711329191019148172385811035976323362159445906860
68858174582721066360783247211055398822853111623083
07722493207187603142835549723999909543867479119041
20640958163503069215365395255939829108364440577894
76865590642695907855588927801481153129605282973963
78305223965687979329134158295623155010561975005747
88258435068389480272013168005449241765541341553672
29678186722629752193572967621597457292998278457699
95818570124704106527552347093167602108874620189498
30999056268035473239191743880352852394519685590226
29912340556236681684202614065946016614268981636489
63226705671454527615520840319977552181122228306946
40282754583090788009525538267001174808944008582442
23448409014439309950760458749929609291944867872842
44655294260355040153663048572784575067890334206375
48565180260586465453504923154636606721495597923199
61283892566068624538219662137909561418094819626802
34837370486445390985796041171310701243314722770694
38162426160779174735893060403221611731902362901081
24146346823909101474784534812647369393780345086690
20117854092269189072113908427362640084022560952795
36622268780363107499295189633493724780784246207738
54564629746985678187794641332775595949591985874191
66844783018668875825985063358095304730592627958788
26628135669574185663518366296779633536616256900065
88345284789326123079425333212093431309861700139402
24515939863015330027588574482615552011632165583054
01109024799131744318609478889442471917656585739383
36152938916463157877752069260989922377842721076226
75471362967726528338260458031548818429183457905620
55852313846748688098747574182995143608952757114896
96984659133055157182490172640634694738316224845702
95688213478321860050219757949327957537140194691987
10339192150346011748954935005764831184800383210704
55100031972994606266908170328465232638024224858174
03542298510813693111624820378156824026705402650609

27629574130039459067445279197996647299332750032387
85344552182030969527725411833131949298374542996743
45083494569207945583308957219416697425544682533864
65610665141619474027323306891805548871442397014824
88141302433322116028228928803159132754604063931447
56504510247078478270031008306239833790350592085387
82367438487469071591071661383527097558515843491321
03501222558659285742960510769146892529022359382791
27110071779878737897902060104053792712655426027857
23538506654446667038666314508709916557153712069207
84426287258032345585653143785432590390181683860053
27549657925726069037995759888134730688880747447547
11193224014850571325800645281485106494506217879717
36653675812418556178181865092565915089678588385373
46006935149766940200854142411958615773819902618019
95755581062254836164041062076309017585607457388473
26450713338575654604173253371130280137894079385793
64339953362780923121083970023302836469423386202991
03313769745072519281930448106053614889812723727553
45364515179843869973757297234479617541226385432501
52317808397255726878502256871216813534253902834781
01919154203432425934609133113642510731939943370384
32388613758805682715616485493653802378509039348336
22482273182074099684532966420066268037268782026486
70578298511928450302215815053035641756893775421063
13879430081690861925874286987546755092349447396156
70759250191683691129303774804955199097039823363826
36489135058430399648195723621157407725768233699070
23744639354292702053460448038310231444811459137953
84749239157294312780741204406080309758729669731071
81984410669334082604969841515771659295519486558164
86757794233936898827759003578942127616047047342116
72187920488769423319638405449947511159325479617623
93849853824019647708185209486485592422877324966873
00301024626104466769085254560976052527675426097221
75804231532157673532907534815364111375640334493764
47731570107441776235823186517003547205375940431782
45991335983391817819096329898151391257543191389833
72544052815081545703102289680299577227508331211659
77042219982689658324694122451128329498987297002528
86927820088561271599497751356215241446212011857260
15252469722909151404640753192199281734280327618599
64570258021156017462090635890751861757530000424919
67200921485676401596976159704057369425903568270576
21726980826125845805961670618866332840263385648286
42610385930749007326146476834590415787979304998205
05904321300238863933029787387361962755332185958012

66221632584664077546476579363380854496495709655491
94681612051155694391080796813539384605975006717950
63102561224795271996046570862538431272191945200310
50931912369479545856122379295846744832208038385192
66315323828450706222355416355752016048458595787727
96435664079289773151778925432460163741951653324854
86621259981179724635762805617849167583923257722366
84392313904636250636402302831723001378553839784405
96035683326842799266546160672110959606388342429504
30023363651087339459142466082468786791422410972599
55121353439193233952088570015903804469826631106954
58536384642995474068040679609633400896596476123350
11815471822156520259380056259062150272901222426040
41472615840342781626054598733857245637147779216047
48274433441112967312376761198629786698630802417950
04730990548680786839290099752578360568423252734512
49388464642611743784590176544695409651594708729976
50711276266611757869601903289742862638348064602583
51836519591472871025416090341710762667758150465169
46254495799382899617866660985727357260685506695869
03757230549955720906262171394703968503952363129448
70874152476422506065216697079552830412810868604973
92295365924315417259939327074860795667414593870684
12327500416690860257614875887987623593673475462930
45968347057818243392374739992499318213776303837529
90385151049213862685594862282898029098604098401166
50732228999532240562234847784269088277733330025209
57071638789137572836111316150828240586774806128378
09976588122450097507098479143992524014162240532859
85178406026775338192282678495278866724568933375945
16073195686216856063512035024630992837418507807604
20477384305325483876359241255753163645229316351178
65222823289644483191026924741636339992805353093665
92617986442495494884617481328995681373139483095949
95811247355548837387112521903370051546804023677832
61544240656690622404363579199589191618731985304828
00619742223209883669364708401812321417476276732239
47330600405172628593548541188246139912254599360462
89697141341652030935025735593612611451396476466490
21062754457374977144715508058882686031359661575978
88808251340841751240842314218875957026396166667684
21788501511665029595597861841596054792017855481164
65418583113141209127828459690444808181998063143890
38052207497099964459268042684734454155781033449320
59501563201963053976214180739908627084806430321780
02476090143977156423120072263543493273799157315518
59110065247277485199710198477976655689449196716486

16867079037571706648356280803259648676734045842056
86501819370242695253648169558145909093659078076868
12438639934256553533046505678506554865557128211838
17396599836335767803088710405729720638481947048233
30793522090608439862801838670895297949455903398039
75056823449353678374441469885388804528100813606255
83295193112119347517762845206651922225273866969263
00256656057137987467747226321911039544639384612184
55857756926921127446965654071571414181979492296144
64039021523936521713197016823791016253905630796286
76903703669998720101055197275883904902666193971648
34811497423911738704227142950498039184409203535350
56464826470908831627172704391412142384229216009271
29123600670102952490482688952858136084943203538041
35696451593092433827730106982907400363781910721422
01091906924187216027755580459326490152150594142335
31352862778826912685057008770944176708211117803391
61323107788454769589235628606267690636811548086194
48865059856349824207852248210273557171168286043742
79300190532421473269807603593366348559246819120239
47148092123328418605000625853791085553950069351 4325
72141821734241696582891687104773831105970509981349
40969399553351724534645472530194525002197042367256
33941992595913903004372603897653397233310189273199
80366786966546139807538001500749940589639656960444
46341048889101877254017581364829927018989318743514
75719511901643262456514200623107476545219553062209
40907622656396770318223285959360902816252306279768
52910671388077127464190257056024461237830789026485
48600649008785877722458281102434493870661477445356
79373207145334080832496103686003164871160455763852
96400092889905659038807872015381686860578453602623
95376158436587641315689542018451668042531125090612
80575860518512612612637270196042362190166991290755
28914842550002031663943368032040571141160423757980
35856595631247994695698495135867617171 61486134211
87649219985740236045258155314008760929919647446288
13382907321688226913157355514901842172781677852130
38366037635612900768544531563881090587180694081778
19078957451433595938390351399592322158154787478672
62033422730377952548101343348870112698825270694572
97044292547385863958940316252418176801033883738925
97828563795133490722566439821360408060769512299054
79422077455869779933034443904419997357607975028020
35252928636562271663753010434815414543327065339165
09959467358711349333821669894856705573807822002173

6043035452329999651555781461768952857780536654894859263172911706262038297980160841215931881886962902
82871579787179368849040257669196947891197016642307
94471163004796916602963366541165671412926658386416
76558425834662650669041699510798199041563897096165
78360678034580385887549043983668110794625922809484
39890034735745765722127802050766361242474530272832
77919753687094602692110264128505204647715113195909
75978475200954067737217411843995901350727293059963
62535527518365125842604722808130501701636458298879
52963874735239442289840412742307669265753891912937
92702273587158906780074048592164839630908392340398
84009512873222983061853071494441245528974454318958
56118740001809527520962851371172568457262195438787
85925627372240011892859210973591774453090991376018
57105133655268996097982796691301664713645669707323
70814846534938788898100994832982220454610020172043
61275120315381165829910151186943049114475937441511
99214827769884667239091980921508515824456105200887
18546069873013725536346329956445546387264452326955
78243816895531108965313406984204121863850069053799
02901129655602973049646054821960184977149958716016
01863218792857765551482609868891466417867435548639
88576721640798099307846447004158925298121200807754
69404448690228534770939508682132340733873815211764
04447604834555293052999589302071650213184557608516
37824162907159794086617952632265090870625000097852
94598803412110825577607201418877274907101283893632
43734475532766109946298202924784572795959958669060
46000101825538486745656582757507158587296867716751
11487265212206589305147029816991145935759706240523
82042720167609089719364403104714270189011229197278
32816021135597563255486999922433885045198582826291
03818226122655992591597082919786233193166881062975
25410684117108625987030714408608388908161734018394
52178676169102178400070572151153318183463981090485
50598419080653798403931967652618254901449628263813
13686830190537277629022140822825320503157581449110
52149693400800591718428867474232818892082210987075
10096094222717960611868752310865130548794073032475
58551585727129568516671150265857537215249702073566
55428748048188381689438092947193924970783426911981
62104713083095702791440448875294465222880916426932
21208914373532634347018941418654987580854438978375
42761116048219449857339194641634510588275964150 74
97086868706533308767468551708636722004133550690898
22703363808724832477362384276712729982790004723750

33656913596485058948711797177358953752351727045329
88089768706037171689381311492611799076386817572277
82503037994810530997141332106791117693908249785759
50173473432748633566843154997425554342879813872888
58840828665550630311692303426240065192461820851294
05138410943838309943373235611840834156109525474445
42667874415394527438085478157481718055429230172577
08254215514552311689815984157630331041024867859344
51395633720568858906905711908399969799521334483 95
22875922839778656931697054502755249860375938138006
58952570565487153992594249997173171679762518307807
18006517305152956338263279321271806269594806341649
69102111602364643235890477243477665172504370188262
11584376442266662047512782523518870217898027267280
27711822773152103035872642082452898843316831579166
64992568216114499034246695153246391357047807685268
98998489320525337210124674485594511686982516508631
50655902335060894613325964758574047430716451021988
96466685765093083300456818727572416807670592160435
54681009292559395648953329502797156721892027325708
15062770907173871031323842496009919676665726212488
71349920569723586933240738111770557323460902157984
72234521382771579580347220540258966441539053412137
44700508903387153834939078365114580792027210147906
29798992357303403249969762406078897321843108824493
08266190802622049990112859749295562772174646114689
93929401059494209733817594382878025044409968753401
90388601771701245912276768846757152369655212200577
24245036539737696902851785827201084335983398454456
81784062574904319170877438241040318671414204172036
81142989503677256546071050128601831884330590267041
35914468999688471783347040829146812415474309300998
15384258505632760473908768904927932249240953499190
34162115446082138983645436273452554213715789152132
06037656434612877334642326527949078838192386444755
77059500911944414225760474872733464246079592462981
70464153460651330840957147648715521286086578470735
29551768127582320953381637314429047417984026893595
11383623361903652219368694895392929861056065435057
97027155112426086430859272820573203824528633753600
40537159776322099134912262298215524644134152 9456
55157701519189869240729862580527069848312895480796
25435319741712858425766114028200953496918021677875
09064096388938910484504664086575037294052210411280
00954731966004650043944216848594220901445242927222
55849059366382440277332836264503030533539930969877

27512670603005707641095261429896648818120396063873
40849855500941732198779667532749962011869772569041
44690206247765655350656642375914691733307274891543
40583008070722148098316774819302173684537002122864
91519944808643918607136506738526628029015686800738
65848269567625421052986411659338692482538337878752
13492229698895497703342047861740980716210184415161
77221481911004373337116936743087732669730859901037
19739779496102842916186841275756991398649211424787
81435310883070128710377476645242406304328370837731
52561194473055755237910984617735312906442410447089
45166904880695091460731826894492787888493093950009
95070229035343539213325589476525032807105285424124
29468783066310827995140399264853819433461802956014
31124328564846965317170173912538789746660971453942
27727410114423938795895987891054566410426814789116
26857280359967830398709786663444404744950237805374
94089169791738537209747073452739794605724927590824
92782583350682569083780835456936366817395591500548
91171229458934250193970208963987204233608131092995
27818850402771287385744354705819714490571304159192
50755715118568712451386170846137621994813881555082
93884837569145259023563970063111260122118004370384
77707067215788291447250470385711950858809347550637
48382935317775380885589411741926329374954300085072
22483922287543944226262695981911896956305252790993
46294615360936163549447879175037771374159070623175
96724558368532599842155881031625624442765549902532
75017631362943127796011916430509716959532112992045
27177449654633602651536565828841936387933775355221
00075233062499389170886030551349824542033286014988
22518924449789713654388787607325839686941239838808
20433462661172204379981330742351367849908458648166
66286201110167877285493227258973179629008389380937
83688622430928160362691807321356465371535050488691
64778779185842773790818861314754357370438396416108
66845447786051856988364354553941467448836225690758
22976566805177777484874297315217407172224089962520
27134463802893843314525169836380731179921467836533
34217478880597728426160203584308289244514390795487
41920599467031093767769273460011572635478653303787
05088255862616916954752736042627652426280382477111
29035653109206137550104153516350029477360280304265
15606870445034565865327374888313887136360128083391
31268504056973058262367506066185397615704174217427
59409404777662958560993046444536969357131235331390
18447310167028536689418035023616326193267872577312

14972498245087303034204762585225658713844171927986
48134969900336823663592588206010751421305993540511
82398221393595842421288680155694960131634265883922
90351702963854931431202685751720924341677167595367
38545958915630415154340888500416067053346654082813
07008328977614882496962892401604211416151036179777
93210297134762657997940215469978038778479401598816
08521421353530414979434853189195283011575006555852
64236187716442360830789734582505232932436402643759
24591800563290872305076297036484355086967621331082
87701771634937764001574077061929099773118327157053
72092053654029707767867266532779330859965800109221
73623890413584279519335088822145436519113434014342
80942893214788848307387257704974253324646609483535
16657817670744653783648028470969261013186450293122
96165994373555820292882023445072827713813735310873
86815666846805841655395240631511573679215491126324
77501265298070868653207871804612867924288077555706
52927825941943007588427801209591016637750414014314
45651609392042139955072749878724457109413555504501
57228970947059287154785784237549555530688277162786
06818246476471999729800367332877207475226535910397
54964088642547652414313788619066227139203374830355
53828434447644598243634065327813631957808343899184
02072956331227424040632911369762268565400010623898
60478166862977778403127948999170739672306752216295
09652878963150378284676791610967455848873593475491
08669196172246037943326536717532667964275759439960
49976680661204001653302850494997286070427542509372
07738586370041544102605952449370758500363784138186
07795676066806461723429500752397765145943294896719
00183945085350711525082628454534527375779691224833
37192342761582030801462801767562825024071460250971
60563093176724593076048688248790053847158052075074
48203052649668981999402515794942321159027841043254
25835337177788899239517463665743261372851811005292
75734664184818518156994434040881803768753519740663
63047833728440558181929943124928206995745614238266
53050981344664300969883579889993336482496472266767
86609483821820069176447799515410064831495092340231
32985550207601297659765482514322142772658066657557
82452114351183573372377304924371425957029585515871
15638880779956709924041678394507854184745979089815
80413082967546815203466039698784393830818392374771
62789771382844434051340951168427734092176907252476
31089224446647891168794325132220073651534562311855
01387421523354450308938853986101461106907489109566

35966294815046854675622928941510892372943193195614
91823182561129060258364287817219492917534538823527
99362858896363679518066994355394737960678838639432
99218278556841255867799549795461330287862146465157
13991659140284587348702705261069817062568063586601
28164497972466681641619698798867736847470963519634
96757677241171938898911618410167572490652812301639
68169315003082520148974579738890015268240237779830
97240046310850649974105912095015707758414148918052
83246730618351409517491370788512597534824769265004
23685462358436015970729618280443091680263700578592
15113722012165857223365413744447659413954964395531
32516160965801809920877908352579037577267506223225
18588306075693231895633747331807153668699884986386
91437039379137969021750962586928425716912905420020
81554697777269088469155248117449993657072604850439
50809189432853044749398963006031851877274582105246
55774108122548587461398410245523154697286056159900
49197301338745304316023246449926512501704259895981
82556523887587795429109096721908835535777249868613
66152804958762154417326193041179249699714236480394
56363099307208351692249539620200838815119183724445
22752636688920992957667709566738351889661959616053
75350086023233648287212672794571825927178717732484
30958282735739819410794665642841537352097892288900
21037317202758664290118383502401038262269418554517
46236005539053368444799037802314935009104335155598
36118650126049569602591345769365876222655770632075
18025910297097449295178885420211929716912663104142
09140107864252386132081347634547297753174408567322
10322546073930167741895602027299203162479753768627
80784597105213268572645373624225531925095186171876
01345112433762990535554619591752548043038904417376
17913169627434487853115501952536997807793447126384
24889934358191719567296122165205346223085534104546
17535160285303531706014088121363733345863747449007
12868341362130746643149919626458766238324794568554
95264936646501737302526991190873488938380822049031
39990505627544398890446347223256585859879118866887
40806970103202682039916459653939827631397675758675
63066119124852892485699495545274758259583805926698
05669093152791187730205978970631378708933883220709
50897673353008555615294578493640663912452296012669
59600962624923623543500671735657509324621100978763
87859400037811122554818628659191302654661216074980
35325602344356367631241181589646973856150829519318
00657154126306228994298631809447088299969778236008

37319327593124537302930803197083916792112382203775
93869128205704012577244486157978289703237209824314
19952191356933990701376486572379409018973102677314
64770491543124633531492311649828461191223204432979
87988654550488550281722412719641296214255244081433
83318483554853164891565559472845494159518329931788
51797857233334982197167452209398227947038948309387
00688809500950017601865107568261901821225987911067
35765741023718866272469935107575855314875850606889
26530110183871898352111721543535127593826432969022
23394938045976378558090731716349568750327089865704
50916388205248079423522275356870825602603182812925
77270037991853012635237990106194259570352197978694
60379340909076816903937424032942224485649062429240
69041355557978176280993978467808750873788927217350
54157216861062524353129717528701700217138926526862
61966868712382220018081998105567112872178866928665
14086857307314203026029417580061475433969961445419
57801734713074532518466502487391866312265912601566
02363786266520161741609131567212837043023831858011
83603595637611440219634198851777358715380279808392
39623069592894450288127077113265979220538364752490
06386505384673526547127960139270574253357239928439
25668211900759207612282727238608562138276534993392
17228831328929444455418559118523325131830035127913
79252076038822932907683177572843476710568432799744
76200796878545960902303706015474437242611467397637
61410250891819342787823041883115567958045412431192
10344135149026909550179999604207232260994274936196
21259445847015799426738408269168070342003733428173
58824220480345776191805538441867061092786475446871
10904276564909613367896693206186509904811679659860
55034049205961741584031837366244498788910350470616
50009254994233945662165624604863627523675719584621
27097101035867837376285945519035694807841844204611
64274326860787480844054251871227322220026214347989
54295282674932403815009818480465700784161918386349
25747769264605691767553183675482278920331802726653
10931271164367933819622800959541330478706842758615
78398159667863531221264910741628340363758489867323
87826613769035930136232429615603116634579503348069
60414680959998514167331564166366106381359333702910
55809518610025965969335853813370266720930385742574
21678642906364254627773712451614250089638653859527
58013222891865379060793284411531239571944333059711
16746266490238943266717961130794582310441191900797
83881715223000670094400240063875922694362285108398

9082522875583396750453543274241265645394801066480
1
8793370264779678643563015419592850256243936980244
4
0700414898101285038476125576653219679989499751165
1
6655256803543642604731499806941576711495717908706
1
9144799725227147952932796307353587611207582906805
6
4592707528771761173126629456760366335713353483622
5
7492316090884997339500082390802270834018442186023
9
7156226894697590112111641763528196178800201355089
8
6069980355503955076960175235571734913676580503663
4
8098917662374727779443889209867951693893615953250
8
1576104264980771878858319166602587545585580207124
9
6020356901436024116067650944175116399552511760463
5
5458354558683733273783538558665765175565323846658
8986398386295793497986580783912028837322165418055
1
0150451839104689209505644292618713072718897597198
5
2246213142951936737845472512841913917280843195020
8
1487214486818091226214195079624858367872512008495
9
0524925366352557539713012825226663193126747271170
8
7401687401981820530095690121079949369324046386341
0
0522606283359784777509936197411021609915334124174
5
6322272914289845315460446793246316585082059900844
4
3044529235683561305958572769849765100357637380948
8
9043789814971338944112155340478285383410251586273
4
5220929813789580151252679590501688381107977937378
5
2314075453642383267753725911397231685879268790411
9
5675255583255894326247463169595932379328077397215
2
3413165102332695551004256713478165687894432590102
0
3076129931870611713111472446847380987616613298215
8
9523733673235671671545614175551623880797120001523
4
5311199454178338724608675919653156964945975434352
6
2414717377027351623521869084588169433264954360963
0
6903278636782721734337872342122012779145307361528
4
4291764593757545276655117361662493776258341232669
4
7038661801099526416141446943686665541214653557251
0
8823132604443020594782957064696420840506639720639
3
1736507351317300388044526225960365484863659694269
5
1483721919405374886648224695513800141661753441310
9
4397669630489259497232083175309962614307845299331
8
0165084520803236358264421016274310136612985587054
2
2918469185853580002596570936106888670740836870849
0
7612579947164130996388859772806057254383677775945
9
4948790395926558763192110322765058387304399870435
4
1540772170815337122816972534708480460678481530339
8
2742535460673613310625536480782351719373197638292
3
1976068793186399739397093292358465259252548784756
0
6695873672602507496468659320534760333026702258789
3
9971559384670734638222108716543115987110832363590
1

50691704625433514220561500233993163621226931614164
51634672248700890857559784286720908705035059539110
28556125649913517596449387846853627188016450215023
46566085754400621293280842456354780667137045656851
92593359224746434449681389396409572880300774156674
09023826142450163971489926715058806214047363887717
76520916125774301134751954522037490896163122104904
35346518019000909935215196404714588647735602146512
24794178059004235182076679650785800263851082616667
88485589507491586451266193098383058348262969071317
06731071719728080776848480579658754441379929449107
04747182972801787259017034033300092303925380610416
75484669889573135068038686174263992443690005077832
34698240692427033122344253381686955456854241317436
88576721218523392455145195436629288774904004394559
46655074084270251388154225801277993624948276125530
10957594107015575245701740197885097699952595617208
68943409159725896349283592949176418770735118875573
35239097533861390461174419754910858237894535948817
34097886394506170092273558356900405856227237806491
16217992575263587677173378254508192811081021590238
83118495295970302890454635523927760376697180464550
09366389395271293756618364987721355743227583521179
61769740289374567771171020960197086099888919748227
81834064514963240191341985954666751863043821782298
05364768085964134878488276513359060703161660080738
56450236740863265104795655555239056932413659061767
31915774394061383800816228694214783660581227966013
78688103642239344928990155827756047672145288752696
51849840975725311412696979996835831311163623016679
67637406820847352207648198751988229863052801822887
37400846335839839835119179770057824481995867123744
07288542554258820673303865935123488499797026231342
80932584612061873144905739334295261855568315864723
46508233563111689903929807462373018589617512746201
10241350253016504735987391299668773165788793314681
14620930068822230887206158330968583647938117175872
32211880440756360456266510160834436772313414846187
12669394355809447299222058095400341747711692494857
22497611316668715094906013042427878611700218095472
39131794441841677024576301402297501831938044884481
60477701404081374189395454759655273539614603519113
39301223133299133292565079896523080905985857406951
06919203279334733972661495541705616616081542952178
79242085018926158908427708999081541020516351796459
81575455968806942601800130355785547027159876006807
33145181619407836722122385173317731783658569999622

1593848758839224899291106871277741693137472569565133430063065227379245510562669218808078118325867313
6960112090771466579443662883300144081586309863172641906333044044508058228112815488916198322932731818
7999588512737838729385096990500690958150559968623777129423176197294040813941813602724051482082073795
1363148433542279393342776536861035254077258399965486187460681108544159937826344218383938448584852903
5304569715109912504423138252492529540089600277653873866357415638827431411023599533922274661428089503
0235763018473899695696878579647614813385274626000172840076610353359970011074295886179093448568823861
4022120262810098784194778556695767060208297297284932172835947885074785626883541396045205032733900115
9768997592348823789600370474350944012621810109481571513305005269673475051595793024141924677188377990
7897096741985620620603365776260662003934751458951212313889676805215858321485875621004939827433779291
0008563459608478727443346055618482163033872291055643309346721926478665631468981442003818721109343897
3898630381721295790929911274307671977729157837674854628928521808203967143785079336373695007727664266
7558541999588569725888941718854732457041265453872792938355542304128413701321311631686167649503182078
1233528078670360575316926111114131927428779044645590745310830304595611994778892976495070646397168145
1462945312429436355548868636124882656124006440932704627209919380249935389605974433512849065936304283
0104058174606123204394459678619943758818210788705529097240315088518044697672070493219326427327474947
4657352706314008460022706069559676968769935816122080876142890824382822508271626545101507650711225487
7678312710489858125890314808011532348223548575625016361343244575548970840185256248785584116155906291
5706400186193826787191671454229784270131855635300759233917437150422523687143080286973897230659408747
2615583200288560564305436754730126975992391214093078205163473056839443576608050549539129145864564189
5198421266755703261404016526464718191682556178050004366263986812632605156770373757632282557237224033
7326563439926101072777491347627176169780024202417454219633542368342108998205098399693090096683351729
1556051800329123750279741383363465570545278348537476157707297860282642316989566162153641506119169118
6958507630088773984133144332352216108648075376275627953573261927680750591791975382208050553608592143
70642558820407949945680532099845216195290348747172

91587880433789802719917575528412495164553897366903
66797745851060492373164749334851389131076704781689
31509280056525080740033602625587974658733895886504
55491059441871151078989476427723914132008590273134
82305147114710862568442443055612645731317975946690
83041340349698418952641280813039237953542339551451
64368583297176727033879966070502753808844666613249
52084705956236035132887635692831040423514230736898
30225761893982210451471164975086495793133102305164
00702740418722925525312555050751962630901419042881
58378608018722688533033426032418874199474309487098
09007796896221521278204036387184986911556892852678
85143692081119896699199175939442227659858529607316
11027277193039228750373527674603136498728601485908
78010890276964810178419250513768363944327798589783
49967075106459160807997814986746212959429929495103
45561239528518996648389315134166342562538722904207
85700310050576672387824994229304331876293310759921
63341034881853078945786213043844699022597151095378
42483964045195613952649940910541934802783338141050
54975038632521344166525325783462410543137242051343
65610070975026474975060187932989700495263510803848
80012217081134423115923301825065523290008053296095
05296747617827764990338046492756424607844006224775
10229840904464576088284008438396537572516330908693
65950113166805903176065399413046783186045006298095
46411793222760643945450974640311900040461013636375
66525147633922056408539488115656651564144995469997
98961551708519238964173504861644019602822837023105
31954944557157779195675885975303666098822024968864
96240237376974149089622782626717164709054545896434
25135810721550993127870018109479337800194288116971
38455978130343759117449830503972720050883851002048
64527669175972913171516690414586990948299639788578
84712415821518191513119364659265502246995225206586
12371086170777529724800962855738111726435043977239
91591353337279437121493974863979262479245746309268
80601612683328108013730760678963885303524762479577
29623303632060797531311700321563157739611414172670
96845791988967823317498025009040927698398894869465
84061970883711871716267895059803799281868790835967
67443867394110895371969861829767384589543924411217
44326072814344156833377839658009332416265311975886
38631457596991628226060779033373953780686154995433
43966625340413723933605837613571366314849602284656
7534731883339597694060242585033822826967160251488
26483767031393661503046556944035909979588086530647

75272076181214153941068185531517358800563179789508
10699820712326357146714531162758252500806200983530
29985987653456158772655905776777052350680073472116
04498064883912344314969945662968838109923179375961
51519832650120598781441617932890058633209563904496
73274096775615657921695125695757343065011177279446
76997548463963676474095197874698574050025666304304
96930378286467308890740676217208162910009270841088
02198036646903200660489829526544197361650808708999
13997268065256227964180494645415644876701280058394
44300387771355707804656432991321870606322081514275
06224046357396332303341712920530795518615942218913
41743934642698600396304005080020428704157295937353
09957716677615251624524092900687648409445244870829
63723479466340834676788924290451598405086071695341
68927276857026100718961752877525160511457579234875
82896882725005829643483257250194887049167329327414
41469386161100821207301489450942209156113531966015
06009515300421518796800500925670277461697526917366
33588478953104875162792541522915736474184880129370
76008264200657418502417040705431717287584945349675
59692560581068000917355323392465539765805611506266
85714588862313687782502707507793892985221289837675
73394440612389601946254801496866953716675692027945
00414657284567068530994311959103987237024927090104
35325525980501157121226328470745074590340596438552
82087291911849839551668044048721547532339125619945
93028105975250334168546567651849453998885243277578
35037208347774127463818740545863929254471150555432
27998182086818796986470104656134118680053965131346
72323812494414047414596471311007233355202812338522
14050723861536931660894605930756758626679075053701
61104070340909262826748877502859752375102385452677
96205530602752777436781940577953384076593719123390
41612299389658775405042093316578069596534125892927
69002105835347234056106514555429320091707450439470
19956698366277022470228830426650690455121943837056
84670838235730118163228543400184304949798582621768
41561991791993512415309491580100793747740403927636
88826938414993758057175171344755815931032745774187
57637118775713224689227224249337777113957558484346
93143205619352281759976456338446352366793269416636
52938292994731554160262278104340459712825822426701
97609692542335680025383489465631124951701468994004
64009118807408707732996430309440435818340841417580
18478995026247389569075478192665221993496740541728
81911050332527900215854594317573458873276958639774

13383026542251574881272858188927328497769691108525
93856521723918404258258231447031064760464814502022
21028653330865637440225958804713218694501443668175
38530731589200519065754801582344915484431777081767
12520461196493945018862567637414537686456006014215
12612924246459673064284648851049761119188467204986
64547599992680177566433790034005684703754475628782
49348984087140077023629650417075010454030069683112
35317293403026317221317086176202960434454820954348
67636952493941538476675380957735512146374990805038
29564670902052304673985564355823807120013405179535
81775926611792974601486921320263060039317995648494
44447316119372536942062347563745047826759397321270
33728057813431266211173872224928063336398345193036
80389259309688995209252035278571980992380576236122
84960652327697097076479039139423140213336869039480
86876847433080122688699462034708237163097247047250
28106033141647014474120542138240308128347191009308
62026974909153607225275128659774951950701446835957
03426614602530281533848272776449790077688980744583
01080580762580282652539846712184990443942589188021
88062975995631428163848511209471349952422729096625
62131057200278602521302716524357302013219950531711
20419333856243218115968535314364280988660109585436
85260108529344637841188537182627216507454141542909
2412576342816834642480358183339866073577309409498
60657066158440701673506468455108344830410340714330
68861350648161231335008442336241417442522038471620
68581577800344074422408997737952507722722425221632
52707982864834239360319936007701578145485499732791
49571524204777183259862557471172176000475918686134
65766800747913882388825260595036961456375550948364
55249433184937579583447082565112029771305489059858
89360490419843661556802806391016931507941239844261
41463145272074906342167466656220820733874054410275
55277326425726662603254341416451806464620135910746
36904814091394881734915019090588786588657560805463
31911539579519922691510175261135535365480449153805
23524309209568391339236641860218486574056531386585
89180388829010049544105395042819085217095689709852
22660491497703442563415201133543595601620804833457
05678582847518288694326457284709415507066390042021
84742841481507293211425552538487682398405964036946
75585587065077805288811843705437076685394020436679
08794727576997674271743908241142251517023195532601
49292053248523316443033614105813480812118784454016
80049841863719537750791225098168839594398437434905

00927690743049721973216682690786818942988655432603
93479960279152866631674245204993576832197598296140
90609600277500754116118234136595195436476826597435
38725034335575607603094264593717684435256584561894
13304362658549333964488136678141899403537812518636
18098614310938046860842389417657170919837530273529
46053182177484980676410072780689353948778562080766
07646288643497578138491675496948013336164585535923
42187444390487282202327482790004380974372224090556
65798279254079201827191764073156868788990869823443
33242984617134807794157926078943786937879321819276
23832088562198256262053706157053365099866604373352
78004302978538582577725820814349306895099746902842
12321480543625214410992658451320869835695037934121
92787701548376684625884851480353282100576225953123
84395499845597718366177469694877133736029490243201
40089369543524642846703906282961292533317560905458
01524153362697046334156094771470387833114080455327
20266985169165505458088526234722700918568381152913
25160755751473298310481745116901185447389050027079
66281357373328915219473513171507142118196223950640
36066250793766101141090975719875195062790767199208
41561838312623278705367794958720934808531033700370
79676981443339865319473005539550361373716903540441
22744184825089725543411329141409921010502794060781
34345274545748910397870395925576771973032662920585
00218412430561101471172665885875858110980136222427
19178360150563008450612609580351146221868970392656
00676775227127811508691824093126398323889514330730
92080618183670533272221996712213824392494133845030
85537429139510060612140640152772992047216247469060
19968753616129309594435319670213870262242747134252
95198346411502152585217190733435287605089694898596
61873724647148445754004263211169130661080007590199
27685277231229433845375373445561927073184207700352
51888198510000910588697024636141339463736403629167
64850243139592226108914312458431080249185337663654
73795428101980063946754916567388220937206795502245
39749527936043218760416737125294186890416787560507
15819184628397499517761898470120141728492253165997
64249139615534630455967370036698271392447461722405
37756388452506057383117220633099522461382751543842
62484183054546161423976795807575792892955358231583
79105998810001363558358025381930496087484840623244
21301967312857279756963808915891141510626829367132
53390443220443935122562713425835719375807555547099
52805865092748914856061501490586722186301814539552

71543377441157484301460454210472371065909374589455
60185074706555125049620797634952629628585741910611
98684337435959902767513512428421627873827040736179
01822642116190565452355982134650098443468474989342
55194190612568539471215509383577839973398535979920
80440914014013019692058848162416577920743850616592
98842954287592676532576461278658136538693023064324
95148722915683419489339773257723831101860728599213
82743995531670717977869463102412096562992515636907
07097976574622302248111836993379540037289040035528
13838791669645146305017446678302677339156584851313
37332213455591201694281994463558691199010467025724
88630391431318926902723427880765595671435508100852
33287367618883314330625840285446138179091649151138
98688610204244109694930399461881564346922592382271
54237325561865763731911138393508298447375787630908
88190669748750346261607736201056147649195858889526
17573029866000284492088330986935638966693573658315
43219805114630291803035328239125122651457960451129
13620481416074263483689048725347741460497928968665
47180431109637020693661800381564926460176322823546
75257725100634810833246049639745818948562507159279
85140068823456587664328616964994470287617278607401
62787937600313403053653720016336106731197354021657
42745526613772464146797016342322109483927352053992
16184668443165780514857874873899561173561574229271
07997893783041174634233172312368706298879939563796
93234381409307730316673855875833658948792192292991
70292532195313106313751699564895556279207732633443
99560699134012345566186600272386440912957768174567
45562042696966397914924854631761555583478849112031
32980810938202001667082142619538393913519494332455
87415772583694811634921404847335467048525276266990
95914448570908316042386634335523479952419332174312
70826427571501537381144704648961477923432391883659
76041732760691839647606786632267492919332316113187
76739191327131564491305693705855153395058229226297
93669280098890127374401107299130758483919483725163
87525152681209356155068966128156527850437743856737
06596865712904074504021396786409805016287163242664
22673376138215295623652204021188430916924496201670
39837724022900775191199017338872565494516702488423
14466733016979564931389538586123981116683082572022
33372469857377872517673016746885270115642775820059
39357098122586901258892772753477512459695452503898
26116680212877573805636856315644421994581874028106
56801753185564565295582288616955286274200281964030

61439105900321537979539693021851942326880794685279
14072587719484690411764169152274721106824390965834
93681740724391256726014139205537504438778509718690
61283089542144509045453485238152261213609136327962
56187136414316494221393554422060053382734515307986
72306688013562930131650176555377047163009150624792
12373919370575413872603778440942173025911250492386
15493819007039732269827084459330938371631480611283
41179486313084619959430789684964111687084337933440
57007952647802553242998827021223958907157262154491
88311989117964922556872579518737643726521041961886
23597080763708251916019748223448209944333236500401
51033080334509873420821279214120042048018050107979
85617232164735044013698114855410588119726087395394
25490862873783903746809883208172214796830743130269
38154363684537845761557520199479117741233670859357
17692095928402888000062917208716273797741535129580
50297099442419138076287230850635785570220029013432
70927772987375157616624748404739285155086316421530
28208352650155756311959083682307340304392715181050
02752650033708689498428813235684965007249398847401
05694734338056373384023824360725388733091113738840
76450003773447847091001864804554117110025614054087
83699288695274139261937908513852292978958106283980
59044992413872737639857194829128448347659740140414
32598188502453910670591768324622694839736115718148
98528770650237921321789269536116379304464677102539
91656844314443202029811685936616659255206559795684
82691676299777340317373780308748208117848767254586
83733424633452419941410780153692124159877833997466
99739542951868182009064969761036782152809895298760
69957103569096028371008599789898946334872095708021
79233665748707146777367360972463992215753219402369
88042560150000758404117573195749841674033303526039
48097378856539028866590990135840319648037329389860
45942039868966162227548943655076000234581410708961
50939469264527739423511469401112771914913692543785
85394835272648575521602087204812491691018527179951
83756073284426677184767954071116218015353987918247
74981618583564645228030863239977138499283592092705
55307866515564527689591621869203470156455573402876
69263841325770360160596459690403225512310202955997
09891641809071291457489862443029770711389414628364
84848715767856779487814312512432935502476872684689
46933878930968619372172452421687392718595032641171
83198135708927075601079299185145627502866219243697
98417811414045403196091642478439214390278338683726

41711554943963041940588806752381877429108551788002
07881176791477877311363880277285669694011827275547
50200093592740494837691964174174743764309935882811
49024158567172118654518195403274463085084900186721
36527178874236275133685438258435726097657633985935
36487906202036888810270158500580830280052905250059
20409954009559933828156055157808056927750376405932
42285382169458924730837269334803451554408908180300
00971359031387603695064629525581193233191042017397
69685110785451020588411747429566742640862762260667
72160763338326092443117163266104428145958606250699
86860747754290412444646328607846279208041631617188
77365407205146931212143251692342945354332472824172
96043324790290635405744264355101657618868875755289
24905830732266885794063610726347131451280390967940
93684979336814875713298697813211924730599496014027
78186483195060983999490292484822645196907669493668
09185292465402548007721990891772919609315660548678
02714844783766043906003147146452296723373821018725
03917315524586995542388613649792989340573091186898
22968756922198783526788848165620121799323557181193
39478997294113162503823771607476012250789091391360
07369816164496155077115624751848671864274187522209
83699262511079458767442710260549101837714149395384
60173089933449360476973301928779138027031350707321
09818820990421774795824467599020083571168178448830
47873914753449351938140117520881370598439846549557
05501018947463317851354478060500245322289869595610
98127445372003405068433161951983630318170374789862
66327072440653794392777506117384377391003701560450
85424417182946223230987415992613792310306397975196
29062149549367514934829553425573267340573662545638
78208772478017012519108061380763294191048376862061
55039901710577549379437198149860227457432768735866
54721193724736483688847386369550472304586168757789
92624179919242888086846632765621548945377584642693
66017054904106967913965856504723142697926688920856
92962878423316515400879707948404460626602059142071
57264149118427257725445185179225229922899892552417
93132955616293338761041608491996663174423087794058
87350839478730728309916977398349794368477463448015
79069104208387495354926175917185412293597518990089
22262172191445930678861976035622188127806388132245
63555606806941525529789749690521025558711666880394
62531658155902647017179900039902483340191847418611
17791425087957832200374313389994388787901749321783
28570913622593452398799211941358296486042387182406

7417098622812190185733368156857032359430919908413l
0032742416308560704018396764542197565982152583422 8
8679649061753328803833759251880213557889351191633 3
6359125653076196344688595555679031931342675338330 6
6316434060769725033746120456578575427494456057731 8
0947349044636421152998533043536983846609846137669 3
4308461700054908361012391654874021552018074383204 6
3746783904999935185678107922897258746903677495791 3
3853503513360755073213256002919103155131072831771 1
6250772551531257304962327220860225214648402202842 7
9859329283668879907714081923988378503562205294533 6
1568028203753139540331764315894056325311235868239 4
7289210428147770904529570491287593524120513586876 0
3284514258273469448854564319334456061039277195821 2
9219413108746666766592457491385391579446355239886 9
0676799695355659403400839266309489156370515518332 9
3940005032264170884889946017449665907668684722866 8
1018342347335807481678608256992636145794143415773 7
9697276195362514816047504644571393528525921757839 5
2785644120276963185951519925370647385437507348419 8
0458523109952456640263945256711483053596867831113 8
0040816192340692340326098970410456803793483601054 4
9292069273132391092894894161225287725417258807157 6
9800290232769299265396722223125954237897818796172 9
7369231269862904132940693047792690340796085936969 5
5308287063349885358980631703790655102345550359811 0
4722630784324378875026808665286661970123584310754 8
7193446996135110246538230763263859894685743530656 0
5827530017359129830695156395419433781212111804407 0
1536153143845798731666720361840466592291400072861 5
7047092318388883712590113775110154672815683126173 1
3584544495556934040160625159122144520263040073167 8
6242123473984156636061570022957579512596067890949 1
8071487219920115133860334201249033432690190315247 1
1111770537674903792507047710800078072437972199974 8
6780512705438658097738366084557141592231311250769 9
4385057495720844706161764642897016734248531307265 3
1131411329692244997325898693793362053823104304688 1
1672702967817935315147925262277150873178413472011 7
5082919918140024385165187293321922367139330218393 7
1801828431923462068612248771248161446437262384667 2
2738716927043432266762821335957208657592529933570 4
6930167137706293723161840281281466540339392997647 9
9450835563529313404481499746082157314367827706020 9
0362000236561479481796166953389820330364315197605 8
9388240313104586462453903945756376887059279419144 6
3513165656385303413805511607383011523496501602628 9

83311752665408951427645487394364290003104649756341
86467063383937026404327199934445017653621194183980
91405435431204661107102294914795728223004888150989
28800520298222195603137155531918072367580873515739
49415863863465924264929827124687428737887107211779
60934285282218507517612031632878650509567859784696
94397066857436394417334190563835044072943862175261
00606739944657144525650821851108112347349770923533
06073156034383366681280289728355294978346861207930
65366622984886844589730236869505731807170927104880
20936988600525942346855824214663237148360334708879
05083467514163185997873182137711360933796792267130
48084006357127404476190169902128050362495514649375
62857255534722015529162736004842071745078807950761
84591360695778824861874794960279482146832553636964
80557947519580422659618175754553725757800638500788
28942880154045147286645076936364292616561464092376
09919442302530717760664764609748901300712832067009
58344414867959642884426565334806269850089001435859
79343204954700739790197624021831864502251873557681
95384669571307006288829263756160327876421596559312
52924924221613295745040653822016726239861866164858
14342988831519203159057960073366305926447801768242
80579377519254991161387408165551961800806191448772
94851166256997724515082137146328190365180877334737
53221390179569455469855894609950994481976623160582
73897392430853104944407870847269906403178359352904
61384822406081401306739211940359265892291196901683
04343622797153048445980731590371353990852305554135
85030330599426307530084474973121329228139004149372
92573158103903671573439298137236609677070372399756
47113138365036061040548871609861903961849936105390
32305603590895271652168824412076000293777205420054
93450599593284765791445138948041792035850852529938
74450064907705032042624603929134791860529641815140
73543083458770362016261363564753671667605974780085
90314293613337929331917500848550960438971811040988
77520049212223706955858124962571331447606650693367
88276888731032445424398289077351072677332667843932
33220192621936564466322054855219636285988698212459
05948414538983552431719342491299006181463959235638
28594061690297564763112622914667465366265823575832
97221661709968921215263224954097253009276090968909
29815398547781047546039704805640970194386112437832
16133017217352016953866778938051847299996113301753
09536392020079729438433442713241962980107195951189
40802076078542247534707659726795708604373801337156

14849302325710198132874943896149485487837329709427
81633625443633308269399055796881049489203758750785
45376405053657575719555719402413921082687609088769
05226368654030187082270188354758472399922894034079
07951367963796350726344224554191280957705903158772
55589220778969111186865369280723830240389236271049
80728883128755350717511334248096928769720158667518
91421714342557639048959469858075006092798100439092
49452408176625095274172741560161454315945185221718
55749552684752772716738913902901472023505989549615
74173169890428553994402830278383776236501085909369
19201540276948681440882683921593425318596862968867
70735568178360341970518419116791939661833729700019
38229801502724830835080109717730911105870894894672
30542892715118246415440910664532953239354505193052
78990931728114996492725306034702159871961345650020
63107133613651786165441649703573682097625837494386
30392248773435717559667110116693127919204620889828
75388710715363136881554667959015531454623653372771
09419292748404169131454197001775401916619419279523
26018882537303377523360121961711612555388978356176
70837738785260756313420586568197019298042050503450
95013583730270205832447069646396922369063859331108
11220139677100067477245536145173982465787334364145
51852124685804072880187810597648717763079789332546
45800932156135484194842177917559330935785967194699
19505619129316799344119459729424346000102857975899
40496943656661909757932956680542467013837449990948
86569721752978624999444038632564887331676004076776
90717691102171332461667136933577677517966874823798
11974164138932966510983219131889123061288321306175
34730645943263123690219424876504426568006403723735
65200124319482373191116415861199401623456107055588
03666260316221668784713489649977257144363570318750
07532986006333082899705127914581977792060780694205
05494926820444046342562971575340949274355797251601
57207979726607019969187009861222418896922478331223
06988351930268001333515823480974691137836974486763
20781546648812639240828418651602491495497986442720
98660518203571764568949935602043071048929581586506
39519173056385593822175143013143480759866933265048
74799038056468350956561639841602315510479659885931
68474522978453271156302256796382458057087383359848
61594269992353031747205620220372615270897606684602
60887447119518675285250056178297288871967524660489
54131079105130025731039262690888474237156518309916
35467374572399438350009251653919181018423706418278

44631996490552888569939325282656262824286907604695
91229338888263678905258896297992600436583512928591
66016816271158503859509920045023828805257871607999
14857795117410714587892789285944554229757489266391
49060612255901846742420489830696032609924160537319
80399309580318458741875611965516941030258842746132
67715286041675625997166890091974462057078876061938
24714430682007869995158218691523480946205994733672
84161874380183762446843114622719971835404199085721
26700675220557081779080207642238770083023145963243
76972484302281374748014994596782976524511116475628
44948823911265802232072339396724873534837968347090
37217278071821993045796170874846683226075483119464
63631629550461428918187034402551606610996043968227
97600851051090393629109199421193882665513643110459
37739823375470223489709893823833496062224144588181
57174486985800768017680983135448890807309801045982
98840671012861381855597791311265857946279763440209
32540464256523214487854998370452126786486295967723
59938670287589062826992794921488808890259752971774
78906720299367123678763451986595708011874771798648
45108982519553391404526404027575286220156098390974
36788392343368690293794902388062976992556920231250
42770510894350978320237026090787722102888386917306
52029707426870592354303768898474913311508457272408
92727685293202568303822902698549830926642798169621
54826437896461283683804207320924463481062482376286
78481958108547337889172165033709317162300827835446
09535500015708732585371829606975508170435834992204
34782397372708582326963623701760976748450030410906
04011687748131236415722492541367350659699997435146
83113000479043763389468381150750447983622497756891
87063312159825736569343060981010581075128320284644
44446692258358776454107654245446160237778278842301
43241483760775272286664586317686875728436203463872
64647033781045580384086990018470013294906720162910
67320866560152720035703770087723639337084619152832
04882311403505825354128671849769189874018370111971
12474081661540189701457760230237450381123110997102
64661414041857261089563696058312446625103344217698
69553123069183533005618851848711467565374712842537
83753602700254047815267696386800281490670826847143
66270449383420886829795605591530914319592305379389
70909123501683175231569389220817236677947717971362
71924145558888086019038040749460151095181573219926
31630815367277863953398265037693509319621749307103
60546827463851923840108589380482153796057037554136

34194531791021440277244002285950510525078853005636
25487962039630514167505389028154839893826056184605
96925430923050118448202444057353339948646232469861
64271525520414183945458833906450700211202816269037
64372367863270923848083570492855665422565700417166
43467942705669316946590355900250098110204615997069
22269604303931341501123852020843307834927685212802
32291152519737913751743284056717195786548200968348
39493549870633410451091155802399789655537286716719
98063562188229089859713594565995658390071990841135
29007032127984868173787637691975015965034762104926
79280029798828161442624704549931873587379611446122
07504177376803842330889951248927382171911705995177
13453429945729725215214038343046073402932129297183
59902336716755190204836798893485785428130740917112
12749135188966503880595036488660019305177479737720
06038594794431466501041077192351722447258169876135
73155394736063610226081719549477487334657530769762
38292997066593811303556669828383083276695476109668
86531811220411325508888982062797980648030112172279
23341819607984129997207200884183938722113903472473
10851532774836698378248679654485396054673324517828
21837371290684884322609750319063553017941264823895
35114738786399505486022460003357691360318382569522
39304394162767786502263671590542608217941626062786
53413781787284203815659300744636406739896675492687
64939571849031321211365620239026152298406287309564
81281693035018696850371310954723293767472224785729
64170819858940521696598105253378892335031987258494
88937286407683296645338400341397336846566429981296
20745325565166107548253738167396922771695636536682
58137853929592804863934624068004561289736777656499
26444527556162223994317489110997868141300340878616
09640689091934466010685781739964966919294071519797
70619673556327808303748676242818953299379935017437
70330412678463941074239000407519860591815646594775
86096999941255968962286988157890242657789777920452
89457268597880151203918786449716049993622264612495
86877214347718177827215403315790874383331809450293
53819157281454183268211248197232597214322349402628
95469574762101080787425847657147801608833404962554
65063241474442371159678992370589827766568589771945
79259926929040833893272332479302542032741208279443
69363547913979579720396366395782104958416314403965
42409386047528332592434350078130659491794990770388
16705671448564759014708193628846063438708308730139
99253725298366891041033135943943477132545251112552

11109279872778595138270891636659095207417092752512
99026204554103080348103227000462081993134977410339
69935705200813490694208037872203790464382890249902
40122138046339798024218210683934685088493016791828
96621304254933387996548743861093208514910533275877
32269026724129296625673645906875591489631205017424
39452638939790244232370326490359685257821378096515
04544989318660685590975663239442261822295196564215
72541809032099804496613813953120985347967114699342
69493824514966747515985290047518052766122600719775
72249670815150580391434618240125218092935634426976
90775936654520908202506027804671493363267787205816
81597025048184007645428436549500337194233565531706
11002844230300420530529529330867637602864565461103
82753741547484910093128725956442056976109993020881
04035318669489262396099535657223357475743158786184
59048319664295632227261052716481983985463379437083
65729640939488820397486960694333151457916397207480
72343344270697628656850889473094981597190683110612
00102867523095201110639978597041881942784387319179
54837460367190355693038399401548373818626248926181
58175467230946628362055651216917470327887284570315
34544485852236960697986889224934532820969343567616
79260108472382625897599052637923259164150327636255
94607746274170433254493457444889477216876271827727
07294796799294070372568210612950899937024621719988
98944678766862734579413522640334981775308339939067
02966521338034698372728905324760066193925458206592
89701415261295072742629227932465791704383716269320
75365011196015575259469406191818184873777134268344
44240529306600573344588869058880393177484511774102
39735877528228438595867202823987437435295921155624
32243892896300272910568728872681616117730356952723
16977436959291424844621189894575011690312957425148
28451744198713371748657674635397474576159541608781
52194938038219063171978546364806877248861810391894
48975073053855804909207963214830893523184803790906
66813452717823353224661252194992676529142759089092
26211751081746705000595680931351952840080439007572
61786657751257452884330535531748414291753374248775
09489933543735835955457882706037397391292269370301
24396568971237739451673185967041931739307423102053
94492793725566951434978805545703305908340113045524
20883774530182347148368540570383980300834901466615
75627829724543844947365389473998534287543282274785
38137311632469929383670295832152967629316901577016
37645970731154556827663490194825042032716235543760

16062896101031778920813007133134968338654865407252
69994243818874654827286727227810546989992436385383
89171009159271708230490667276596162378168640441085
87574547936667543859698670955474999659120236471863
02513423428660312308328872542614846504913339140845
57134897421213326279563751415885938343702328836763
61427210910916326438119930711805813705320521818716
89034040842283314956139714100091017150993735501625
04986980212807755241862004587089684443830634459894
95551440098765192200443482688701270198303940692242
85391443443769252569060378563316363591695975636285
51168556316245250277545376196294289043661945896802
39185158067914386065545763066653855089791671967227
73975207635829190576647967180388564538818866035064
54316833551245320523828327827721092596297947436508
27334190694841174771358669416235515154189766502736
52437782927375010905109308258678984624186849472218
79450928673056564729372657210556932497375301720300
34298462939903576040553269480197521260030669803843
50399536224586496757173536448662296086766502211476
19719066836700078786195257277249607749530158270401
91563034896276315535912935217020929815099957118977
71246908544676144850835054133339784826134395314953
71915024132149252570114576270103268359197885516410
36147376475962509762230288111889540471348042461791
15385416323284005437108464269095036218683372877564
45555844513212607093650888968996261040660972714901
58259265168477635062365733527671953832978920009067
29856532354522274816541019480074074983918823027932
63914494236957352889952770410995339475528270108194
33573369718431950816575181773136178920372220046232
02250257101959975795240224447773214620837600834855
38773062739020918868352510196397670784185032783930
34561640141876545693800041666721878598301833249780
43066841370878997780609708751312245373317921047765
32196322692920624441186024038239395826938487694386
47992158275076780160750653635601924781632884895067
39317047508196646271951189687925950485598142253735
34918820225223225452706403110045058649340196268324
39967502709419772579999621126315498180662935407155
83610274971906518427406565937254512574742135652740
61255142087368319535891534018300564376147556000590
18875594324899873423544185362988977246414291129851
84953106090530703685290951747470466217592782127028
44272027632422188650036282932734481277819082473719
71787331228262452933903310566123136943767215970190
56278625102314965083850517849547462579286335484676

47505619389560487127247631535427130602573246197073
05889144995762866108051940160877383993594759687934
20630616497610162893847437876270839809365286890936
24135397422309740440123377345283506225830076819495
35057372712472914630242934201182055942858754096729
98247743329952532893889102882623850029186860662230
60076954145344014154378027435465277981124805950108
81568865390958105517925178926168594761989018512885
48533001971913658050934308651373391567144253106933
45585359369068057311121352209014898432261639643263
07761140249595727575518017958941940131977457342289
22330997391962454237815316373992053247664553480610
14367306832579576051667436473662023462120548832579
62067779465896153466662849622512559988373663561545
73809942398223413977857318118526694509219333400278
39566052219043439079521876952862953625834511428833
74188013897668334834519923543727595099724884754998
53482128754160212142000716742527322818658471302437
40380124721275771551735438068693217817098469304772
13869343623935185177209438091902476791912350163419
74983001943492514392273283998952752845430980061397
55700791417081678257933982580345053035043559971630
18455281682926422796379517399826256972139310348886
95236503388767235345917921388311578797662440444585
68626611876186607785442345782556217513915151217506
99702826712148235376167533902997247943869400984398
03372392608257591497122524969990916251682241883027
70648315381122368712756122608584023252177282389919
75461696687100468066683951394054683014706632437280
97173085261750040540584635799643871306025046653245
09851371135047840666967408120622808495247082736778
48967506686806656952046159359064032782602281023655
20837977749099988133930572493066866543878693836289
43125351751613853047656960848342689216379531764454
18916273051752216789720804110223722838862096566304
32693750538126058074357155644252030153606598273724
46319420027263684000729039135232160978068208980025
03971154135638074184333838437755945688993432757328
76358995393433301321522590012083860051252010931866
88267356726049987995351226586460768784544884183383
41366254221969714632518921172825009741219838894379
96477424611182875649274008010958068107163190905554
40663768419924830303824453861204763918078777478409
55329367731266650623046349154209455030131869928385
87040497769498762308681601198225060378407782933137
14869319557690412480960028942859014715630035995211
87511349609284646438827763668164442908723542365626

24184913110970711588110759956848824186276594293115
53264355336578107862493660680973525672832824388047
14953365163044632204199356237763659235469498248612
22404369330506445470866983819456132717316706287211
29223308827822876856611293670404310973668158215665
25309531927357606575536633813081141261504182742591
97915846860975661711155359265047245289013979730748
36568456676376607503000803886827448092560195250182
28778677511683518513900923990735105970327066961915
40732872891168466075052090920060714564638393565915
65542668711062586079996634045775888276982303474499
17712787416589237797961170443306654990881949703719
92812185309204245501010187280970744329043394827028
86320072929682300716061300967267295626979183862541
92392746603900071210997349610532335584725675941583
35365038969578883612227716102099081807849942356230
92109652020074968190970233682046479621093852321055
87621508865676768483543211634698215738765508378320
37338143199007420263497842810116848957540102189754
50709832665427621469333908039904675311152024150248
32005665615806359792361819323007628827294668878379
07885397404896953393147003113132449309322770532613
00288505434290778900634031910022855993741995905453
41982948388657641910838216642991461141910541040721
71837577155061513515392771400877552001228409781872
58166270893127396454647725980889490463874441203383
40398470547482648434216601506040978703871976045332
96815945603974179277038661169175403060560427594749
27373175806087531129660798807172302188309181631035
54699678999676814113223840584872150451109777541309
27334808561399431389195645917913746129612274326490
28945058286960183976632667681848636729784429610824
57532735323785581012799169576075366163284457154796
77570022259203947901245647188595273323538013204986
70716155091587828895672746134396154959024810526757
89916395615629228002473414729092945654241442384279
75134894573060583395554662066270210014102767079458
43521164890881686243697965682341977082233313015802
82187684116710285191137349625550441565003220132187
80720836321567275832894119429300942017627734310749
32221630169690371102119681781459611298508035678247
17557225952337646404023992449941171332270648140922
08903934067741659079335822479617612719575790623216
07533348044259252472166376532812491737879135545453
18283886538707564763973408162444498793361431231856
96534013864422093057439128727633815813871255067371
22428830099858186321015635349402278310563117033107

67124990400513200129348970272130995215492391507859
04214026893130046098656152361405253039272543131409
78670372367159813508704144415568474093424285806826
69188705870133146463205081915056248476004435207080
75408782114949462115092792335641676736833501642284
27865293392832792845332151528920409430120008170861
85841075044157621681026060833568283697384319713651
08293621246800257976799115539990764840380499281718
03756534595183845950993400933926031105087975376413
35490529395708765991342899729770181614294760801328
37284371590590628796866400470614917846595143380897
97901747228882213053141514526750479695173436233472
61533030009304974265653945794747407885636678194708
75812034604862122119732683985031983988067512355607
21231422483976820693357970254541142678568828685762
18146166824675502952377526614089492621794102342151
63541177570269072944307695709089606441496588167174
21216683181149637091447791393408677917203636047183
37590738200996909450123084402978243198983074299124
74750965950540243211346298334415639386846663845113
04171688046800828350179909695445574285813277440301
40033636837871236116275322391852009315108695478540
40603851429675337051449228581682317546757859933248
97043319474811631365687622442092119616398478074939
90632550658610472649946278570911848293076400523023
95716940453022977484337534496934791042788046497550
91689284811027335593809440469348957848319661916191
56876786647442091767696146015961430071187637115981
84357094876341973991380856286178181951683356605131
97809453225854265525165340525641898360419180987756
47547009333545646386374588183707193089927774747776
51940071210016021292429042884377518855696937984137
46195948786640495288517970299440341709225712698364
34779234200044508972401956427768435740004691806885
78829638255568576955243348105923536963237766541213
61365941658964893601269083039121890796693463878269
94625689894323842694790019544917649079925967283332
01502040550563958228832298654215201273903857125511
58338946014788267961307059368446271407317663585074
87735153608785471059945081573750376872175758668974
76371420450858593475520371592894144903845551888247
78224888605676817948448850542482711765602041275625
10816987302947899169290417780732082029453912387288
50578047115027943406781972067987066773468991759685
70170964221498843862131723330140364840906229633661
39731205126785480197514010687614978678223829515530
14477543880094209195811190845593172841912844754245

93024043441560468496036522322070391819795473902374
79288943062875587989550434633272922942658198189938
49643390390174859190074549851943243774688971516350
61784044765817263836980897975093316068670902736290
67967365282770315463201164237555377992984746403323
27398535516109777781075212622968949860513517165602
41028710377241294082780755589199253507584971547702
14909146833655432231086547487771386228875760810079
27178589790259875918863519630604566663336319217407
94453033459277301240490432328916988631072549085903
95013066665927301170260376629810683291888015400774
00682229302138595764542356841724364975303391034247
59546679776970800273759435800647152486835066819946
20785001781035428128258352865340395212327966035363
24082231808982544771052047503704252226479722869915 9
14522430007083320007429597732272579503765299376768
72026591893146678879839618766508408972120716214708
05053296553068382337586478099701736217752518266225
94488975554791079002943280737776954120378881938575
33624535557555386215137215790485645195524782723839
04392255558608545983783242042248996058662215842368
88878281887503287720578409778708991012397962235928
13041542814620670946907294304427637357079519463824
06385353975389325145532040398658131876665067180128
55292092902813884649449913148962151109657353827367
11051946125607048321120628812596874969053325465166
09855153284705020721844897915130385996182707552535
08309417881533073713333483247287774790518106099400
65062184695791416090258633376537026950336325159012
40061077265518504085743720504028696419034506015434
14825874821359489668051697162204129218909013651942
66163349101517770935418782341159443425730184584604
79674977341123967367460769375849063542999397454530
07174309149674014521858837580790841009395282512399
39418878000980008529832501179715524696629805239359
42605334256683484171065964689960240675931818730076
07716569646002749184784539283759773956101054362297
22833079671242759581913381790783409621408277302609
45983024116813392425402102479082958427192272091231
04987777436008228204047939823835763173244317194831
56971330010828525340178091758465229417473591973493
72218733486503775663769454517348058412741929648062
37884746960032363296456071875008561994006290196361
81432769610791010248477449948177473036975189922813
55769357501446845470381796435604192748202966411484
26475538846160928431736673260951171414551466420877
59372116066400571318718319403782493035660264211455

54655096381561717598832630660635415029101213817574
07054603475894377765734334744331361457069549958552
06815968719207955264670235032289325886926552115837
40457176792697869830936584416052175398397969141646
92130528871247348215268404863354416036667164545205
72878920653903968965700988330392782283124639883225
93681848897300762029501913922174696391900812982244
75781030178407124137118133347420691538063731963420
37227001353128231561282092730787333606573188224330
35267753616851440128481421604692792800626149042372
64752955289806723868980112463526170892236094195142
98318505493877642205598397842354960683843080444630
91873898281103232617494249024592968705429095989327
71886727881814902205185942496497864372201915084587
25241513773308659016343738990369096183941846604804
76412857748573396024328884856159481653913099507843
26152761242743730419813219131097138233235365219625
65656841321009977934658671253098091631236945456552
40867099025795737378690735707957623330415204577601
51388345584741962374792667316394317081104616149280
63588389189301292776504366428922229524865961964742
50156393651304555422184136981155056022645692242688
44270921908249138797460468842621535222232159695297
20460035628448018051430923514649064831558147073373
90990940330635162847636452430703990228906910322690
63357760364860551940902782680315937808826592838678
85892833398144312107432421057444077972553048758075
43827180897381605829460510483029383863211204406323
79853101812009680047840131210419317231158801989412
89995094490518235202855017478454727620598636970700
96215053673678007104018661808141385962780769153033
08597359792227429779680644323689308438222161613445
02909244442413428682045989239144100586494855598206
02849227162477870269955897422814270143672583620201
91046924111432481136567823885316616782305910130295
77237394942182206285322925329662810562789429374661
50517532071023254039560695420249982143153977132554
32975868552527248013252592049623639186428240229505
65291717349820738772748645347449926663833468080472
84310211378092719503669398370888980792873532815339
84742606450074080844329450210486602352792585313312
96531322453687733089541670661483631106827794190105
28654438552547588213894308783875546974389267645496
62138072288425723934505208345421566445773935903272
31975817176591609149922300536477728381273341666225
33841472242629942411924622400978544729798291278440
39263998169698249831998810282024020189496060671263

65661007469397089206468940335704923809270107051053

50938561179427302169798825354162801527272038979683

51604236902381883598872104029201907105608751001679

03711110517939171375466236838325414471785938653029

70564626260948159605973111282072557182811133246076

10421774775964548391117971361887347487868253984586

68974921061770350321736670657082169855598660531527

27023642929621060332762951293492175214297488361749

89730538729795231771376516956560760094102572096526

41367228047189019484536577305232471845768564345313

34180912602575401390394116388610927763073561477104

29820371485588099882807701182076886043581805556974

28951349392085027036099852913656672420004093406815

62664800047750369267010067187565498302678403949779

02849840804112864904273731878732357492335157779266

54640587552701973317415255343693433358781774394766

76986534109034241828856004682442717355891956299625

07979082737456067765384902422624243413944410514766

83286260981169869629957329189480313093836578772030

54406356888087392173364316856301974958824077856564

69110058448506322174856027869870825449234350094624

28781142479255709287588160371333704989444793554135

78617677742593003501994878818935464570699898023884

28594340235293957359036387799554858018444355982316

90842488353550065678400248622885397790591902101008

32664391404237858347141539211252119664412719679850

01403777378161139546945562639343963722916983970344

31618022638018535077274790383583877603813757838647

01213631520655028504382092685471604804944672487705

11152956399198461966070480199092254387591936048994

17764243237878245127509762457528554900919496634300

56325042158247850394386565734703026506980027224965

38162275541258123830022466850559270192809527663208

05532391360748859854952576989950792761407664345764

64290971818152704084341168648751952915242506986869

72091219727276416639989480352938155720610365285429

98042279339909846309262878679188844745822818384915

41379025757617305573721909891733580870609521181391

39228370173304768818085099171090504440130249073627

22374529981247942216588118589638088129678928602717

35024790613642266669709655633060101790505226554257

50442591979884309629281030657817347163705682133316

95467538525704127557040755862586832496666639996077

17507142454243476380734993509255726525019287640864

92761849717304589762514871648859159895125537522822

29553578092755157717734942544940646365328643887343

34217530702797210788843935784080519477756982541739

32129280352819043283042266081152776150337280932222
16146272802255172759402589140495678040276685368356
00648375121195655603792908901749705688289249537680
00551170445147090402764770952661261789116435270849
47663336330375047626681813493831684698386036717861
80757090384099944166818885088571567337508594523816
05828850594971914115773519469163826632910009363196
93762626563399714388590830624050022106856248393754
51664538977952645501454384899174219683121931401372
99511841009750979419923746884095425013212364767075
32895687164905935102896844431703315138814848447542
91156551495493239860473470143099453095929657329964
06961790565718915571395922522237799661633492924092
69002121723513543080937580132161231377545123487290
33561460914816427581049952002360871359854964801275
96933372611487822048271416542861097287385314981069
73275369685591326889312465886397377860527964731457
74438703755129143836310148088010255497501850563438
37423264942884038079814325557800163924992969085284
58983639132925179370625401502266817359646575985941
63322441515757367266219230425695566601862213826190
88019258120372388154600776003859044903886176642120
01571276624408763052928397860029377083531090043918
65881200087431950741028998065659379888701230973100
69701795579926044738696361160786515983764865016794
32859334319628128655516084529190591426779204939904
11896788778786674303929975761676465546813424735632
58183134122662690037483369850318720011746032135725
11554875102276922014334441704147593650389209545499
76990021428049303569545892006008908812289808480549
76146423981241706535745430437630406316824995543589
76779787290679404769481126790951355743782017524164
67534613297580009812957790997270711903936380944971
39562962587268238358947185416563847329242758695098
42767377721923321752765396866061772823715965708211
30355810363815182791325694461193091588133531942734
06654288407415997081949240291838849762574831533937
52546673650828439655401138966301676390463017835475
36947865239365547983209434681476337898406578472456
14207599449897741287517449458145346573837899796025
59586269280739502699277569907760849202215589743467
39263779175303666438705307148525194702209570892828
63695049358558489320909558686670233457554319254514
42518128800784991514185003301380182835829191679510
15135063258915735687948767419183823306159137685922
34983322508319995527848625505908486745504695160242
05215252356676382666432062440113462461848355382319

19030789790489156492881675694951297606022618515957
50909144277224633135683572235099411255280916228242
40694113223256899532000390302021969682173861309879
69800721311638620390327297191995557705918946517770
93108673343597019086754637507774941816421366245871
22836257130969042522142409274144442862946764111157
33390260689928399591420734459182101298789382713047
50373833166795787273900628348817212343279316790078
01792778205762794247419639511777509457395274438958
63353347367966070550527012142544299479080491346447
35738109236893078603566236646115074415941923079912
26358053752635962493588388549945357860888234906479
01666245572094788231038700999172108651627001741277
64789314306360703172683961166817967359974052437218
01206234819404677351511011501357530393553613503983
87654046363031729240400443934542228866504375595216
79638559904741481073663576222693266433064224662251
36196475599479394475167428303938849538786086663136
56608760867401686825424385950930983900950824741461
15182797151479253878236323116039101597908370532676
13356530501089255973694782566935222898154208014466
20485501976532321021816166219530346571841288016502
64483177753037857572107572167270373519222403141487
05332812556025237909652855171060447447911806731970
71002068603349095233692899435173460169991071845070
49095286957774131794120530566393158259808009454159
45684740167337619934446441859524845857806791846718
26721457933027162864842332549702086814740691585705
24830142625134913013179318973838245254931717540343
51063059441518585179933228918463985687661286780829
82141129066850039256207747696005665324348516251485
42827048561423339710633961326931405248211840228020
87649328246007079295186711877074641645736456342222
61847181242843835488266056541755904987953693629595
66497254118371933569798469939982669708232831209910
93412559948081987322038686457497615007315013080359
40504067340560123257097874696291882994649670095532
29932888316237622770234460841617862958418100330595
17722906006608958130305831313955885880482762259625
17551839426498063120045127181001922219497057669748
84459659269299769162079726642341433969809608501454
52991168678452787722580150857428597643180504071622
54946512152689507976140983569243094174676545181719
56674720444984286032696803718410825938273355849743
86855805135952284552875963613860275898194531001707
60894427332474687242958911647821885362098458294683
03040751100830546676612131694944656386623369731490

53630487890788328740420726733833969258348281353332
46261196639727672957698744403654713600165916747714
23861819916453062722898155773566229226610897177977
15008346279464409360584315732063783476195170000165
81060210092878404435682065201945270285682643221760
71358160175222197346722332778027439894359711559780
38127627806526046703857508556025560810516667781838
26369162112027595476357509273561033756517976994657
79495961144911621311679160046072342568134822109174
70416102540842483992404235096219691263681209164349
03792669349222546351017403410154654375283162070610
53908212266935397141446701638713391957245620135139
20405091861473232182936195189123645492088239049722
48828791425729913397782224781865210133914143716010
77808100071612966209368046726337703019405918478585
96557308893645078579360008786286866338079763689028
07806198570100232244772514039330322119572056967186
42388023218633477611259943548649924474751661178360
31669526375416043600635663238710592793579217568711
99982281111089142464610154655356596212704209994403
19758735153439833319560989417309386547454651409993
89397693553922458643035887623157615625861587462872
81878133711235134587883785580421697764398525992789
04996242906538896215821222189788781162583829659073
63248496977987612007130681883372519003703774034872
25042973496099347660728486400016319929606695437071
42711831921409924423946958256654205419145120455361
42364884148160260537748661498641102837595162909996
22091232981921678339239642561390727753657077363937
25119822973696786924689151371652648697596513443576
71228268583753144012628041840462286935889735824637
37878484474816412107338167587759228223079154982210
80479590434831933876343307339949925194243372136321
19153658108725527549390349701179531056527436888894
40854746664727270780909808046997309405202816129582
44606562916550769680235614513978599953561449185685
79496089902281540993189622735210747582448567245261
95100482672561527017230093439430290688053019264553
53042977099978289188712729775673122508012156908989
21046206103032654195355883084346331184232432667935
02469894057473910493235573872862497868075144049873
81434351183852558258596508486197653483051655774653
54849251847062358463611289612310634756134878291962
08080290215418895671695470578412636065128050970044
86533945692126761074648902182601513600217640420759
34304251549604712165606382690726688106032814204741
22008886673494151799724644431487852302819566773009

24345252780354723713324981121114475271960517285263
90932400074100850410135349534043775070868269290958
96450567776975505181699765477424907498713768970805
42223103073699862144213444970480833388629036192462
09941700659527552349945608408883527711995125641178
87487755426906953789016658371705059760688177908491
16185702187460703920041121012738663425845845123645
93848810490498891712468573926962218064811341034779
99102853345043363529355994699910797483860730938322
24185655436504976494583857095754758924181079549377
64316896260734364589130152744656521145786141557709
92104933437132765485502078197577561301902631627312
43972242674146601694043536211266476206689557181471
49979122203905936045317129530955540122855108112121
02657296975654697231782827535893252633833111069657
65815561173594867954759424190295582012445750907537
33704603536226154971039544311293340778323908570180
90461357962884855271634026996506312919099426969596
62255894979756287212877571985424196734753015874634
70733050737845796145354542520644230878240841408078
46279673687388788958520447092790810107121198779872
78359242339335575561937132499795938760984147798982
13818265034322401306385745448854935897070486251427
87242965210065664978707015683883864539959036508017
11143641042662786967241419983265473341112848793309
34395808667890754340702026793784774345535265665129
29013433723462897801078201155221887239373120160937
09704068632553677092619190039894188411459261537011
66686589563673150522163304107798488677211494160046
62110658605248504107954794838142514049963682497073
96894144246667174873674631685170456357754242310515
05809864764641739106287459904737924888107274308142
62952489093198549576289832417190896199838410018154
66443780823753328402254416041489599319087300847247
28557488183769758189534793908801984580628942112361
13335463254004046653571731667323865207845030801661
95770809027132411891654620198070895546091872385437
26113874966299766658252314714818800323795003806670
11859894219599482184048922604588548768880233759401
42157915429528712356822719394165950006243911835934
26781640483541623849679242080877099637573387339727
13857005101721639010281400619964029555551092051482
37278889395862250635820057623558604606700333545148
88308803206990796123184492379733390033115058829483
80206876710240916485958888394432465634466757463358
49532241416518803282548820899182410294068318220651
17122105635810950805267608243003755064833828150365

83507743940163080243748097984829566487277021341700
55891139662180093523043539548882559026670900065711
88533595233013070087619042828655767907621690733940
85607061588936193013487802595249967031591436244219
97785198300437984441454865516590828204141139376731
81040877195965789360890060092985718784824543162180
24538611683785858623451078284918216914586433097247
67711314959030827346185247892215957636176194158034
13031319184160775944101215743941774531300010795056
44225251093067375232236885432427912135305575926210
03112211862038297502753817842541731173375517119681
65240928436766301402843312361032923452318918370223
03444549741418863973986508372860686169436251316559
80642940415960955828152794744894079600670401560663
54233056608882241092462255818735880428279346966420
62741124597521522027613182620967360927370341863068
04296209480151901121564632335461994960497408344435
45314211500672682516687795066725418216964868333082
33724458549241292167319098180229151717027639539076
59608450159458745976073782236371820491172490303721
72847521476818938282858524186640140709140991778837
13956921617076979010060192305266297842195100992184
01232206291400604821781949015619479026466313128750
29083244483715546624849403861524853532736635483810
24000726950375367248133315649581319529832958248945
69947015409838635883751052744503875423741635053454
84390591298010160337024065091419654406408930992874
56350361224915848602375132873373130617776438334911
41679742795635358264326565093438974387697125404890
99543976103094470122301704959677916134546024092072
14946497104487480382550964755792337840850157046965
40926099375292975065756324454786401781820868997603
55012046052898752372284096564154010430487466276071
99592900351813908226465627800691749938188975755041
24552628118769537357505250127280159222927782677371
94613719216516400180711103260665465764572568399041
11265510326989847762004945257320763366118794668546
80756555778816168336505980479975289388593446218272
74827697573534811670385110008812060026845121931613
49872922797354351452516206626446755043513009958875
99865911443487330276057832738606108196032567833536
25213985372146327137143733668525942897840927984778
78664746644957883589668082045147767271907031262880
77107717808759446592879491058281275131784511939021
92043621739992710417481747355300551496807137461376
68261024582297889026864070620871691840805906684021
07117975507316360971232104299798331921659946411876

73904738358239727102066913868675822234076837140251
28786024336013754569561210121118668569527576098387
62420131806009730015109487704186475014603471909560
01644591325816011088700342409510860065966824661861
37003404540305650156032108961119564327940113323206
24412968527189733900293043875268264132523728118187
34183772668317079822366819849255173111404842922636
00497298366464717470320358925111903145526378203697
48273764447465796347034362774521095560749209997068
59663108318811970526754076084185209907452641268309
01434767342985506555550495836710687190384924438850
17162418959241597064389551791976124801051183266210
83951809191931686471500762285491546332100294923138
43480405709777013982744519348392219713060823701654
63372568013935034810121226605114976878294628586232
06434741211262663352782157747324524831241354286604
41401919056371445619336167340996637827149600978057
68754169534454405994793961814891494772883934449386
23785445710715026668290496140379849969979904177314
53498520525154680296797462648196687022861642312147
76292412429658312763661501321599568755630321383495
78504195023669392820440838149111506865684280960304
48529697382538002417267698709458055882387667508804
69991238113646498178032327138862753999814306474612
40477541717786963338613965617885964831756351902365
38942860987981324310596410750202204906039359870915
95477942138098641791325093915143022918235919452911
50294344931341236215198182158312032029486003940276
69012663220706625706516546005274752240101992387346
90299750611631661928185097677922609310051354456493
61164596566028491128455262247857268747061159462603
27304926038731909842727022302279363717567119268583
64718578151551335203402009425573257024135674979298
32606616892374772379092315644836993982219062239598
35129277487404921884865148618006764683647476634904
35468522704418150329473466880598025997045147190867
26975420909271463724793987242908001465960306126644
16602228604050721331815082946098885070980566227981
54998927924314053239903486173808021493341026331550
51103722338875148162043988162961449937118414730654
39725635803732060537419376715721551625202628791243
47517695662745040518338716088598437046467204976925
71862630681746111178965071273389413431264004219002
28426884632219249602699285376809615893194890230425
83390128608529021358552535228729369277257311248398
05870962208930684664626363416474317898670004740615
66857637857107584274947429648579667625487697959410

69449268116576569257910637391280917433293427660082
34744512264681724479134541128328974457551465078695
65899052824665349909387151111696795153643282615119
82789866889710931016959104178450248828735231923844
86242263629734975768439282263112020004713218720170
17837109757566855371393824758533811898056805524561
75892532901241044606138626252972014495518845924861
07615753201952379210693182246551772858642266047786
93839844215191391884947712040124803222614617113859
47975656859117457472444182755643667550318617371053
12840615915488212497193717302126743920082041117549
85468363984135677460883816733867417100470330451223
72699632967533503556837425593278850528484397099534
15176590329384028506921996426091089906842903712845
29345494907934984037039501594365634463139951298245
81333531389648303954685377742386758238799595073127
91666339121357622930082381374995088042414367706341
18679457902022252519770235995448842923046328754923
49672208730074226185326239441584686508261531865605
77857699729253351807440463828973043612131248741664
95577320583031985264922840033821229619829400035721
88960922276076892173732137561281714012789476808601
84617347613358304779955557011084658991846526471602
90624326823097213791999950260020076779284281280102
18904655036864494068516374694740097967052287174665
33465347668328529930583917529192568422946133303350
29926614749035530997059294430175663343834322304415
43437034764664049273950265810912648824151780638495
58473212925984863914337804053563760280606861278168
88921524835645436191658459051120653701944847924254
62055879015583333543255865910183915327556343253047
91374070246658885855173264155785108271162140919115
02018761617581702513117007944140863486314831905529
61554113186777476030955399998608079384374976227303
70371697491622920021830001353391812999182960402359
29481622403757349964789815652622682469224661822660
03346563155444069190919446133592294764761753098401
44569649498541787417212313607795570046231575740701
64761282734096389797697740198761601941576015291091
09253122761838347867951852419370607979165590705751
51805129542831018535917318636529202913084205780739
26757411563134564106004814859065977727755892339730
47601761186109466683938317051367676598060864546532
75384417193324821035003461438700642574999821742521
82121892042469834596946017145410809671735478479028
96490057093695658507360279962669616846431118237198
19499540175555079372487801969337650451347412370232

78581717052728754067680867786573319191806541465070
23469304107602604380764983984187762433538838135818
31396332297830451927354200012443477014391410202805
83513761524868346540092241485555890737202921946094
96783093804725225427153971564461393207175620510574
79473825563034044998409055189312252581517064469135
99454941078976605283937995021912602612047720514588
36877277420393934927466174231696612724488814202863
91420227812419353329742169450946795452067395697738
28062800915341955720929620870217816235957315398580
49405991309645978436746168803327624713133218716363
94671809366747344033575552621977254844202499963393
17486166811685800241610193571815876391393715915310
76342504338406774911006239888597954611355539755839
65305392425113385151972957150725671949315914454388
67480941270092974257722117019767807775541153146444
15888813546404610034367546339543813657379417552022
98370463378124045276311595878742915414204162066248
91261623850077703928634847262333435064417462265548
88964328960847169212331084463333505337147173330331
90172115307748181597531874032065206546663038340247
24044364192958515662077201957319351948859162981533
00551052799525400109233465679859706454051429106571
05043026284793759359388054120084681207165725958968
27794362993111922904628749893381516161241807541838
87659727170003193889665336565273596570472983705556
51002680279238516795033652066530917843546800532221
18117845683243680044326659025462859459910385475796
52091234389503251059583028451450194530989232771984
89280787845546749643627564616966261836486662036715
57849813839868252876195638573608520419332025764108
65853082078346093735426744174587917981650977606748
03423587943788166111998959566679446483821547715844
52235751309630861325983230445664681920972502934490
35786589888840520552887864065938982709410986621527
37161752449269126472228562674431790670660513250331
45720678344046379514260173334959206264618127328737
79400130153571573662376126852832110391120166194811
55877955040394086512236041949757935718979740811556
37346720742742415773774044410912384855584519673648
35048886830993138982344212485495620233919819006035
48985180440671358033140872413265815580856335529235
65055624340622173863587100591091666902011060085192
10620615217298898708361337945882584198929728135937
84638640814620973215748876458545452905648569347625
40928991066919225602464254529100149820094514753886
90585078215749901642383258266123330308423601713313

3019740264365928105169746006112974134995436114150
78901552316163627582116073452193855111272300896003
39937108736340084744585828116929172840147159292712
71973822535539639876459247383693261128037429940138
75808176175069360473808825916076549966028549415839
79429130441789374134981285129943317567582440767341
76951024244331173208054198122503155476482578701650
86576670230978527121343260960828280847222735516127
98021794324863898906029251915448088529449249132385
75321489641284456505833651534398394353706322369086
81847489163408293026856719785796604160121522883409
86449503006136379847527887901953417743484446727480
04363482761808233991610087405112235165967744517830
81921670275125143549469966872668737082784919199168
20259037114776598260684642971682887151964827056579
37945663048499534258282710020287457514253134878869
88808012391825275474862935920257975002818219751009
94629178378511034667160915765076894240576434882324
54106255171455768523557408154552326601776743209479
01564520546687532565105251479763201112266026752483
32139550899312683263493013685192428403094260238790
53232047876793848815781799120758839989511824201625
49243993752925029268338089129651247232814990269823
02378886144353189879921507200178726947659321610518
52405076863648912351751671937073774216243588562940
62359477043120052660625697625096842178121148882988
00266160440592223293316241761229087433790222878045
61701357723750619521603426862806290537864968871393
38571256241696407932447583136988591827299927578294
92957513048250436660285323714020549644733807382457
75558257092700759153582136224878739519806447536509
22833873219737894509894881222431666501069873961667
29899209644205968175696192318398661917934084742578
68154615941458938640602296132950038120038389767450
20863385578266798810656903699908156782778516378293
45993619433669806529792215221536662888399402680386
21838784138954997920072289371169507757061724002344
87289868380888946932582186337823435691207402895687
18856687096061273862193498732632240960659606991760
20054536038165896602143871771287553098370990207133
08471230391797557448381005068328095118932927219123
16549409066402145683598744632162655757397928373087
02860612939772368385814919939258415742549146335154
82041412850525611641438473862157948502590959169401
67019222271520515924463847867368440341019760225485
05859620374520210340195867216081712701926460704607
95992871312107480351188250682335304496981265520956

70808845419410225351991313683529115972228197796519
17510914125749066752719879928439903727410645886716
98118350910120568349817677310095484699100664217037
51012964027952668079262013464908265708373127308877
03498538168830180415910735087802789781444525165407
70812748847379655033182989360261051517090092011022
20710016694799486064988416099255778210332925422202
38243161693794552445077116612781957202899490592371
78763071379162077328051900435950630278372052428607
16863197568319944953596546175823793319549221835571
40638217262170118990624363016468349879943067324897
48402990062675636866393449866870295746329559276358
22741739047673664683270987254008256582740793730134
21250157872246935933602320278802133447547116925472
44278823478857202047848109668249573259465069381839
32899440856293295484523469547324707209576815500031
36286818305873597665524456292333709800392024465397
08198088097516775900082945233933825387379751663668
48481990619171892305302932752820522887389977798577
57464433066738428466834238197778223941515224363898
74249517010656678530267666437085462406145075109823
82650823292192311694659360552162437012743002394924
60008464419137134537390881710543297199625921785958
36890022753546934419927056354499446464846356921147
39545423420930350956191259629427603323140283815641
95812399216843570592611552186436729390811404988429
95401350304582616685615119192470424806777874883871
31898718967382619247397490892216965648998157671704
28901744966620596800868199091956648398712799600060
66009833665085013172670506678073810536253324043615
61098011084767554948774942365851637194652793284979
90577018451049091701533568613632443894879659034367
59034956002166426558152444392827872271735945948307
89387202484734203222900521336068460531292940974975
98893201349050155466399788069991700873715889175956
77689472706181150301964728913257678481619091938845
97730528881739137963419101391228288186895766691581
75066401906642575911857638875482934362992117191271
05497738537301557783810188444186065783059241045272
43196692276439468819023029366036893929143527900678
34549205228896117886051875408310491808917759260962
57118288327086436346727818162747255714850253575093
56019445337057042972793165183243697073638748560927
28216957075593521798282931763040398854389505725017
94655341196643840611832817122580580931386536690163
23415504235539488039771007125070410567877416202585
99084007176820989414486746229922762892025508580816

21731508389755388405349427919056734487660483097079
10866592252931017597478538255714719464529629087845
19565174095947894396337685688784133633407353907274
37663722052802244591605345737540661837169580524217
18003218602285837532259788835018804231788756894023
19751974374446133525974578974005546624424324975934
40495376268236401505734726953980110100256582513119
57538915849382125129679967725362127646076391067226
91844111059166671823174812066194772280535025793861
89871073293114319621955835900757325454926544053448
58762379970486963982129062304652602371545697463982
18504024061606472122473862853691454227582815893032
57867192003815231307030123145001620383558559708463
62887285686618295880381514125979242712228006580721
75375995609753028168132431908826758112139786458977
99156707712334130061405072073787477542271334777231
87913877806041160283389280732294629861094389948042
68776309041382820082493276437844569466685596913509
72809296560296837842483190637664897589402297476523
37370707590295732296764107444779028542205710833186
41606283483284039376713381480941530810038363462098
67409231416257725926016424131076838385360967743938
96453881219871847087835760284657585006626430131835
63775983439423256319567388921786474251153914648306
10561761852266148498621173529930039419626797835115
43247197921009990235995010185045226336213662954175
87904115529116300595092988709372051119953209519197
61191111785656856314582374252733634874426217894373
42555944388272109955258344048078153363012318172504
76112098586213911950381276857684222706022880857922
80227899270135450268982898128670846948085869077368
73104882413520925337799281517828072247304329560570
66223456189965692940799043010318005588385154956003
71015362883393296308388611837572513442929623743625
69028623990818089667478407215416482153646698525111
83560937695388382477926820540355622931033982346172
17749928761143107112618698176716510102132817484322
68604928999621374426489178747080052177899145979368
32576908254470499557365460738332954455037605455616
93846299352695559825481436952274513515963501284438
16576238782190283447784194348491675433220898865725
10721638012574559205006261383235333100174635632696
78829979522312213359229559877714784256215281966009
58248039796074188068648146222184673502384649962094
82900237216747151301761618348664856900958044527129
24136107744855016454016588210094695318516709496532
02836855634394275525867623093990262646880252100234

8398810810313959156722167521036403116827698020447O
84682751021600765291285961812328923919989837615465
40152884764023895640080091117077716866325847151888
65213418100963097892468142777674442490984819462072
09911860617837882725606027748920250775654960922415
37218489819139994930435616869362159642917710952569
50970699006323100610856485554482317681694918920335
38259383979779552017806002615045384660223480584280
66808005409727242488709889918140301721083740851971
68446555068686682595762131761853474144377640981168
97462020371211318615031805348163709928051005793939
58183960538157279905317356462047256467564657337523
24960442866627542283341194771011586148225132905747
23369645459350778630281397035026933558672025420653
20191136456842785222711304993084740155083205534502
20711151829250378245841515954238572909205590931555
27093715730436507139197066270720836605065359257807
53879966242782962602719086367858420342617942729278
38720742270392586478996988852017285437329638914179
85649549871231317421078111745847834714810113022006
69188117139063322377463914427871350133910136146547
58235473132163877978594229259092873266039806170514
51051893526138463564900758234863291520258655103110
34138140491015735161788607576439646188341017565444
14874774396958712593182068392921811680883559712722
65371195267463913547288909010252777742990668168005
31987062324755696316479419943187728998958907371744
79138221069168303144302108832718736937223637159824
85112777376585439522066498763027698123461345369762
10473975484439806649685515001824287241396293002078
42390407701717530874006211038869812751613311076710
42265609534206562796480309195917122225686050866069
74919587195285117201863014572231112559580580300595
90451780162091560033927158135619396152450582940942
38306752231048760275683319313953706159405690082546
71634076885187380620283937649414169522478976448274
15924393890738587033683110647482959165636319407597
87977389368568253656567981194055582946890756209748
63970515862806160495538019929879010726988526406869
48961003323272842034061884542128979432188689707273
82736277850137270114963870884664078607942655552555
48566482536726238855301957008990944181411968192782
25214743673023757726479063021362700929435193537520
24482465044502817747353031305587840428905295653616
69557574603044684002013025834728578786034796429662
28563383909385040595996338205201313459775949549591
52824913675826557737086309853431031656991864774935

23558769856167640256943679496508265951649361856390
67761340863449496109230852815957594732446929978437
87506957796523406627034893439922003933142022159640
47530798772485471928990319033113606753874099262658
76145829524546296274478253060713708610093256561091
06290159370323457846510942541565848633675971714103
68246906821364595022593823586898034205214584241562
10977125941988605174184609810521802330913491593055
32364021180135399382739076096018812708570022161499
42023522853011978515148254092669518565676534104044
45485488177660629153334239355883040977080382629431
89443850770239040847501710409323686830979044978493
23892155985002143587007713428715847006930247167663
12285302839112029615848332287621873127025440275098
86977752418671972580398456783452867233726268194259
13768922373279869636995719475082805749299080160929
63856488757743668130599330030106516567168643311600
38178433180947698249242660826392564722108563028212
28584359129114203603272060182523237946293109254102
51245417005166491749697850176586800128632544573787
25293267127745162433436012734039785930222159961775
17361486667939676563322195149342983767903749308251
70161852849338344242504183230302641005578188318544
28936408740320396600889234387100234092685238849673
22844566873657042343156698938113117085498055633424
11090390294020698788366865009641636917052815658583
56477475504883191164843064598996632703398001097062
71431548717437048112170062091860841624596321962758
18916875947150823636892761717485163145845180705435
63797072327895745053875844710075645587473724567162
60758755826316241638301758948123727346583284264334
98421199067903327699506187886673063449032827837648
59091686806539844039317138256966595923657348223568
76095046002069573673695394353734489287894541429944
92422965419920687071717990820275112322883020637409
33243082840768023659962230745072395482913251001462
31522838566996364648161993061080350119340985512877
30815954501549790983261007000843516322091409713166
83905093077706782579384891592132099286598075166477
62740421022870695803169101976906658492941163014490
41755241528407985584192045942224722408579545248996
61499631295674599317874497834135019747600248558309
35569788153697313632144525114082928418128045024919
92959845617297886498365296717374065350275757846534
18707842130980573575850987089232183386027668096878
67445876739370425061052945593448000033794844118691
03438489819927217800456984088256180027740246971556

9634535370581771324966543170795487952577664211206 8
5694340740736941652110453017077751449502966420150 8
5673418561330879369079908598888195417742618803144 1
4174869352930128628687697963497164412421773800196 9
0974862799608946093642530679104174593571283190402 9
8311315505930386112061927540034742996012976984567 2
8568007574786825685265588805504465028247234062122 6
7230987650952467955511675760755189736710818664873 3
9135554730387177148259924982090655636246368887442 8
1635475973802009270337279723575620585201948873117 5
7364152085688799839625539506720457656370866786849 6
1673992899051663954734806468841632161269623214043 0
0430349787937658955255912612733494431374931875585 1
5220350488771542061283232155425010369584201177706 0
5811310857406721768844739241215189067429767995284 3
4604620851042298929559015388617177785962596590245 3
7479964480573754259033955717369017939751600199875 8
3699094035346020060061145708129727286492441555885 9
7502427490101997527856958345334494325002578020434 4
4408682890750774396173670553837615787863853870009 5
3573335902594668119751237389838726653687955430018 4
1504480720527649445702579946868034994929416867471 0
4745236313650471152698278105520599626500224544073 4
2871399194980253833385058853936499417336369643189 9
8036953211463174617170203880708663490647863404224 5
8469135590424245140281425972094336803940426469576 2
2035197605253746691968646840574852273222141126346 8
2007326809912835968043371248986512484713338659995 8
1557036241284311923713805206985546305223962860016 9
3260924761875232125700995941645450175979130483158 5
2269009244055311865815319784593140513549679750197 1
5913056364079678742743886974318121596332024245369 5
0908108540107486745322336694887417447584560189776 3
9584490217493459710477031541979472175590310489551 5
0713033750922642894743661501146171128540489836287 8
2321775540335581513089008600231119089283171979461 5
2733963981475579561048165472182282092824126224408 6
6173161182953146270119621366199594108793583564320 9
3296418935628950752183416094956286605476082023394 3
9036938294410706907378421593711008435508099349512 5
8480556142602794888117357782314109215630977556334 3
5689280906240147043040680967454142850010531291101 4
4071931810600556195293759944098161264543744367739 7
8928455823616806573056868188932905552483777388697 8
8338482126900338552557729632948503625724161794560 6
8806250567439834358406885865279847132056820332680 1
5840118612253710729945929721983140398249546430136 4

14120937944647846329673080412403157916714681071721
54657975950843790654639268944164367020267173333214
28687279300067525680895947246054007739214366237747
03669370647989280683436306662357354918836306740896
90534541962549218595948296352991442506812421957849
39762493626997668432011717830947897645342821592110
54419253956738906802587429523470246253627205862445
29916142578749920154783492516043423853492438434103
03807273770776570147437343580798451121498902138772
61130749312518484971289917459095003932190625680772
39325454554691767350021142782515915371392247521510
26195751812555899192237756055625186257778715204024
23564300801544064737868647177454853375685133039577
30505542984102745208488245638018117432441150886669
41720292251387140525933292189039302348495217837323
53344653262693777473250410920550827627013601076268
80573492834106150143211791258410932812267491152949
69194414057983354038200794920527262073123858332785
88756477905672110416544166147076128836100062438413
05310501400810107987555773152250424635872420813465
17078196813266473052652668700975390102354840054319
10303058505073284856662189230736101609798730109604
57878627259697182149777459319121724208552038322309
77437336272600910791708541590654006954047576946452
69352738958908946566093553216942712942611401893368
17558212336609288093686836108412959313689766825463
41618079733799311434919945061976741403836739591043
32508378960976546321634429684475047180877538796601
15946910584698569346315467151967310540189434725327
35101233055566492446253089798552598896344445382941
44883825709671236053389198293136490349913321228421
96608736575713694328636338387496569415447710706138
03436739395432994554889460443286211704228102975764
90108461303625809885204445652889253865618355437466
90507579482110698111609436227278171946884422390136
43555822522433014093711548401136621388410824798090
05429724928690877078639433835697580891344855483753
76777196589593658751543275029493401163628628419330
60481710939239987919008842034872943437214946123970
17034303370791698316245766050613624590549183588052
45203073129842425880187096078491816358337632141776
55264846608626744947775131163374609853261567716821
60131478190445605770892030801852154088126888224610
85420684333127975848092195444438896671131444617893
14741293665128198790259329194565273687344836398893
38998436121168068986579756748851654888633769003537
52919877576930810573551739514437952727038004470490

07285730925262631673099074000684904599758787132093
53348147998072978030685925274921540325080620629679
36802909636571196554547498326575576094672472292408
92061371056217009793399279320665670945892120839049
84604758648011445523278136028145344579543873365991
85402955060100187896258232064467145096398089199675
66146598237014128736646880385940326652224087508860
52884106719799914085448700729302201722026030478638
07108861726314153139237489947781917810407754525553
69360545903637816192863942002266964803975868226345
37581285355079620606463620227634100156253911994632
57867883608702524372526283033010210448943262262753
22073667652910916281998887191616786697698617210689
50090236405929175721859458476306892124704365027536
32835065004334618318970305082839153585060525172234
42293318962943725776163152226873950058135915637995
00907045720072609689883738753698242621863149512139
88357167356388063005629032547514519966181726778207
89627279916563774802991022509472440941980146869018
86252851004233665906643076501671002367873518980417
50864760380556088271198478863911696605712575811161
43322031623986195399608106448911512990383218924496
71151819857985027704469785184162807329531875221707
37542780783674506060843688776930498302304143646891
39837008269396406069456288164169529166544373908475
72819696146411957158066368813124848782960051923653
81669691441316437821280803774582231914250665372731
86601585557631000545881914608634151201340660568618
30539910928422209722277276664200709987582315907629
43912951563496720838098972472304203873278350860147
41160482852042007439596077939676657454574157343814
37629295610953115848209200019968349222746222332034
92297879772093259373458931853036322002185233292266
04326327773869929525440037460654804476294982724042
29146560052904598661490530533034118423277471347528
76324177468600510351968025950489335416177387650238
93191084066521380466746652964357719605228927287905
82333626717180104787074150978653274415552281550979
01531432569914109132995250276991641218479890353417
34180288807859437047470037468716698072913698781051
91348231743199718175697324716934112404219323832375
81583407505032512102423272159997622559536081716396
59554592152006263493832779387174509876695534287878
97746644363855170650265044857714758789516639052612
61876717387540459387759244936972468702219846805151
91826034341463515337517354398346584036650078008251
33761958111253960595894171880472178746360466850775

59560876646149799759072572546693095018122660597563
38320451208463864464994775567471104882581862451811
48216024173113511553376394180161986082932584828502
97215641249354354937014722183714909313527465161404
22988403472587358480471003049710367861996903966400
31890270141021874714397393047966712714696745248582
19615904435885750474711610835582761860115988679925
23277670077913488062706784305823037684432240837285
57775850821627326777552157538549313918894433113709
71879765493099063043708381210797273160414688741044
27329403072777436378288442397759487234629173289643
23648950423030339525477232852922518209786329412792
27761069976483964461549803039103687476367007442072
01348680420978344656707808500851248926091270815723
78968179538971471665316354179274132493745551049067
70883053829104660986180133549273647157882317517022
95292557476729438071843235282789387873058507172169
87840870936084891275829673184503523300910082450089
46000168372896985534781567708986066370243799181871
27137483594244296364320947275727110418044334601305
10702217782472919884095444291559247296793147664168
64679909456377046036998870079612857346705087176357
99267264190775864829795801509614971798643932311870
59023097451683435712523358744257165025130783843967
81248954102878996867215558351818219767292372675088
27191325928904570539216996231573413598101626063438
41974111595598712194855707915404099126084315344947
29361825971466635209403043017943612630797077809538
77079498286453666763263533422068945343030626974857
29601880846564902097499552566734013380282307886298
06818705205412520401199904304289199124015463064896
07552348001929454875288055706505545235487917895598
74402509130074164191809399729468221035701898118676
72154904495028446259968376782516887270792953349935
51398511723804911695566612441880493518211954231454
57932954973290115497632797004257252928851676055670
69578881891666892649627826606842817888551356822010
59864864426897310404206420388620214159313343356506
07977648372861174785410131819538820963263739781867
50156702010351613827622355499078167081762580063265
19090723097311326126453948061274615763974697290381
99157580630745875385173348334686076088964622701214
04016579559790815513643179269714327811600039509295
30530156640538544014468195674168914395005060129899
53252062425640256999735405633568511706263129378820
96557630557832675616162922170394518589959392779546
33373520501688984643648882073146139928560157646190

60882700521838829449052835018564065043364175350139
34985705100635004423277553280516632501555360016855
86063216180167882288985927773980708234430121876498
29882195076487937452732497757164679437682597865380
77709093158268698932185675410221811370662891505071
91692405571751537297985467954771694404608728583402
00716825587850350258068980279430946184672580186255
71769991436669256776624788825636710239050892975798
24895222709418467443414664411911976248630886752269
17379560846434163676355883085129548653711250744903
73228827199257271519966000216669389560503827951906
62337107102964526112535482018081623405931612383383
27872154509090544271980320064422532360012498934484
36367593719142322778515962657684525307584855373583
08416515247778499835560996791452905537128993380417
35803322331380434826019161910280534759866238541512
03895606113270055649668928131675551297996763366535
54047090793988866895306857810173302660568853689560
21180772162258921919924311730489252249712553122821
17588225282650923582291225204138370082863879599408
75331422920255378831925901788817597894307727113160
48915678508678373881223628875585526611865733674460
22611736332880225562068614958467226605377935752555
83609340989163829636599800730784500136994588212051
97427166295188936366178872451938798839149850746367
01161462355909180891464878247698323775978709634559
31545706800552820706294643107638481718364124284488
32224163453064177764928060031678970019137344145995
29081813008273571202445417814606123726714401875382
25274535151552424500790797536879918711567102845303
18732656311281918735814205042307746297225403696352
33574830656204856108640934273833183346343273512715
92642393900491279730288837834637442360464419658158
43840531910829032323939150063705253777010659429219
07663931808108787655759690707840731732397323550634
41358556746002928122819448262638691858136721604139
54633187907256169308154099694376002147684823666895
95833864458433913973419577395445894737996499396501
97318018758215438818580492440153865707188767878906
05894343970572439680676623307775021542477708237790
44126904120760661717514583290656812401908880652059
21445972236876022617302455546374056207480813993774
67009412522215327344884170636815244358256118696626
13638340292866449700660379967501793763167639180694
37678433862149089623561820105640614012377885098835
66708473114371688891394268479485387646650984117195
43370289215848350725860197651524604154356067627464

11781037958055110585275094244729655712945889544502
04682256720106209862067718216674868855967781333673
04894138883039656612191893305871404778455132876728
03014322099270529021061771392127737590526124680357
83233612231672451314301832827898769529904655069884
85033434839833599227416481068335963179705040480171
63575811696110898875265050394554508189045782033398
88055273361740589066076256788760234489965581821950
71306798279843747014713056703678040027908882626096
87517984330621616836497577339489618134418824168865
02289967808162797562569227498087402088768810359436
92992039572656130506812883876144119591862400223644
52480039479994244058253172682465135209489596658726
93663488401509928375984646475342403056155906510544
91691242186078781176800389930760906904835067279512
14030034045948829208453567271632950120071121468376
54494140706925962143328567874574683801853930454624
31369855987326420707337362095268253300224659565421
10218831635555322102232583541986992666491353192963
18782349014915870014774992191089465012801726186584
24119957747844638088817923589672365496158227535354
99698413029394932056796213757769896654209615618393
57548510610187366314026732506199565814384095884354
59271042752474485532015362900288790273637151170976
11575104474448575002325858148560788985128350955612
21244135323878162333181656119292576209991851687924
28624230801705860076558534645099212221386291932006
29166710405344413253099405031484201600328999231910
32840172480360326411739587737364393158054756344611
66744219590534169466563680049974608917632616393699
72680056711919008111646000296009990629766649508010
85080051586703858197181305523173246301735287693034
97898533046076126706915198052104187921693861999113
13682841025843874830863102275566524082814123688895
19506244729375224036690315921818643234026919293237
68871517708076749523898992149245741762991858043348
62960608936311062581001413806306012314943627930687
33268768771474454961182419660371730117322672115488
94144715807643463644764575907033408588793793885511
75194674235340453941225240645707121446590466567348
09242615388417502636499676403979640395064536033058
46710659160869493642767063841875250763968961560317
31192926863383238674463351811330830743913035433722
79071410307952822716588411034443485788218090802820
82955442812200380195266021863595246105666063149576
12702515823033352249470789046610507885186132600708
70531252100924188140333110980343254472187535643394

3220404659540269285044885564614251052654795847216 6
3057299456357882715607728021482175044787001124779 3
6570705673098921138721930592905808649783986319434 6
6325792242834020275207962010766746046940717056095 3
5133339937607492713011765060222240784478082149383 9
6398812005477893800566578035990431148710163727703 5
2144947284480659802102462962863743293337500534210 9
8402485860977159460346265070892757684803201836190 5
4988522892809537682131515043558251720372860169596 0
9587642513950138220984049612226242281734043402808 9
3997262257739330366102986819922133775791637356034 5
3780755018132559615693550103283299423849974751524 3
3810011519501213178050138796465628491543324891943 3
7183269470192681676759606159187889763652603208651 2
6585226424524119959018981878845082876944376766318 4
9223848799241374007672294068073105280395354023660 3
5209984205504305921203882755655930480839116597306 2
4501772525278790798854685084258555173838383385199 4
3442889159122536441186696441712424001358879607219 1
0613494230833029789663443088271107467000523629974 3
2610231802714226622261875057254396907738147426352 2
1552448324008043756966990710294726405178030151618 9
1026800926358769818418013034526647105519950731606 4
3267550404874531772816479749849316816351888113254 6
1499640318314012084999975450565440566511483583871 7
4381071044446819957363462868930027137176430696041 4
7832273275678903050809576914347830867035401616202 8
1849114412320084399928213181848433228813425512488 8
6686544852708423042840098831385549010037940264844 7
6236363753646511055008102940660991524814792631730 8
7744064207095391999167556393167624758908322427072 9
4829544328151229529031647506098107151709493216616 8
1302220084899907335192848409001433236988693791759 9
7792387280564485863635604716964436602044525970486 8
2215144197815912322747578772163986575276098408998 8
9373777508937404065845611540453448898263567944962 8
6422470716132658749959558344008024494005256475311 2
7582945824555238339938861602167095409039509622984 3
6975360579443816778281566351717190156086785010229 7
1066937877214909889193684543867259730079749381103 4
2945358118921302910485720499673562211673336635007 6
4326274058829544861575696143204789633059172525002 9
6559546804876536262815497576765802778755902367873 4
8162504245315702741835390649972371430862395364283 3
3798525880936563580878758721141673582000237858579 1
7146541612112026034272557384221551801587463057767 7
9395293678912532977700508226250081937416451141684 7

37365725226777890874579968237345277327360629946429
24169967155086229280608031678771501902041616630204
93507588377690661867461629647016770563441830896762
66188744032970517788145243401251222679410412177617
21828885081597216420838479333398295669940349593790
72820339780087960497013780702940145706183227529603
48530283719222610059395644991241509277875461366823
14612894699816725882471189854476146641359747240400
11672646403383299904015026352712185799138187518382
15422530479921538890284616537929472363796333479312
70846642722737043541076853791213190343311924506345
20767333438091681290392671092987571771480282227330
70858590225913929052589740024375710216995532657613
33518518766386027619970039805239305274289337090169
10236752074517701696404723753863828765431904302903
57981930446828632045430189142160750516996685123364
45188313943158140465206850355976752840620968648400
14632988026383254956272132582757344853558300022255
13318596228864977249448196664152819040702879710950
56777558383647075089292801299214655089846527007269
65716889740132432879571982172311902810990922494210
69115194270447735875202660217787299739380432917832
16346721288728433697903169348592455772175986332169
22910131299649345656945683126728480958429250935515
61535868203373672201361285171957991790678887948977
87415579507858280400519879514379310240973513754244
52291066587300786546251418820808073071926898391350
49253775437442026570165148549039037849153357835239
19509184229410079581794626130462168818441217468062
20722871046251493876491783338925853594154399135800
58590242985408557250448942910311306684106105252152
94364058942822561951509029885349670118520896464332
04187932153336684750090937947458624405009441979525
93058084705730441714228077856570371279475809345629
08770479883469716932355169605915512903946546491946
97695658010447721221152971788542420630144935999036
47048816869639454598739566495684468008279740648593
97628886154206344959520477876479602222481404518711
22057621282895120964242624397691077791875989150916
96748849690140417814624882189920472153978970100410
04451916374635484937776724048963056176085749019066
41992085649882441665925913641149797211057092004834
63562191125920531594952077285728535022771786911343
17095074741774046112597710544066392888757183933236
00024450260387599951742135949797649404000414409398
68093193286423323138073107260523470222699550297533
6413333637683830769912223911477705585997784287425

69645259730458979891618440091187547381046980438055
95170062963032943375011243769165920722953015125432
13940544337789162781914062155168208847363453419799
98879516117261028410632336985345662271408982502069
12867044411690258204796576506806083389354490862114
38738256599464349788032327217582926945169986312673
58751095484558784631407597172019624337085219967792
88308204170836282188671042940242600584400437735875
33107041888142219209246071491335029636905846644883
20319474101734611287867351794220941454660418534030
15518155623214316574733266610798980310906817008268
87321019364595617858517345054728589800787287211541
72567402441979028843225315410192140135091238671110
32321373145940511561470672128959326381967580376907
23130321615824730407013885893346366335976771547070
19773249548814517149561588915972704031644349512185
97470414671715097311329473848085021070730048952123
74842154038998185951322490144185729193570943752415
92155456929631150144938470339489307624355383423543
95078579177058758873286872636137723131795763188119
17493997364582955995596168471447844151898543077414
55943009162727770640067845262221886063381067248472
69024402642674133907219353005842440622594642539483
68565478450534349052967430589748649564389293525069
68728255730738865347979569737963739416312512211357
23661242014026468319875234913753259196515806193872
66619391605104935926527132169220962246396992453394
94168148769759450227569316017372978252259321139227
97264469907870797211292701007289316414132897554051
12986071300454244972199825592301733559399196662588
62848902801610297741472814721799607430468636839435
83762096637059217800358151699129476731548326243472
25298003800959587555545136352485292336603666133452
15784920268506151949203452902146178514203242331042
28486352089687974218454003873494172832011762737822
64796397846777136587351119302070722256003750749407
81039463389519984544166314322973160808440498281354
30303833631635314540529914831642560125106820856569
00160302972916584678918322105869948910040780107692
47782572806721865866449357592377066019997260659525
54332733642503894798336601431993073084809345161508
80480764636667529086671693620624928739814887990436
53338716396911672736970273126537428408609734869729
32552788541993019041684282321395857966024873754065
43926084953186341346946867892358336068033944557618
56487011325964277558202631925680997158944893454073
54516693238449214991185549338282445770766882305254

```
69796128224404159966892371592950939237321195478945
07408067744489003806244345752246115557238942268385
93051527754976545431808349023872919846748693162608
87179215124829247615893514149141589042351050735349
67969487491863344304793625203651055672156988823952
03498052301531223852125132616644947370461248186099
01439565463727101755621611221104722479265060881879
21878564564770201918708174098274263885178517823195
29341904819315715640400178260080474641545364258579
68822131471202195068707370393121533322394296471014
33881763991811507421555422604821990245008205203155
15880310767656881219857503845120447360279692388489
43985040776693919191780385131179046372645787280056
64995015957625302767342474903557787303206946697620
67937109531408787466090719090054787150227573861562
28403119997936014817401814072685593464247081865137
26761279734277641240894070241225057591283320448767
50838248233549006224319625729282648056600967750928
53257303888341824250441019443837490829289077044151
81513432790126318627093441028058333197183938084511
24787757790528799614248096853758097666763701569484
34874317475748991463889163350433836273988511029559
09972689955904715112917945559126983594293067385743
04869898985594432619896425343492171171761949868813
81153736011925283763481221877710943925932205737095
62698164645264593052541308176804768491799670945909
75627099457464166873129985177713155886207655433151
02630236084922353201840024644269498222009388561981
41742352942110120448887865176204772310072355773711
75696454026773786987829323848846586854824307251322
45997181951763782065167701734963907291197323152110
45083889636900343634564977138841805680298414053230
97836878788733235745843716778596231931182129965442
64227460331165621899580738570914074817090777072060
12582553725598818255400017096790909741338551791505
03462413627962943375279803921216124494228573480554
09299617422186755267066387154019716495925804198284
57272339435872738491298062505229908230414417964201
86323933597564085626472114098710275684232847105442
04769273722795869343255162372870613062489483176830
05950316273539272221555960371912609270563209001688
44642239974599076283603861451560114679086719522744
22534153735630436368076582092944816815756244075835
42094450414818369400724787199371608074714370480527
24122720576200148265567384258527615204225756167756
63448908355159040347559705527811498513025087412165
56160585427292302899331654735499079156121786647178
```

13433928249941590501409236320169840868059967723646
31180032309172314490659601839443357324679947213636
67143093322687259227699597866342198486047640383312
15159824633481575389136213747050626776094939156543
44496650307157560190525614934341239865008633497687
72582014261603587642188657530917405182417491784121
53032223830041880663938545588917876200687881404876
69276059762638850841876717239068821513753446907420
52796875938629657498654417762942518703009114961352
84438920514500715511087309466495949907089979305234
01295734938668817859272442308152159066064996075502
72376081272387058512137274552888617735445449593851
58956877519518026877985648252026624094448618828672
70542074750435367998458468021181612451191791640838
82209778864182756810585076775657286484828360370249
32871581980604355587998037575747633172000054495984
98725166885657063033528760680930815901814105937213
78560788103151292531750411050960975165425371030855
17485489928079279216508267024775246374998378504723
41148722403887877968562165891841573565939687030319
35075029813828952996830357304306071207546629980584
79510773229041914306816287029509007188141342145828
41561163276458979779431852446703335722015183008067
73009843428145985559436573897199032628610071674691
15090265946427923755624937423512174450803121349987
41021050402625411576311412306403373840230248447393
61327771431778326487227872000031324379911584541073
20083254717655335778841973881119878308116128253343
50013791097326458045675356269284834551025317569761
37831443682524778543069370631432550964076224942709
69727621061679816307458647731362102916913190193505
39173633877209593077288021138495225308523356420091
47582113215081416345593732766381646209964150418142
79261478485611225096974418073994012186495761708774
29853908394199011888587733637311313017101357779033
47562044395262607677976568538504151780028622026017
39831535789490454442716570559649205222318835447428
31119346960371194121860939647436968352163008411309
21221376123619315550911877534644560429373792151668
96202425471680377818274638590796820735640934299433
42717920802887522112543317901141491160047963896033
18772204714551925930589486933504992233576520706393
36657861080859200577595735770605634693457603884910
80506695516093810694366212875882733161322864831431
47176721157046192356146500377405387217627411136601
78235855845173100298207789993646817768759805771969
04429326564149288895061617432739545348233166639979

17484984027478354053591200222609439905312070766019
66727432146673132505991961537491912061092648781953
77790614253518922346613960953196062526178425715869
92437826609161717464971634720477389613148671942948
24902919894191675830888923397311741555417268094753
31027377979970981756504505473602276786210697540450
59261438837781516179253790106064022916738026962573
43430464530042110425276623030552072475739306792726
39371318872288012695855490424866322830702277401555
28034220557317260915929275132872044337772363815466
02242627227955242640479069128534664743956703901536
66448251186234027804025378088666113535664410691376
97238823654053705720326485133071180018862177768059
79532180654367532102225042800043994061851812889536
14073372395066311517070005713863153021329368553801
84898696963028510893012021795064707248775032099948
36756871724700290558145698405144674694507188717376
36802873473556196853175307566120156930570344309876
14972306895286644415640748345880898652566166437972
02895868442203921819431715127564111776147563714059
36864000103588026389125969238170622763716762874806
28381602275941051146269228880912943302776649594724
97384473093376327460037108435907859976671800558687
02873018322966729256651195926100594158100365089290
62603999789107646931019522717446451994436169991555
64156412151087143820808868075229785081480228623413
53184392056663971152460890481318445192314929106328
15402792248937822825154576827162459611763956688646
17423953715865744626643996155478905163732521825783
33253564458989290595192605865979867134482744782626
66789841919627360593520221496681570436556904167082
57527445881757281160956148185722436954647505083028
44307531707792355713293487611783908130291059918355
22622374686711575705937749093797579381952473316322
66235982695699804734334402616879654751304293461624
26613460747325269570311488146969164293369071948154
54817908292910720694297318759719731015426199335646
15328361822870151559033107061465304217006688253379
70132344950607141683526860988131227220540903094664
60661858579999141539781448477415640822589035406449
06463510615433719400401386160350714559736014278623
45148657347962179784675702189899513333644381929190
53008577399504523493495718968461271137688957597933
23495332089538145398467702851241091399996240942861
53561549520156418899621259300512644209686597252899
41843503668188048075291059723360083654823570191986
85509260350048765737882951629237418327132367686584

```
94640005967095067783453610036744259491885819559592
69025123931107259512121156338241589606737480071832
46877841307809693824148291518956042755017542065174
42088134014543607071355602676349959757596004103616
09612137736218202235639801014559249360156897148979
33365854991863497304103495007905509710373294892197
64058869953201896649335082043100488523059429848680
17855565645389715296386871398239389278862831305388
98704416338748532366550562543023828613176831474399
34461560931076538494758464893162151583588989339195
67329443347903909096450020152545297422360933487377
48570906018648070516991257559332518203044120573389
11692494979374444181721018004869527481582486075771
22172413829852529767035268850421330346370320590111
27692708423122473740399034467618957001025917858966
14704561188690554318000135741145453848091623845601
93982145769801540367447309332421416472755521908773
96917417373506414595184607851240181377454588376298
51790660942517996950365872351329115406941185580040
57561078043579191051543895293017860705688578117217
42139155095320721197089841522154253164791930461604
98117600999404341319099118921551365122611550181311
07351940674896418609402848692830550221199243438663
09661229983761658981274730669004071331315325819303
20281496745570289271198050230834294907246105491095
79955078936602634698465662818805549010438789895744
09314152964143377690260506436409832682176336287098
82627239743023005506385167528922648375095088613721
98333534606984890685568590244467888633643960437818
23649316075069795253661777044807862852104682093268
26682897220715910980081977801926495253830472463607
95893917370036932896635802205065980285338702996809
22286754271291338699940266335773608637540472021149
92733399559638671394141599506355503816227131799287
61432989245958663210228050727201766328290281395136
24639259879408411977424214784974887928534813292261
75804296953605684964163335883612464776047176630339
85377267173732323243519297973342376460670072590569
78477822590102247186184955108700414015527634922430
58506497917469994122470166700310104432762653099301
52842068424685952359105309696810584311855103760808
53681033317095349081348831311722359377438741462183
92650171560903279402818993561269449639671433207829
04731916666780851825519771728800627735453991592789
03401078628896366115708075792637125157532125643458
79767582279860562178539046344387826022476983164473
09116773137698654394413974813448003818298103754950
```

5885398354291463227532912260623917829319962139869 1
8817711118424419627718789923057350447245775383119 4
3385179322128576603521216877901140477658976778435 6
9635136532915149309638039104754501169967587802799 9
7955389558550059045533297935637026407703334811205 5
9679109660880465445819911756967335381794020297742 0
8446714055476253800166579619571991262008078166820 2
8859158624857236155994016255477707914111600676407 8
2608077107894734372899115676130685073224963159123 1
6341975884627647288192023676271637519476695332542 0
4908916102491648373349659172708001471152710129089 0
2961211040472462065622820963283626670888972846484 9
1945054852414755813392377362692127662809010703960 3
2994626272509471411769121429133539751301514317746 7
1685840290596862221708011103666071463020620642207 3
9673674027544451115318680357371197061263214355234 6
8555443824565325519496223092442226276161810763532 7
1218486711038748633241670789046885223329211115019 7
9009872376674015547916753447485891162812686867360 4
2229943560768269783317351763941137568187311853109 3
9147331613471464295748025886612098433336264478923 2
7799217189381104902575089833295752311385116384118 1
0192449913293008778472536273658801679273239119566 7
7377346029231167147252754387732395409644074174493 0
8810335690168994473265062935681240746859168925465 0
9211091423164339664349653553999052260304711487117 5
0195108603621437887928407449825270332425169177953 4
3239338053753415428633449200572757968191874218427 2
1885884666266028133915912265087032955629743121006 0
8476462382406120209740885851097134502445345626967 4
8452174937951998366013595995980442105533930579946 3
5412156592603739545481307090026816164735807530907 0
0579469859512185766928204335931333658021043935801 6
1079082794266448782035280157498477771875366638868 7
1469284922335979702018592163752637064707239232807 1
1774975523653624170626315463270059026630402473980 4
5335302040939313049739713079171815148863238516035 1
4091871517272596320603977518189877379429833548962 1
4929883065168797261732334295186029197912354209146 6
1761858081206578509755405181262454785358714234987 2
2824507628021855541643937355728734131770795331826 4
1069580231812678272926217247904786733132302602879 0
1476485433580999324437234918849958599486258306760 0
0122047336344668680030217744283089567321206573109 0
9298521268530829353520331626096123871927047491031 6
9411516483884747974567712343355744298126844614327 5
3371060377023811587306886288969394132363006060504 2

89965200451060374867696136491725117214171045397236
98376574825092862531991761037960505070047452751987
06924383079720813365107458086253398704529503657739
47943751943255366001421055646414822436061646770791
71658511765610859235634609485497644779621165511318
70096990291407315148390390899181591857833265027795
39578418251970561524675181074563304570829594428891
50666715929760412803354745155100439949339911357400
36810821452010037166333769521213375323959064451506
52333790747504285781596952756961817847042381784203
15992417112157281753138255289908317222708031933401
84997462466150686413717867935948059327285196433573
68802741431586900765208723454663736398318691202096
56207541348874115504351794570520219208662862157046
50129595131279374407246762041922665567445333444729
68171487354493873384801665428264237833848317565438
33361744087321879219971430971939075615289979919334
81684566486989431576014380286263353313618572379316
72366063675494380052529671399740350994071219337375
85712045559496028444564046130603362226362162934122
45761511654193879168481328096246952444569546212508
79118935398322196378999498705755174877188610510452
58709120015502718111214008330339459997728658704523
41916673040685570047172861172633588496827107174500
35389033631066658091122161122795352059735631542387
86279221174002792992766027230910087889644867197751
06448528542367606806783287027160214912208907383598
67916779079846546847654432886332754592689976471361
18219193637197094309189760958933074195091535789981
59456268174031091186213611238703266328745925123801
72218592375964203971780119733013545486303115628764
53973330103535199368908917165821184472025394047093
17833060123964167270931216369379193323918425977305
27614792293021230131636529561376233305284546377449
66783855724163055532861053275520784389404424723308
70014940075648539493897085636662472351155496842637
07422419853407218843317118086247851099998176232258
05812020490727023675155996038558466728397347325959
61271044969489969280704087235561355018834860982733
44942119279511596389142170133713625405959158400657
63710336218594354090721495079719264247416878866135
09620131303193981656443184231910367414205125568633
28098552077093239955742204583728924383094811084233
00876415366308472416897637519419399848086392769531
79016437278029776888061624908419337641036450961260
40651273694733432136475166867454187542353324904525
14001261991025504942206089908653489121851977852080

35382979351647361636394852849756284971488562703642
54376152530348567914218138341546765630362935943271
56888851139645341755011355523422660951773817818038
93864430908305399273865319883923708251443497669579
51254066405582132495347608244642379595204674037169
10402286506016440118821281688727839234273692926062
06409640919596145904314517234161617915107061776717
41511297009743626357169179809791310760755444007274
82316585363917076912591900555112850732808167705134
74907414501195024810842767773577308103608450037555
65026865827089490664096114629969042922698380843496
81389149247988622487167128124089262797006509374129
14280120188192206542159389736338193225912707130384
89421629319110049071492253628218620356176446854469
95943076419072713387818263384790269051413488524088
34159704093166717645848516539046001096347293231702
45268608078649180077024542605338592009166331507927
78732483259016044217156687494057915189677115913189
27501780445182499374387432993291435543746809468340
26083464252681707351360267844117117547680302578284
32741271295550926710857402304746960026445711893018
05811218925757250024179106647302011294693754953338
39271076783815855808875670613299964991589394990408
74977823550392105136301646716340862269365394034567
69518652775268560312868088156891699160460136793560
00288784865017387036118613661682337006376249017187
03548391653008880657523737679906815547888893864623
38043367881447386263697514446353315136450336525098
77954130939941467601122228501278273455755159561984
48726728886216911391278644418265010715934333181605
52880980931375760219544842366891814048761296983574
03680117551891330057226994759192287243969471072449
77040473296751338485372898919851448791269339956272
76286301571782705735523845019366528869425030157128
86490989930558977451480649740071081376020676606100
28335398320724359456720594945121684402530561416115
04723767968712526931563193098160823297950425898166
74800878152648677364144935695842879538795111120900
41388243506999888209156555403289250228805141696787
92992662686222467052549066749536250132697003182451
01140735192981527091168287631615254533623132422680
45222889614970917397113535255440123608618815454147
08532046722994693907148818860332682826172282696478
51698409755613280910904929942058902099758680270118
29714381130616650165606940509417447084136593172946
03683231488678378340158466652627793811034718565273
42901126469689951352204381388359254084508757429340

48304805257026367468199997111392499430823809481473
19257601152853824735720831491052716081699222814186
75329911795524477487920246982478357701790581768433
76667776890217764906219369958965467659969428721801
09781369213674462209747830040927181905137635612325
48612721452226168051802932568183109314139665924531
03442368843397067352872663830004541951464423032623
01907189759856124702358650054207598252489819907503
16538032495026016937230583148173147524304359424989
14879189062802634091227267353344853777985327688970
47616726158528835140603525270885199292171330705785
76387493937455594009676153752177828011626903772652
89896203441261598810632168253206443816406129171172
12009556747383916722296235557461243901559905448832
26264416256871268704850034492114157576143154878838
22624493825719072052822435654030668643394952786639
19782619662128890293170809150693354760936306950387
79648380650097087712584207442114997169855615899897
47876513750578536272453652178066289777507327157034
98547747167890295666395835111199772543088210830083
87197030016360375482320318110345196341997195708016
26375425606969661834362972690706622306143131863618
11611331684184951612964799463540815516628864531220
10561796238101443846201413252468510264137934116621
66660443555433967260839002933424985605923047725430
16048596898781615324252348894799274995680405750878
59615846563996882770505824808037526244409922842655
81071965313962147422223415350770031361866522902424
24273397522322011973008959689104985405447427697563
80596262269087884764367655193756819519963044228090
24719659779814112299761130996689484065470304306161
54284052898460555610527743167094547976542569994432
56151512704117768402472629905184687393844031749092
27786713746504877565400352618233613582209691595165
31003029947026121379832699551547943004528250404116
17899229947911176412173992693774165820202835024261
15579535771019286950264605435924118006680782334174
98334223525119403957869035786809979573555664634818
41092353566380532162505873396127301651792091526963
07741603539343614876508656958944166875931028197227
08421300606989032768124813643408829145069353500784
26900283389692890036766306519621256911370825149526
41307300205723426006143479478418466207633742474019
65234906393029662233773082064022870408809540394489
26023755930275783818672711195559036264381803694410
26989560997022402685189290570563411576345663453530
91783644912706551465214527451609570926960198193514

8250423083093324020856938232573732465561978380507 9
8236783914896441321211903253837193051261214351205 4
3467213802491720844572406756078389118361442061721 9
6093241887871539065311934562423143050595975813896 8
0014593272680369903153148589817842184140862703541 3
2340571406372423344162305201146005372433545440858 0
4784915273835605370083298419441940878577289428942 9
8905564111848901279881742427130941732502246499897 7
6184995844482431963338771360641700505758811206260 1
8903546125859345154561817568409731473384201495189 3
7581589960120875257562760332950030118318809564291 0
8679299364914087426322667213868491522412990329146 2
9320268237349095662579032064280453385167557256633 5
9643282983690679715448949144144284457366131214716 5
2577292832283872251912278185033318457537523118138 8
9104687301120253329343303322817674447909206656325 0
1883887499178312452779568780325185708787710821321 8
1754229913702999034634082431982200181814301695015 8
6756477231845517351601935397411806816255498633469 2
9742793638368312286209015008476329602715420554092 3
4721977487555773727712535843792997336755041353900 9
6260754601770478320092090000437030477206239693112 3
6199692306945192122807512806261090339608085511993 9
3625766456058454748929845661051643776323020476293 3
4883313664553345734804735715674449977347178219815 7
3926294356614853325635257380075373424585696273226 4
4329253912185483500847187261537611935992117554494 6
8751722095340217149673323008543031277343008442170 3
9223565805237469978119523847444933383738577485114 2
7462252203934675721232785066105269132797730634628 8
7372622241958467166720221516808291000526702236415 1
2652274077600461979496685044241492903303752615324 7
5565300931531455774156078548884372041571406008765 1
2807613311400021517609289824898629450626479863972 7
8120873344792984785453151232933405140684725574692 8
4862631503547709257191442014221858878025727912833 1
1779822123368077931168758654777139994623954398600 1
7821714044511587793376458252175919910881923830051 6
6331028283723613412721407224623795391293388364187 9
3155329932894879874861538613915230746891741006626 1
8607772267913487136322147516568508441991780694861 9
5460193408937081923214192638277533759194570326450 2
3630434756871734529583995536709739473113745139433 2
8197791122226939725459124938379823126607096382225 9
6701900838145328629046106065868563209780150854223 3
4848110590617385229862052817896049500732570427222 0
2039361363824795831035432598550726214034098596277 8

60172168955987503032882817680409468520938864033636
52364944285765333810979533420258752306609947377791
74834099640562083733043167671087592982666684354670
09599704858953748415115221450224994544152838657802
92853017658562910138814417266938379020705003419101
21386791346354652287481407153382029019192351467212
68382751000173948051792235759103106294117826715838
18637819546488431229736302075907294961313226423551
08491026499847418870181274039872030679358312315482
87878038686720763454984951991134450991244247310505
22725276683206603485380567348512636931946652992516
29026264658941634139609150972187236402755002697010
88386832494142125712048869645658296361609865368598
83788390280207060702963996208929169242011756462921
27178414438660944484153071327538274180512475604700
84561419607860495448592558130716152717681871096104
17028646244510638699279903132980239383229230786002
46111212562537492992069623605549739779337090550915
06159958074626476930706146547336572953880108465930
77370926439327096173358979875513329851735335805761
98203756071739649512102605682421535394322065787806
54333681668379183925431029629978625583138150842902
34604146428506331820780266740857504296549353954494
86518527564708814351323195973497899171415169373256
88338933162833896451848870322639893055689451839191
24308293251565402367538500430945522752298621936349
99307995606896844661874598947488234136640851885321
93673114375894635657021422230371741481201272628291
05733185783922733479526068004131224044446906957003
43265791095617342284655138302877708170928004370327
52644557620090294898701726471822893276178823467995
95389668011402866870526336706006304261299460849499
56382755990602647776521970253758306411814612875438
76098578289963422105950225341504398260961876098352
16523165433169772144125177003803902159813797489132
02929277554387117033911632248075246572497296231247
65093517943567483811431528641333029089123777146612
46904486455116492679934634155621188228175642302405
16948954442816831414049043805788605901073700671829
84993650407494702785573862720327108426027326956900
64120155580946913710129842552905449576450645756003
74031494587908210547355911363990672780648145919170
64338706971477366524778443386302556983881025898793
09501971312840708918719696749394002657194057221592
95868834578669810318183594938102719311615251530174
09040319451723832245963305267862642100074573633679

79217594057805130367348879544947334464560679667691
27826799049420036288069900260352216652526648809722
46721212946167822822474271783410535858490938180843
82076967122622155649252446410116006638391181830873
08563542267215017218891349111443407423167201858015
44096839417218455292470306663317439699203209991372
30793920870633268149502702418363237393557565948355
86434275852715303647534674601181623121808611137993
24835451482289863062536933279374737264046931267375
65340199730090761426212286501158568944820803714283
61204858316174750390771287604650336123613522431214
20491140962045858292255435749009027171143100562027
79664273282036840883514218997367661285154174170155
05596692954335533849886870232490206106445807169228
63343391855394434659741831033154532910259130360646
22666879779455734904546748823275317375995937232273
10371044521133115338289304247739724195727440116541
84843155648940489213580557085576275584955348891913
85643791638342408939602209788019587504761416457873
38434431980873515751667496820037915379610297349443
21094760732700463633436612590711792603829657765048
98339968200528464234206854494699303871249646642485
81160442000466693398574168555172983698292635849104
47179338446832504338447175872526993668623375707985
86379951176474378774221029593262173881717992112564
96076654905036475301128460597199864223972784339196
77740389582319175573259941937900854928259806607678
94985484333355330520442978146864226215463907056678
04793891317765192204993576166388219632235722413875
80488187287554778343055337141624291591814407249101
83373607258613130585839379636913731605046386537876
16199765683527896039165412211971231637064638435087
50588046575531967200804810632083118215379561380098
35355952609363700064531708064420288837726690826800
94247506157736530695369994647344426417990880723658
56916238996365175780762373186136628030006775952545
69830359350209310340106654882387605906309667152580
31902701805651077417965996417788950664060278847170
68077927555703510222371473067950065096075380534263
98202615407127213785603227432886168024173389459790
50503213797484661490309530174023009549575261795889
69836097031429140848045838420177059333087278988292
10653986085497841770226800199431723125607279669350
93784616738081453471081329376345219647441631933117
86906499824823727616205615024443944723233791069608
39688560326743659447613243668623910583435263725870
26552727235468109736136753799885434022478297321958

64738470798498514172853867527792306584091743206050
10991022389298189386457216041689492340208559404805
97988871990753899448362457591817958726478548243687
17842805118165701035999489616756458144117743599941
55741564054198094077706078181787327808839235166527
29811729470451824894886940253978497040401257850170
85252294800326448553982933954102504934105444614356
13045371236961682202427087546803225777224676453869
06917358463290996597892708572413606852947228418998
88111976949257775673473149204541882499353860754485
38327349316024944583018400520110059712112248818992
60140903390584301410505598071884441547633560933892
95582703356383918920724411566241363467937554167389
08930918686080312637892309129166075500989808404308
77173868768493062385333509150410600038306016394885
36879210612389410574394034606240163718548425217716
75451639760025505022643961152599429430869349869074
62978375997016129503084380366066005892265852930563
78866958466784875726002532918393071854726101201435
31812300826282453907565263848166284306712414091535
32301737357772231705454533185733039863611629092807
96514000762580295868325211303562521349985400678329
05798100262663767805172062475401635370252168218735
52872040199635961887360693473067284096081288649892
28165452185240832827912818493863635272203008598275
44599898999583511157436878788812704855717381485740
30780362942048594206443341579016938395968153358527
75087815743971924322779883170605463400533096961159
95437320394129955177197409249372819386910424719168
07457558054131728168336553796527595104025829376600
69379484763050243686693087498612911515579029908914
75114714361655097781089168915938904322861163098089
61601543654239707131733987625561383933492789060574
71453816915692648820151026214721832503409165624542
93531173283968374175550697887724604398556261085337
37402877099728804761149157785765104752908911381780
65469222072171325415946797805559574054495325587792
84323247504820257296107211930542720344543111901843
26515998329511924254995688662924512061554435485187
78433760228457318552553020385780679964233347394328
32550797681431749352903653552357083362272954029760
36224596787022467961087290065369158110329772411271
96871846317120153108720228291216785136832868288998
41006308305969973295124018343792808075866877889849
60437727540275895229293668539226751399282371615964
47373298270175090837568027446669159111149779944667
11356910889243791993094247213080730819842625931443

47965790856700825628858836114463307069019106360685
99518538704171062385680432411229940699769765217189
48993497188045038643217598286433134023273173503448
75527937834864131041994965955257706690456718435502
15620189672793973426821625686085922488113166647341
42989101387571275704830514594366360992466106272011
24409872399971042075654391506863102013575984601467
30265119903429865063967600069668795828289243397825
90587485678262692633034683723321240661577602951565
37226106822903836613368341504999895934280932018654
24703607359076560816219599759343820172461807695817
83472212715039912393733080598164349462313671749599
99463042117638181478301910213344735692656258805710
16446879845566172037587428149099843393046523931220
00356442486502802002210387238150855436080610859538
17427853246549792311015101812667413846629462674003
40729092430677564917857934277516529509846000986282
19865193501486314131133823408186418101959888722959
35856034372242367239601514627896565485335331740074
19842426013606673552984075440257317771495402192754
87625663663209795134838923239847309342827299390954
92262868525828037625710408140414070921533779824712
19334648252071838785374450072385259360567659576220
40219451924792912413075854648591812784555951253394
85377327439546532520168622505372850013045372400046
47444790745978251029444790475972689949375374692808
93311554355051420516123636834410073498429947070865
34872826168261194995444598888503596079143671119639
13932091120095413351288550899249339285379476656164
15925452758853479068034859304210143177857711724511
37418462432155337224056541214942322346734100328640
92372275714731703809305846661141052866534929215704
38437193875825489184989446589748921123980435592536
49190865890669173908088675009132330542665482077157
36402520816248301658987303608659808379615767364117
73627346697615666539213482934564239912928078599798
78815204292215190914169078549736187251693099991322
70006749972335155765795143664747023748766149644049
26134860829976097836260492782317388949792246852097
75995080498826972392495765987223064695118767799160
54956726996908515258226529522738588543930217342747
55743918744113766339941285948312343848488127945760
13671006676165974395896325545306708168429451211409
12212009108666989989150010205569248485237225542131
07166139198282765742981882917518337208417523869676
82805910231519925312801445377221647436825950860888
63644346720804079957456104290101965608808393098287

16061604912163604586908622289737564557413574307159
10893672423316644773328296824188314921716494972514
01194936905670952961527043291961756410101851405960
83954221011253004320324477290450956867286869283797
89944533473254078320054283548804513088741363193695
58168287460790465669459004074428841873812325676996
71646926799869558860520806372983832112386246812028
81704348155814062949883062634593344998884038652605
73742230738578664000237741531288590945512575353933
69408694442939407522182847100107766580951275670201
47754082982594365539007779061803003710403019109218
52932847824116551890922870290124041600452149317093
57753608163420856552332014438453889583422068417138
82399532270635638724261133021723608875319692482011
79065222750848154653606346843208352519510833216068
43173343658468059130157408787018229598765822830020
42528355669320450198198817145826117159840001172323
24846223680233784983905719584208339418833025000410
02600378834221148367305474960967792429704499983799
47904405434971089626589676691300284990960386063046
24009333797909203575516255166640057112187717239030
01503960954051845816999386430449804010399161286593
47449558276066834824890933733862926698964697053174
15608922966624289143819273723567260303050110341597
01503907594115991561792511656228924417675577202639
27108978526059947131533570045904830124535860224570
77160582123321852958758220305193728902001773432061
94287342147523788608300702997965315568103011287992
58939183387796470067520270368877240584066436919090
28743876338820971458010174951013464584028127801131
68139897806509007407674642209638998045332620765149
60825977452275842390413450268461861681457953371759
46226830306366614536599202803008432528514981788177
12725738675355028513383679230567432436869620272756
90495694721422424679884360411922631691556788276484
22239119627403671459897414454318006168862933763562
39752548161092018062894420650865088651743884451744
02936157089106653051819134408352417385390895294733
12690900228814761735924054727557410087221186024807
06552734785464670810033252880494872818846476645138
71948464700273983663967869110872249068944525449930
13613598230210096649662658249790741793302604479616
46789612176304735470941059054767787436276981114648
19594676539533132602160451880568520123818538359935
25090558673048169589393126688887107245163758078691
85298046443759849390149864088672912156151469350544
68003927753771628002844461708872834613320160278469

35141710371898135928565444047388935336434225299535
63067148643575822661507084722421213957490588123647
26080795665391821078069759191962729961376825052719
01680135018259365039043148923742221829972943591050
47665101984354967715836390356050902744094547376200
08662551895379897398695524944209452836893729162255
86445881857232200509734021124202427013381380975063
87073687862241346162660761418658903675756728049468
51392949246947497670448286278503799394283278791220
33297139754384364472277941952483005331330832659412
68165481431836724185190716453711839456188537671861
14634510098763556103968824034693227431638685638936
69207826287866646316230586562320803446703322414896
58442908620119179775183607898117847087626296153194
00347815464050634565985845395933678392047177816196
11519781599153348323975611162122210452896830871383
54599880658578013548593749042639560201729578681154
94079887899895278594495312912475824817137108859096
91407061933036180030332389191321684024237117855941
47938175122615373552928204846201190878355782410767
95898728264838018836306051625874581323807170212707
03116015993195665321105590868446372301121939352882
99328435695606597198930148418941924696514195047131
00362091384684087143678688323812487187380582217796
91668726770528694917232969297574129371576503104861
49826499639425425153552278926558176593281228135199
04998628338917695098649870938852865224641624149800
91336048094161672069334242500172533359024122452069
66274283806079157097461019323432744228427903009219
71678197965979059549127210553864472407600831000588
08181907244787034365745427947504666021168615328207
93670422831576774109787065652889958092151207900910
62488938646517486033663048808838585836547541959063
52901696079598667197919515472675399988477621888478
51073660556792237455158009612734637037295470996414
48954403570700509795971249707914989405750420165030
73921008375739413281657808571980285113042479613451
45042777636660548705739016497996388006749276335699
90174214247086042763368701538895425544860519661560
11457074311012678360618976337654085955844167396998
98991714686664840902419001493111173462062958230778
70579486764638556758721099513646830997771609454655
72016812285393776737409942830395155749453169206582
03714520458277535783379827116157535547547595988090
28882500151326903062183753558815228008049946219926
31395147590076715044412010286404223234675721465222
55433374645407695544296373365183294408114816553112

31788856853449362565109233822325088751970064021785
62624050439203931155127424198127866118045752037903
13522638215002107721305024066241830028624776559111
14130894749764170442763287774736669514152962797298
47362290196362231543631914184179969689628035927750
61551398755785367266353781400817153183187933147980
31663073541838249854774614347582122035033039491346
26725084373973133134613497187865221548479521132806
55897451002032487297922392568927537490270425986685
61490405375284504662614426425991229576994984595616
88661293427415216860453695085827710553806842470639
68607781328993106285511287995439433670099191520888
61445556457442279253309475103278639998286086647782
46977669364695968209330630483252302728616288409185
40210758575059523354917451756350558943167491291170
86207384696004878978263910905625739599487492495979
01109019161465908020748496263935827926505836476767
08383011968855505051861579809721852980782027546790
77735284594885548642095718480957735502641837966220
10560620176724101647596182317714441988100961027947
77608196256246820854574993759391755772555043901644
27090909940333682021018189188094314468725119448839
76072610642894763770508381680928472870453085471610
72786663101220366887582906462496532944215040426089
60795596028483768115833106563981887154102229185636
37554680861467680606261759125475132626589633416570
62651172681705493010940658630266922042298948302376
44323671421946364900320018910295105537319742039399
30380942870786655291476928813856458781496647798082
33148266402166554846713406240185971412175424409787
12771828778534134383738258099537774555668639030970
00614928407730247009172019952462062453919858592371
34507423999851718224954288951323435031823344837883
19295955334879010992117189922536529429365336258259
53909465529635813744972936997465118753385374870942
17708081745701742251604090438846121574124452850202
37983903699911389696734778804970420888639312843891
57986861499535720637694821492093062812513122808049
96662625532242838399173520256674525229908409946325
86468341113042084589880324142878241486082621057749
47533003770602151682554216858882552052891371938772
49869082025393362940473047505009970440709469358919
69900533478304463581196491048316381606807432397475
18873774504853932080118920921762003254128590019212
85078008780108096121869972156727878783603783428505
02233591047386100379003368195821534795312420332192
37911869797381093285010367827880608127452828831039

18315704414803727152691119589138273502062661678813
67389300589434987192627542175867837758616929115641
96954978050050271744148214225317716645648976255943
75826764309491260552928577535565273114929560879110
82159619401757024920446262077946805377695544163790
23844428627076001335882937229058956135310992448792
37739700126380103906210362971005400902332662052868
55129238893654007663966398392572450824496898926245
99243943845087655789090281898568343345109961963840
91164376705960548419525350568787230520679162057973
98008695875004656119615450401629767770096547018528
43349776446794960280372242292312092581552380645150
73175826397848971659561076294495873794568519845906
09369134973227024282382935848347620097279573203973
90824404902652459373962572954491177296085988591097
98319161919237155743147773056132758650301867128792
23339994092210626790946258508116928279669238172379
85512762993523860883177146897285715591047969113529
00853677375489955124718689039574466000484795401447
80288223208242567018451147545838594639977604121232
18294512072077908176823315161845542195987497445589
01511992706236051896340735393487564095315603407069
35958257608166769558749209824048066652756245519232
20032514529417553964682719023521957637963789759417
50521586754201928536559666201450456338552783571256
71205128227519609295390924578418855401271282860622
03184030416252304573349919862033683941854919174431
28141702746834805331236365464080095227986799808167
86143876702299176420421935770303028892406338233711
88316668923472566531471542619736924881856774442368
30676285808035577667085249394327267591827130580282
04744986831092388451839656929128269141358022850879
20263815575944588577839176304153824777450273630047
96768568959057429077532824031838874195328472505758
23699898418557360973793479262107564800127606600568
48562895296270365033407284992457076821660600430851
92144993994615927401867906702492509188084254975382
50005736411527656278820683168374561361164661059452
96098764787617810657325699441300696040441275748480
59081543152521914759307810414099180436770663956672
63443535624561935640751356546727167909411879488480
86809230938328738225004285130861556467382313448911
97653033059034948850709043640855117089681596818853
55596836776708287592695900122268130634079052180831
41753428838750131652921876633335743143710101634779
66588836188698834998328981164007025965502047611990
68845930641188013743352809379510983052205865755190

25533132473935518421572608823101683181764097241796
64282170553923573318235997210559146758099096015712
54536259146573583451080849769670807172669437183081
24966413928529324205814835226274469375858569571687
03450223775777783598158580954566745546272979473079
75693205085626405035283025567228667754448284086209
98138979303709253264259640385349961705463860837230
31489481001371999013197012628010849698683279080599
52507493775423599997878374465778371237535757852677
71063814356136789079473724792426181599280191554236
35840922410926951949867583701400806912594594455592
54670473203928004701116001559541702028795035929201
77039686011345630444923339774354557165457271495173
53452904622158776693210397256540533868239130580966
00212123248311387049072616349881777525063398803735
28304413788504053529141957344862622148033294954488
89085450792480542683741940669188555167572166221109
20899731852667678293526613290427617120717343300234
52589195373557475092687431529363428449640771785673
99584381489421046285181038496434277355192443854011
05600364091860906598300233736845914995840144499012
93693725893952889834811556455810610307945458047566
46504893576785275211183407994598744205675506984616
28297481692743403195744811212692198913243550319837
05466444249609636337484865587143693424000842683069
46647268678216054307605555515711301054996369421412
01452860567154928145035636088579354204498831255719
59955870785833653305512108392849984112684790571297
22024655013870820524474927234191950360303939460347
67708515347254338076913543021032331182709941052543
73163717918996081338444036735092091110631733765874
01600018697304252984202448885270331725146924974753
93198235035252261761609438480970535124570875131868
92673700507442774120709790407346312262052900063918
92909903319643533353377827730338009564355202372811
89341422221316384124662187626562926213165374744095
23054540169190591210298332548738443149969008179176
66244456257105500140603668001332495809064102834877
16419356471430409550576380385738522098716167959104
85222080708395443816652953500877460681136027308248
85662613928667728371703032378323346716406418651059
91624817670706345653146764074492658990400249294338
20347665482730341522657904235101310929756783048481
36329763976322746732729909893927449638572144129084
87064480704661630671832626973018955052261750367044
37656063860897547480919952639440353604654399823773
56190246502693129589140222105988734088163222562586

86174453244115894930355509977482474151507373411947
57333735565276274185191642451462010498782629453689
50884462321176358003511841835926759864297128139853
84144690969171907995167404678189358750274435035511
80799677762498706284759291327261688448884939141128
74532057248359162360674161634463880131235116126332
14157350735873789089864603319101047904951088053276
24363438019532053136413435545936470419843997327319
28183025760085767530258321696714646834358840039142
03707242670826017616253390298986715267562219813060
35295948446464040396885600648176610903305607906503
87689684467316948543438918368935379334168987646104
05060241093598555326643129997593902636796969251376
93692615910228511721654148892157262235977366770146
39845855210470747638897225490221795578347385363008
19334378988748156802769759994951212544157027137649
02775150787799491095614895742622739879403322128257
53245784561955271497177374892311071758004485261087
53397144093342364167000739474760533876638025429586
35529369130347698689906133362459084735380529991695
23740650576570393490154739065565289258081944696284
01221392455111987603807405660994105231164360192568
47220532851072587588370887878354074617797601531730
49500582938124750525030217002361095736709078402235
11622259723813014440798479181330321054432443110271
97910059137380934837758636139977194367200655924569
93814702761918466612118042961718665283106957766092
43771615983151245936172801039016365520466193709252
51253631396559201177821427680194280476586534858158
74703119926770979133504911072051652432462312538315
74487512954156035527502636796145461093444168535781
02731389969995468673435181034432552595169300233005
05925727997815904820223589052604792034825075042171
73455466425312528525947844068421333789797245599838
14529024913412772434245097179511864461506281528392
86502372129264368408132689423169315188818953852681
80047631030778038992441215187198582722254498999677
87514587916023970766660441333059400177251968288276
18138902540142141154032221880752214931387303943894
83863488048858725731296054402267540119444344271239
55690237907150071386106419858388879568805486335172
80844464472481327723859561052130130910151062642932
76316247222859852571026371594629994013226550518804
46573989800377544218462997919330400605176161879860
26555760768914956796240330209203533823006419857512
12805490876812649998662968202160083935774256923900
14509676551896830011498580395006624633861680225506

68707591274831975300014554060154119807841134948294
65680601707418219448269420291459193117972944253523
51393310112186883167800232663769195193898930495655
96364430499826362332222131737958633752729015980267
62438208490894364283124967962162500163529966893044
62584580416724907109041427954474322776405586064497
99377481597906129222029306198335261800426117966549
67580548290181068947372216120265716263043635302282
12933724508394353437096785432438058312889505278663
56571712880369852845487149507985624665557793170507
90289986859714364593077973507014015227544766934198
23926389892945353431902180169387585028778687970204
61682319735199280766975865127606468238391696014867
11150096038459388200510615266462562727086373994715
02577181072308962043626415525571521279045835429590
59101205185086051998335829520276445242512357735153
61451329122133578341196718707585660635000297664587
21899656846809835422555679769978615295831620657432
07372109968440619460852752139972077460283796182940
67782659809969835866089743865103656242556250842354
35456301512197111167328336550705832479172735651427
69410984986357066618802528434536119774234900016041
09135980658253251047772348737585884666978580299992
24197366504115511962816004732157650700516628984539
96379194144719612753684963848418407835392194951607
60752984767084138274604403017707579996667675686125
36105140039171681725678050138978371865837968976150
17209848060227215120876367111635529356196130402092
73964185286936047265139668755630400875358568683131
41286860922825551242269595679930350249011366770936
40349903748458741989108901894570519857812478440357
57867139319708554989380999706541057916902095988974
98738447272613724351806561649931638973511197033103
93978040928094799734337726502122497143409823782365
19658928862792232779903941820506856983767116623772
15144120227663379491737437342283179727940119374539
04905797144617183602567322140552194621862859145438
96562340248945379811955964968707073021860780513193
09467852848444202128432499307154135644230793862725
26585208492269484399394853053527270682335863948608
17057740751697385212021062895941771607925413069913
46081438246328669352312659073430366809538595608450
16739322909654282885409786377872218259072743419564
66116595934087134481202995796040005764146848563841
92084025832685521237954962489115862600940098765413
58587061925113653719481486085710770837602097237465
95531144030733949423484486152523722666253172090816

2269400021122759183425529828168997196876101438519 1
9012898807424280528355553325232571548587561447752 0
1194680111550944054296573101936215959187582194822 0
7475615307833480300854994330873982134027070003112 8
5887927967396273660920712697115138195377155464106 3
3745558491963169175525559918922408979783312427354 5
3841796027845958986470600952841808664677110946415 9
8431500095974947022075958749369609348923513155308 7
9522675319228875193269056992695901124280084378089 7
5802237272111281427715809215786190314382328222158 4
3119736386797272276849581363281470182765236169987 0
3831654805714617520177978010749005200986222538671 3
4378987984881044503027177386068210671823485666103 2
8159840918571490847707412577372152962362895142819 3
9493449231002475529468768814228268826338199210705 0
0314822969078127068502360967952456156317625378443 9
0868388545471766250548688614538858940190650918410 1
5885208833696129877316727526919756238642760951369 4
5838426185218338957051864132632025229313913483808 2
1287964338813629845539042373128573855900623287197 9
1590912181710334920882873657259600675103451691730 3
4840664773124728536498697032255058028512103145813 9
7165500540219991258467124752296233047947620417483 5
7339651293388462598605466902068727431079892009360 0
8629962585264955692634224434907588987120754055723 9
1778889837474006283110359893639753683143163791553 5
0844599499815179035719166459579726405356357962285 2
2323209995625290729565968625666476118217436889365 5
2658420973588048382356327038462917410427463403276 4
0442472179196338923330045235292002875730135630382 1
1172897133169436372206175085815202908497246369055 6
6762892184262651781976519538524643036425620321295 9
1608958533598154070650245252165708822643889695532 0
0330712386017719942697998742711966035304852835818 4
4146085491345064443171308666567324744794322805473
3913760627581890428365658659895466488561709859023 3
5718936471102219155448014160810863286526572025037 3
4779658698028969756875969566551715729978174149125 5
1945083377949744669806026864318152342292431677632 6
5101550537467770920415647646247512496723011428848 3
9539706060560724653142273218895838355013985022479 8
0616382349453661289940409355917809265868236064198 4
9478639492739255146759621855648434028716399842416 5
6407922432049921519352709427492550972098376405547 9
9507636962370089615853142082854978064406575694610 7
4012428301167709175408804880626657504874497001006 4
4817281703371857168769905205043126912675894235464 2

4263219268161260713525593779984687684876663746373 7
0848309130230318759755192524399178262640279966163 6
7094369112530086284350297886671483877355700954085 0
9510925426723708716285087204991001466660693435254 3
9681324227750520412084311778362086425913741403701 8
9390584913088530767180337775977981545040600450842 8
1692653954942424173439682579794296332233121321810 7
8012932197936027503888526310458725788790499330172 4
9371699290336354529074965146405609127548752881574 8
7485046656478815713364324270157712065088264725709 1
1545293554151064551035094710720178800179246413597 2
1384299487104597755279842745069774265641488340683 0
0809230546462603894832672239604062464659457420252 2
1084288128266889675278980243468265578962656266379 7
4536891092934689209248410970235713162753302389020 7
6986731432584276094818388124585758734014097068671 8
9561813112229470021978448241581544509819889152942 4
2890693466056260795656643943393427998358823571167 5
7511632925562149947095183522331245810913158655773 5
9175847036941484881503863264098660524416089944214 2
3724467318576854052616459608035904616045947747232 0
5628789108869923420195755264555491518628810370985 5
6289818492084536281760741755782246663879072604677 5
5483451744348189049688056376503250353592627137451 4
9886240548295624736933344962330902739113708105840 7
1237265540394440666165466698127940161174380314425 4
5836113138700180051064222504742126749539970759097 1
5271031416553633477320054963549146671949925664377 1
1135196471224844213383344829914740191692970978273 3
0482096570236574416621640413859757199401107550548 1
3835675097536770208621480224769057593128457961205 2
0106065272215959974558956392927416101354477714866 0
2722228078789190310493304860642348889412653650919 8
0468047266792907970770229050202576713844368458156 3
4829002226658722453892420758678126480742598431037 2
3144835073934916328568708798935308983035538438395 0
0797078015089931667721215355785047682448066812060 0
8160925249005506560688200539439752940429777997773 9
0954812182338828159978628439344893791861555638458 4
7942592989490543845037369764733322568524240216019 5
9044724016399444925891545222094738197285735608141 6
2944201208296923421367519056921053373592377816006 6
5668763641463665790435737824436651668510493519577 6
5790791933549005424537483625826410516843786445029 5
9183589839644056859368882636863710502768783853127 7
7705665995603001572358237147154721905671426014336 8
7966468436491439499957272215058042899218100989507 9

93449442141990214468925539286769175103982467582463
73438052397350830280687187344606418762993203121704
07048304612916426319820862850786951729018997001434
28968262441780781916264417195044507576668563242456
74581755185913604359995857459882503553846674132820
45253701080509023511484048195305888064160408235523
51294128140484544881037085694262600027163923010086
03721424248429126495719569873219052427563394901622
46454625934745670300567283750846724982527983673495
61770898365165478278894261861051832769208503603621
78003391524933714844455014157911625050689091071382
75802244650509860986883276779711832579391871621676
78835622419886753868393157565897768652016394528273
88674406517875660068949821735574807444325577590692
73637848180513357096270189715205890970811986200522
76793499133040582845672035856647241058894553087522
36461838439640259601125485287660886628483076360128
70066672280267000361494230261254165504582961699316
38437058296750705322926910916119674936127372916312
05863688479052509527351543806222193273002895992407
93907443857366909352949258689440107342217802437077
15281612425319088227173271543382374014745436218433
32568029599407713014983323704510969965453202745335
07021770370706113819105163588030747477081980826531
95105524034346189080408772855887102619129910922959
50882251819205851887441986348625188245665450780329
53634810263484330308372418113655627830193910161835
17403223845097914687521623877144239223232455763641
07974700125539832471226019053048866664933322848632
90538086835170964354044025686679116884443421694025
17726916720054236587952458648729193194196398370591
08346595565457374554274722525638720491964846804561
21634675557800183911458050720291040917746197882965
04861235552872697552000423820381832076425536409632
08933924544967598152309215189473050197853510015299
57353054281128364842365947435959609595698016202753
02395941995334462820826497923607942188680411060241
58741508575194580615688808343018541253781954596974
14236778741870667215842752231935277070188776280303
23374028626604207305052378520354210425772442559140
42700874907643524826938681071637669307303727237417
17542458522477357582702959966498541023115101387432
37047991591787902994485501682558654515388125485742
54146042912012322855614889532717717240122627994410
82686913997298743825568158111262387326261042642491
91467303139324078996737861432904142084411467415351
67426897337032190690287477060200884221903212516552

8911717385674777311366153734391751962707954921617O
93780054340457873789689579406584026092226706663974
70647461914851144652443807415205521286862020067172
32636847179672315491533594924534289288748593176642
69936209673407497745053070568431410133263287775921
30576231470087437384507626030587577497873242071406
65136179949569456010819284319373673284179893518959
54235197022893472976977104975358649956731850469509
87396628013953152473360674595746536734225096595010
98766962373414060683935034819838271821186844060176
15765602547011395373572678345269455960791770944971
72723469473343678038722377574791686895552041362153
80142825486737769528370384142793400440013056897835
56227986071360705966044685334333224708199605172761
52201080667106523795019070974937418216335299386518
91700778898834763609236188052690600640828079713434
97894275959288720261078515554112397373046097592317
88346880725383510590800218660449028979118967259367
55213964729068579735073675718216974036670698961345
78745061097120350147956537516416615312164732544167
89277507245943628192382562336298103756532891328239
23222725067941709469131856699622676300847493329492
37724820251680550666316199034578005029621609509712
78313497549748497080750146928617797205392087735573
54263446540469175078783629783037122212634499537604
58706825466567329277539722860367819247326075875375
03639605557551524704479046892790074174408099162153
53523795515931682503917084115733894721483377058789
36954153482731607170302320249290945466553120552501
26322531741427372940893582323130414035967091049257
18383520195357751110303018937387366729568834759002
80466901502804156922062794107897682809626966101213
74881195563119677798046812493064783740531627476062
83458684716459438243677534276082695576532344276053
39971298708052089898561442065934722157535135731353
15096432568632699760118167688723309047847387826108
83002718765026082629252331944769099404167002640065
55597136991814669791135677806574510572964711963826
43806989602338811353072149858536870862858717892687
96297801608941639363012094163552302777342996301526
34357751250413519834118736205833454731185380745726
84337206905220856255010506100937942856140474184559
21179339272708597251152880056940280536141144924020
92462087948741836224854453701673479359020150069908
94711195009547716996064515693409809576087230611679
85930544742494585592763754265507909850782622745241
42805641961957947016181410188593967029288408817507

13269491264514792458713883472209570125453762871154
61358447101311323201495490944640147600030237632857
17139536547149001355586963306925811264047920053172
80921179128700967881389373295949068769162309178222
86435333405933967916024289327484446631559457485611
32045178306464916622418132462957675091859029883332
30655145023629404347405492556117642216093884711734
18957407199850352736698693386698517025739380660230
27910628085352549353166194585293885401347619818297
90192702699755397627097213320775214288831363827940
37795481043639684621695249482298443229689692085335
55308531740953971002744873252835275736247945801278
04455036106064558578035736262525563606477349056863
83246005882645729967286706470688197188048995918209
53876986724126105812313371883281538730532406351716
04883731863483194487855245340213105960543269787362
78990273623581526866772864841376321754066899897348
82611860180029360022362615884959038938183834781502
16473108913836953738086831643699087980859301283735
28762206005362275872876794657916805763581432409253
05502388654829492572512760977104308414241327149223
01455502491538011651570107259919660889103344587780
20184201986872557983485892794115791654898418079655
98165292440028600089283308995984612515413473641247
55370565807249607337289686395655103449758583001718
80139293408159346577407491687314019903828427712262
33324460588756739838593500769513118556316845738386
55512292940803068422036256724591811386063504801552
26167063564964286732345965669379924358729329116688
49839364206979703901915931945597036125926270637083
71713607972229244838973659949263221859430952934455
17054009459274870328435199388140267085915289496359
50763638073234705346230932441509575691850480891957
17391916531000241571429356686909706755384850261080
40743406457426342832522110207103450374538340721719
27286093079709087864027403756034196203260951802333
19446604704393480054063586910294183143819807662636
92292015196267454788905487300853342208815974032892
53567824780457234485556638842993651785938154287147
34705407762504079807108683257127209659524702809312
98490597903061967508059944421798850698316109638043
18575734932089702792144339391342829009838902927600
99810349716753400553502665754851358206981718943173
65218737272703866524342059269683995858771658075362
93049174582102753301267023622273305213709274757549
27540322486653632392842887880718119434477544394315
74633737742190514462638401483845223060132636502788

45147170479058318058348940856949424994415155483863
34237720406996019335803137534497602844499515410901
13815606641323294310535403566334982500900534136214
95974752980282398461972836700621058461397781582746
76579826017847296576463958941877424963316958842283
91191590565640228193496801758163840139429208142088
20454690299463765205998819783175448012711996556221
31732442716080219316644607184506702451604612011797
63827239211348339438798962905840179686360943255300
65062888973239251361632702390752395982653489399468
06580594876864627514109406499311534198732172991431
25910097771886869455712444493582861381259764637551
13427984573762023435625689831225304205902149070999
67416032154670753881650296586399155315134290551333
16532483088503470195490556744841010321876589956758
39455823828688310814186283547319475525274711575402
54348046617748038786685983787156949134278530294728
87354120431902320905952954328610661326976076266926
61135211466252769841277340852419138268582809550758
37578751829441953816699647593380581097441970408876
88325257374385618259110897501964314793725720708094
05896055397098285800445563078599861108297845198039
98823094162509868026351628228075608165070483489644
16836183659463297691973326645044332702652964407332
60835948712972056368036299922692205555021936131309
43929256168982589380953115434813289518491654287254
62863519781030237300349037991793076886122045326513
18101381689879195678466786614433105801438125991279
14158876671702906759990712229281727452785443191763
77518648854469055214182947546075537345606085563464
20396176670957528745494901204660351964636873577292
97428234750549678654459273606276089892469782418907
13669103009266781913030559195116956931783197540796
24033842110466446524045818686393260964635303347112
92131543695714422067237270190321612831636606835353
59140279885260953147441976705764010907530604721386
57067665499726561399562590818508530304555928407614
12465221809965435307163185074886478933137159804019
10580102425541713566189612060110697612033871217695
36277481470240462879594479656892916665615162911773
69461849461776831663594528511716414008796109655867
19421163816545789355943747416596019104026506996537
60891088490540908807662422362445253132852178568721
17107507287258024370274958356646245635139772059647
78734767213709697787437222228544415051625 81475900
16001034987342164287379415209172808743852870687452

49192804509759935762191530345339640241628163756457
33798596901282927418796276250380640305799822393935
09589219952785102916463804783293620919278040771504
18730068917857381782537931265322695642984805750570
43385936993433934560449623259372433043576671477116
64262056671619377737577018204936159782065517759604
45574271401595850624208614320221027947003286440974
98531194933972205256017243806783980806301980330387
14010823737020217802399919659484742081004162463139
99893872678129698371396533436978063946676428600241
52824873785639412927935383607707608300750085468836
68496834473813800019480999463927939725480926175571
23230722879914729499627829318121179995311913933682
91421708003917108392039962532465712426711480762187
32388866302732632605102274855876858248299627378563
03750205262948831696089490129163137263488580498192
48754553524887326239439367504501654768934020682145
85655661710507751194373805894134256960413139475819
19706682302632423409024450540958834108768898805836
00190580085619949103323884501331396041945468828359
06148062791702742550569836303868190408076986074650
88442367761705462260845439722219403554202652033104
45526900704688277458214569663667446999428841734711
48070234795179430778361527574001167542381049782265
16996793270179099132535969256413102120317675960263
67955108692598919360515293161163999379060522162182
62573447363342026307505726425225525500696250372133
80532448446537714971705777121738555021403641091178
38972141797635473176486099732370208765716623286273
64066666525224448442370474312602701940529325392038
81245611678392260714780011957184750455611615250384
48220826918667452950019454795547426703119533884633
67504753411924305172890558306396064273009317899033
97134393158405916100858639382213820227170819247577
82100150391638486660170908139091359533406190146269
04240956805262401070564777661840736519965983120159
14861912479104532820849003769623579045204928147481
44846581726874291601112567800981177269122209070237
85148661124371445919846685763094737512094243352004
46505329739125167083018255429713022606746609800526
03919627557983895090692431900473756401836074549348
59101794475577162863150554887610286729181867586476
64447865962782729403999320990533549691384757430422
03580266820050183524856515170342099431107260374750
82164349588541432104573557419801182940065163845907
78313094730099299395418271818059977319955225376562
35226168798804828472031495890625696894424278407617

19747852121117086752944603670533555703336195269940
64352330819095743708046560784123500619341564951004
97331738362040042273443789157896534958611591918135
89724449560707032232278280157914855808866326700924
04234203139271646896301370562218550399034622946791
76978329701524127573584580130897595258639855021546
36770509007033290797558326525697330992519942335234
26743245262878343487803932099014786974131728112549
64459042777973691266877075337938105295979219560094
51964724521456644781129408884259739950228931567320
48900359565314881818133524884486986948006125364742
77550005042040462103442555588086621442523793246458
61308670915261439688781633677349695124090077391672
64140941242164561853646208583805219480898873774634
28514000439792350670242467066706973079235532297655
66845704762902563225978319618333972491546952552514
35143479730725058985393503441430103727693308287010
75552612213237948915324248501547845700977456836739
57064624532316783427160599513253350384476461804529
88910089257614236456892093712162335777919010169852
74650743313394038605583835605125299114647525104974
00839238188040952466569782190675007745127340413746
94859890324303842177375760809258836398494285249166
12397421340306639968399457315314592189561854297369
41639291274586602149193256062908354788945387058909
91028776842634490924275819538227715445507550828207
84883600938857504071338064314464351066357725420010
72151282148738012783255219477266669643519639951388
09766453243327235576842641531380978229804632131537
74625235404290603580170561927446884847759849178086
74554983296585195346162001081254224267667244659198
50037372467000945314183285138022443386726425015956
75921141474962451849120472064675609405933598879179
79059001367488538645068696206561499083496822578568
11345564839572728890376856473485870278747092443784
17015400337456982748232469221776707380599850755861
66871378718683096809676558370216611140772207852210
64026826988873072896051684378352036740225003301294
22087997280733552033208498251879476366174290552837
59128564164974137281936511433254132159665447975088
96637844058341384482455733859312236750877569174580
77706663761431383703360433458674650157199994935709
26314983135394760109974600000537658144945733267458
61063304932150297383939354427370993864150604817313
38107605825309439419878575323657233230479592495750
58023465548576017407830040764894676825864095103880
43743992695534150692609552099668496362196097541990

25668927300183039884115526354875841019186258565195
89499175436701377526296212355626089075981447245106
34531684374203926963412512254942553244660392238541
49218025474882876575364066956656854499049481491528
05038253528556467200442522894314635745970560541321
11347761834591435006804097516578939671178548516522
92067783571075255139531452823122246077432648578021
47106967125824905495325200298011874329803856098208
47498781051624257385362174946834560794401386804272
59737217799597613484926836925904945447285453485554
76728550926269663335154395319199262090222901179165
03540532053541557323962865877885010012105094483643
69355456565298702510427337311270368643270185393046
22986390184984977908527046638100741060641993467683
48792149018237926231535776760045253983094883499531
29731567381103576713809506026898810326066044317643
55029953307435121783536374226307308941189098334119
63860551522024968443939425305314272823845197724460
16604039958354727913725799487690563099638920470629
37605056521820542134579977355489353836803365282076
08125148943624690017425014836948910324978639419114
60054023062161855699086102467315486460988020278107
34737377704918834398152960696061717154770915580453
91472137944886307027510625910079537399951394861744
90302297892181523395588210157649640209459194090016
06116587411111980734335103381902040120299293240314
43298771647219418758925676345923219909229015572393
37288860713694061776164509345671522804998274750927
83026359931981639916855626044956799351948320384470
39650098998538011265861333379477552130328891619787
93373276844741328316215382135050223298247951985584
25306440627327567040485421579537173343830136579227
16976581525422725319026917215835634790655014339322
21184545774337318654527185594102106229488252043473
08783812222983168723577837337344515599482329233926
95789294479982420094939266427073943232747132009716
03475707441072850307963039075727028380502095916175
50700050166277924293181245052386723996858519317795
90388404675565133255758214943153517959498790175939
95401869958616206697153893332575600180920779578501
27158525013243702679838153216831510588027374558939
82251650796556806740552933580416458692852316528925
06244103450725475174669695766475991206556847983177
88386244416469541919134116638313595094269840789705
54946580729459831838654621775210631145510433633536
61775730503740634292089127750223620941830938203794
20494301832564881514621747314953122724966519403326

66946548174825341725229124749705114616160054281880
54035419894723457255907901419851829814814599027140
51432660710262296349194812593421453378987245830976
04861888669585130390729173392077225689609836520912
79311482179747506446559761340387575922402239603473
57084918337811214989258295323354443785318333610174
37217127075561619143805327266024494866847503438075
25183922459239571783023471419022350350380794112727
74872895040023080474072245560012476207315992125045
78861913386499033912685147243309106085594366056248
48676475330103363659857748963154641346528176374126
15811007817367012495447965411601224900939460349933
09994023927494381350400802944899168793936676108675
50354692386570894147039461647784558930701189503601
69684300781588665329135620556891697251578127543955
41621519521053001313362218719381457197443546784636
79883187413333055129221001574730478222747354362338
06082009833664536855868925633157469202431516831234
06729773141705079853683002114655362735781206338697
32468790648595875816722867648874376546504490483805
65180229732111795405654379446150420215634066456080
62174908344929657888829537930350472608621682320154
98493360658850369596066660761363412546677142657669
66938253333538296866778018554763758741375614974085
16836293864444543728252821275965733418806978040386
37562432135935333827691436403187220519444882699899
86780437905031726519533324288476168006516298029907
50232478834434240656782881288607696374064960256307
156567675052037053083913662839216418450982844674
30512284442398334641301530273921750420119266145727
50828139037673363576392544605297160176537577389894
69139770671718421230296681287204971364532552899308
64012330523226054081611387889253194878617232763152
74802047699701084142223997929110102895691963294280
33277083535253890351431858828631937429265422212927
62852600422545397998100595536678399989239291809150
38777361400928153081940786066474842382259576352851
78492414744484368434252066821565966919769728805736
67036215635512499443612266893305803948045462775097
88735672716123758257138391394108724319551951605337
65155558925355182697971475606689317353105319152122
98359173023026758392741649314224393897443100874491
19622244807371585249475527582841371687338856845139
71935717435137665104895239029017063092712264684066
92783483998862859594239679364564173558718401990187
57254634606762070626278962322034805371836351794691
08776385199110783793669022647896142652819899498944

09583646926514431656582124717920789203351405936678
28494017798965297981505475435803177585622558690610
12302340109361295535357635843299746307928840816702
33667889701281459588474281994287498661437711859701
04607861183122285674946913190044825643028262007248
78752539439790125220351799067010886444417333294270
38504777629594843814990998912625348880022470112685
38660594376622270365082672212322235157255037650385
40952531017575868733835311996936024166003965092807
27438071375470484844568868489196872123109819909873
07479532054140103959736196967523052442164056190052
67427599397913726868627853543055179125750471576601
84923718223934849391969295394499883801965726625036
51757494033119695979411721257623713831651147962605
57917844027818812255383408963982704978907257430443
03341179108109059950541712207737379747750303681258
20309958441194867999857940111713933242395262703619
92706377241703397811133323827156827734201479054726
16543401932267144218019610533705026333742731904551
87948713485249862668222211111318914455762210422898
34739034998125977811080901318642567088910367429803
04913636514213249820339892382623311457754007631638
25126866684850315841111141155886426790721346040922
17050745982472070245524314035201195653139245833100
91425363495878979074393713659709552725556666007024
20283910074594624663130745446751130599377751204119
28055649729151234915055327810229864306084053764409
89174443107699871727600381516344286065218306921009
17992794170931936294247745806817335335970175989328
60314853201568769791565212418967004030959172775708
16030186945971407998244363332875431922140735996952
62683038565958452089565549778101327453943408643865
26954140660420525015130837808664572997492569037617
09300281616225031870030327371448605125164072390070
08823823906811473995804355590351241221823298274366
77789038538586239181478158835325813789319130516472
39015905150073292582746204289143926675349521549429
24092785612941425869372951468931427054442270009324
16109334447817626188849164416925608135907757944738
62060159240401206337499895425291163409524485314231
82474586867921351026966287517052106460784704974666
15451881415103516734981578308880506290252472784913
28835858571968770316330097553904904884566448974688
88248422504227410769069154782415861985184219579094
59139269455393497074170826012991361372933199089961
24476112702770438892717017234886176319636850246720
82669876084819752651511784683974330831726048785403

03329427864436091148976287974130203367539268931859
45801618329179440100958324980587506458366412769529
28598265770333006234582654955532316653230563737351
21952849214896392942381059559822709275997303299473
75056874498728129347026066244776158346661704916269
75717975872429291141879750748782171533419974526805
57322560031417046342203189757820773023738624697850
41650979758445271645852204355139759287529508954652
28066269694344990148802004181186420397742204042702
66955446032990925495943520252796488734580054345846
84945297535391583792911305703761773663375795239771
08739337954733211854879061926854224008395361036877
89915221045210650200380051808347709316151054412972
68508996642282464489776423231947675602438097694631
00168877605725679893692800865024874467608245459575
01328381000122974730565399913766112760678583451295
80303840502530416631173982221137922074743939663003
40704960764328821987339877333802859793609821535465
59100724317097157060971059686886906647906795150810
11519705136357516361120759637386375738584999837864
53057903044394301295041097437837274732158210702226
76757039661418608774439690962477761429826812572551
82073821062914291792898257797002330749298885823539
93193563942526806194864206708332451046817067040554
21341876516419219776188680295892187243673912979296
70217002604707954075998806965382947068262947500799
20917805450108721318367103021403412399398867410140
47291317644420908011091980352443211333653582852718
28432623672503700241162594822559744880831760673701
54856289118665446550456305213779045057328185120197
96654094302700497446325461212241411283293664379403
21984479276656109271707635594012205535902446730707
37840681089160484022631613165378822613062347649322
81552291952234092518396017149557062533930191906745
97189900776543585394537305708587673393775225561887
59086266557260714813602684304809463378108948705332
53346931528652281848501503993800336638789733893411
28843457735233219997625754387619478290608410492317
08697927266856501771784535760144406871716869009528
06803431893356304270972778706508863333729703100159
32022324797004101814946764613369688447909453611490
17446298974932300375802531917695505241625006552842
61143730762265420826822134594675370336621842181656
64434775720963001368851514596794720360121393994632
61145414446827526486615867566816023239217047451257
01348659061643086005885568792084783360624630419584
64174708303366065330053420620428368631888832426681

60351752140074640269007587610894794635150844959617
00050182770896682426327475529391344648268756009627
62224250729627218837874695585396808698731268923748
12698135012870259485298709385372271299505563015937
16628582188659160520740380572603304513197216792914
77186756305293557276882390292266219730580487311401
17530813389217011861801173372514366353087565734208
94170480721933598874797364268619879410285421295294
10436548061666466560953506812679860837723426852206
15877477450454408597241235728136293950248772132291
81447460352824090500401017736626986417021816703518
18974670512042796054366627945217494148564864034233
75959054906013609693091684106291636794689232189120
91274019517061803872122843070879607731137254413060
54172989950548378827727046663864191137798869740632
77679996081032755656287090677016148581185167152557
20673109259432660248555938871841243042256167746151
08389728834242258914850508472905176061899777583007
06565252084740820884217337391076739811488077333220
16588911410051585422388406367286567250897128850384
52940316291883714453787866130540009170501111547185
43635583103320721198133485863115342360192029371830
43526169084401955004814506589376871523847124185820
70564413530487420515614512086668096886553647307014
51711555839964583567800349094903932744514411779916
37963103382544506126729662982076892834738348275637
61713839607939250893828751938890837424828395334225
66401300588877665791783597740406707501771087193911
45784682542500121104011567813812956625725510917646
03659677805799613086282001150125167924849476048498
84203733393954346866859023545752309540738153041167
59191964033950082322121220319485821924434755293375
30173935181814669205300676835498326089762673603011
78458554875270307322003532412239102967066481671955
92545322134782497402500270274805998168376214118183
38760834879258098138151661604146420807520205374549
58013051355297538783179556066095345275028999528430
52599586314977990312599592685238675997576441360225
76047065119871932352626491081301935915996762477542
00546833291360809332318453091032664269570273636886
15868419863558986966216126369423462698706529516460
36590889776309436953289214971802597126310791986342
34336833798542781592437536105952313676705884251472
68669259622556233388254449153389514807803531600962
36272362629321093838121344292596168977607129610965
32858126385635284069187072690950871990848758805976
80615434384983307862237329950538595446528725800917

38482163952476186691942844092020325285863597342736
52108417792406533769948709190400653628400265799102
78085881694281124198678032126766119082120687694390
25689831855029507358136283325881329349787561199657
06477032335460135933015737186998527595278840155231
30446664670070445701673747302944778425837971339579
81023419274301141663356310472002062303466720043473
63362091860740637938741083779837265910226226628166
83681746145088810586794020916962370702672270785567
02466966215235923248906556541142321653001230668315
81370950117516497474177077104786711442312703082596
49702806523097265225953502609376032046418104012825
70297152909966301797287496716078187386434604365603
12600913080199055913449698243059810448121422323919
88323305174876177610603802422486933607826983487990
53187120193656571881137988285470003661803376461641
80800562110656657135445738035572162702066987066596
11630266928133512859723422734740435504503018436615
70597586025918972971762937820758515214366300584413
75435301528736386393755920249401991229614783120533
90204021524957162375177139207404812163206956168783
74406751427661181935704092622544281257244674793566
99022400016162793569997737936222932889951096671881
47254724474423324508328161135885062617781347522637
74166893067961890698173854262071168345202086617225
54021513152030142615363529241762488724019384328470
31453356855321163460324119109690049806616365370483
00440101181291865610897469806955769191358515559383
37915890679818785736968733491665317029348327448262
34967893671344072677226840840390785044733709169016
19483417492844768576605582389499762665707260959172
81026112370882204240489674179817610597121652434189
87697325405183576390689675246430494598140399601983
36818628217058607337201469935697285000231851541357
69994130028979845463872060925991656750042574557721
38558216066238188184326085590864884230577290245837
54833271946592218906082255771930310244284508802380
41182458745459540599118793898665243467776067162411
18610010104090734913030671369690732159434848129745
45321465061611701587079237826776752243663566391919
60427312642890214401873475928547074256703449969176
75233598478138865565705899983318601234615036475938
17115860385697047892499359044412797604188982091303
48330214953067826196903024060825099184094962411171
47501936682547196684447339851530387850051106979020
06497353545593857570788333676889246110793462714441
98027290305966709465426946680003655724825053853726

57003464552984375485605766436548468959198703255509
08590937420980486241309926743237286356117618097163
68736588525875429289986840706674091310523331169139
01759061177908405550410409730126750877167686004326
40471731730874894457953682806516682884188097638768
77516772254015070039336937988371358231367550158528
75240337553986870947839756157946308525991462120723
85609522922010241942264365500964372816212365929564
92120341931085580480579252070560970733110036108725
73365512443639741726877515322065422563933914249879
19220299243040151353261830425163982175998799403271
77063065296019659466033166091932252139785174202756
04532822558009110705570160851977806571014316301211
88091255806498603094804914667610772074550263450695
61581532830704419644626444019789530416738083329238
46545153725133316840331525638965894711008798811829
53236468004613394537670149121770428219428285050662
21884630508804097835701153266549162552495263850962
75796749475771603492347359628017615562674390623303
47004453811940952869755093858067970266114568484484
63089914943151524881780244169740998906039084394418
50253047357246937305616185379340688294601425402211
42337313972408574494586237761932255185568911036463
76840705160036061406435708118477977704059956412001
04601413000890788089377595295745047655039053183599
14685455407570254194453588172823021718408734015606
59477066982172966386591321277165192516662912421600
26082404556418182824207155593041412847921238148595
14483996567150576460271361040734548881707227180083
29681401203966223752409176259305011964574375389928
64618902187410750169415517307487965557943412213401
86194571111414514347679110508738584379543228146239
25103215251780610220029850611715115229246844062336
70927089226453241078178623493002036486152993070136
84697050663695876213038719184967362628612877313530
77213166220888069011784522319949365322724431774790
44080521012426828275776057685207211032353363551733
22284658538557907259299765849786886901193452927464
22752555850487824174159627743927269508630037391972
32432809642332098580674697455115723670387955932445
75845312260023956451863424137001098615026519509650
12763338281967365976435594000089837050721922683756
25342457964215208141538140352834232745745282188653
99845402774412225452294226541450102462883885257064
63919904127385863747237719701816615015593065525804
02449092982449535013277809532564263426263432798995
16866922969197876946230763821342879185340166382658

61389810556650674010634208285394781800204536422696
79016347991779681426970196243141837017933239208206
96391145686534357517893702466426959525960065432609
16042709032773341248793762208978545694318474194345
10620397466555147205617061019461222686681596904838
39429043099283167735414442937221925763921777923422
37733971484881819101699820182786211318128453632639
84386215655096776531988541783185586741582390043053
45117073737286728018823354578530695996778806741796
43009793841325405448123808319030586540851532278542
31354283742353758721688236322055070652706495251356
96367521210463206418432239356377952099896545472001
69683510743077019398841978707094769498748642008554
70745726706021712740956692665431438337769024013142
78999775677872417957135722306063230523856351476313
25572644675977337769862841750940339381216921426735
63864623543402066943063507513940274428897658237003
07564930106573451869821269475788504119196136104609
34316440741533743957724358852565023137809475431957
73054518785207209863861162273043345329587547485512
73383279722191850350478718978842492871068961821089
94171586776120838015161888651454001285859716463013
64496516055149382279283444908376743281989211429104
31061110868692165527920798201649329374581342150765
51187848927673825487935117832351611208551784108376
21175281500785185477818607679428641484323323319109
72668500329341289140458582044315576107787857625774
23838489931572373959838110607812467786358556899652
73688452409425287045964359207605793466843241453255
96356248748821179120818397034784641754929142248619
88169835836819129231902407171295700076874633450585
46053618974136529114874878826670127663175041210072
03157810889243766403677309117553090409281711961362
10539234138733422593767876852625713512243413482449
24378633188527682753743104903544552421435713693138
56402904000656993625368177991878558718447307705825
29743505748664127084654426038472744533183529848936
83898897808289018623074484047084490852849403039434
29554638527408547590152688160003747725228117811611
57423713981950740674175343184146350544342438357451
92486115808800396066834394019089873781924404002198
32284520765154792113692550747874165836602422185462
19464307751521861355815198875404635517614095905437
38570052501358093904859672162021606984416156907877
16840681274143766140911181396310855991516614810795
44515324959921366825499632712373562568414745414312
31206048819565493502823579799437677757183566590069

02041799336909172824104906231327124424941601428516
09628077906360383358414199270915422768425817749922
19930572580325951237712012994424840701227968679444
73418067925826579349589147678883789154409326316567
00608894731093256105619880308605486520877456454524
74853531540501116812428474957904372159415539436702
90712577865368975422894964011618502443713140843463
03543580647721271143504313625484386609243615500319
65108550050907158337041502556889102458400418193352
02521244984571676792556822180232663962315709645890
79686994941373432621181495473897856248821720105582
78984533333136548489450888785675190404459592653195
21581192448981135290221345503835659827193694931765
65781867600470077316918164550341947667743801815903
33099302566595666806010250926530115150160622468616
38971930902143214170400219145772685840786520972216
80980634034097430869072988223097519519831002986126
70489081778827687757961178330223290184600190716087
47684231522405077436077933069971420826618840794046
92580632742472750415657425467147233099626039572865
38590552888005911222577468976219282389040655521371
97494522321276833845155145768466112776688207883475
88586006488657357631652755699941191083466144561867
06812749463392864273661511558912240868597078927007
50339421987583653597343004106955922676103553305993
10591763127935116297140796065012532936194013665063
07941570050211188043581494533791320858732548430463
65963575445347023689576407547704415571493176867930
22777531198821848373019117862893069401115893599512
74829912053068129551929824938272147795541012944377
34517564251171652621616699918583564687464935792409
77245513328023629366757099076978525142266411911935
85434501374096079376005086552834228065726478022042
06130795169963953324761662289154668469409691451525
25634154269767270965428923669684031925350949067384
50902029724318091231270182551951383460029378821762
07767661470179105698709532770660030841618105920658
74865600514839521848249925432548561325085851974364
17072553803196406928071563221322173345451876615575
52639031833939656842002946070111912900374032234397
67010625918954941108166177756219216231211370903139
71995109300060103007153333452901597889358798595884
78418005253796008798347110926578754895419075386106
62201899597895405934378739470638423676775021833692
88728660527834544522024058057113629600759746651977
71111263096946950342384651053143366709511076068629
05878290788220871334642003643903663329809885008513

3781496316618857710806631255804432420769864751221б
5823616208346814841408315252753960506270666965263О
1902593848744034126606357473771924725215165229394О
66955245342248129991832656594423759120559882004728
6420420670742228727590740971398215723796321454991б
7296730802864864484068322190336849026989929710200９
2041186578702517859183575055270334768877563858546２
7396075099761474005721928981829667262012031145826О
8158553826922251013825611025429443067962436400899７
8100544006780213427670764254992593671010228467486６
2259411752940516675558186269417505939971153767539９
6650983301615736970922700557309695955649272385182５
7578755341788875263978855596462447492326407482162８
5423380363359493748995268060167541421978835090237３
1057687503281918259052125331849318306100702202678５
8052785156302432419555393856571133062252246234147９
7114479325789937362652202228457992303460117710415７
4409412468197295002911413986761550352599819480735２
3915452858111822298181564944792756355332235062904９
6237602188857729408189351450563943338935339776554５
6340866555282658136000816463334525449484505955566７
0516310770887250520662602256057362921445167472113８
8601691629300542051242064155552724019455873595097５
2625533729093899907528808524234255268789623261274５
3557578081715309102459635355394814762771969164198４
2611182758862589058043661548756206816374340800476О
0164419843802937341468286777176160414285412606425６
4158093743961591292427136313673177612445899338591７
7730611332988466552457482834925231194587069989123８
1060083820227026598562576333919033672940001264290６
9966838423817943612746986659318961904532222329360３
1663296014943687182809327430491523893225625519111４
7300753148128807206426842226981136185520154479808７
6010728760945026924945406148795259778098636006966９
1013778141234900206869198389264153767225517687495１
5204014883031204113020227806459645894805871377996７
6887349391870379821439167206459086965189722569169８
5099903102030966573633018772157910787814264457256１
7411584185877699635635291576611517161175561912146３
7721380113652263627127850352145333065842404271934６
5708056180564286269988319327273724685080806372534５
8677431435647134329913610845871145670176806024156３
9874524038583363793983563393494459503071442769421３
9216593351516100280682600186217108027589909163454６
2460226985867174542310977297306019504557502121786６
7292686336651258071050500174721336920726980719277９
0633012919033429182201301171302068612463736153617６

3948055611226790359599834582073680303215605083664O
16691546402608726050665198490757496212963311920460
86424701059966275204067990852111188739395262221717
18394567435843662502594075677874552068831770210182
26392892933319946189556214339398753777418233490776
38559935400871935321557810634349264692166801973069
58779347172225448079118111196392639276480012351772
57192747883057839711366906064552543319190322289193
60954971843249100904540662729238502740563383854859
01882681494358436458439802626111161717658428160979
57652506787611795116323992635170032619534150929750
05534048866409658351916597949193508634882192615981
44843692437545565112204194805526823075332476974088
47277874354523592721088040526258353686891993198446
09897160844674263673591680055284786340626912717217
31717560616771714634755616198078843903113584777164
26051047474576636143832085499367219745739979786652
27750353980618914088883859093213743752720336230257
87795610472928563860851309157784649600087363339203
10489778169199045483721157693261472210169373395677
08656913761110869153278354055689486050710822954248
09180558080958528406673528781480386538021466467571
43896547580860434512955393551309586932110862993111
06058399394249657601065749524026449463655244424073
05990365284908966648040467945517605689027631717191
87687277257489033656717785638232165305692129115050
32641281573270750113835519789309408910748803426109
08827414137119409123094371678696136360724776571046
23486150406068547046457718789166038214014347509730
53691031108440796955045623775381198275521595213650
18775633970735439580120471966019512882510545033173
05162163410905181922605255463122643553225929574757
28820016262708082360424445903581361990459604491675
40375537272061819889995147771614932760797999354053
23179303743527584995426817187213747300025933561536
19211112926163891621846956695620335649705965093323
71688551878420333041807503066505556062517416050526
33166409192522382588709552189028812957505217116559
79171308253404608433079774654768816669196814476897
32848391792177677642710321517452447950735880763289
05416731603181192610241700381775659611825654152518
09679876026163430172783703279617329250813470476548
57656059010727673521385459827689298733297583299446
85365659919272027231284196896663259359477266722350
01137195026467308449262860959852620522409521822359
20031470698269779266722504236559291924920543503544
42390940880576201050465309269773134941085727997638

01130492797398655841989887658332015933439610468750
79635201784729873173044084272669658406096180546546
56319302505014959888401925085596318809233280147303
87912919579582510129204377653347410891807580724712
72402761666296862622222316607044875229214715071461
59607733512382721669154552729130788761367040033447
71052077005942899727117736591924299132120809706489
63125588439119442642483455502072746152267209925644
56528346798994906603417413684761557731344073469800
37980421412267132037246532107321735737604919320627
55646766549039130286899780152779120272475105329245
95527398642066245295718008680915733555397019651293
10048323147041350494293596511826572404982044313975
67031470537098506131461559915459679080382063327112
70539764389461306833524669156764448058479053185626
49578393545468362970975088640725578236692990650812
70643207674253904368857138109407458556596741811348
10267297801287659770581626728457561593281266064575
32869835675416943733517186915449429803953280956253
29671764742784192171054963853414283219862148618952
67914830400454230243724462494276958818851304787948
05150924022184727268743260289620485985683180743752
14862909921339139921806953807443634711062302102023
99080166428312197903931088989028681277449139877816
01236963493538379048337388616497398864240856403886
00121735603712566302824193284413937152603550255365
00684691379951253301570881693176198059576609611328
14536248638143747081376099733927934071387102183560
44379465595763210859726380561131738627799618662828
10658000636060566965160500275463200064283833990047
06861062158978013591870802388375768955791117132702
18719138612446092285094662178800912356646714252845
81316883233438617026345453106357326861714173268252
10992719583249078323219289804851229823033793785926
97226931958950333541260677636845192027990112943513
29008525896049061348176846124481858634526732494412
39503370242895528566745576377654831303915449072417
44699033348963010326960851264053688782221214621521
94238250907818894026435367515689104488568329212836
02581574800998458320548765308408242561350893597229
60318588388580383581856644121538670876760124831010
46308447443218801447909336747468844785641481744590
91245398103230088592063710156358756516430959611273
96401586176978131408795073714288317760436689819626
41347500697194056519504550516774239794019689986252
78900852374458073288670697417739635725450609854234
56789852042507322860709420263948418286692566061665

44407204577568393932312265407812478316668801803018
42250452005355186868485055845308525384975426120579
43053533080747750826496088529445572785003441395589
37933505118403022529870616291505964225999600585648
95723365317986913669699442786657891252568462604147
98110865685571739072133078933108525903333113718587
72870349262790271567329168662716674908199318258316
68328285001575707801611931692219315147549377551598
04654092839991094937420103717085608605881785449005
70410413604043513764246899815268060925540112346532
95043491805374773561666671046929830956789203164820
63931739221248405512034780632111316813373224063216
45541558823784609194273808850283831236226654974430
05580998982995742584323537642986314656350552835604
77090757473282636770439630979234656297949344566413
96085146437130393213677421247090445272154068792154
26306425972602920189946552981151426126049007638671
41730235727276839041559723450666693866460588292012
47114417883178223482153389187605836327618181943322
76955531125819048475174629056200134689964407161982
32054347184611020511315550930226825107491990149608
17856260510885903658474515037638491513400032951639
91062192405572830081035217619796168322139816924083
57639556211657126112192905087163255258558649616638
25419359148218187619592329205699550637645818268557
52211527870118029943354674153627620774978540541333
03136335423682410108464763749063885279841490076464
69764854009479635895497546144813763697059163569983
68119875250547930693532075707667801484477014247162
41908166822490074207111864881547728917186535967765
39579933503342728214605416964960098470697958559264
30428703636647130713147823306115764199132224206460
99898830762685836055527409904784676107604241784215
06285175573529996478625529542836742987066457943375
80101407402116186144843297657442634285287047785563
08309631435278783041945019702946575777732816746858
08745393160393725331589928057943463140873586086177
88263349277461511849116551306818467136773488233410
85136403947939208876886336339461382358344794081569
61091429387734713893423773619109646056424447477908
20760496602713561689541064448321365980829389097296
18912118342914906163896386106937520895346883983344
46718982124347807238740745769755450743684674713502
48588183996655681963445288119418331726368250506118
64900394125520574571203603557802514190435267183721
92138482990580322469584243231589844325103965443535
05354322921674704077861468485976255744615351188003

14305699549278471674544972697612839332518381972223
28360707522781292813010656941262948730634268837338
18174217060864754827639424239140275321804295190341
16351704698074233515560578575624509992532017874996
36640473477038985587306507603870997731843128109897
89882085435595509432539023718952168202334424557257
53078792633985509016455942373396625223351648750589
55694217297244895998825089232112034795894154654603
03787861759157166139886932687374968473054965329378
21475648105793808285300532447080506569294223400109
59348294614539078890661626402150130735330033192074
56372637707709993999228862122432488020626348508885
30360107234368901360642758142528398785949179979611
21963797576519245218670960880921371119775000878159
30430729344883930957574159241375285977797291893453
85050803831986774590025186579172370808574164297153
80788406071306868036198241971577476389507253468404
56919275953193722370222901558006560760473854735990
44779967487499697694271376686955331951253377640985
87096683863263926164945608684140374568420719405950
70174303546918215090046649399855174138938519757312
15682616228622318810967297476060130283311937161140
87472706762558567775119956667486151964912970193318
08499410961813929649278936090212535443327375064260
62429941203273625582441749834509473094534366159072
84163193683075719798068231535737155571816122156787
93642501388711702327555577930226678580319993081083
05763076523320507400139390958079016377176292592837
64874790177274125678190555562180504876746991140839
97791937654232062337471732470336976335792589151526
03156140333212728491944184371506965520875424505989
56787961303311646283996346460422090106105779458151

www.ingramcontent.com/pod-product-compliance
Lightning Source LLC
Chambersburg PA
CBHW070849180526
45168CB00005B/1749